新视野电子电气科技丛书

PSIM SIMULATION AND APPLICATION
OF POWER ELECTRONICS

电力电子
PSIM 仿真与应用

游志宇　戴　锋　张珍珍　主编
卞　超　陶加贵　韩　莹　张　懋　编著

清华大学出版社
北京

内 容 简 介

电力电子技术是一门新兴的应用于电力领域的电子技术,其主要内容是利用大功率电子器件对能量进行变换和控制,涉及电力学、电子学和控制理论三个学科,涵盖知识面广,学习难度大。本书以 PSIM 专业仿真软件为载体,以电力电子四大变换电路为切入点,深入浅出地讲解和讨论 PSIM 仿真环境、PSIM 元件模型、PSIM 基本操作与分析方法、整流变换电路仿真、直-直变换电路仿真、逆变变换电路仿真、交-交变换电路仿真、SmartCtrl 开关电源环路设计、SimCoder 自动代码生成,以及基于 SimCoder 的 DSP 数控直流电源设计等内容。

本书语言通俗易懂,内容丰富、翔实,突出了以实例为中心的特点,非常适合作为电气工程类、自动化类等专业高年级本科生、研究生的电力电子建模与仿真课程的教材,也可以作为本科生课程设计、毕业设计的指导书,还可作为电力电子变换电路开发和应用工程技术人员的参考书。

图书在版编目(CIP)数据

电力电子 PSIM 仿真与应用/游志宇,戴锋,张珍珍主编.—北京:清华大学出版社,2020.9(2025.3重印)
(新视野电子电气科技丛书)
ISBN 978-7-302-56103-3

Ⅰ.①电… Ⅱ.①游…②戴…③张… Ⅲ.①电力电子电路-电路分析-应用软件 Ⅳ.①TM13

中国版本图书馆 CIP 数据核字(2020)第 139309 号

责任编辑:文 怡
封面设计:王昭红
责任校对:时翠兰
责任印制:刘海龙

出版发行:清华大学出版社
   网   址:https://www.tup.com.cn, https://www.wqxuetang.com
   地   址:北京清华大学学研大厦 A 座   邮   编:100084
   社 总 机:010-83470000   邮   购:010-62786544
   投稿与读者服务:010-62776969, c-service@tup.tsinghua.edu.cn
   质量反馈:010-62772015, zhiliang@tup.tsinghua.edu.cn
   课件下载:https://www.tup.com.cn, 010-83470236
印 装 者:三河市铭诚印务有限公司
经 销:全国新华书店
开 本:185mm×260mm 印 张:23   字 数:560 千字
版 次:2020 年 11 月第 1 版   印 次:2025 年 3 月第 7 次刷
印 数:5601~6100
定 价:79.00 元

产品编号:089167-01

FOREWORD

能源变换在航空航天、工业生产、交通运输、电力系统、电子装置及家用电器等领域随处可见。随着能源消耗的日益增大,社会经济的可持续发展,对能源变换提出了更高的要求。电力电子技术是一门新兴的应用于电力领域的电子技术,其主要内容是利用大功率电子器件对能量进行变换和控制,涉及电力学、电子学和控制理论三个学科,涵盖知识面广,学习难度大。电力电子仿真可在未搭建实际电路前进行电路原理验证与性能分析,有利于工程技术人员和科研人员快速设计电力电子变换电路及控制策略。

本书以"电力电子技术"课程内容为基础,以 PSIM 专业仿真软件为载体,以电力电子四大变换电路及其控制为切入点,深入浅出地讲解和讨论 PSIM 仿真环境、PSIM 元件模型、PSIM 基本操作与分析方法、整流变换电路仿真、直-直变换电路仿真、逆变变换电路仿真、交-交变换电路仿真等基础知识及控制方法,为电力电子变换电路建模与仿真提供一定的方法及理论。在探讨电力电子四大变换电路建模与仿真的基础上,本书借助 PSIM 仿真软件的 SmartCtrl 和 SimCoder 工具,对直流开关电源环路设计、SimCoder 自动代码生成、DSP 数控直流电源设计、DSP 控制环路 C 程序代码自动生成等应用进行了详细、深入的讲解与探讨,为高年级本科生或研究生进一步学习和研究电力电子变换技术提供了帮助,使具有一定电力电子技术基础的学生能较好地理解和掌握电力电子四大变换电路的工作原理、控制方法及实践应用。

本书语言通俗易懂,内容丰富翔实,突出了以实例为中心的特点。在阐明基本原理的前提下,从变换电路仿真模型搭建、控制环路工作原理阐述、控制环路设计、仿真与分析等方面,将深奥、难懂、抽象的电力电子变换电路及其工作原理展现给读者,使读者能较好地理解和掌握电力电子变换电路的实际应用及控制方法,逐步从理论认知过渡到实践应用。

全书共分 10 章,其中第 1 章由固纬电子(苏州)有限公司张懋博士撰写,第 2 章由西南交通大学电气工程学院韩莹博士撰写,第 3.1～3.4 节和第 4 章由西南民族大学张珍珍博士撰写,第 3.5～3.7 节由国网江苏省电力有限公司检修分公司卞超撰写,第 3.8～3.11 节由国网江苏省电力有限公司检修分公司陶加贵博士撰写,第 5、6、8、9、10 章由西南民族大学游志宇博士撰写,第 7 章由国网江苏省电力有限公司检修分公司戴锋撰写。全书由游志宇统稿、定稿,戴锋、张珍珍审稿。

在本书撰写和出版过程中,得到西南民族大学黄勤珍教授、邵仕泉副教授的大力支持,并对本书提出了宝贵的意见和建议。另外,固纬电子(苏州)有限公司郭国栋执行副总经理也给予了大力支持,研究生李明月对本书进行了校稿,西南民族大学杜诚老师为本书出版进行了联系和协调工作,在此对他们的辛苦付出表示衷心的感谢。

　　本书的出版得到了西南民族大学教育教学研究与改革项目(2019YB26)、教育部产学合作协同育人项目(201902111012)、西南民族大学一流本科课程建设项目(2020YLKC06)的资助,在此致谢。

　　由于撰写时间仓促,作者水平有限,书中难免存在疏漏和不足之处,敬请读者批评指正。

作　者

2020 年 8 月于成都

电力电子 PSIM 仿真与应用示例模型

CONTENTS

第1章

PSIM仿真环境

1.1 电力电子仿真概述

从处理电能功率等级的角度出发,电子技术可以分为信息电子技术和电力电子技术两大分支。电力电子技术是一门新兴的应用于电力领域的电子技术,其主要内容是利用大功率电子元件对能量进行变换和控制,它是电子技术的重要组成部分。国际电气和电子工程师协会(IEEE)对电力电子技术定义为"有效地使用电力半导体元件、应用电路和设计理论以及分析开发工具,实现对电能高效变换和控制的一门技术,它包括电压、电流、频率和波形等方面的变换"。

电力电子技术广泛应用于一般工业、交通运输、电源装置、电能传输、电力控制、清洁能源开发和新蓄能系统等领域,涉及电力学、电子学和控制理论三个学科,涵盖知识面广,学习难度大。电力电子仿真可在未搭建实际电路前进行电路原理验证与性能分析,有利于工程技术人员和科研人员快速设计电力电子电路及控制策略。常用的电力电子仿真软件有PSIM、MATLAB/Simulink、PLECS、PSpice、Saber、EMTP、PSCAD/EMTDC、Simetrix/simplis 和 Multisim 等。

PSIM 是面向电力电子领域的专业仿真软件,具有仿真速度快、用户界面友好、波形解析强、使用简单等特点,为电力电子电路解析、控制环路设计、时域与频域分析提供强有力的仿真环境。PSIM 包含了丰富的电力电子元件模型和一些常用的算法模块,可利用类似于电路搭建的方法快速构建电力电子变换电路系统级仿真模型,与 MATLAB/Simulink 类似,适用于系统级算法和原理性验证,并侧重于功率级电力电子电路的仿真与分析。

MATLAB 是 MathWorks 公司开发的大型科学计算与数学软件,是用于算法开发、数据可视化、数据分析以及数值计算的高级计算语言和交互式环境,主要包括 MATLAB 和 Simulink 两大部分。Simulink 是 MATLAB 中的一种可视化仿真工具,是一种基于 MATLAB 的框图设计环境,是实现动态系统建模、仿真和分析的一个软件包,被广泛应用于线性系统、非线性系统、数字控制及数字信号处理的建模和仿真。MATLAB/Simulink 下的 SimPowerSystem 工具箱提供了典型的电气设备及元件模型,可利用类似于电路原理图搭建的方法进行电力电子变换电路系统级建模与仿真。与 PSIM 仿真软件相比，MATLAB/Simulink 主要侧重于电力电子变换电路控制算法及原理的仿真与验证。

PLECS 是瑞士 Plexim GmbH 公司开发的系统级电力电子仿真软件，是一种用于电路和控制相结合的多功能仿真软件，具有仿真速度快、波形分析功能强的特点。PLECS 中的电力电子元件模型是理想的开关模型，具有理想的短路特性（短路电阻为零）和开路特性（开路电阻为无穷大），开关动作都是瞬时完成的，能够以电路原理图的方式实现电源、电源变换器和负载等的系统级建模与仿真。

PSpice 和 Saber 仿真软件是成熟的电力电子仿真软件，能够完成电路的直流分析、交流分析、参数分析及瞬态分析。软件包含的元件模型与实际元件模型较为接近，各元件厂商都提供对应的元件仿真模型。采用 PSpice 和 Saber 仿真能够得到与实物接近的仿真结果，适合做元件级仿真，在电力电子变换电路系统级仿真方面较弱。

EMTP 是用于电力系统电磁暂态分析的仿真软件，具有分析功能多、元件模型全和运算结果精确等优点。EMTP 包含多个集中参数元件、分布式参数元件、线性与非线性元件、依赖于频率变化的线路、各类型开关、电力电子元件、变压器、多种类型电源、控制电路模型等，可任意组合形成不同网络结构的电力电子系统模型并进行仿真，其仿真侧重于系统的运行情况，而不是个别开关的细节。

PSCAD/EMTDC 是世界上广泛使用的电磁暂态仿真软件，EMTDC 是其仿真计算核心，PSCAD 为 EMTDC 提供操作性强的图形界面。它允许在一个完备的图形环境下灵活地建立电路模型进行仿真分析，在仿真的同时可以改变控制参数，从而直观地看到各种测量结果和参数曲线，极大地提高了仿真的效率。PSCAD 里面提供丰富的元件库，从简单的无源元件到复杂的控制模块，以及电机、FACTS 装置、电缆线路等模型都有涵盖，还可以自定义模块，能方便灵活地搭建电力电子变换电路模型进行仿真。

Simetrix/simplis 是用于优化设计电力电子变换电路的高级仿真专业软件，具有强大的波形处理功能，可在仿真前、仿真时及仿真后进行波形观测。Simetrix/simplis 完美结合了精度与收敛性能，实现了电源电路的高速仿真。内部提供两种仿真模式，一种是 Simetrix 模式，与 PSpice 仿真算法基本相同，仿真速度较慢；另一种为 simplis 模式，采用分段线性化的求解方式，仿真速度较快。软件内部含有丰富的电力电子元件和控制芯片模型，并且能导入 PSpice 的相关模型，能方便搭建电力电子变换电路模型进行仿真，其仿真结果与实际波形较为接近。

Multisim 是 NI 公司开发的适用于板级模拟电路、数字电路设计与仿真的软件。它支持电路原理图图形输入和电路硬件描述语言输入，并具有丰富的仿真分析能力。该软件提供了晶闸管、IGBT、功率 MOSFET 等多种电力电子元件模型，以及多种信号源和虚拟仪器。Multisim 绘制电路方便、分析功能齐全，为电力电子变换电路计算机仿真提供了一种新的方法。

总体来说，PSIM、MATLAB/Simulink、PLECS 都比较适合做系统级仿真。其中 PSIM 仿真速度比较快、简单易用；MATLAB/Simulink 功能比较强大，但仿真速度较慢；PLECS 仿真速度比 MATLAB 稍快，也可以做一定程度的元件级仿真。PSpice 和 Saber 适合做元件级仿真，每个半导体公司都会有相关元件的仿真模型；Simetrix/simplis 仿真速度和收敛性比 PSpice 要好；EMTP 和 PSCAD/EMTDC 更多地应用于电力系统电磁暂态仿真，对于稳定性的研究比较有限；Multisim 多用于模拟电路及数字电路的仿真，具有丰富的信号源和多种虚拟仪器。

1.2 PSIM 简介

PSIM 全称是 Power Simulation,是美国 POWERSIM 公司推出的专门针对电力电子、电机驱动和电源变换的系统仿真软件,具有简单易用、仿真速度快、收敛性强的特点,可以为电力电子装置设计提供原理验证、控制环路设计及性能分析,为电力电子分析和数字控制研究提供强大的仿真环境。同时,PSIM 还能通过 SimCoupler 模块与 MATLAB/Simulink 软件完成协同仿真。

在完成原理验证仿真的同时,PSIM 仿真软件能够通过 SimCoder 自动代码生成元件模块构建控制环路,一键式将控制环路自动生成 DSP 控制器的产品级 C 程序代码,以降低对硬件工程师软件开发技能的要求,同时减少人为出错概率,缩短开发周期。PSIM 仿真软件支持美国 TI 公司 DSP 微处理器 TMS320F28335 的自动代码生成。

在硬件支持方面,PSIM 支持固纬电子(苏州)有限公司开发的电力电子实训系统 PTS,能够无缝集成 Myway 公司的快速原型验证系统 PE-Export3,并支持用户自行开发的 F28335 控制器硬件。PSIM 仿真软件构建了全面的电力电子产品开发生态环境,能够支持完整的基于模型驱动(MBD)的开发流程。

PSIM 仿真软件主要由 PSIM 电路图输入编辑、PSIM 仿真器引擎、Simview 波形处理分析、SmartCtrl 环路设计等功能软件构成。各功能软件集成在一起,为电力电子变换电路的仿真与设计提供一个系统级的仿真环境,其结构如图 1-1 所示。

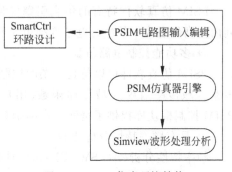

图 1-1 PSIM 仿真环境结构

◇ PSIM 电路图输入编辑软件

PSIM 电路图输入编辑软件是 PSIM 仿真软件的基础环境,带有强大的电路图编辑工具、丰富的电路元件库、控制库、信号源库、传感器库等,使设计者能以电路原理图的方式构建电力电子仿真功率变换电路及控制环路,快速搭建仿真电路模型。PSIM 提供了丰富的控制环路模块,可采用模拟放大电路、s 域传递函数、z 域传递函数、控制功能模块等多种方式构建控制环路,实现对功率电路的控制。另外 PSIM 控制模块提供了可自动生成 C 程序代码的元件模型,采用这些元件模型构建控制环路,可以自动生成用于 TMS320F28335 微处理器的 C 程序代码,无须任何更改即可应用于设计的数字控制器,实现电力电子功率变换电路的控制。

◇ PSIM 仿真器引擎软件

PSIM 仿真软件集成了强大的仿真器引擎,可以对构建的仿真电路模型进行快速仿真,并可进行瞬态时域分析、交流频域分析、参数扫描分析等。PSIM 仿真器引擎将自动计算允许的最小仿真时间步长,它与用户设定的时间步长相匹配,实现精确、快速的仿真。

◇ Simview 波形处理分析软件

Simview 是 PSIM 仿真软件的波形显示和后处理程序。它提供了一个功能强大的波形分析环境,可对仿真结果进行显示、测量、计算等分析操作,并可将仿真结果数据以 TXT、CSV、SMV 等文件格式输出。仿真结果输出数据格式兼容性好,可以方便地转换为 EXCEL 和 MATLAB 所认同的数据格式,便于数据的后期处理。

◇ SmartCtrl 环路设计软件

SmartCtrl 环路设计软件是专门为开关电源环路设计开发的辅助软件,集成在 PSIM 仿真软件中,它具有简单、易用的操作界面,简单的工作流程,可视化显示控制环路稳定性和性能的图形曲线窗口。使用 SmartCtrl 可以快速开发各种电源变换器的反馈控制环路,并可将设计的控制环路导入 PSIM 电路图输入编辑器进行仿真电路搭建。另外,SmartCtrl 可以导入 PSIM 的交流扫描分析数据,进行开关电源环路设计。

PSIM 仿真软件具有以下特点:

◇ 软件直观易用

PSIM 仿真软件的图形化用户界面直观、易用,可迅速搭建和修改仿真电路。在波形显示软件 Simview 中可以任意方式查看结果波形,并可通过后处理函数对仿真结果进行分析。另外,PSIM 是可交互式的,允许用户监控仿真波形和在线修改仿真参数,易于调整系统直至达到目标性能。

◇ 仿真速度快

PSIM 仿真软件特有的仿真引擎能使仿真电路模型较快地收敛,使得 PSIM 可在短时间内仿真任意大小的电力电子变换电路和控制环路。

◇ 多功能控制电路仿真

PSIM 仿真软件可以仿真复杂的控制电路,控制电路可以采用不同形式呈现:模拟控制电路、s 域传递函数、z 域传递函数、用户自行编写的 C/C++ 程序、Simulink 控制模型等。PSIM 控制模块库提供了全面丰富的函数模块,可以迅速、便捷地搭建任意控制电路。

◇ 具有频率特性分析功能

频率特性分析(AC SWEEP)是设计控制环路的重要工具,通过频率特性分析可以获取一个电路或控制环路的频率响应特性。PSIM 仿真软件频率特性分析的一个显著特点是电路可以保持原有的开关状态模式,而并不需要将开关回路模型表示为平均模型,尽管通过平均模型执行频率特性分析可以节省更多的时间。

◇ 用户定制化 C 代码模块

PSIM 仿真软件内嵌 C 编译器和外部 DLL 模块,支持用户自定义功能的 C 代码功能块。通过该功能允许用户将任意模型或者控制电路转换为 C 代码,以提高 PSIM 的适用性。

◇ 针对 DSP 硬件的自动代码生成

PSIM 仿真软件 SimCoder 模块,提供了从控制环路的控制逻辑电路图自动生成 C 程序代码的功能。电力电子控制环路的控制算法在通过仿真验证之后,可一键式自动生成 C 程序代码,大大减少代码开发的时间。PSIM 可以支持 TI 公司的浮点 DSP 微处理器 TMS320F28335,自动生成的 C 程序代码可直接在 DSP 目标硬件上运行。

◇ 可与 MATLAB/Simulink 协同仿真

PSIM 仿真软件可通过 SimCoupler 扩展模块,与 MATLAB/Simulink 软件进行协同仿真。PSIM仿真软件搭建功率变换电路,MATLAB/Simulink软件实现控制环路算法设计,以充分利用PSIM在功率变换电路仿真和MATLAB/Simulink在控制算法仿真方面的优势。

◇ 具有太阳能电池模型

PSIM元件库带有太阳能电池物理及功能模型,可以模拟光照强度和温度的变化,得到不同光照强度和温度下的特性曲线,进行太阳能发电最大功率跟踪仿真。

1.3　PSIM仿真软件开发环境

PSIM仿真软件支持32位和64位的Windows 7、Windows 10操作系统,其安装过程简单,按照PSIM仿真软件的安装向导提示即可完成安装。安装完成后会在Windows的开始菜单中创建PSIM仿真软件应用程序文件,并可在Windows桌面创建PSIM快捷图标,图1-2所示为PSIM 9.1.1仿真软件安装完成后的截图。本书将基于PSIM 9.1.1版本仿真软件进行后续的讲解,并基于此版本进行电力电子变换电路仿真与应用设计。

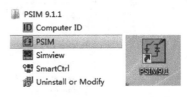

图1-2　PSIM安装创建的文件及桌面快捷图标

1.3.1　PSIM电路图输入编辑界面

PSIM仿真软件作为电力电子变换电路专业仿真软件,有其自身的操作及仿真环境。要利用PSIM进行电力电子变换电路仿真,首先需要了解并熟悉PSIM的操作界面、菜单、工具。在桌面双击"PSIM 9.1"快捷图标或者执行"开始菜单→PSIM 9.1.1→PSIM"命令将启动PSIM仿真软件,如图1-3所示。

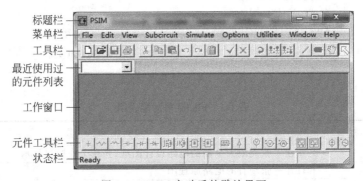

图1-3　PSIM启动后的默认界面

其中,

➤ **标题栏**用于显示当前打开文件的名称。

➤ **菜单栏**包括File、Edit、View、Subcircuit、Simulate、Options、Utilities、Window、Help等9个菜单。在新建或者打开原理图文件后,会增加一个Elements菜单。

➤ **工具栏**包括与文件操作、电路原理图绘制、模型仿真等相关的常用操作快捷工具,单击快捷工具图标可立即执行相应的操作。工具栏快捷工具的功能与单击菜单栏相应菜单项的功能一致,提供了一种快速操作的方式。

➤ **最近使用过的元件列表**列出最近使用过的元件模型,可从此处快速选取元件。

➤ **工作窗口**是绘制电路原理图的操作区域。

➤ **元件工具栏**列出常用的元件模型,用于绘制电路原理图时快速拖放元件模型。

➤ **状态栏**可实时显示菜单、工具栏、元件工具栏的具体提示信息。

1. File 菜单

PSIM 仿真软件 File 菜单包含了与文件相关的操作菜单项,如图 1-4(a)所示,菜单详细功能说明如表 1-1 所示。

(a) File 菜单

(b) Edit 菜单

图 1-4　File 与 Edit 菜单

表 1-1　File 菜单功能说明

菜　单　项	功　　能
New	新建一张无限大全新的电路设计图纸,并在工作窗口显示
Open...	打开一张现有的电路原理图
Close	关闭当前电路原理图
Close All	关闭所有电路原理图
Save	保存当前电路原理图
Save As...	保存当前电路原理图到另一个文件
Save All...	保存所有电路原理图文件
Save with Password	带密码保存电路原理图。一旦设置密码保护,必须输入正确的密码才能查看电路原理图。不输入密码的情况下只可以模拟电路波形。在"Option"菜单中选择禁用密码,可以取消保存的密码

续表

菜 单 项	功 能
Save in Package File	存入封装文件。当电路图中包含了子电路和参数文件,所有文件(包括主电路图文件、子电路文件和参数文件)将被保存到单一的一个封装文件中。如果文件需要进行存档或发送给他人时,只需将单一的封装文件进行发送即可
Save as Older Versions	将文件保存为 PSIM 旧版 9.0、8.0 或 7.1 格式的文件
Print...	打印电路图
Print Preview	预览打印电路图
Print Selected	打印选择的部分电路图
Print Selected Preview	预览打印选择的部分电路图
Print Page Setup	设置打印纸的规格
Printer Setup...	设置打印机
Exit	退出 PSIM 仿真软件

PSIM 仿真软件文件密码保护功能非常有用。例如,与他人共享仿真电路模型时,若不希望他人查看该模型的具体电路细节,可将该模型保存为一个子电路,并使用密码保护该子电路文件。注意:密码保护的文件,必须记住密码,并保存在一个安全的地方。如果忘记了密码,即使设计者也将无法查看电路原理图。

2. Edit 菜单

PSIM 仿真软件 Edit 菜单包含了与原理图编辑相关的操作菜单,如图 1-4(b)所示,菜单详细功能说明如表 1-2 所示。

表 1-2 Edit 菜单功能说明

菜 单 项	功 能
Undo	撤销之前的操作。PSIM 支持多个撤销
Redo	重做已撤销的操作。PSIM 支持多个重做
Cut	删除所选的电路模块,并将其保存到缓冲区
Copy	复制所选的电路模块
Paste	粘贴所选的电路模块
Select All	选择整个电路原理图
Copy to Clipboard -Metafile Format -Color Bitmap -Black and White	将所选电路图复制到剪贴板,可选择: -图元格式(Metafile Format) -彩色位图格式(Color Bitmap) -黑白位图格式(Black and White) 注:图元文件格式是基于向量的,当图形缩放时能保持较好的质量
Draw -Line -Ellipse -Rectangle -Half Circle(Left) -Half Circle(Right) -Half Circle(Up) -Half Circle(Down) -Bitmap Image	在电路图区域绘制背景图像和曲线。提供以下形状: -直线(Line) -椭圆(Ellipse) -长方形(Rectangle) -半圆(左)(Half Circle(Left)) -半圆(右)(Half Circle(Right)) -半圆(上)(Half Circle(Up)) -半圆(下)(Half Circle(Down)) -位图图像(Bitmap Image)(仅支持 Windows 位图文件)

菜　单　项	功　　能
Place Text	在电路图上放置文字
Place Wire	在电路图上放置电气连接线,可用于连接元件的端口,具有电气特性
Place Label	在电路图上放置标签,放置标签时要求对标签命名。标签是另一种可以将两个或多个节点连接在一起的方法。如果节点所连接的标签具有相同名称,则这些节点是连接在一起的。标签的名称文字可以移动,首先单击标签以选中标签,然后按 Tab 键选中标签的名称文字。随后将鼠标移动到文字上面并按住鼠标左键不放,拖动鼠标可将标签名称文字移动到希望的位置
Edit Attributes	编辑选中元件的参数属性
Add/Remove Current Scope	添加/删除电流示波器。选择此功能可以显示或隐藏电流示波器。在 R-L-C 或开关元件上面右击,将弹出右键菜单。选择电流示波器菜单,然后选择电流示波器变量,即可显示或隐藏电流示波器。也可以通过右击元件顶部,并从菜单中选择"电流示波器"来启用/禁用电流示波器的显示
Show/Hide RunTime Variables	显示/隐藏实时变量。实时变量是可以在仿真过程中更改的参数变量。选择此功能后,实时变量数值图像将与光标一起显示。单击带有实时变量的元件顶部,实时变量对话窗口会显示出来,可选择显示实时变量。如果显示实时变量已选择,可选择隐藏显示。也可以通过右击元件顶部,并从菜单中选择"实时变量"来启用/禁用实时变量的显示
Disable	禁用所选的元件或电路参与仿真运行
Enable	启用所选先前禁用的元件或电路参与仿真运行
Rotate	旋转选定的元件或模块
Flip Left/Right	左/右翻转所选元件
Flip Top/Bottom	上/下翻转所选元件
Find	根据类型和名称查找元件
Find Next	查找下一个相同类型的元件
Edit Library	编辑 PSIM 库。PSIM 库由两部分组成:元件接线表库(psim.lib)和符号库(psimimage.lib)。元件接线表库定义了每个元件的接线表格式,元件接线表库用于 PSIM 仿真器仿真,用户无法修改元件接线表库。符号库包含元件的符号信息,用户可以修改默认的 PSIM 符号库,也可以从头开始创建符号库。一个元件可以有多个符号库。放置在 PSIM 目录中的任何符号库都将加载到元件菜单中
Image Editor	图像编辑器。图像编辑器可创建芯片或子电路的图形符号,生成的图形符号不参与仿真模拟,仅用于显示
Escape	脱离(取消)上述任何一种编辑模式。可通过按键盘上的 Esc 键执行该功能

　　Place Wire、Place Label 两个菜单是绘制电路原理图常用的工具,具有电气特性。Disable/Enable 可用于禁用/使能部分仿真电路模型,不必删除不需要进行仿真的电路模型。

　　3. View 菜单

　　PSIM 仿真软件 View 菜单包含了与 PSIM 窗口显示相关的操作菜单,如图 1-5(a)所示,菜单详细功能说明如表 1-3 所示。

表 1-3　View 菜单功能说明

菜　单　项	功　　能
Status Bar	启用或禁用状态条的状态显示
ToolBar	启用或禁用工具条
Element Toolbar	启用或禁用元件工具条。元件工具条存储常用的 PSIM 元件，在 PSIM 窗口的底部
Recently Used Element List	启用或禁用最近使用过元件列表显示框
Library Browser	启动 PSIM 元件库浏览器
Zoom In	放大电路原理图
Zoom Out	缩小电路原理图
Fit to Page	调整电路原图尺寸在整个工作窗口中显示
Zoom in Selected	放大选择区域的电路原理图
Element List	列出电路图中的所有元件清单
Element Count	统计电路图中元件的数量。注意，以下元件不在计数之列：接地、电压探头、电流探头、交流扫描探针、直流/交流的电压表和电流表等
Display Voltage/Current	显示电压/电流，如果在"Options→Settings…→General"中勾选"保存全部电压和电流"，仿真完成后可显示任意一节点电压或分支电流
Display Differential Voltage	显示电压差，如果勾选"保存全部电压和电流"，仿真完成后，选择此功能可显示任何两个节点之间的电压
Set Node Name	设置节点名称，如果勾选"保存所有电压和电流"，仿真完成后，选择此功能可定义一个节点的名称，这样所显示的电压波形具有指定的名称
Refresh	刷新显示窗口

(a) View菜单　　　　　　　　　(b) Subcircuit菜单

图 1-5　View 与 Subcircuit 菜单

4. Subcircuit 菜单

PSIM 仿真软件 Subcircuit 菜单如图 1-5(b)所示，菜单详细功能说明如表 1-4(a)和表 1-4(b)所示。

如果在主电路中执行"设置尺寸""显示端口""编辑变量列表"和"编辑图像"的功能，它们将代替主电路的设置。

表 1-4(a)　Subcircuit 菜单在主电路编辑窗口中执行的功能说明

菜　单　项	功　　能
New Subcircuit	创建一个新的子电路
Load Subcircuit	将已有的子电路原理图加载进来,作为子电路
Edit Subcircuit	编辑子电路文件名称和其他属性
Display Subcircuit Name	在主电路图中显示子电路块的名称
Show Subcircuit Ports	在主电路图中显示子电路端口的名称。一旦显示,每个端口的名称可以被移动到不同位置,单击"删除"按钮可关闭这个端口名称的显示
Hide Subcircuit Ports	隐藏在主电路中显示的子电路端口
Subcircuit List	列出子电路的清单

表 1-4(b)　Subcircuit 菜单在子电路编辑窗口中执行的功能说明

菜　单　项	功　　能
Set Size	设置子电路元件模块图形的外形尺寸
Place Bi-directional Port	在子电路放置一个双向连接端口,作为与主电路的接口
Place Input Signal Port	在子电路放置一个连接输入信号的连接端口
Place Output Signal Port	在子电路放置一个连接输出信号的连接端口
Display Ports	显示子电路的连接端口
Edit Default Variable List	编辑子电路默认变量清单。如果默认变量清单在主电路中被改写,子电路的默认列表中的值将不保留于元件接线表中,也不用于模拟仿真
Edit Image	编辑子电路的图形符号。可以创建和自定义子电路的图形符号。默认情况下,符号是一个矩形
Open Subcircuit	把选定的子电路在新窗口中打开
One Page Up	将子电路转到上一层
Top Page	将子电路转到最上层

　　子电路与主电路之间的连接有三种类型的端口:双向端口,用于功率电路和机械系统的信号接口;输入信号和输出信号端口用于控制电路。虽然双向端口也可用于控制电路,但建议在控制电路中使用输入或输出信号端口,这样会更清晰。此外,如果一个子电路涉及C 程序代码生成,子电路只能使用输入或输出信号端口。

　　5. Elements 菜单

　　PSIM 仿真软件 Elements 菜单如图 1-6(a)所示,菜单详细功能说明如表 1-5 所示。Elements 菜单下的具体元件模型说明将在第 2 章"PSIM 元件模型"中进行详细讲解。

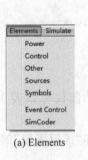

(a) Elements

(b) Simulate

(c) Options

图 1-6　Elements/Simulate/Options 菜单

表 1-5　Elements 菜单功能说明

菜　单　项	功　　能
Power	所有功率电路元件
Control	所有控制电路元件
Other	其他元件。开关控制器、电压/电流传感器、电压/电流探针以及常用的电源/控制电路方面的其他元件
Sources	电压源/电流源元件
Symbols	存储的元件符号,用于绘制电路图,而不是用于模拟仿真
Event Control	事件控制元件,用于事件控制
SimCoder	用于代码生成的元件
用户自定义元件	所有存于 PSIM 目录下"用户自定义"子文件夹中的电路图文件,将出现在此菜单选项中。例如,如果目录包含一个名为"sub. sch"的文件,那么在菜单中会有一个"sub"的选项。可以将常用的子电路存于"用户自定义"子文件夹中,这些子电路就像是PSIM 内置的元件一样

6. Simulate 菜单

PSIM 仿真软件 Simulate 菜单如图 1-6(b)所示,菜单详细功能说明如表 1-6 所示。

表 1-6　Simulate 菜单功能说明

菜　单　项	功　　能
Simulation Control	仿真控制,指定仿真参数
Run Simulation	运行仿真,运行 PSIM 仿真程序
Cancel Simulation	取消当前正在运行的仿真程序
Pause Simulation	暂停当前运行的仿真程序
Restart Simulation	重新启动暂停的仿真程序
Simulate Next Time Step	运行仿真到下一个时间步长
Run SIMVIEW	运行波形显示程序 Simview
Generate Netlist File	生成 PSIM 元件接线表文件
View Netlist File	查看 PSIM 元件接线表文件
Show Warning	仿真模拟完成后,显示警告信息
Arrange SLINK Nodes	对 SimCoupler 模块的连接节点排序
Generate Code	从 PSIM 电路图生成 C 程序代码
Runtime Graphs	定义在仿真模拟过程中可观察的波形。实时图形函数的对话窗口有两个选项卡:标量和矢量。标量选项卡列出了时域波形显示的变量;矢量选项卡定义矢量图的矢量。矢量的实部和虚部来自与标量选项卡相同的变量列表

7. Options 菜单

PSIM 仿真软件 Options 菜单如图 1-6(c)所示,菜单详细功能说明如表 1-7 所示。

表 1-7　Options 菜单功能说明

菜　单　项	功　　能
Settings...	设置编辑、打印、颜色、仿真、字体等选项。详细说明请参阅对话窗口中的信息
Auto-run SIMVIEW	自动运行 Simview,如果选择此选项,仿真完成时,PSIM 将自动启动Simview 并打开仿真结果显示窗口。如果已有仿真结果显示在 Simview上,将会自动更新波形。如果由于错误或有警告信息没有完成仿真工作,Simview 将无法自动启动(或进行自动更新显示),需要单击"运行 Simview"来启动 Simview

菜 单 项	功 能
Set Path...	为 MagCoupler、数据库元件、C 模块(包含文件)等设置 PSIM 搜索路径
Enter Password	输入保护密码,以便查看有密码保护的电路图
Disable Password	取消受密码保护电路图的保护密码
Customize Toolbars	自定义 PSIM 工具条
Customize Keyboard	自定义 PSIM 快捷键
Save Custom Settings...	保存当前自定义设置
Load Custom Settings...	加载自定义设置
Deactivate	停止 PSIM 许可证

8. Utilities 菜单

PSIM 仿真软件 Utilities 菜单如图 1-7(a)所示,菜单详细功能说明如表 1-8 所示。

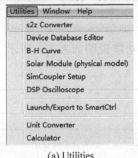
(a) Utilities

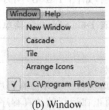
(b) Window

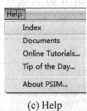
(c) Help

图 1-7　Utilities/Window/Help 菜单

表 1-8　Utilities 菜单功能说明

菜 单 项	功 能
s2z Converter	将 s 域函数转换为 z 域函数
Device Database Editor	元件数据库编辑器,可设置元件电气、热特性等参数
B-H Curve	绘制磁芯饱和 B-H 曲线
Solar Module(physical model)	太阳能电池组件模型(物理模型),此工具需与再生能源模块中太阳能电池组件(物理模型)一同使用
SimCoupler Setup	调用 SetSimPath.exe 程序设置 SimCoupler,从而实现 MATLAB/Simulink 与 PSIM 的协同仿真。如果有多个 PSIM 版本的协同仿真,当从一个 PSIM 版本切换到另一个版本时,必须重新运行相应版本的 SetSimPath.exe 进行设置
DSP Oscilloscope	DSP 示波器,提供一种便捷方式查看目标 DSP 硬件运行 SimCoder 实时生成代码时的输出波形
Launch/Export to SmartCtrl	启动/输出到 SmartCtrl,此功能可以启动 SmartCtrl 或将输出交流扫描的结果导入 SmartCtrl
Unit Converter	单位转换器,启动对话窗口,可将长度、面积、质量、温度,从一个单位转换到另一个单位
Calculator	计算器,双击可将结果保存到剪贴板

9. Window 菜单

PSIM 仿真软件 Window 菜单如图 1-7(b)所示,菜单详细功能说明如表 1-9 所示。

表 1-9 Window 菜单功能说明

菜 单 项	功 能
New Window	创建一个新的窗口,可以显示同一电路中的不同部分。无论在哪一个窗口中做了更改,所有的窗口都会更新
Cascade	层叠排列各电路原理图图纸
Tile	自上而下平铺地排列各电路原理图图纸

10. Help 菜单

PSIM 仿真软件 Help 菜单如图 1-7(c)所示。PSIM 的帮助文档提供了"PSIM 使用帮助"和部分功能模块的"使用教程",可以通过查看目录或搜索的方式查找使用帮助,如图 1-8 所示。

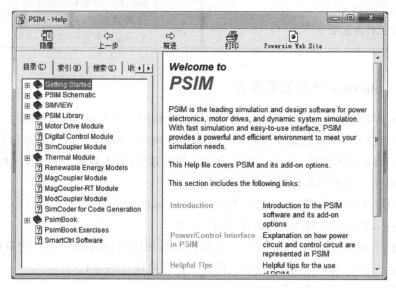

图 1-8 PSIM 帮助文档

11. PSIM 工具栏

PSIM 仿真软件将常用功能放置于工具栏,使用者可从工具栏快速执行相应功能,工具栏具体功能说明如表 1-10 所示。

表 1-10 工具栏功能说明

图 标	对 应 操 作	图 标	对 应 操 作
	新建一张无限大电路设计图纸		复制所选的电路模块
	打开一张现有的电路原理图		粘贴所选的电路模块
	保存当前电路原理图		撤销之前的操作
	打印电路图		重做已撤销的操作
	删除所选的电路模块并将其保存到缓冲区		将所选电路图以图元文件格式复制到剪贴板
	使能所选元件参与仿真运行		以一定倍率放大电路原理图
	禁止所选元件参与仿真运行		以一定倍率缩小电路原理图
	旋转选择元件方向		放大鼠标左键选择的区域

续表

图　标	对应操作	图　标	对应操作
	左/右翻转所选元件		调整电路原图尺寸在整个工作窗口中显示
	上/下翻转所选元件		运行仿真
	绘制电气连接线		停止仿真
	放置一个新的电气标签		暂停仿真
	用鼠标左键拖动图纸		运行 Simview
	释放鼠标,进入选择状态		运行或导出 AC 扫描到 SmartCtrl
	放置文本		仿真结束后,可选择任何两个节点,在 Simview 中观察其电压差
	打开元件浏览库		仿真结束后,可选择任何节点或支路在 Simview 中进行显示

1.3.2　Simview 波形显示界面

Simview 是 PSIM 仿真软件的波形显示和后处理程序。它提供了一个功能强大的波形分析环境,用于对仿真结果进行显示、测量、计算等分析操作。Simview 窗口界面包含标题栏、菜单栏、工具栏、波形显示窗口、测量工具栏、状态栏等六部分,界面如图 1-9 所示。其中:

➢ **标题栏**用于显示当前打开文件的名称。

➢ **菜单栏**包括 File、Edit、Axis、Screen、Measure、Analysis、View、Options、Label、Settings、Window、Help 等 12 个菜单。

➢ **工具栏**包括常用操作快捷工具,单击快捷工具图标可立即执行相应的操作。工具栏的功能与执行菜单项功能一致,提供了一种快速操作的方式。

➢ **波形显示窗口**用于显示仿真结果波形的区域。

➢ **测量工具栏**列出常用测量快捷工具,单击快捷工具图标可立即执行相应测量操作,工具栏的功能与执行菜单项功能一致,仅提供了一种快速操作的方式。

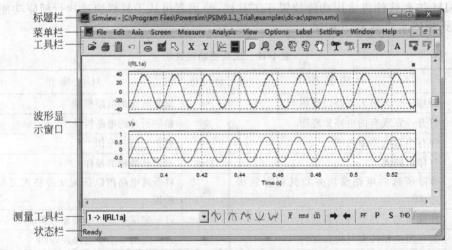

图 1-9　Simview 显示界面

➤ **状态栏**可实时显示菜单选项、工具栏选项、测量工具栏选项的具体提示信息。

1. File 菜单

Simview 波形显示窗口的 File 菜单项如图 1-10(a)所示,具体功能如表 1-11 所示。

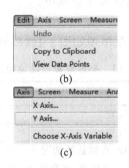

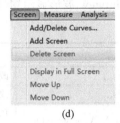

图 1-10 File/Edit/Axis/Screen 菜单项

表 1-11 File 菜单项功能说明

菜 单 项	功 能
Open...	打开一个 ASCII 格式或二进制格式的 Simview 数据文件
Merge...	将另一个文件的数据与当前显示的数据进行合并,这两个文件曲线将被合并在一起
Re-Load Data	重新加载当前显示的数据,相当于刷新
Save As...	将仿真结果保存到文件。文件格式有四种可选: -Simview 文件(＊.smv),二进制数据格式; -文本文件(＊.txt); -制表符分隔的文本文件(与 Excel 兼容)(＊.txt); -逗号分隔文件(＊.csv) 当 Simview 文件以.smv 格式保存时,有关显示的设置也会被保存。对于 FFT 显示,文件将以.fft 扩展名保存为文本文件格式
Print...	打印波形
Print Setup...	设置打印机
Print Page Setup...	设置打印页面
Print Preview	预览打印输出
Exit	退出 Simview

2. Edit 菜单

Simview 波形显示窗口的 Edit 菜单项如图 1-10(b)所示,具体功能如表 1-12 所示。

表 1-12 Edit 菜单项功能说明

菜 单 项	功 能
Undo	退回到以前的 X 和 Y 轴设置
Copy to Clipboard -Metafile format -Bitmap	将波形以元文件(metafile)或位图文件(bitmap)的格式复制到剪贴板
View Data Points	查看数据点。通过一个独立的显示窗口显示当前范围内的数据点。在显示窗口中,可以单击选择并突显某些行或列的数据点,然后右击并选择"复制选择",将被选的数据复制到剪贴板。也可以通过选择"选择行"只选择光标所在行进行复制,或通过选择"选择全部"对整个数据进行复制。复制的数据可粘贴到另一个应用程序中

注意："复制到剪贴板"功能是将屏幕上显示的那部分数据复制到剪贴板。如果显示波形带有颜色（默认），则保存到剪贴板上的图像也带有颜色。为了减少图像所占内存，可先将显示颜色改为黑白色（可在"Options"菜单中选择"去色"实现去色），然后单击"复制到剪贴板"，这样复制的图像将是单色的，文件尺寸会减小。

3. Axis 菜单

Simview 波形显示窗口的 Axis 菜单项如图 1-10(c)所示，具体功能如表 1-13 所示。

表 1-13　Axis 菜单项功能说明

菜　单　项	功　　　能
X Axis...	改变 X 轴的设置
Y Axis...	改变 Y 轴的设置
Choose X-Axis Variable	选择 X 轴变量. 在默认的情况下，第一列中的数据被定为 X 轴的变量。然而，也可以通过此功能，选择任何一列作为 X 轴

4. Screen 菜单

Simview 波形显示窗口的 Screen 菜单项如图 1-10(d)所示，具体功能如表 1-14(a)所示。

表 1-14（a）　Screen 菜单项功能说明

菜　单　项	功　　　能
Add/Delete Curves...	加入或删除曲线。选择需要添加/删除曲线的显示波形窗口后，单击此菜单项将打开图形的属性窗口，就可以增加/删除曲线。双击需要添加/删除曲线的图形区域也可以打开此属性对话窗口。在该属性对话框可以执行如下多个功能： （1）在"Select Curves（选择曲线）"选择卡中： -在所选曲线显示区域添加或删除曲线。 -使用现有曲线和函数添加公式。曲线可以通过数学手段操作。允许用带括号的表达式，不区分大小写。 （2）在"Curves（曲线）"选择卡中： -更改每条曲线的颜色。 -更改曲线线条的粗细。 -设置数据点图标符号，也可以选择圆形、矩形、三角形、星形作为图标符号，也可以无图标符号。 （3）在"Screen（屏幕）"选择卡中： -更改背景、前景、网格和文字颜色。 -选择 X 轴和 Y 轴的显示字体
Add Screen	添加一个新的曲线显示坐标系窗口。此功能对于在新窗口中查看其他曲线非常有用
Delete Screen	删除所选的曲线显示坐标系窗口
Display in Full Screen	将选中的曲线显示坐标系窗口扩展为全屏显示
Move Up	将所选 Simview 曲线显示坐标系窗口向上移
Move Down	将所选 Simview 曲线显示坐标系窗口向下移

在波形曲线显示窗口属性界面，可以利用数据表达式对现有的曲线进行算术运算，并进行显示，Simview 支持的数学函数如表 1-14(b)所示。

表 1-14（b）　支持的数学函数

函数	说　明	函数	说　明
＋	加	tan	正切函数
－	减	atan	正切反函数（弧度）
＊	乘	exp	指数函数,底数为 e
/	除	log	对数函数,底数为 e(如 log(x)＝ln(x))
^	指数,2^$3 = 2×2×2$	log10	对数函数,底数为 10
sqrt	平方根	abs	绝对值函数
sin	正弦函数	avg	变量平均值
cos	余弦函数	int	变量求整
sign	符号函数,如 sign(2.5)＝1; sign(-5)＝ -1; sign(0)＝ 0		

假设仿真结果数据有曲线 I(1)、I2 和 Vo,可以利用 Simview 表达式表示几条曲线数据进行运算后的曲线,如:

$$(I(1)＋I2)/(I2\char`\^3)$$
$$\sin(I(1)＋0.2)$$
$$Vo＋10$$

5. Measure 菜单

Simview 波形显示窗口的 Measure 菜单项如图 1-11(a)所示,具体功能如表 1-15 所示。

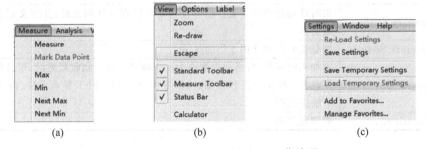

(a)　　　　　　　　　(b)　　　　　　　　　(c)

图 1-11　Measure/View/Settings 菜单项

表 1-15　Measure 菜单项功能说明

菜　单　项	功　能
Measure	测量,进入测量模式,并显示测量窗口
Mark Data Point	标记测量点坐标数据,在所选曲线的测量点显示其坐标数据。要删除显示的坐标数据,可选择该数据使其突显,然后按"删除"(Delete)键
Max	找到选定曲线全域的最大值
Min	找到选定曲线全域的最小值
Next Max	查找选定曲线全域下一个最大值
Next Min	查找选定曲线全域下一个最小值

测量功能用于测量波形。当测量被选中后,测量对话窗口将弹出。单击将出现一条竖线,并显示测量曲线在该点的数值。右击将出现另一条竖线,以及该直线与先前直线的差异,这个差异在鼠标左侧标记出来。

6. View 菜单

Simview 波形显示窗口的 View 菜单项如图 1-11(b)所示,具体功能如表 1-16 所示。

表 1-16　View 菜单项功能说明

菜 单 项	功　　能
Zoom	放大,拖动鼠标左键选择需要放大的图形区域进行放大
Re-draw	重新绘制工作区域的波形并完整显示
Escape	退出"放大"或"测量"模式。例如,使用放大功能后,要选择文本编辑,就需要先退出放大模式
Standard Toolbar	启用或禁用"标准"工具条
Measure Toolbar	启用或禁用"测量"工具条
Status Bar	启用或禁用 Simview 窗口底部的"状态"条
Calculator	查看 Simview 的计算器,双击可将其结果保存到剪贴板

7. Settings 菜单

Simview 波形显示窗口的 Settings 菜单项如图 1-11(c)所示,具体功能如表 1-17 所示。

表 1-17　Settings 菜单项功能说明

菜 单 项	功　　能
Re-Load Settings	重新从 .ini 文件加载设置,并应用于当前显示
Save Settings	将当前设置保存到具有相同文件名但扩展名为 .ini 的文件中
Save Temporary Settings	临时性保存当前设置。临时设置不会保存到任何文件,并在文档关闭时会被丢弃
Load Temporary Settings	加载临时设置并用于当前显示
Add to Favorites...	添加到收藏夹,将当前设置作为一个收藏。保存到收藏夹时,可选择保存以下设置:线条颜色和粗细、文本字体、Log/dB/FFT 显示设置、以及 X 轴和 Y 轴的范围
Manage Favorites...	管理收藏夹

当 Simview 加载一个数据文件(.txt 或 .smv 文件)时,如果具有相同文件名的 .ini 设置文件存在,则也加载 .ini 文件中的设置数据。

加载临时设置和保存临时设置功能用于暂时保存设置并很快会使用它。例如,当一个波形与另一个波形进行比较时,在显示第一个波形时可以先保存为临时设置。再显示第二个波形时可加载保存的临时设置。

收藏夹是存储特定图形设置以便以后使用的一种便利方法。例如,假设 Simview 显示了两个屏幕,上面的屏幕显示 V1 为红色,并具有一定的 X 轴和 Y 轴的范围,下面的屏幕显示 V2 为蓝色,具有自己的 Y 轴范围。如果此设置在将来会被再次使用,则可以将这一设置保存为一个收藏并在稍后使用。

为了将收藏显示到当前的应用,可转到设置菜单,然后从列表中选择需要的收藏。注意,当使用收藏夹时,当前显示的屏幕数量必须与收藏中的屏幕数相同。

8. Analysis 菜单

Simview 波形显示窗口的 Analysis 菜单项如图 1-12(a)所示,具体功能如表 1-18 所示。

表 1-18　Analysis 菜单项功能说明

菜　单　项	功　　能
Perform FFT	执行 FFT 分析。注意在屏幕上波形的长度必须是基本周期的整数倍,并在执行 FFT 之前设定。例如,对于一个 50Hz 的波形,其长度必须是 20ms 或是其整数倍。否则 FFT 结果将不正确
Display in Time Domain	将 FFT 波形转换成相应时域波形进行显示
Avg	求屏幕上选定曲线在其显示范围内的平均值。如要更改显示范围,可进入"坐标轴 →X 轴"(或单击工具栏中的 X 轴图标),并设置"从"和"至"的范围
Avg(|x|)	计算屏幕上选定曲线在其显示范围内的绝对平均值
RMS	求均方根(rms),计算屏幕上所选定曲线在其显示范围内的均方根值
PF(power factor)	功率因数,计算屏幕上两个波形的功率因数。屏幕必须只显示两条曲线。假设第一条曲线是电压,而第二条曲线是电流,功率因数定义为实际功率 P 除以电压和电流所产生的视在功率 S。需要注意的是,功率因数与位移功率因数为 $\cos(\theta)$ 的关系,其中 θ 为电压和电流之间的相位差。当电压和电流是没有谐波正弦波时,功率因数与位移功率因数相同
P(real power)	计算在屏幕上两个波形的有功功率。屏幕必须仅显示两条曲线
S(apparent power)	计算在屏幕上两个波形的视在功率。屏幕必须仅显示两条曲线
THD	计算总谐波失真

　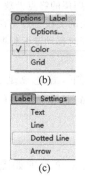　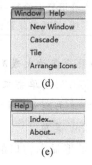

图 1-12　Analysis/Options/Label/Window/Help 菜单项

所有这些功能仅适用于当前正在屏幕上被显示的时间范围内的波形。通过选择"执行 FFT",时域波形的谐波频谱(包括振幅和相角)可以被计算和显示。注意:为了获得正确的 FFT 结果,仿真必须达到稳定状态,并必须限制数据范围(使用手动功能设置 X 轴的范围)是基本周期的整数倍。例如,对于一个 50Hz 频率的基波,显示数据长度应该是 1/50s 的整数倍。

9. Options 菜单

Simview 波形显示窗口的 Options 菜单项如图 1-12(b)所示,具体功能如表 1-19 所示。

表 1-19　Options 菜单项功能说明

菜　单　项	功　　能
Options...	打开 Simview "设置"对话窗口
Color	将波形显示选项设置为彩色或黑白。例如,要通过"复制到剪贴板"将波形保存为单色图像,首先要将选择的"彩色"取消
Grid	启用或禁用网格显示

Simview Options 对话框如图 1-13 所示。

通过该对话框,可以设置以下项目:

- 加载新数据重绘 X 轴:如果选中此项,则每次加载新数据时都将重绘波形并进行自动缩放。如果未选此项,X 轴的范围将保持不变。

- 设置鼠标右键操作:鼠标右键操作可以设置为显示菜单(Show menu)、平移(Pan)或缩放(Zoom)之一。

10. Label 菜单

Simview 波形显示窗口的 Label 菜单项如图 1-12(c) 所示,具体功能如表 1-20 所示。

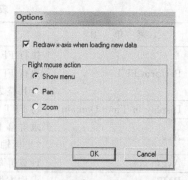

图 1-13　Simview Options 对话框

表 1-20　Label 菜单项功能说明

菜 单 项	功 能
Text	在屏幕显示区域添加文字
Line	在屏幕上画实线。首先在需要绘制的位置单击作为实线的起点开始画线,然后按住鼠标左键,同时移动鼠标到期望的终点处放开
Dotted Line	在屏幕上画虚线。首先在需要绘制的位置单击作为实线的起点开始画线,然后按住鼠标左键,同时移动鼠标到期望的终点处放开
Arrow	在屏幕上绘制一条带箭头的实线。首先在需要绘制的位置单击作为实线的起点开始画线,然后按住鼠标左键,同时移动鼠标到期望的终点处放开

注意:如果是在放大或测量模式下,首先应退出这些模式(在"视图(View)"菜单中选择"退出(Escape)",或单击工具栏上的退出图标(↖)),然后添加或编辑文本。若要再次返回测量模式,需单击测量图标。

11. Window 菜单

Simview 波形显示窗口的 Window 菜单项如图 1-12(d)所示,具体功能如表 1-21 所示。

表 1-21　Window 菜单项功能说明

菜 单 项	功 能
New Window	创建一个新窗口。此功能在平行比较相同的图形,但分别以线性坐标轴和对数坐标轴为基底进行显示时非常有用
Cascade	阶梯排列,以阶梯的形式纵向排列所有窗口
Tile	平铺排列,将所有窗口变为同样大小的方贴,平铺排列
Arrange Icons	排列图标,在窗口的左下角排列最小化的子窗口的图标

12. Help 菜单

Simview 波形显示窗口的 Help 菜单项如图 1-12(e)所示,该菜单下的 Index 菜单可以打开帮助文档,如图 1-8 所示。

13. 标准工具栏

Simview 波形显示窗口将常用的菜单功能项放置于标准工具栏,方便快速地执行相应功能,各功能具体说明如表 1-22 所示。

表 1-22 标准工具栏图标功能说明

图 标	对 应 功 能	图 标	对 应 功 能
	打开 ASCII 格式或 Simview 二进制格式数据文件		从同一个文件重新加载数据,并更新显示
	打印波形		重新绘制波形显示,并全屏显示整个数据
	将波形复制到剪贴板		退出缩放或测量模式。如果使用图形放大功能后,要选择文字编辑,需要使用此功能退出
	Undo,撤销移动或者放大操作		通过拖动鼠标左键放大选定矩形区域的波形
X	更改 X 轴的设置		以 10% 的比例放大
Y	更改 Y 轴的设置		以 10% 的比例缩小
	从选定屏幕添加或删除曲线		添加一个新的显示屏幕
	通过拖动鼠标左键放大或缩小。鼠标的初始位置将被固定,X 轴和 Y 轴将根据鼠标的移动方向展开或收缩		进入测量模式
	对 X 轴和 Y 轴进行缩放。轴的一端将保持恒定,而另一端将随鼠标运动而改变。光标外形将显示哪个轴端是恒定,哪个轴端是变化的		在屏幕上选定数据点上放置 X/Y 坐标
	通过拖动鼠标平移和滚动图形	FFT	执行 FFT 分析
	保存临时设置		从 FFT 分析显示转到时域波形显示
	加载临时设置	A	在屏幕上放置文字

14. 测量工具栏

Simview 波形显示窗口将常用的测量菜单功能置于测量工具栏,方便快速地执行相应功能,各功能具体说明如表 1-23 所示。

表 1-23 测量工具栏图标功能说明

图 标	对 应 功 能
	选择一条用于测量和计算的曲线。在工作窗口中,通过下拉框可以显示所有可选用的曲线
或	用于测量一个特定的点。当单击 XY 图标()后,在测量某一特定点时将显示 X 轴和 Y 轴虚线。如果单击 Y 图标()后,测量时只显示 Y 轴虚线
	寻找选定曲线在全域中的最大值。在图形窗口中,虚线将显示选定曲线最大值的位置。而在测量窗口将显示所有显示曲线在该最大值位置上的值
	寻找选择曲线的下一个最大值。在图形窗口中,虚线将显示选定曲线下一个最大值的位置。而在测量窗口将显示所有显示曲线在该最大值位置上的值
	寻找选定曲线在全域中的最小值。在图形窗口中,虚线将显示选定曲线最小值的位置。而在测量窗口将显示所有显示曲线在该最小值位置上的值
	寻找选择曲线的下一个最小值。在图形窗口中,虚线将显示选定曲线下一个最小值的位置。而在测量窗口将显示所有显示曲线在该最小值位置上的值
	在选定的时间范围内计算选定波形的平均值

续表

图 标	对 应 功 能
rms	在选定的时间范围内计算选定波形的均方根值
abs	在选定的时间范围内计算选定波形绝对平均值
→	至所选曲线下一个有效数据点。在图形窗口中,用虚线显示其位置;在测量窗口,显示所有显示曲线在该位置的值
←	至所选曲线上一个有效数据点。在图形窗口中,用虚线显示其位置;在测量窗口,显示所有显示曲线在该位置的值
PF	计算显示的两个波形的功率因数。功率因数被定义为 cos(θ),其中 θ 为上述第一条曲线和第二条曲线之间的角度差。注意:当执行此功能时,屏幕必须显示两条曲线
P	计算显示的两个波形的实际功率。注意:当执行此功能时,屏幕必须显示两条曲线
S	计算显示的两个波形的视在功率。注意:当执行此功能时,屏幕必须显示两条曲线
THD	计算显示波形的总谐波失真(THD)

1.4　本章小结

本章简单介绍当前电力电子仿真软件的概况,以及 PSIM 仿真软件的功能构成及性能特点。随后基于 PSIM 9.1.1 仿真软件,对 PSIM 的电路原理图输入编辑界面和 Simview 波形显示界面的菜单、工具栏、常用操作等进行详细的说明与讲解。通过本章的学习,读者可以基本掌握 PSIM 仿真软件的常用功能和基本操作,建立起 PSIM 仿真的基本概念,为后续 PSIM 电力电子建模与仿真奠定基础。

第2章

PSIM元件模型

PSIM 电力电子仿真模型以电力电子变换电路原理图的形式构建,一个 PSIM 电力电子仿真电路模型主要包含电力电子功率电路、传感器、控制电路和开关驱动电路四部分,四部分之间的关系如图 2-1 所示。

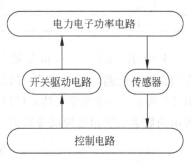

图 2-1 PSIM 电力电子仿真
电路模型单元构成

电力电子功率电路包括转换装置、谐振分支、变压器、联结感应器等;控制电路由构成 s 域或 z 域传递函数的控制元件、逻辑元件(如逻辑门和 flip flop)、非线性元件(如乘法器和除法器)、模拟控制电路元件等构成;传感器测量电力电子功率电路的电压和电流,并把测量值传递到控制电路;电力电子开关驱动信号由控制电路产生,并通过开关驱动电路反馈到电力电子功率电路,实现电力电子开关元件的开关控制。

PSIM 仿真软件集成了电力电子功率、控制、传感器、测量仪表、信号源等元件模型,分别放置在功率元件库、控制元件库、其他电路元件库、信号源元件库、符号元件库、事件控制元件库、SimCoder 元件库及自定义元件库中。各元件库及元件可以在菜单"Elements"下找到,也可以通过"View→Library Browser"或者工具栏的快捷图标"▦"打开元件库浏览器进行查找。本章将对电力电子变换电路仿真使用的部分元件模型进行论述讲解,其他未涉及的元件模型不再详述,可参看 PSIM 的帮助文档进行了解。

2.1 元件模型参数设置

PSIM 每一个元件模型的属性参数设置窗口有 3 个:Parameters(参数)、Other Info(其他信息)和 Color(颜色)。以电阻元件 Resistor 为例,其属性参数窗口如图 2-2 所示。

Parameters 中的参数被用于仿真,Other Info 中的信息不用于仿真,仅用于报告信息,将会出现在 PSIM 的"View→Element List"中。设备额定值、制造商和部分数字等信息被存储在 Other Info 中。元件颜色及外形符号可以在 Color 中设置。

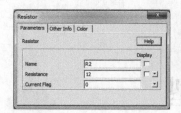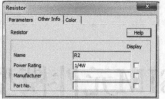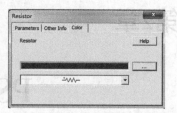

图 2-2　属性参数设置界面

Parameters 中的参数可以是一个数值或一个数学表达式,例如一个电阻额定阻值参数可以有如表 2-1 所示的几种设置方式。

表 2-1　元件参数设置方式

参　数	含　义	参　数	含　义
4.7	4.7Ω	4.7kOhm	4.7kΩ
4.7Ohm	4.7Ω	9.4./2.Ohm	4.7Ω
4.7k	4.7kΩ	R1+R2	表达式的值作为元件参数
4.7K	4.7kΩ	R1*0.5+(Vo+0.7)/Io	表达式的值作为元件参数

其中,R1、R2、Vo 和 Io 是被参数文件定义的变量符号,如果这个电阻是在子电路中,则它们是被主电路定义的符号。PSIM 允许使用 10 的 n 次方作为参数的后缀,支持的后缀如表 2-2 所示。一个数学表达式可以包括括号,但不区分大小写,并可利用 1.3.2 节表 1-14(b) 所示的数学功能函数构成参数值表达式。

表 2-2　支持的参数后缀字符

参　数	含　义	参　数	含　义
G	10^9	m	10^{-3}
M	10^6	u	10^{-6}
K	10^3(大写字母 K)	n	10^{-9}
k	10^3(小写字母 k)	p	10^{-12}

在元件属性参数窗口,单击"Help"按钮,可打开该元件的 PSIM 帮助文档,如图 2-3 所示。元件帮助文档详细描述了元件各参数的具体含义。

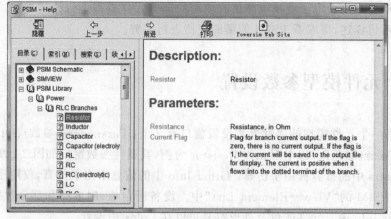

图 2-3　元件模型参数帮助文档

2.2　功率电路元件库

功率电路元件库(Power)中包含了 RLC 支路元件模型、电力电子开关元件模型、变压器模型等,具体如表 2-3 所示。

表 2-3　功率元件库

子元件库	含　义	说　明
RLC Branches	RLC 支路	包含电阻、电感、电容、耦合电感和非线性支路等元件模型
Switches	电力电子开关	包含二极管、晶闸管、MOSFET、开关模块等元件模型
Transformers	变压器	包含理想型变压器、单相和三相变压器等元件模型
Magnetic Elements	磁性元件	包含用于创建磁等效电路的元件模型
Other	其他	其他电力电子元件模型
Motor Drive Module	电机驱动模块	包括各种电机模型
MagCoupler Module	MagCoupler 模块	PSIM 与电磁场分析软件 JMAG PSIM 协同仿真提供的接口
MagCoupler-RT Module	MagCoupler-RT 模块	PSIM 与 JMAG-RT 协同仿真提供接口
Mechanical Load and Sensors	机械载荷和传感器	包含转速传感器、转矩传感器,以及各种机械负荷模型
Thermal Module	热损耗模块	包含可用于计算元件数据库中二极管、IGBT 和 MOSFET 的热损耗
Renewable Energy	可再生能源模块	能够模拟可再生能源应用系统的元件模型

2.2.1　RLC 支路元件模型

PSIM 提供了独立电阻 R、电感 L、电容 C 的元件模型,也提供了 RLC 串联支路模型及三相对称 RLC 支路模型,在"Elements→Power→RLC Branches"菜单项下可以找到所有 RLC 支路元件,如图 2-4 所示。

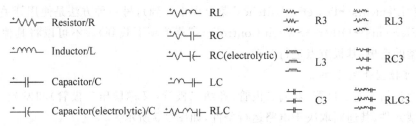

图 2-4　RLC 支路元件模型

元件图形上的名称是元件的简称。例如,电阻表示为"Resister",它的简称为"R"。RLC 串联元件与两个或者三个独立的 R/L/C 元件串联等价。三相对称 RLC 支路 R3、L3、

C3、RL3、RC3、RLC3 用于三相电流设备,带点的相为 A 相,三相支路电感电流和电容电压初始值默认全为 0,参数值可手动设置。一个支路的电阻、电感或电容不能全为 0,最少要设置一个参数为非零值,其具体参数描述如表 2-4 所示。

表 2-4 RLC 支路元件模型参数说明

参　　数	描　　述
Name	元件名称
Resistance	电阻(单位 Ω)
Inductance	电感(单位 H)
Capacitance	电容(单位 F)
Initial Current	电感电流的初始值(单位 A)
Initial Cap. Voltage	电容电压的初始值(单位 V)
Current Flag	支路电流输出标志。如果标志为 0,输出电流不输出。标志为 1,则电流储存在输出文档中,可在 Simview 中显示,当它流向带点支路终端时电流为正
Current Flag_A	三相支路 A 相电流的输出标志
Current Flag_B	三相支路 B 相电流的输出标志
Current Flag_C	三相支路 C 相电流的输出标志

　　RLC 支路中还有可变电阻(Rheostat)、饱和电感(Saturable Inductor)、带多个支路的耦合电感器(Coupled Inductor)、三相交流电缆(3-ph AC Cable)及四个拥有非线性电流-电压关系、带有附加输入的电阻型非线性元件(Nonlinear Element)。这些元件模型的具体参数设置及使用可查阅元件模型的帮助文档,此处不再详述。

2.2.2　开关元件模型

　　PSIM 中有两种基本的开关元件模型:一种是开关模式,它工作于截止区(关断状态)或者饱和区(导通状态);另一种是线性模式,可以工作于截止区、线性区或者饱和区。PSIM 的开关元件模型可在"Elements→Power→Switches"菜单项下找到。

　　电力电子开关元件在仿真时,参数可以设置为接近实物的参数,也可以设置为理想模型参数。各类开关元件的理想模型是指开关元件开通和关断是瞬时完成的,瞬间变化被忽略,其导通电阻为 $10\mu\Omega$(导通压降为 0),关断电阻为 $10M\Omega$(关断漏电流为 0)。开关元件和开关模块的理想模型只能用两种方法连接栅极/基极节点进行驱动,一种方法是使用开关门控模块(可在"Elements→Power→Switches"菜单项下找到),另一种方法是使用开关控制器模块(可在"Elements→Other→Switch Controllers"菜单项下找到)。不可以将其他元件连接到理想模型的栅极/基极节点进行驱动。

1. 不可控型开关元件

　　二极管包括普通二极管、双向二极管、齐纳二极管(又称稳压二极管)和发光二极管,属于不可控型元件,其通断取决于电路运行条件,如图 2-5 所示。

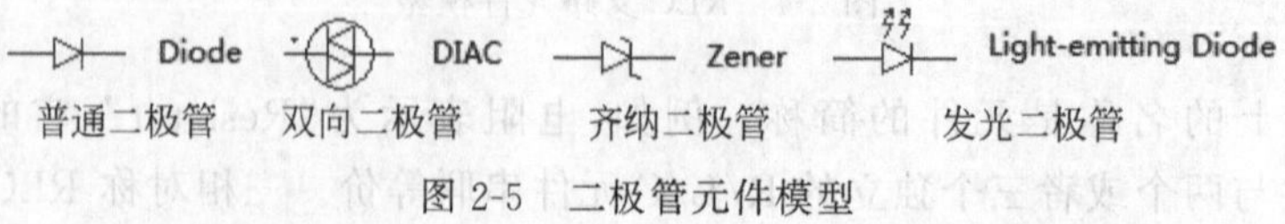

Diode　　　　DIAC　　　　Zener　　　Light-emitting Diode

普通二极管　　双向二极管　　齐纳二极管　　　发光二极管

图 2-5　二极管元件模型

二极管(Diode)的导通取决于电路的运行条件,当它正向偏置时二极管导通,当电流低于 0 时关断。双向二极管(DIAC)达到门槛电压后导通,然后进入雪崩传导,通态压降为恢复电压。齐纳二极管(Zener)正向偏置时表现为普通二极管,反向偏置时只要阳极电压 VKA 低于击穿电压 VB,它就呈现截止状态。当 VKA 超越 VB 时,则 VKA 电压就被箝位在 VB。二极管具体参数描述如表 2-5 所示。

表 2-5　二极管元件模型参数说明

参　　数	描　　述
Name	元件名称
Diode Threshold Voltage	二极管导通压降(单位 V)
Diode Resistance	二极管导通电阻(单位 Ω)
Initial Position	二极管的初始位置标记。为 0 时二极管开通;为 1 时二极管关断
Breakover Voltage	触发电压,DIAC 开始导通时的阻断电压(单位 V)
Breakback Voltage	导通时的电压降(单位 V)
Breakdown Voltage	齐纳击穿电压 VB(单位 V)
Forward Threshold Voltage	导通管压降(单位 V)
Forward Resistance	导通电阻(单位 Ω)
Current Flag	二极管输出电流标记,为 0 时无电流输出,为 1 时有电流输出,并可在 Simview 中显示

2. 半控型开关元件

晶闸管的导通可控,关断取决于电路条件。三端双向可控硅开关元件是一个可以双向导通的元件,它相当于两个晶闸管反并联。半控型开关元件如图 2-6 所示。

图 2-6　半控型开关元件模型

在构建仿真电路模型时,有两种方法可以控制晶闸管或者三端双向可控硅开关元件。一种是用开关门控模块,另一种是用开关控制器模块。晶闸管或者三端双向可控硅开关元件门极必须与开关门控模块或开关控制器模块其中一种相连接。三端双向可控硅开关元件的维持电流和擎住电流设为 0。具体参数描述如表 2-6 所示。

表 2-6　半控型元件模型参数说明

参　　数	描　　述
Name	元件名称
Voltage Drop	导通管压降(单位 V)
Holding Current	维持电流,维持导通的最小电流。低于此值时元件停止导通,并恢复到关断状态 (单位 A)
Latching Current	擎住电流,去除触发脉冲后,使元件保持在导通状态所需的最小导通状态电流 (单位 A)
Initial Position	开关的初始位置标志
Current Flag	开关的输出电流标志

3. 全控型开关元件

全控型开关元件可通过控制端进行导通、关断控制,除了 PNP-BJT 和 p-channel

MOSFET 外,所有开关在门极为高电平(电压为 1V 或者高于 1V),且开关是正向偏置(集射极或漏源极电压为正)时导通。门极为低电平或者电流降到 0 时关断。对于 PNP-BJT 和 p-channel MOSFET,当门极为低电平且开关为反向偏置时开关导通。全控型元件如图 2-7 所示。

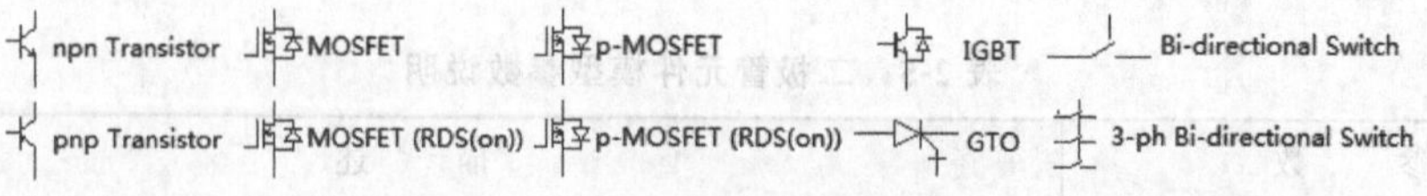

图 2-7　全控型开关元件模型

GTO 开关是对称装置,具备正向阻断和反向阻断能力。IGBT 和 MOSFET 开关由带反并联二极管的开关组成。MOSFET(RDS(on))、p-MOSFET(RDS(on))是具有导通电阻控制结温功能的元件。单相双向开关(Bi-directional Switch)可双向导通电流,不管电压偏置的情况,当门控为高电位时开关闭合导通,当门控为低电位时关断。三相双向开关可双向传导电流,无论开关的电压偏置条件如何,当门控为高电位时它们都导通,当门控为低电位时它们都关断,且一个门控信号可同时控制三相的开关。使用时需注意开关的控制节点只能连接到开关门控模块或开关控制器模块的输出,不能连接到任何其他元件。

另外,必须注意 PISM 中的 BJT 开关模型具有局限性,它与现实中设备的运行情况相反,就是 BJT 开关在 PSIM 中像 GTO 那样阻碍反向电压。同时,它可以通过门极电压控制,而不是电流控制。全控型开关可以通过开关门控模块或者开关控制器模块控制,与开关的门极(基极)相连。全控开关元件的具体参数描述如表 2-7 所示。

表 2-7　全控型元件模型参数说明

参　数	描　述
Name	元件名称
Saturation Voltage	集电极和发射极之间的饱和电压(单位 V)
On Resistance	MOSFET 导通状态下的电阻(单位 Ω)
Diode Threshold Voltage	反并联二极管的阈值电压(单位 V)
Diode Resistance	反并联二极管的导通电阻(单位 Ω)
Tj at Test	测试时的结温 Tj(单位℃)
RDS(on)n at Test	测试时 MOSFET 导通电阻 RDS(on)(单位 Ω)
Temperature Coefficient	导通电阻的温度系数 KT(单位℃)
Initial Position	开关的初始位置标志(0:打开;1:关闭)
Current Flag	开关的输出电流标志(0:无输出;1:有输出)

4. 线性开关元件

线性开关元件包括 NPN 双极晶体管、PNP 双极晶体管、n-channel MOSFET 和 p-channel MOSFET。它们可以工作在关断(截止区)、线性(放大状态)或者饱和状态,线性开关元件如图 2-8 所示。

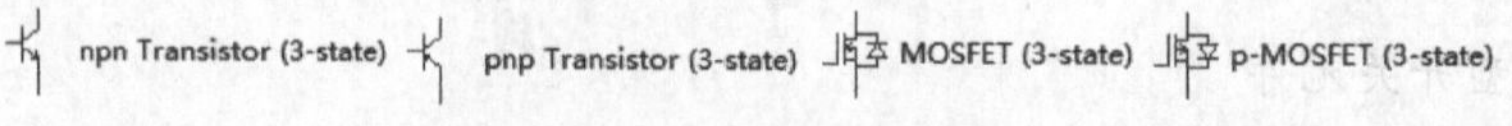

图 2-8　线性开关元件模型

线性双极晶体管开关受基极电流 Ib 控制,它可以运行在关断(断态)、线性、饱和状态(通态)三种情况中。NPN BJT 在这些状态下的特性为:

- 关断: Vbe < Vr; Ib = 0; Ic = 0
- 线性: Vbe = Vr; Ic = β * Ib; Vce > Vce,sat
- 饱和: Vbe = Vr; Ic < β * Ib; Vce = Vce,sat

其中,Vbe 是基极-发射极电压,Vce 是集电极-发射极电压,Ic 是集电极电流。使用时需注意 NPN BJT 和 PNP BJT 的门极是功率节点,必须与电力功率电路部分连接(如电阻或电源),不能与开关门控模块或开关控制器模块连接。在简单电路中 PNP BJT 和 NPN BJT 工作良好。但在复杂电路中可能不起作用,要小心使用这个元件。元件的具体参数描述如表 2-8 所示。

表 2-8　线性开关元件模型参数说明

参　　数	描　　述
Name	元件名称
Current Gain beta	晶体管的电流增益 β,定义为 $\beta = Ic/Ib$
Bias Voltage Vr	基极-发射极正向偏置电压(默认为 0.7 V)
Vce,sat	集电极-发射极饱和电压(默认为 0.2 V)
On Resistance	MOSFET 的导通电阻(单位 Ω)
Threshold Voltage Vgs(th)	MOSFET 的阈值电压 Vgs(th)(单位 V)
Transconductance gm	MOSFET 的跨导 gm
Diode Threshold Voltage	反并联二极管的阈值电压(单位 V)
Diode Resistance	反并联二极管的导通电阻(单位 Ω)
Initial Position	开关的初始位置标志(0:打开;1:关闭)
Current Flag	开关的输出电流标志(0:无输出;1:有输出)

5. 单相开关模块

PISM 中提供了集成单相二极管桥模块和单相晶闸管全桥模块,模块元件和内部接线如图 2-9 所示。

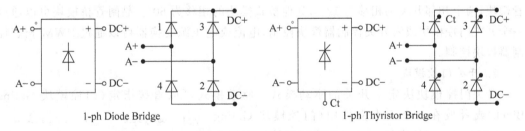

1-ph Diode Bridge　　　　　　　　1-ph Thyristor Bridge

图 2-9　单相开关模块元件模型

在晶闸管全桥模块底端的 Ct 节点是开关 1(位于桥电路左上角的第 1 个开关元件)的门极,只有开关 1 的开关模式需要指定,其他开关的控制信号由 PSIM 根据开关 1 的驱动信号自动产生。与单个晶闸管类似,晶闸管桥可以通过一个开关门控模块或者开关控制器模块控制。

6. 三相开关模块

PSIM 内集成了三相开关模块,模块元件和内部接线如图 2-10 所示。

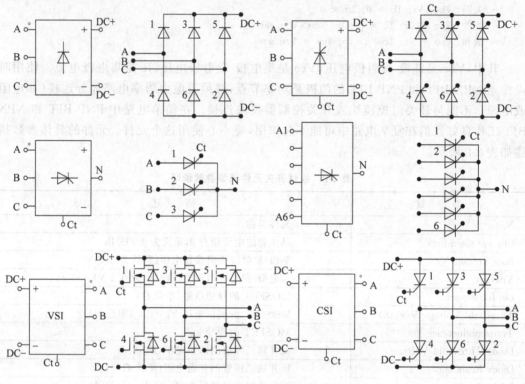

图 2-10　三相开关模块元件模型

三相电压源变换模块 VSI 由 MOSFET 类型开关或者 IGBT 类型开关组成。电流源变换器模块 CSI 由 GTO 类型开关组成,或者等效为与二极管串联的 IGBT。

类似于单相模块,三相模块中只有开关 1(位于桥电路左上角的第 1 个开关元件)的驱动需要指定,其他开关的门控驱动信号由 PSIM 自动产生,不需要指定。对于三相半波晶闸管模块,两个相邻开关的相移为 120°,其他桥式模块的相移为 60°。晶闸管桥模块可以通过一个开关门控模块或者开关控制器模块控制,电流或电压源变换器可以通过 PWM 查表控制器模块控制。

7. 开关门控模块

开关门控模块决定了开关的驱动模式。驱动模式可以直接指定(门控模块 Gating Block)或者放在一个文本文件中(门控模块 Gating Block(file))。门控模块只可以连接到开关的门极或栅极,不能与其他元件连接。开关门控模块如图 2-11 所示。

▭▭ Gating Block　▭▭ Gating Block (file)

图 2-11　开关门控模块模型

开关门控模块输出控制信号的频率、一个周期内切换的点数及具体切换点的位置由其属性参数设置,其具体参数如表 2-9 所示。

表 2-9 开关门控模块参数说明

参　数	描　　述
Name	元件名称
Frequency	连接到门控模块的开关或开关模块的工作频率（单位 Hz）
No. of Points	一个周期内的切换点数
Switching Points	切换点的位置，以度为单位。如果频率为零，则切换点以秒为单位
File for Gating Table	存储门控表的文件名

门控模块 Gating Block 开关点的数目定义为一个周期内开关动作的总次数。无论开通或关断都算是一个开关动作点。例如，如果一个开关在一次循环中导通和关断各一次，那么开关总动作两次，动作点的数目为 2。又如，假设开关工作在 2kHz，在一个周期中期望产生如图 2-12 的驱动波形。

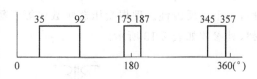

图 2-12 门控模块 Gating Block 驱动波形

图 2-12 驱动波形有 6 个开关点（三个脉冲），相应的开关角度位置分别为 35°、92°、175°、187°、345°和 357°，开关参数设置如表 2-10 所示。

表 2-10 Gating Block 参数设置

参　数	描　　述	备　　注
Frequency	2000	2K 或 2k
No. of Points	6	
Switching Points	35. 92. 175. 187. 345. 357	切换点后带一个英文的点“.”，切换点之间用空格隔开

对应门控模块 Gating Block（file），图 2-12 所示驱动波形开关参数设置如表 2-11 所示，存放开关表的文件必须与仿真电路原理图在同一目录下。

表 2-11 Gating Block（file）参数设置

参　数	描　　述	备　　注
Frequency	2000	2K 或 2k
File for Gating Table	test. tbl	存放开关表的文件名

文件“test. tbl”应按表 2-12 所示的格式进行设置。

表 2-12 Gating Block（file）参数设置

格　式	示　例	说　明
n	6	
G_1	35.	其中，
G_2	92.	-n 是切换的点数；
G_3	175.	-G_1,…,G_n 是各切换点位置
G_4	187.	-各参数需独立成行
…	345.	
G_n	357.	

2.2.3 变压器元件模型

PSIM 元件模型库提供了理想变压器、单相变压器和三相变压器三种模型,在"Elements→Power→Transformers"菜单项下可以找到。

1. 单相理想变压器

PSIM 的单相理想变压器无损耗、无漏磁通。理想变压器绕组中带较大点的绕组是初级绕组,其他为次级绕组。元件模型如图 2-13 所示,其中一个是次级绕组与初级绕组同极性,一个是反极性。理想变压器匝数比等于额定电压之比,每侧的绕组数可以用额定电压代替,其参数如表 2-13 所示。

Single-phase ideal transformer Single-phase ideal transformer
(with reversed polarity)

图 2-13 单相理想变压器模型

表 2-13 理想变压器模型参数说明

参 数	描 述
Name	元件名称
Np(primary)	初级绕组的匝数
Ns(secondary)	次级绕组的匝数

2. 单相变压器

PSIM 提供了 9 种不同绕组形式的单相变压器元件模型,如图 2-14 所示。带最大点的线圈是初级线圈或者第一初级线圈。对于多重线圈变压器,次序为从顶端到底端。

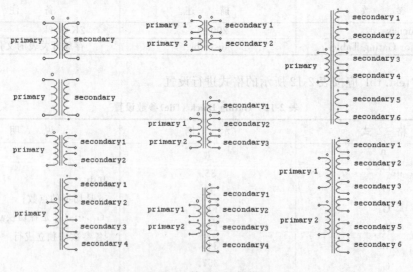

图 2-14 单相变压器模型

单相变压器模型主要包含以下 9 种模型：

> 1 个初级绕组和 1 个次级绕组的变压器，次级同极性。
> 1 个初级绕组和 1 个次级绕组的变压器，次级反极性。
> 1 个初级绕组和 2 个次级绕组的变压器。
> 1 个初级绕组和 4 个次级绕组的变压器。
> 2 个初级绕组和 2 个次级绕组的变压器。
> 2 个初级绕组和 3 个次级绕组的变压器。
> 2 个初级绕组和 4 个次级绕组的变压器。
> 1 个初级绕组和 6 个次级绕组的变压器。
> 2 个初级绕组和 6 个次级绕组的变压器。

单相两绕组变压器模型内部模拟电路如图 2-15 所示。Rp 和 Rs 分别为初级和次级绕组电阻，Lp 和 Ls 为初级和次级绕组的电感系数，Lm 为磁化感应系数。所有数值均为换算到初级线圈的值。

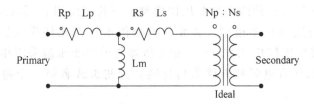

图 2-15 单相两绕组变压器模型内部模拟电路

对于有两个或者三个线圈的变压器模型，其参数属性如表 2-14 所示。

表 2-14 两个或者三个线圈变压器模型参数说明

参　数	描　述
Name	元件名称
Rp(primary)	初级绕组电阻（单位 Ω）
Rs(secondary)	换算到初级绕组侧的次级绕组电阻（单位 Ω）
Lp(pri. leakage)	初级绕组的漏感（单位 H）
Ls(sec. leakage)	换算到初级绕组侧的次级绕组漏感（以初级侧为基准）（单位 H）
Lm(magnetizing)	从初级绕组看的励磁电感（磁化感应系数）（单位 H）
Np(primary)	初级绕组的匝数
Ns(secondary)	次级绕组的匝数
Rt(tertiary)	换算到初级绕组侧的第三组的电阻（单位 Ω）
Lt(tertiary leakage)	换算到初级绕组侧的第三组的漏感（以初级侧为基准）（单位 H）
Nt(tertiary)	第三绕组的匝数

初级绕组多于一个或者次级绕组多于三个的变压器模型，其参数属性如表 2-15 所示。对于多重初级线圈，所有值均为换算到第一个初级线圈的值。

表 2-15　三个以上线圈变压器模型参数说明

参　　数	描　　述
Name	元件名称
Rp_i（primary i）	第 i 个初级绕组电阻（单位 Ω）
Rs_i（secondary i）	换算到第 1 个初级绕组侧的第 i 次级绕组电阻（单位 Ω）
Lp_i（pri. i leakage）	第 i 个初级绕组的漏感（单位 H）
Ls_i（sec. i leakage）	换算到第 1 个初级绕组侧的第 i 个次级绕组漏感（单位 H）
Lm（magnetizing）	从第 1 个初级绕组看的励磁电感（磁化感应系数）（单位 H）
Np_i（primary i）	第 i 个初级绕组的匝数
Ns_i（secondary i）	第 i 个次级绕组的匝数

3. 三相变压器

PSIM 提供了三相两绕组、三相三绕组、三相四绕组和三相六绕组等不同形式的三相变压器元件模型。三相两绕组变压器包括绕组未连接、具有饱和磁化且绕组未连接、Y/Y、Y/D、D/Y、D/D 等 6 种两绕组变压器模型。三相三绕组包括绕组未连接、Y/Y/D、Y/D/D 等 3 种三绕组变压器模型。各元件模型图形可在元件库浏览器（选择"View→Library Browser"菜单项打开）中查看，三相变压器与单相变压器采用相同的建模方式，其属性参数设置类似，所有电阻和电感值均是换算到初级或者第一个初级线圈的值，此处不再详述。

2.2.4　其他元件模型

PSIM 元件模型库提供了用于设置控制环路所需的运算放大器、光耦、TL431 基准电压芯片、继电器、dv/dt 微分器等元件模型，在"Elements→Power→Other"菜单项下可以找到相应的模型元件。

1. 运算放大器

PSIM 提供了不带参考点的理想运算放大器、带浮动参考点的理想运算放大器、不带参考点的非理想运算放大器和带浮动参考点的非理想运算放大器，其元件模型如图 2-16 所示。

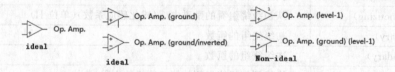

图 2-16　运算放大器元件模型

在 PSIM 模型中，理想运算放大器的参数设置如表 2-16 所示，其内部模拟电路如图 2-17 所示。其中：V＋为同相电压输入端；V－为反相电压输入端；A 为运算放大器增益（A 被设置为 100000）；Ro 为输出电阻（Ro 设置为 80Ω）；Vo 为电压输出端，输出电压被限制在 Vs＋与 Vs－之间。

表 2-16 理想运算放大器模型参数说明

参 数	描 述
Name	元件名称
Vs+	运算放大器电压源上限(单位 V)
Vs−	运算放大器电压源下限(单位 V)

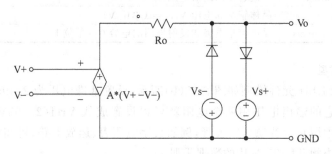

图 2-17 理想运算放大器内部模拟电路

不带参考点的理想运算放大器,在其内部将参考点接到了电源的地;带浮动参考点的理想运算放大器将参考点引出,可在外部设置参考地。另外,在 PSIM 中,理想运算放大器模型不能在正反馈模式下工作,且其默认模型图形的同相/反相输入端与比较器相反,注意区别。

不带参考点的非理想运算放大器和带浮动参考点的非理想运算放大器的区别在于参考点是否引出,不带参考点的非理想运算放大器在内部将参考点接到了电源的地,带浮动参考点的非理想运算放大器引出了参考点,可由外部设置参考地。非理想运算放大器的属性参数如表 2-17 所示。

表 2-17 非理想运算放大器模型参数说明

参 数	描 述
Name	元件名称
Input Resistance Rin	运算放大器的输入电阻(单位 Ω)
DC Gain Ao	运算放大器的直流增益
Unit Gain Frequency	放大器增益为 1 时的运算频率(单位 Hz)
Output Resistance Ro	运算放大器的输出电阻(单位 Ω)
Maximum Output Current	运算放大器输出可以提供的最大输出电流(单位 A)
Vs+	运算放大器电压源上限(单位 V)
Vs−	运算放大器电压源下限(单位 V)

与理想运算放大器模型相比,非理想运算放大器模型(也称为 1 级运放模型)考虑了运算放大器的带宽限制和输出电流限制。

2. 光耦模型

PSIM 带有光电耦合元件模型,可用于隔离型控制环路设计,光耦元件模型如图 2-18(a)所示。属性参数设置如表 2-18 所示。光耦的参数可以从元件生产厂家的数据手册获取或计算得出。

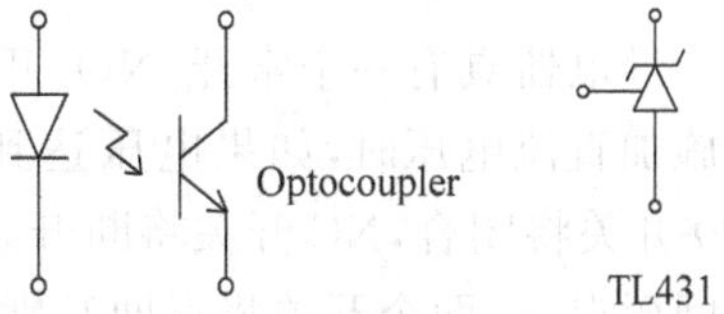

Optocoupler

TL431

(a) 光耦   (b) TL431

图 2-18 光耦/TL431 模型

表 2-18 光耦模型参数说明

参 数	描 述
Name	元件名称
Current Transfer Ratio	晶体管电流 Ic 和二极管电流 Id 之间的电流传输比 CTR，即 CTR ＝Ic/Id
Diode Resistance	二极管电阻 Rd，注意电阻必须大于 0（单位 Ω）
Diode Threshold Voltage	二极管正向阈值电压（单位 V）
Transistor Vce_sat	晶体管饱和电压 Vce_sat（单位 V）
Transistor-side Capacitance	晶体管集电极和发射极间的电容 Cp（单位 F）

3. TL431 模型

PSIM 中的 TL431 元件模型如图 2-18(b)所示，设置基准电压为 2.495V。TL431 是可控精密稳压源。它的输出电压用两个电阻就可以设置成从 Vref(2.495V)到 36V 的任何值。在很多应用中用它代替稳压二极管，例如数字电压表、运放电路、可调压电源、开关电源等。具体应用可查阅 TL431 芯片的数据手册。

4. 继电器模型

PSIM 中的继电器元件模型如图 2-19(a)所示，包含不带切换的继电器和带切换的继电器，继电器都带有常开 NO、常闭 NC 触点。继电器的属性参数设置如表 2-19 所示。

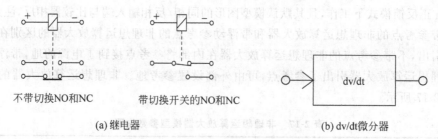

不带切换NO和NC　　　　带切换开关的NO和NC

(a) 继电器　　　　　　　　　　　　　　　　　(b) dv/dt微分器

图 2-19 继电器和 dv/dt 微分器模型

表 2-19 继电器模型参数说明

参 数	描 述
Name	元件名称
Rated Coil Voltage	继电器线圈的额定电压（单位 V）
Coil Resistance	继电器线圈电阻（单位 Ω）
Operate Voltage	继电器工作的电压（单位 V）
Release Voltage	继电器返回默认位置的电压（单位 V）
Operate Time	从达到工作电压到开关动作的操作时间（单位 s）
Release Time	从达到释放电压到开关返回默认位置的时间（单位 s）

继电器具有一个常开（NO）开关和一个常闭（NC）开关。当按照线圈的极性向继电器线圈施加直流电压时，如果电压达到设置的操作电压，则在设置的操作时间定义的延迟后，NO 开关将闭合，NC 开关将断开。当线圈电压降至释放电压时，在设置的释放时间定义的时间延迟后，两个开关将返回其默认位置。

5. dv/dt 微分器模型

dv/dt 模块与控制电路中的微分器具有一样的功能，不同之处在于其应用于电力电子

功率电路中。dv/dt 模块的输出等于输入电压对时间的导数,可由下式算出:

$$Vo = \frac{Vin(t) - Vin(t - \Delta t)}{\Delta t}$$

其中,Vin(t) 和 Vin(t−Δt) 分别是当前和上一时间步长的输入值,Δt 为仿真时间步长。其元件模型如图 2-19(b)所示。

2.2.5　热损耗模型

PSIM 元件模型库提供了热损耗元件模型,在"Elements→Power→Thermal Module"菜单项下可以找到。利用热损耗元件模型允许用户将半导体元件的参数信息添加到元件数据库中,并在仿真中使用这些元件数据进行损耗计算。

1. 二极管热损耗模型

PSIM 提供的二极管热损耗模型如图 2-20 所示,可以从元件库中选择独立封装和双封装。对于双二极管封装,有不同的连接配置。

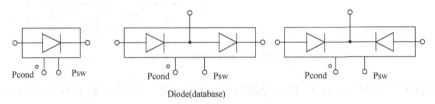

Diode(database)

图 2-20　二极管热损耗模型

图 2-20 中除了通常的阳极和阴极节点外,还有两个额外的节点。带点的节点用于传导损耗(Pcond)计算,而没有点的节点用于开关损耗(Psw)计算。损耗 Pcond 和 Psw(单位 W)以从这些节点流出的电流形式表示。因此,为了测量和显示损耗,应在节点和地面之间连接一个电流表。在不使用它们时,这些节点不能浮空,必须接地。模型的属性参数设置如表 2-20 所示。

表 2-20　二极管热损耗模型参数说明

参　　数	描　　述
Name	元件名称
Device	从元件数据库中选择特定的元件(不同封装的元件模型)
Frequency	计算损耗的频率(单位 Hz)
Pcond Calibration Factor	导通损耗 Pcond 的校准因子 Kcond
Psw Calibration Factor	开关损耗 Psw 的校准因子 Ksw
Number of Parallel Devices	相同元件并联的个数。当有多个元件并联时,损耗 Psw 和 Pcond 是所有元件的总损耗

参数中的"频率"是指计算损耗的频率。例如,如果元件以 10kHz 的开关频率运行,并且参数"频率"也设置为 10kHz,则损耗将是一个开关周期的值。但是,如果参数"频率"设置为 50Hz,则损耗将是 50Hz 周期内的损耗。

参数 Pcond 的校准因子 Kcond 是元件导通损耗的校正因子。如果元件数据库计算出的导通损耗为 Pcond_cal,则导通损耗 Pcond = Kcond * Pcond_cal。

类似地,参数 Psw 的校准因子 Ksw 是元件开关损耗的校正因子。如果从元件数据库计算出的开关损耗为 Psw_cal,则 Psw=Ksw * Psw_cal。

2. IGBT 热损耗模型

PSIM 提供的 IGBT 热损耗模型如图 2-21 所示,可以从元件库中选择独立封装、半桥封装、三相桥封装等形式的元件模型。

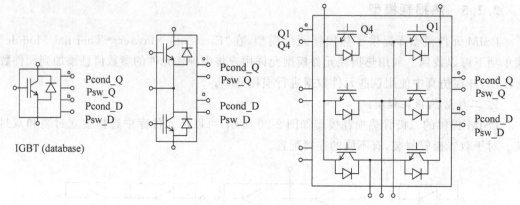

图 2-21　IGBT 热损耗模型

模型中除了 IGBT 的 G、C、E 三个端口外,在反并联二极管旁边有四个额外的节点,它们是所有晶体管导通损耗 Pcond_Q 节点(带圆圈的节点)、所有晶体管开关损耗 Psw_Q 节点、所有二极管导通损耗 Pcond_D 节点(带正方形的节点)以及所有二极管开关损耗 Psw_D 节点。损耗(单位 W)以从这些节点流出的电流形式表示。为了测量和显示损耗,应在节点和地面之间连接一个电流表。在不使用它们时,这些节点不能浮空,必须接地。模型的属性参数设置如表 2-21 所示。

表 2-21　IGBT 热损耗模型参数说明

参　　数	描　　述
Name	元件名称
Device	从元件数据库中选择特定的元件(不同封装的元件模型)
Frequency	计算损耗的频率(单位 Hz)
Pcond_Q Calibration Factor	晶体管导通损耗 Pcond_Q 的校准因子 Kcond_Q
Psw_Q Calibration Factor	晶体管开关损耗 Psw_Q 的校准因子 Ksw_Q
Pcond_D Calibration Factor	反并联二极管导通损耗 Pcond_D 的校准因子 Kcond_D
Psw_D Calibration Factor	反并联二极管开关损耗 Psw_D 的校准因子 Ksw_D
Number of Parallel Devices	相同元件并联的个数。当有多个元件并联时,损耗 Psw 和 Pcond 是所有元件的总损耗

参数中的“频率”是指计算损耗的频率。例如,如果元件以 10kHz 的开关频率运行,并且将参数“频率”设置为 10kHz,则损耗将是一个开关周期的值。但是,如果参数“频率”设置为 50Hz,则损耗将是 50Hz 周期内的。参数 Pcond、Psw 的校准因子是元件损耗的校正因子,损耗计算方法类似二极管的计算方法。

3. 双 IGBT-二极管热损耗模型

PSIM 提供的双 IGBT-二极管热损耗模型如图 2-22 所示,可以从元件库中选择不同封装形式的元件模型。

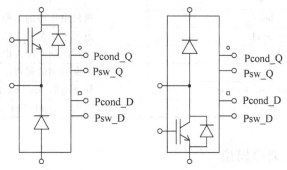

Dual IGBT-Diode Module (database)

图 2-22　双 IGBT-二极管热损耗模型

模型中除了 IGBT-二极管的 G、C、E、A、K 端口外,在反并联二极管旁边有四个额外的节点,它们是所有晶体管导通损耗 Pcond_Q 节点(带圆圈的节点)、所有晶体管开关损耗 Psw_Q 节点、所有二极管导通损耗 Pcond_D 节点(带正方形的节点)以及所有二极管开关损耗 Psw_D 节点。损耗以从这些节点流出的电流的形式表示,为了测量和显示损耗,应在节点和地面之间连接一个电流表。在不使用它们时,这些节点不能浮空,必须接地。损耗计算方法类似 2GBT 的计算方法模型的属性参数设置可参考表 2-21。

4. MOSFET 热损耗模型

PSIM 提供的 MOSFET 热损耗模型如图 2-23 所示,可以从元件库中选择独立封装或双封装形式的元件模型。

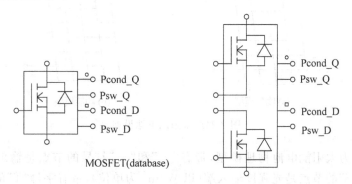

MOSFET(database)

图 2-23　MOSFET 热损耗模型

模型中除了 MOSFET 的 G、D、S 三个端口外,在反并联二极管旁边有四个额外的节点,它们是所有晶体管导通损耗 Pcond_Q 节点(带圆圈的节点)、所有晶体管开关损耗 Psw_Q 节点、所有二极管导通损耗 Pcond_D 节点(带正方形的节点)以及所有二极管开关损耗 Psw_D 节点。损耗以从这些节点流出的电流的形式表示,为了测量和显示损耗,应在节点和地面之间连接一个电流表。在不使用它们时,这些节点不能浮空,必须接地。损耗计算方法类似 IGBT 的计算方法。模型的属性参数比表 2-21 增加了几个与 MOSFET 有关的参数,增加的参数如表 2-22 所示。

表 2-22　MOSFET 热损耗模型增加的参数说明

参　数	描　述
VGG+ (upper level)	栅极电压源的上限(单位 V)
VGG- (lower level)	栅极电压源的下限(单位 V)
Rg_on (turn-on)	导通期间的栅极电阻(单位 Ω)
Rg_off (turn-off)	关断期间的栅极电阻(单位 Ω)
Rds(on) Calibration Factor	导通电阻 Rds(on) 的校准系数
gfs Calibration Factor	正向跨导 gfs 的校准因子

2.2.6　可再生能源模型

PSIM 元件模型库提供了太阳能电池、风力发电机的仿真模型,在"Elements→Power→Renewable Energy"菜单项下可以找到,利用这些模型可以进行可再生能源应用系统仿真。

1. 太阳能电池模型

PSIM 中的太阳能电池仿真模型提供物理模型和功能模型两种,如图 2-24 所示。太阳能电池输出特性既非固定电压,也非固定电流,会随着外部环境变换而变化,为使太阳能电池工作在最优点,充分利用太阳能电池,需要做最大功率跟踪(maximum power point tracking,MPPT)。可以利用 PSIM 提供的仿真模型,进行 MPPT 跟踪算法研究,也可以进行太阳能电池应用系统设计与仿真。

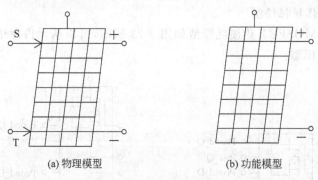

(a) 物理模型　　　　　　　(b) 功能模型

图 2-24　太阳能电池模型

图 2-24(a)为太阳能电池物理模型,带有"+"和"-"符号的节点是输出正极端和负极端。带有字母"S"的节点是光强度输入端(以 W/m² 为单位),带有字母"T"的节点是环境温度输入端(以℃为单位),顶部的节点用于给出工作条件下的理论最大功率。正负极端子节点均为电源电路节点,其他节点均为控制电路节点,其属性参数如表 2-23 所示。

表 2-23　太阳能电池物理(physical)模型参数说明

参　数	描　述
Name	元件名称
Number of Cells Ns	太阳能模块的电池数量 Ns,太阳能模块由 Ns 个串联的太阳能电池组成
Standard Light Intensity S0	在标准测试条件下的光强度 S0,该值通常在制造商数据表中(单位 W/m²)

参　　数	描　　述
Ref. Temperature Tref	标准测试条件下的温度 Tref(单位℃)
Series Resistance Rs	每个太阳能电池的串联电阻 Rs(单位 Ω)
Shunt Resistance Rsh	每个太阳能电池的分流电阻 Rsh(单位 Ω)
Short Circuit Current Isc0	每个太阳能电池在参考温度 Tref 下的短路电流 Isc0(单位 A)
Saturation Current Is0	每个太阳能电池在参考温度 Tref 下的二极管饱和电流 Is0
Band Energy Eg	每个太阳能电池的带能,晶体硅约为 1.12,非晶硅约为 1.75
Ideality Factor A	每个太阳能电池的理想因子 A,也称为发射系数。对于晶体硅,A 约为 2,对于非晶硅,A 小于 2。
Temperature Coefficient Ct	温度系数 Ct,以 A /C 或 A / K 为单位
Coefficient Ks	定义光强度如何影响太阳能电池温度的系数 Ks

描述太阳能电池物理模型的方程为:

$$\begin{cases} i = iph - id - ir \\ iph = Isc0 \cdot \dfrac{S}{S0} + Ct \cdot (T - Tref), \quad T = Ta + Ks \cdot S \\ id = Io \cdot (e^{\frac{qVd}{AkT}} - 1), \qquad\qquad Io = Is0 \cdot \left(\dfrac{T}{Tref}\right)^3 \cdot e^{\frac{qEg}{Ak}\left(\frac{1}{Tref} - \frac{1}{T}\right)} \\ ir = \dfrac{Vd}{Rsh} \end{cases}$$

其中,q 是电子电荷($q = 1.6 \times 10^{-19}$);k 是玻尔兹曼常数($k = 1.3806505 \times 10^{-23}$);S 是光强度输入;Ta 是环境温度输入;$Vd = V/Ns + i \times Rs$,V 是太阳能模块两端的端电压;i 是从太阳能电池组件正极流出的电流。

为了更容易定义特定太阳能模块的参数,PSIM 的"Utilities→Solar Module(physical model)"菜单项提供了一个"太阳能模块(物理模型)"的实用工具。利用该工具可以方便对太阳能电池的参数进行设置。

图 2-24(b)为太阳能电池功能模型,带有"+"和"-"符号的节点是输出正极端和负极端。顶部的节点用于给出工作条件下的理论最大功率。正负极端子节点均为电源电路节点,其他节点均为控制电路节点,其属性参数如表 2-24 所示。

表 2-24　太阳能电池功能(functional)模型参数说明

参　　数	描　　述
Name	元件名称
Open Circuit Voltage Voc	太阳能电池端子开路时测量的电压(单位 V)
Short Circuit Current Isc	太阳能电池端子短路时测量的电流(单位 A)
Maximum Power Voltage Vm	输出最大功率时太阳能电池端子电压(单位 V)
Maximum Power Current Im	输出功率最大时太阳能电池端子电流(单位 A)

使用表 2-24 中的四个输入参数,功能模型将创建太阳能电池的 i-v 曲线。典型太阳能电池的 i-v 曲线如图 2-25 所示,X 轴是电压。上图是输出电流,下图是输出功率。

i-v 曲线表明太阳能电池的输出功率在特定电压水平下达到的最大值,故可以利用功能模型进行最大功率点跟踪控制研究,从而使太阳能电池的输出功率达到最大。

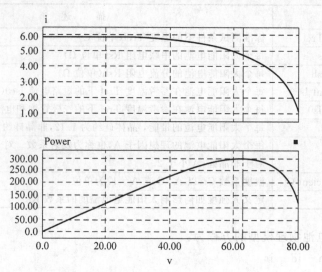

图 2-25　典型太阳能电池的 i-v 曲线

2. 风力发电机模型

PSIM 中的风力发电机仿真模型如图 2-26 所示,字母"W"节点是风速输入端口(单位 m/s),字母"P"节点是风机叶片倾角输入端口,两个节点都是控制电路节点。

风力发电机输出的功率是风轮叶片面积、风速、空气密度和功率系数的函数,该模型的属性参数设置如表 2-25 所示。

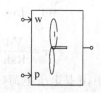

图 2-26　风力发电机模型

表 2-25　风力发电机模型参数说明

参　　数	描　　述
Name	元件名称
Nominal Output Power	在 0°俯仰角处,风力发电机的额定功率(单位 W)
Base Wind Speed	产生额定输出功率的基本风速(单位 m/s)
Base Rotational Speed	产生标称输出功率的风机基本转速(单位 r/min)
Initial Rotational Speed	风机的初始转速(单位 r/min)
Moment of Inertia	风力发电机的转动惯量,kg×m×m
Torque Flag	显示风力发电机内部扭矩的标志(0:不显示;1:显示)
Master/Slave Flag	已连接机械系统的主站/从站标志(0:从站;1:主站)

2.3　控制电路元件库

控制电路元件库(Control)下面包含了滤波器、运算函数模块、其他函数模块、逻辑元件、数字控制模块、SimCoupler 模块等仿真模型,可用于构建电力电子电路的控制环路,设计功率电路的补偿控制器。

2.3.1　滤波器模型

PSIM 提供了一阶低通滤波器、二阶低通滤波器、二阶高通滤波器、二阶带通滤波器和二阶带阻滤波器等五种滤波器仿真模型。在"Elements→Control→Filters"菜单下可以找到相应元件模型，这些模型属性参数设置如表 2-26 所示。各滤波器传递函数及使用方法可查阅信号处理等相关文献，此处不再详述。

表 2-26　滤波器模型参数说明

参　　数	描　　述
Name	元件名称
Gain	增益 k
Damping Ratio	阻尼比 ζ
Cut-off Frequency	截止频率 fc，fc＝ωc/2π（单位 Hz）
Center Frequency	中心频率 fo，fo＝ωo/(2π)（单位 Hz）
Passing Band	通带的频率宽度 fb，fb＝B/(2π)（单位 Hz）
Stopping Band	阻带的频率宽度 fb，fb＝B/(2π)（单位 Hz）

2.3.2　运算函数元件模型

PSIM 提供了大量运算功能仿真元件模块，如图 2-27 所示。在"Elements→Control→Computational Blocks"菜单项下可以找到相应元件模型，利用这些运算函数元件模型，可以对控制信号进行运算处理，形成相应的控制处理单元。

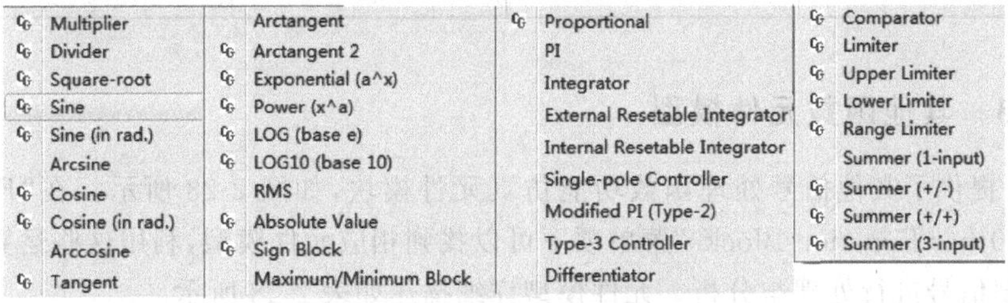

图 2-27　运算函数元件模型

元件模型前面的小图标 ᴄ 表明该元件可用于 SimCoder 自动代码生成 C 程序代码。为了区别可用于及不可用于自动代码生成 C 程序代码的元件，可选择"Options→Settings"菜单项，在弹出设置界面进入"Advanced"页面，并选中"show image next to elements that can be used for code generation"复选框，小图标" ᴄ "就会出现在可用于产生 C 程序代码的仿真元件模型的前面。运算函数元件模型详细描述如表 2-27 所示。

表 2-27　运算函数元件模型

模　　型	C_G	描　　述	模　　型	C_G	描　　述
Multiplier	C_G	乘法器	Sign block	C_G	符号函数
Divider	C_G	除法器	Proportional	C_G	比例
Square-root	C_G	平方根	PI		比例积分

续表

模　型	C_G	描　述	模　型	C_G	描　述
Sine	C_G	正弦函数	Integrator		积分
Sine（in rad.）	C_G	自变量为弧度的正弦函数	External Resetable Integrator		可外部复位的积分器
Arcsine		反正弦函数	Internal Resetable Integrator		可内部复位的积分器
Cosine	C_G	余弦函数	Single-pole Controller		单极控制器
Cosine（in rad.）	C_G	自变量为弧度的余弦函数	Modified PI（Type-2）		改进比例积分控制器（Type-2）
Arccosine		反余弦函数	Type-3 Controller		Type-3 控制器
Tangent	C_G	正切函数	Differentiator		微分器
Arctangent		输出度数的反正切函数	Comparator	C_G	比较器
Arctangent 2	C_G	输出弧度的反正切函数	Limiter	C_G	限幅器
Exponential（a^x）	C_G	指数函数	Upper Limiter	C_G	上限幅器
Power（x^a）	C_G	幂函数	Lower Limiter	C_G	下限幅器
Logarithmic（base e）	C_G	以 e 为底的对数函数	Range Limiter	C_G	将输出限制在范围内的限制器
Logarithmic（base 10）	C_G	以 10 为底的对数函数	Summer（1-input）		单输入加法器
RMS		均方根	Summer（+/−）	C_G	减法器
Absolute Value	C_G	绝对值	Summer（+/+）	C_G	加法器
Maximum/Minimum Block		最大值/最小值	Summer（3-input）	C_G	三输入加法器

2.3.3　其他函数元件模型

PSIM 提供了其他信号处理函数功能仿真元件模块，如图 2-28 所示。在"Elements→Control→Other Function Blocks"菜单项下可以找到相应元件模型，利用这些运算元件模型可以对控制信号进行处理与分析。元件模型详细描述如表 2-28 所示。

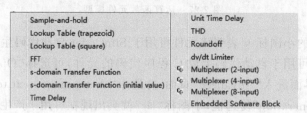

图 2-28　其他函数元件模型

表 2-28　其他函数元件模型描述

模　型	C_G	描　述
Sample-and-hold		采样/保持
Lookup Table（trapezoid）		梯形波形查找表
Lookup Table（square）		方波查找表

续表

模　　　型	C_G	描　　　述
FFT		快速傅里叶变换
s-domain Transfer Function		s 域传递函数
s-domain Transfer Function (initial value)		带初始值的 s 域传递函数
Time Delay		时间延迟模块
Unit Time Delay		将输入信号延迟一个仿真步长的时延模块
THD		总谐波失真（THD）
Roundoff		四舍五入功能块
dv/dt Limiter		梯度（dv/dt）限制器
Multiplexer（2-input）	C_G	2 输入多路复用器
Multiplexer（4-input）	C_G	4 输入多路复用器
Multiplexer（8-input）	C_G	8 输入多路复用器
Embedded Software Block		嵌入式软件模块

　　Embedded Software Block 是常规 DLL 块的一种特殊类型，使用者可以根据需要利用 C++编写具体功能并生成 DLL 文件，通过该模块进行功能加载。

2.3.4　逻辑元件模型

　　PSIM 元件库带有常用的与门、或门、异或门、非门、与非门、或非门、JK 触发器等逻辑元件模型，在"Elements→Control→Logic Elements"菜单项下可以找到相应元件模型，如图 2-29 所示。详细说明如表 2-29 所示。

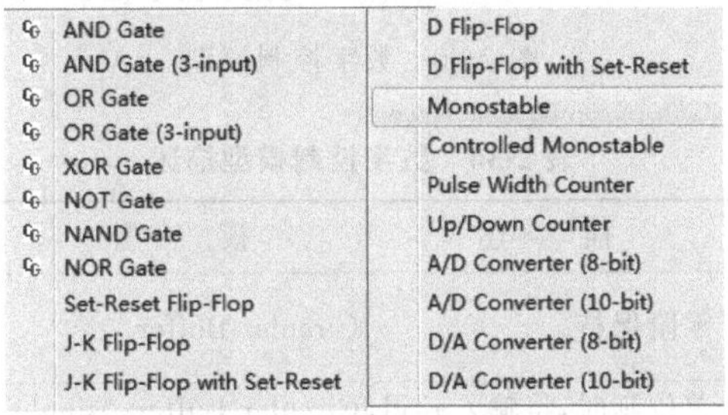

图 2-29　逻辑元件模型

表 2-29　逻辑元件模型描述

模　　型	C_G	描　　述	模　　型	C_G	描　　述
AND Gate	C_G	逻辑与门	Pulse Width Counter		脉宽计数器
AND Gate（3-input）	C_G	三输入与门	Up/Down Counter		上/下计数器
OR Gate	C_G	逻辑或门	A/D Converter（8-bit）		8 位 ADC
OR Gate（3-input）	C_G	三输入或门	A/D Converter（10-bit）		10 位 ADC
XOR Gate	C_G	异或门	D/A Converter（8-bit）		8 位 DAC
NOT Gate	C_G	非门	D/A Converter（10-bit）		10 位 DAC
NAND Gate	C_G	与非门	Set-Reset Flip-Flop		置位复位触发器
NOR Gate	C_G	或非门	J-K Flip-Flop		JK 触发器

模 型	C_G	描 述	模 型	C_G	描 述
Monostable		单稳态多谐振荡器	J-K Flip-Flop with Set-Reset		带置位复位的 JK 触发器
Controlled Monostable		宽度可调的单稳态多谐振荡器	D Flip-Flop with Set-Reset		带置位复位的 D 触发器
D Flip-Flop		D 触发器			

2.3.5 数字控制模型

PSIM 元件库中的数字控制模块提供了离散元件(如零序保持器、z 域转换模块、数字滤波器等)用来进行数字控制系统仿真。与 s 域电路的连续性不同,z 域电路是离散的,而且计算只能在离散取样点完成,两个取样点之间不能计算。在"Elements→Control→Digital Control Module"菜单项下可以找到相应元件模型,如图 2-30 所示。元件模型详细说明如表 2-30 所示。

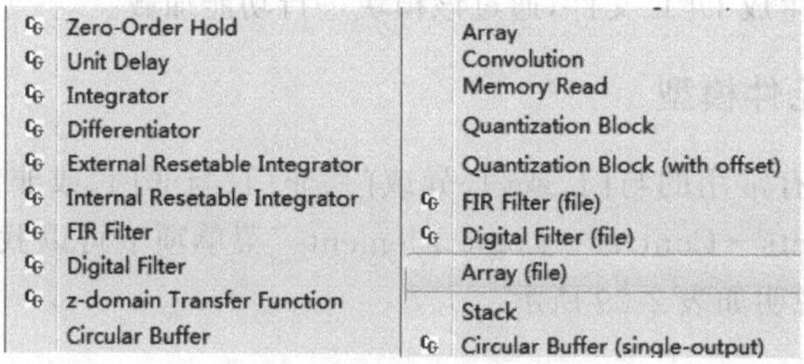

图 2-30 数字控制模型

表 2-30 数字控制模型描述

模 型	C_G	描 述	模 型	C_G	描 述
Zero-Order Hold	C_G	零阶保持	Circular Buffer		带向量输出的循环缓冲区
Unit Delay	C_G	单位延时,将输入延迟一个采样周期	Circular Buffer (single-output)	C_G	单输出循环缓冲器
Integrator	C_G	离散积分器	Convolution		卷积
Differentiator	C_G	离散微分器	Memory Read		内存区读取
External Resetable Integrator	C_G	可在外部复位的离散积分器	Quantization Block		量化函数模块
Internal Resetable Integrator	C_G	可在内部复位的离散积分器	Quantization Block(with offset)		带偏移量的量化函数模块
FIR Filter	C_G	FIR 滤波器	FIR Filter (file)	C_G	系数存储在文件中的 FIR
Digital Filter	C_G	数字滤波器	Digital Filter (file)	C_G	系数存储在文件中的数字滤波器
z-domain Transfer Function	C_G	z 域传递函数	Array (file)		数据存储在文件中 1 维数据数组
Array		一维数组	Stack		堆栈

在使用时需要注意,对于多于一个采样频率的多速率系统,在采样频率不同的两个模块之间必须使用零阶保持模块。

2.3.6　SimCoupler 模块

PSIM 元件库中的 SimCoupler 模块提供了与 MATLAB/Simulink 进行协同仿真的接口。通过 SimCoupler 模块,系统的一部分功能可以在 PSIM 中实现和仿真,而在 Simulink 中则可以实现系统的其余部分,以充分利用 PSIM 在功率仿真方面的能力和 MATLAB/Simulink 在控制方面仿真的能力。SimCoupler 的界面有两部分,在 PSIM 上的联结点和在 Simulink 中的 SimCoupler 模型,元件模型如图 2-31 所示。

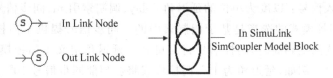

图 2-31　SimCoupler 模块

在 PSIM 中,节点 In Link Node 从 Simulink 接收数据,节点 Out Link Node 则向 Simulink 发出数据。它们是控制模块,且只能用在控制电路中。在 Simulink 中的 SimCoupler Model Block 模块,通过输入或输出端口与系统的其他部分连接。

2.4　其他电路元件库

2.4.1　开关控制器

开关控制器与实际电路中的门极或者基极驱动电路有相同的功能,它接受来自控制电路的输入信号,然后控制电力电子电路的开关进行开通与关断动作。一个开关控制器可以同时控制多个开关,PSIM 包含通-断开关控制器、延迟 α 角控制器、PWM 查表控制器,可在"Elements→Other→Switch Controllers"菜单项下找到对应模型,元件模型如图 2-32 所示。

图 2-32　开关控制器

> **通-断开关控制器(On-Off Controller)**,用于连接门极控制信号和功率开关管,类似于控制器的驱动电路。通-断开关控制器的输入连接控制逻辑电路输出的控制逻辑信号,其输出连接功率电路的门极或者栅极,以驱动开关管动作。
> **延迟 α 角控制器(Alpha Controller,α 控制器)**,用于控制晶闸管开关或桥的延迟角。

Alpha 控制器有 3 个输入信号,依次为同步触发信号、延迟角 α 值(单位为度)、使能信号。同步信号从低到高(0 到 1)的转变,提供了同步,转变时刻与延迟角 α 等于 0°的时刻一致。若 enable 信号使能,会产生具有 α 度延迟的触发脉冲,并将其发送到晶闸管的门极实现相位控制。enable 信号为高(或低)时,则启用(或禁用)Alpha 控制器。在使用 Alpha 控制器时,其两个属性参数 Frequency(受控开关或开关模块的工作频率)、Pulse Width(以度为单位的触发脉冲宽度)需要根据实际控制需要设置。

➢ **PWM 查表控制器(PWM Pattern Controller)**,用于控制具有预先计算的 PWM 模式的开关或开关模块,一系列 PWM 模式存储在文件的查找表中。PWM 查表控制器有 4 个输入信号:以度为单位的延迟角 delay、调制索引 m、同步信号 sync、使能信号 enable。门控模式的选择是基于调制索引的。同步信号提供了门控模式的同步,当同步信号从低变到高时,门控信号将会更新。延迟角定义了门控模式和同步信号之间的相位角。例如,延迟角为 10°,门控模式将会超前同步信号 10°。

2.4.2　电压-电流传感器

PSIM 的电压/电流传感器用于测量功率电路的电压和电流,并把它们传送到控制电路,参与控制环路的控制运算。元件模型可在"Elements→
Other→Sensors"菜单项下找到,如图 2-33 所示,在使用电压和电流传感器时,均可以设置其放大增益。电压传感器带小圆点的端子是正极,电流传感器带小圆点的端子是流入端,与实心大圆点连接的端子是测量输出端,且电流传感器内阻为 $1\mu\Omega$。

电压传感器　　　电流传感器

图 2-33　传感器模型

2.4.3　探头和仪表

PSIM 元件模型库提供了探头和仪表的仿真模型,用来测量电压、电流、功率和其他参数。元件模型可在"Elements→Other→Probes"菜单项下找到,如图 2-34 所示。各元件模型描述如表 2-31 所示。

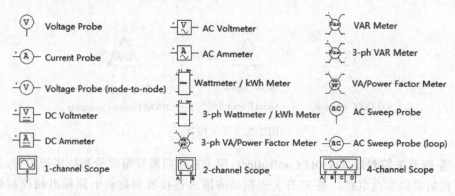

Ⓥ Voltage Probe	AC Voltmeter	VAR Meter
Ⓐ Current Probe	AC Ammeter	3-ph VAR Meter
Ⓥ Voltage Probe (node-to-node)	Wattmeter / kWh Meter	VA/Power Factor Meter
Ⓥ DC Voltmeter	3-ph Wattmeter / kWh Meter	AC Sweep Probe
Ⓐ DC Ammeter	3-ph VA/Power Factor Meter	AC Sweep Probe (loop)
1-channel Scope	2-channel Scope	4-channel Scope

图 2-34　探头和仪表模型

表 2-31 探头和仪表模型描述

模　型	描　述
Voltage Probe	用于测量节点与地之间电压的电压探头
Current Probe	电流探头
Voltage Probe（node-to-node）	用于测量两个节点之间电压的电压探头
DC Voltmeter	直流电压表
DC Ammeter	直流安培表
AC Voltmeter	交流电压表
AC Ammeter	交流安培表
Wattmeter/kWh Meter	瓦特计/电度表
3-ph Wattmeter/kWh Meter	三相瓦特计/电度表
3-ph VA/Power Factor Meter	三相功率因数表
VAR Meter	无功功率表（VAR）
3-ph VAR Meter	三相无功功率表
VA/Power Factor Meter	功率因数表
AC Sweep Probe	交流扫描探头
AC Sweep Probe（loop）	交流扫描探头（测量回路传递函数）
1-channel Scope	单通道示波器
2-channel Scope	双通道示波器
4-channel Scope	四通道示波器

　　所有探头和仪表均可用于功率电力电子电路的参数测量，在控制电路中只能使用节点到地的电压探头、交流扫描探头、单通道示波器、双通道示波器和四通道示波器。探头可以测量电压或电流，仪表则可以测量直流或交流的电压、电流、无功功率和有功功率。仪表的功能与真实仪表相同，电流探头内装有 $1\mu\Omega$ 的小电阻来测量电流。

2.4.4　功能块模型

　　在 PSIM 元件模型库中含有一些常用的功能元件模块，如图 2-35 所示，模型在"Elements→Other→Function Blocks"菜单项下可以找到，模型描述如表 2-32 所示。模型左边带"C_G"图标的元件是可以用于构建 SimCoder 自动代码生成的控制环路电路模型。

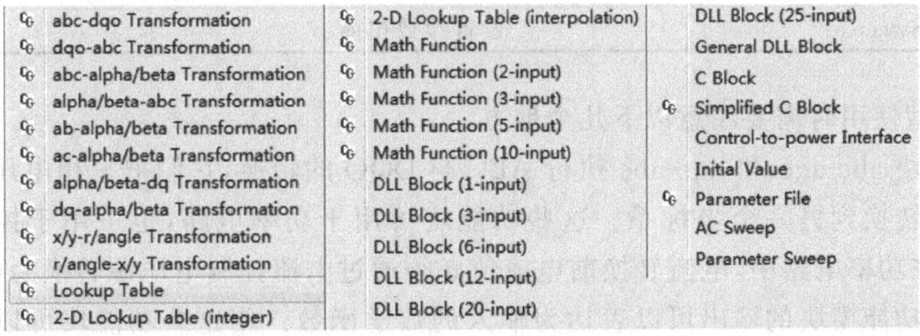

C_G abc-dqo Transformation	C_G 2-D Lookup Table (interpolation)	DLL Block (25-input)
C_G dqo-abc Transformation	C_G Math Function	General DLL Block
C_G abc-alpha/beta Transformation	C_G Math Function (2-input)	C Block
C_G alpha/beta-abc Transformation	C_G Math Function (3-input)	C_G Simplified C Block
C_G ab-alpha/beta Transformation	C_G Math Function (5-input)	Control-to-power Interface
C_G ac-alpha/beta Transformation	C_G Math Function (10-input)	Initial Value
C_G alpha/beta-dq Transformation	DLL Block (1-input)	C_G Parameter File
C_G dq-alpha/beta Transformation	DLL Block (3-input)	AC Sweep
C_G x/y-r/angle Transformation	DLL Block (6-input)	Parameter Sweep
C_G r/angle-x/y Transformation	DLL Block (12-input)	
C_G Lookup Table	DLL Block (20-input)	
C_G 2-D Lookup Table (integer)		

图 2-35　功能块模型

表 2-32 功能块模型描述

模 型	描 述
abc-dqo Transformation	abc 转为 dqo 的变换模块
dqo-abc Transformation	dqo 转为 abc 的变换模块
abc-alpha/beta Transformation	abc 转为 α/β 的克拉克变换模块
alpha/beta-abc Transformation	α/β 转为 abc 的克拉克逆变换模块
ab-alpha/beta Transformation	ab 转为 α/β 的克拉克变换模块
ac-alpha/beta Transformation	ac 转为 α/β 的克拉克变换模块
alpha/beta-dq Transformation	具有角度输入的 α/β 转为 dq 的帕克变换模块
dq-alpha/beta Transformation	具有角度输入的 dq 转为 α/β 的帕克逆变换模块
x/y-r/angle Transformation	笛卡儿坐标转为极坐标的变换模块
r/angle-x/y Transformation	极坐标转为笛卡儿坐标的变换模块
Lookup Table	查询表
2-D Lookup Table (integer)	带整数输入的 2 维内置查询表
2-D Lookup Table (interpolation)	带插值的 2 维查询表
Math Function	数学函数模块
Math Function (2-input)	具有 2 个输入变量的数学函数模块
Math Function (3-input)	具有 3 个输入变量的数学函数模块
Math Function (5-input)	具有 5 个输入变量的数学函数模块
Math Function (10-input)	具有 10 个输入变量的数学函数模块
DLL Block (1-input)	具有 1 个输入端和 1 个输出端的外置 DLL 模块
DLL Block (3-input)	具有 3 个输入端和 3 个输出端的外置 DLL 模块
DLL Block (6-input)	具有 6 个输入端和 6 个输出端的外置 DLL 模块
DLL Block (12-input)	具有 12 个输入端和 12 个输出端的外置 DLL 模块
DLL Block (20-input)	具有 20 个输入端和 20 个输出端的外置 DLL 模块
DLL Block (25-input)	具有 25 个输入端和 25 个输出端的外置 DLL 模块
General DLL Block	通用外置 DLL 模块
C Block	C 语言模块
Simplified C Block	简化 C 语言模块
Control-to-power Interface	控制电路-功率电路界面接口模块
Initial Value	定义电源电路或控制电路节点的初始电压值
Parameter File	存储元件参数值的文件(参数文件)
AC Sweep	交流扫描设置(频率响应分析)
Parameter Sweep	设置参数扫描

功能模型使用时需要注意以下几个地方:

◇ 功能块 abc-dqo 和 dqo-abc 执行 ABC 与 DQO 的转换,它们把三相电压值从一个坐标系转换到另一个坐标系。这些功能块可用于功率电路,也可用于控制电路。注意,在功率电路中,电流转换前电流值必须通过电流控制电压源转换为电压值。

◇ 数学功能模块的输出可以表达为输入的数学函数。用这些功能块可以轻松地执行复杂的和非线性的数学运算。PSIM 提供了 1、2、3、5 和 10 个输入量的数学函数功能块,模块的参数设置中微分值 df/dxi 可以设为 0;表达式中允许使用变量 T 或 t 表示时间,xi(i 从 1 到 n)表示第 i 个输入。例如,对于 3 输入的数学功能块,允许使用的变量为 T、t、x1、x2 和 x3。对于单输入数学功能块,变量 x 指的是唯一的输入。

◇ 外置 DLL 功能块(动态链接库),允许用 C 语言或 C++ 语言实现 DLL 功能链接库,并通过外置 DLL 模块在 PSIM 电路中连接起来。DLL 接收来自 PSIM 的数值作为输入,随后 DLL 完成计算并把输出反馈回 PSIM,PSIM 在每个仿真时间步都会调用 DLL 程序。然而,当 DLL 功能块的输入与一个离散元件(如零阶保持、单位延迟、离散积分、微分器、z 域转换功能块和数字滤波器等)相连时,DLL 功能块仅在离散采样时刻被调用。这些外置 DLL 功能块可用于电力功率电路和控制电路中,带点的节点是对应的第一个输入节点。

◇ 控制电路-功率电路界面模块把控制电路数值传递到功率电路,它是控制电路和功率电路之间的缓冲器。控制电路-功率电路界面块的输出在功率电路中被视为恒定电压源。使用这个功能块,一些仅可由控制电路实现的功能可以传递给功率电路。

2.5　信号源元件库

PSIM 元件模型库提供了几种独立的电压源、电流源、时间电压源、常量信号源及参考地。其中,电流源的符号可以描述为电流从高压端流出,经过外部电路,流回低压端;电流源仅可用于电力电子功率电路;受控电压源和非线性电压源仅可用于功率电路中。

2.5.1　电压源

PSIM 元件模型库提供了多种电压源,除受控电压源和非线性电压源仅可用于功率电路中外,其他电压源可用于功率电路,也可用于控制环路。电压源模型在"Elements→Sources→Voltage"菜单项下可以找到,模型描述如表 2-33 所示。

表 2-33　电压源元件模型

模　型	描　述	模　型	描　述
C_G DC	直流电压源	Square	方波电压源
C_G DC (battery)	直流电压源(电池外形图形)	Step	阶跃电压源
Sine	正弦电压源	Step (2-level)	二级阶跃电压源
3-ph Sine	三相星形连接的正弦电压源	Piecewise Linear	分段线性电压源(时间和值分开设置)
Triangular	三角波电压源	Piecewise Linear (in pair)	分段线性电压源(时间和值成对设置)
C_G Sawtooth	锯齿波电压源	Current-controlled	电流控制电压源

模　型	描　述	模　型	描　述
Voltage-controlled	压控电压源	Current-controlled (flowing through)	电流控制电压源（流经）
Variable-gain Voltage-controlled	可变增益压控电压源	Nonlinear (multiplication)	带有输入乘法的非线性电压源
Nonlinear (division)	带有输入除法的非线性电压源	Nonlinear (square-root)	具有输入平方根计算的非线性电压源
CG Grounded DC (circle)	接地的直流电压源	Random	随机电压源
CG Grounded DC (T)	不同外观接地的直流电压源	Power	非线性电压源（功率函数）
CG Ground	电源/控制电路公共参考地	CG Math Function	用数学函数表示的电压源
CG Ground (1)	电源/控制电路公共参考地	CG Time	时间电压源
CG Ground (2)	公共参考地	Constant	具有固定值的常量信号源

2.5.2　电流源

PSIM 元件模型库提供了多种电流源，电流源的符号（箭头）描述为电流从高压端流出，经过外部电路，流回低压端。电流源仅可用于电力电子功率电路，模型在"Elements→Sources→Current"菜单项下可以找到，模型如表 2-34 所示。

表 2-34　电流源元件模型

模　型	描　述	模　型	描　述
DC	直流电流源	Step (2-level)	2 级阶跃电流源
Sine	正弦电流源	Piecewise Linear	分段线性电压源（时间和值分开设置）
Triangular	三角电流源	Piecewise Linear (in pair)	分段线性电压源（时间和值成对设置）
Square	方波电流源	Current-controlled	电流控制电流源
Step	阶跃电流源	Current-controlled (flowing through)	电流控制电压源（流经）
Voltage-controlled	压控电流源	Variable-gain voltage-controlled	可变增益压控电压源

续表

模　型	描　述	模　型	描　述
Nonlinear (multiplication)	带有输入乘法的非线性电压源	Nonlinear (division)	带有输入除法的非线性电压源
Nonlinear (square-root)	具有输入平方根计算的非线性电压源	Random	随机电压源
Polynomial	以多项式表示的电流源	Polynomial (1)	恒定功率且以多项式表示的电流源

2.5.3　部分电源定义

1. 直流电源

直流电压源可用于功率电路提供直流电压,也可用于控制电路提供一个固定值的常量值。直流电压源元件模型有 DC、DC(battery)两种,除外观图形不一样外,其他完全一样。电压幅值在其属性参数 Amplitude 中设置,单位为 V,其值是相对应参考地的值。

直流电流源仅可用于功率电路,电流幅值在其属性参数 Amplitude 中设置,单位 A。

2. 正弦电源

正弦电压源被定义为 $Vo=Vm \cdot \sin(2\pi \cdot f \cdot t+\theta)+Voffset$,其波形如图 2-36 所示。

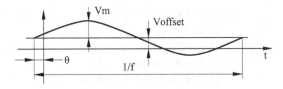

图 2-36　正弦电压源波形定义

其中,模型设置参数分别为:

- Peak Amplitude　　　电压源的幅值,Vm,单位 V
- Frequency　　　　　频率,f,单位 Hz
- Phase Angle　　　　初始相位角,θ,单位 度
- DC Offset　　　　　直流偏移,Voffset, 单位 V
- Tstart　　　　　　开始时间,在此之前电压为零,单位 s

正弦电流源参数设置及波形定义与正弦电压源类似,不再详述。另外,为了便于设置三相电路,提供了一个对称的三相星形正弦电压源模型,模型中标出来的相是指 A 相,其模型设置参数分别为:

- V (line-line-rms)　　三相电源线间电压有效值 Vll,单位 V
- Frequency　　　　　频率,f,单位 Hz
- Init. Angle(phase A)　A 相初始相位角,θ,单位 度

3. 方波电源

方波电压源定义了峰-峰振幅 Vpp、频率 f、占空比 D 和直流偏置 Voffset。占空比被定义为一个周期中高电平所占的比率。当延迟角是正时,波形沿时间间轴向右移,其波形如

图 2-37 所示。模型设置参数分别为：

– Vpeak – peak	电压峰-峰值 Vpp, 单位 V
– Frequency	频率, f, 单位 Hz
– Duty Cycle	高电平占空比 D
– DC Offset	直流偏移, Voffset, 单位 V
– Tstart	开始时间, 在此之前电压为零, 单位 s
– Phase Delay	相位延迟, 单位度

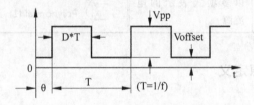

图 2-37　方波电源波形定义

方波电流源模型参数与波形定义与方波电压源类似，可参照设置。

4. 三角波电源

三角波电压源定义了峰-峰值、频率、占空比以及直流偏置。占空比被定义为一个周期中上升段所占的比率。当延迟角是正时，波形沿时间轴向右移。其波形定义如图 2-38 所示。模型设置参数分别为：

– Vpeak – peak	电压峰峰值 Vpp, 单位 V
– Frequency	频率, f, 单位 Hz
– Duty Cycle	高电平占空比 D
– DC Offset	直流偏移, Voffset, 单位 V
– Tstart	开始时间, 在此之前电压为零, 单位 s
– Phase Delay	相位延迟, 单位度

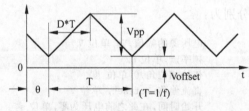

图 2-38　三角波电源波形定义

三角波电流源模型的参数设置和波形定义与三角波电压源类似，可参照设置。

5. 阶跃电源

阶跃电压/电流源是给定的时间内从一个水平变化到另一个水平，其波形定义如图 2-39 所示。

图 2-39(a)是 Step 阶跃电源，图 2-39(b)是 Step(2-level)阶跃电源。其模型参数设置为：

– Vstep	阶跃后的电压值, 阶跃前电压值为 0, 单位 V
– Tstep	阶跃时间点, 单位 s
– Vstep1	Vstep1, 阶跃前的电压值, 单位 V
– Vstep2	Vstep2, 阶跃后的电压值, 单位 V

| - Ttransition | 从 Vstep1 到 Vstep2 的过渡时间,单位 s |

阶跃电流源模型的参数设置和波形定义与阶跃电压源类似,可参照设置。

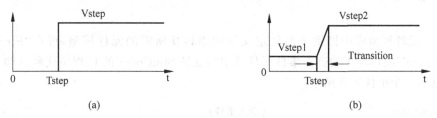

图 2-39　阶跃电源波形定义

6. 分段线性电源

分段线性电源的波形包括多段线性部分,它由点的数目、点的数值和点的时间定义,模型有两种形式,功能完全一样。

Piecewise Linear 模型参数设置为:

- Frequency	电源波形频率,单位 Hz
- No. of Points n	电源点的个数
- Values V1…Vn	电源点的值,第 i 点的值为 Vi,值之间用空格隔开,单位 V
- Time T1…Tn	电源点的时间,第 i 点值为 Ti,值之间用空格隔开,单位 s

Piecewise Linear(in pair)模型参数设置为:

| - Frequency | 电源波形频率,单位 Hz |
| - Times, Values (t1,v1) | 电源点的时间和值,成对时间和数值必须加上左右括号,时间和数值必须由一个逗号或空格隔开,又或者两个一起用 |

如图 2-40(a)所示电源波形的参数设置如图 2-40(b)所示。

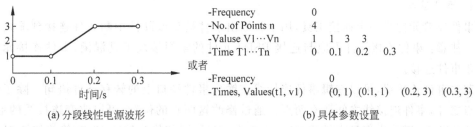

(a) 分段线性电源波形　　　　　(b) 具体参数设置

图 2-40　分段线性电源波形及设置

电流分段线性电源与电压分段线性电源的设置类似,可以参照设置。

7. 随机电源

随机电压源和电流源的振幅在每一个仿真时间阶段都是任意的。随机电源输出幅值定义为 $vo = Vm \cdot n + Voffset$。其中,Vm 是电源的峰-峰振幅,n 是在 0 到 1 之间的任意一个数字,Voffest 是直流偏置。

8. 数学功能电压源

数学功能电压源允许用数学表达式定义电源。设置参数 Expression 是电源的表达式,Tstart 是电源的起始时间。如要实现正弦电源,可设置表达式 $\sin(2 \times 3.14159 \times 50 \times t + 2.09)$,"T"或"t"表示时间,单位 s。

2.6   事件控制元件库

PSIM 元件模型库中提供了事件定义和状态转换所需的元件模型,可在"Elements→Event Control"菜单项下找到。事件元件模型均支持 SimCoder 的 C 程序代码自动生成,具体包括以下五个事件元件模型:

- Input Event   (输入事件)
- Output Event   (输出事件)
- Default Event   (默认事件)
- Event Connection   (事件连接)
- Flag for Event Block 1st Entry (事件模块一号入口标志)

1. 输入事件

输入事件元件模型是子电路接口端口,仅能在子电路内使用。符号中的字母"i"表示"输入"。双击输入事件元件,可以定义端口名称和位置。在调用此子电路的主电路中,如果有一条事件连接线连接到此端口,则当事件连接的条件满足时,系统将通过此输入事件端口转移到此子电路内部执行。

2. 输出事件

输出事件元件模型是子电路接口端口,它只能在一个子电路内使用。符号中的字母"o"表示"输出"。双击输出事件元件,可以定义端口名称、位置以及条件。

3. 默认事件

当系统操作转换到具有多个状态的系统时,必须将某一个状态指定为默认状态。与此元件连接的状态被设置为默认状态。

4. 事件连接

事件连接元件是一个连接工具,用于将输出事件端口或硬件中断元件连接到输入事件端口。注意:事件连接元件不应与连接 PSIM 元件的常规接线工具混淆,事件连接元件只能用于事件连接。

双击事件连接线,可以编辑事件连接线在输出事件端口上的转移条件语句。除了起点和终点之外,事件连接线之间还有两点。通过修改这两点的位置,可以改变连接线的形状。要修改这两点,需选中突显事件连接线,再右击,然后选择"修改句柄 1"或"修改句柄 2"。

5. 事件模块一号入口标志

事件模块一号入口标志标记第一次进入一个事件子电路。有时当程序第一次进入事件子电路时需要执行某些操作,该元件用于识别第一次进入。标志节点是输出节点,当第一次进入事件子电路模块时,节点值为 1,否则为 0。

2.7   SimCoder 元件库

SimCoder 元件库是 PSIM 仿真软件自带的能自动转换成与硬件相关的 C 程序代码的特定硬件元件模型。用他构建的 PSIM 电路原理图,通过 SimCoder 可直接生成 C 程序代

码,生成的 C 程序代码可以不进行任何修改即直接在目标 DSP 硬件平台运行。SimCoder
大大加快了设计流程,缩短了开发时间和成本。

SimCoder 可以生成仅用于仿真且与任何硬件都不相关的 C 程序代码,也可以为特定
的硬件目标生成 C 程序代码。当前 SimCoder 支持的 DSP 硬件有:

– TI F28335 Target	支持基于 TI 浮点 DSP 芯片 F28335 构建的任何硬件代码生成
– PE – Pro/F28335 Target	支持 Myway 公司的 PE – Pro/F28335 硬件平台,利用 PE – OS 和 TI 的浮点 DSP TMSF28335,可生成在 PE – Pro / F28335 DSP 板上运行的代码
– PE – Expert3 Target	支持 Myway 公司的 PE – Expert3 DSP 开发平台,利用 E – OS 库和 TI 的浮点 DSP TMS320C6713,可生成在 PE – Expert3 DSP 硬件上运行的代码
– General Hardware target(通用硬件目标板)	SimCoder 可以为通用类型的硬件平台生成代码。生成代码后,用户可以将自己的代码添加到该代码中,并将其用于特定的硬件。

SimCoder 支持的 DSP 目标硬件元件位于"Elements→SimCoder"菜单项下,子菜单 TI
F28335 Target、PE-Pro/F28335 Target、PE-Expert3 Target 和通用硬件目标板在其子目录下。

2.7.1 TI F28335 Target

SimCoder 通过 TI F28335 目标硬件支持 TI 的浮点 DSP F28335 芯片,硬件目标中的
具体元件模型如表 2-35 所示。

表 2-35 TI F28335 目标板支持元件模型

元 件 模 型	描 述
3-phase PWM	三相 PWM 发生器
2-phase PWM	两相 PWM 发生器
1-phase PWM	单相 PWM 发生器
1-phase PWM（phase-shift）	具有相移的单相 PWM 发生器
Single PWM	单个 PWM 发生器(与捕获共享)
Start PWM	启动 PWM
Stop PWM	停止 PWM
Trip-Zone	PWM 的触发区
Trip-Zone State	触发区域中断类型指示
A/D Converter	16 通道 A/D 转换器
Digital Input	8 通道数字输入端口
Digital Output	8 通道数字输出端口
SCI Configuration	SCI 配置块
SCI Input	SCI 输入
SCI Output	SCI 输出
SPI Configuration	SPI 配置块
SPI Device	SPI 元件块
SPI Input	SPI 输入
SPI Output	SPI 输出

续表

元 件 模 型	描 述
Capture	捕获模块
Capture State	指示哪个信号沿引起捕获中断
Encoder	速度测量编码器
Encoder State	指示哪个事件导致编码器中断
Up/Down Counter	向上/向下计数器
DSP Clock	定义 DSP 速度的功能块
Hardware Board Configuration	用于定义特定硬件板配置的功能块

2.7.2 PE-Pro/F28335 Target

SimCoder 支持 Myway 公司的 PE-PRO/F28335 硬件开发平台,硬件目标中的具体元件模型如表 2-36 所示。

表 2-36 PE-PRO/F28335 目标板支持元件模型

元 件 模 型	描 述
3-phase PWM	三相 PWM 发生器
Space Vector PWM	空间矢量 PWM 发生器
Start PWM	启动 PWM
Stop PWM	停止 PWM
A/D Converter	16 通道 A/D 转换器
D/A Converter	16 通道 D/A 转换器
Digital Input	8 通道数字输入端口
Digital Output	8 通道数字输出端口

2.7.3 PE-Expert3 Target

SimCoder 支持 Myway 公司的 PE-Expert3 DSP 开发平台,有 TMS320C6713 浮点 DSP 板和 PEV 硬件板。PEV 板上的元件以及中断功能如表 2-37 所示。

表 2-37 PE-Expert3 Target 目标板支持元件模型

元 件 模 型	描 述
PWM	PWM 发生器
PWM (sub)	修改后的 PWM 发生器,具有适当的缩放比例,易于在 PSIM 中使用
Space Vector PWM	空间矢量 PWM 发生器
Start PWM	启动 PWM
Stop PWM	停止 PWM
A/D Converter	8 通道 A/D 转换器
Digital Input/Capture/Counter	16 通道数字输入、捕获和递增/递减计数器
Digital Output	16 通道数字输出端口
Encoder	速度测量编码器

2.7.4 通用硬件目标板

SimCoder 除了支持特定 DSP 硬件目标板外,还支持通用类型的硬件目标板生成代码。可以在代码中添加相应于硬件的功能,并将其用于自己的硬件。通用硬件目标板中支持的元件如表 2-38 所示。

表 2-38 通用硬件目标板支持元件模型

元 件 模 型	描 述
PWM	PWM 发生器
Space Vector PWM	空间矢量 PWM 发生器
Start PWM	启动 PWM
Stop PWM	停止 PWM
A/D Converter	8 通道 A/D 转换器
D/A Converter	8 通道 D/A 转换器
Digital Input	16 通道数字输入端口
Digital Output	16 通道数字输出端口
Encoder	速度测量编码器
Capture	捕获模块

2.7.5 全局变量与中断

1. 全局变量

PSIM 的 SimCoder 提供了全局变量元件模型,用于条件语句和特殊场合。要创建全局变量,需将全局变量元素连接到节点。要将信号定义为全局变量,需将全局变量元素连接到特定节点。注意:只能将控制电路中参与代码生成的信号定义为全局变量。

全局变量是可以全局访问的变量,当全局变量的初始值更改时,该电路(包括子电路)中所有与全局变量相关的元件值将同时更改。全局变量可以是信号接收器或信号源。当它是信号接收器时,它将从节点读取信号值;当它是信号源时,它将值设置为节点。

> 全局变量的一种用法是在事件条件语句中。条件语句中的所有变量必须是全局变量。

> 全局变量的另一种用途是将其用作信号源。例如,全局变量可以用作信号源,并将该值传递给另一个元件。注意:当两个节点通过电线物理连接时,全局变量不应用作将值从一个节点传递到另一个节点的标签。

全局变量在使用时具有以下限制:

> 具有相同名称的全局变量只能在相同的信号流路径中使用多次。

> 如果它们位于不同的信号流路径中,则不允许使用相同名称的全局变量,除非它们处于不同的互斥状态(互斥状态是不能同时出现的状态)。

2. 中断

PSIM 的 SimCoder 提供了中断元件模型,用于定义来自数字输入、编码器、捕获和PWM 发生器等硬件单元的硬件中断(仅适用于 TI F28335)。在使用该元件时,需要设置

Device Name(设备名称)、Channel Number(通道编号)、Edge Detection(边缘检测类型)。

➢ 设备名称,发起硬件中断的硬件名称。

➢ 通道编号,发起中断的硬件输入通道号。

例如,如果数字输入通道 D0 产生中断,则通道号应设置为 0。

注意:此参数仅用于数字输入、捕获(仅限 PE-Expert3 和通用硬件目标板),不适用于编码器和 PWM 发生器。

➢ 边缘检测类型,这仅适用于数字输入和捕获。可以是以下类型之一:

-无边缘检测:不会产生中断;

-上升沿:输入信号的上升沿将产生中断;

-下降沿:输入信号的下降沿将产生中断;

-上升沿/下降沿:输入信号的上升沿和下降沿都会产生中断。

中断元件用于定义由数字输入、编码器、捕获和 PWM 生成器(仅适用于 TI F28335,并通过触发区)生成的硬件中断,中断元素所连接的子电路代表与该中断相对应的中断服务程序。

2.8　自定义元件库

在 PSIM 安装目录下有一个"User Defined"文件夹,用于存放自定义元件模型。存放在该目录下后缀为 sch 或 psimsch 的电路图文件将在菜单"Elements"中出现。

例如,如果目录中存在一个名称为"sub. sch"的文件,那么在菜单中会有一个"sub"的选项。可以将常用的子电路存放于"User Defined"文件夹中,这些子电路就好像是 PSIM 内置的元件一样可以访问并使用它们。

另外,可以在此文件夹中创建子文件夹,将自定义的功能模块放于此子文件夹中,其层次结构将显示在 PSIM 的"Elements"菜单中。如在"User Defined"文件夹中创建"Custom library"子文件夹,并在此子文件夹下存放"spwm. sch""pwm. sch""csi3. psimsch"三个功能子电路,在菜单"Elements"中显示的层次关系如图 2-41 所示。

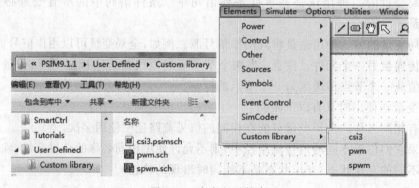

图 2-41　自定义元件库

2.9 本章小结

PSIM 电力电子仿真是以电力电子变换电路原理图的形式构建仿真模型,要构建特定功能的仿真电路模型,必须使用相关元件模型进行搭建。本章首先对电力电子仿真电路模型单元构成进行了分析,对功率电路元件、控制电路元件、其他电路元件、信号源电路元件进行详细介绍,为后续电力电子仿真电路模型搭建及仿真奠定基础。随后,在介绍基本电路元件模型的基础上,对可用于 SimCoder 自动代码生成、与目标硬件相关的事件控制元件和 DSP SimCoder 元件进行介绍,为后续的硬件自动代码生成奠定基础。最后,简单讲解自定义元件库的创建及存放。

第3章

PSIM基本操作与分析方法

3.1　元件查找与放置

PSIM 仿真软件集成了电力电子、控制、传感器、测量仪表、信号源等元件模型,选择一个电路元件模型有三种方式。

(1) 第一种方式是选择"View→Library Browser"菜单项或单击工具栏快捷图标 ,打开元件库浏览器进行元件模型查找,如图 3-1 所示。

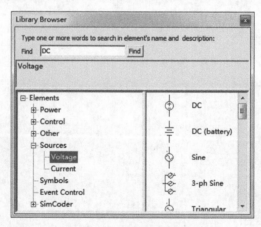

图 3-1　PSIM 元件库浏览器

在 PSIM 元件库浏览器中,可通过左侧的元件库树形目录定位到某一个元件库,此时右边区域将显示出可供选择的全部元件。若知道某个元件的具体名字或部分名字,也可以在查找框中输入,单击 Find 按钮可快速查找所需的元件。

在找到所需的具体元件后,可双击拾起元件,此时鼠标变成所选的具体元件,然后移动鼠标到电路原理图合适的位置,单击即可放置选择的元件;也可在元件浏览器中某一个具体元件上按住鼠标左键不放,拖动该元件到电路原理图中合适的位置,然后释放鼠标左键即可放置一个元件。

放置完一个元件后,鼠标处于元件拾起状态,可继续在合适位置放置该元件。若要放置其他元件,可返回元件库浏览器中,对需要放置的元件双击选中,或直接鼠标左键拖动该元件进行放置。

放置完一个元件后,鼠标处于元件拾起状态。如要释放该元件,可按键盘的"Esc"键释放元件,或者选择"Edit→Escape"菜单项释放元件,或者单击工具栏的选择图标"⟦Ⓚ⟧"释放元件。

(2) 第二种方式是通过菜单栏的"Elements"菜单,找到元件所在的元件库,然后找到所需的具体元件名称,在名称上单击即可拾起该元件,如图 3-2 所示。

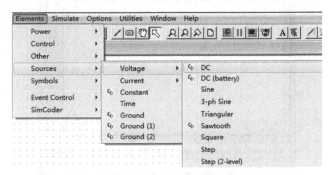

图 3-2　Elements 菜单下的元件

图 3-2 展示了"Elements→Sources→Voltage"元件库下面的元件,如要放置某一个具体元件,定位到具体元件后,在该元件名称上单击拾起该元件,然后在电路原理图绘制区域合适位置放置元件即可。放置完元件后,鼠标仍处于元件拾起状态。

(3) 第三种方式是通过 PSIM 窗口底部的元件工具栏进行元件选择、放置。元件模型工具栏如图 3-3 所示。该元件模型工具栏包含了一些使用频率较高的常用元件模型。

图 3-3　元件模型工具栏

若要通过元件模型工具栏放置元件,单击所需元件即可拾起该元件,然后移动鼠标到电路原理图绘制区域合适位置放置该元件即可。放置完元件后,鼠标仍处于元件拾起状态。

另外,在元件处于拾起状态时,可以右击对该元件的方向进行旋转调整,待调整到合适方向后即可放置元件。若需要调整已经放置的元件模型方向,可以单击该元件模型,以选中该元件,然后单击工具栏图标"⟦ᄅᆢᆢ⟧"进行 90°旋转、水平旋转和垂直旋转,该旋转方式可适用于选中的整个区域内的元件方向调整。

3.2　创建仿真电路

3.2.1　新建电路原理图

双击"PSIM 9.1"快捷图标或者选择"开始菜单→PSIM 9.1.1→PSIM"菜单项启动

PSIM 仿真软件,如图 1-3 所示。随后选择"File→New"菜单项,或者单击工具栏的新建图标"回",创建一张无限大的电路设计图纸,如图 3-4 所示。

图 3-4　PSIM 新建电路设计文件

新建的电路图设计文件并未保存,可选择"File→Save"菜单项,或者单击工具栏的保存图标"圖",或者按下快捷键"Ctrl+S"进行文件保存,在弹出保存对话框中选择存储目录及文件名进行保存。注意:电路图设计文件的后缀名是 psimsch。若要保存为旧版本的设计文件,可以选择"File→Save as Older Versions"菜单项,并在保持类型中选择相应版本进行保存。

3.2.2　绘制仿真电路模型

1. 放置电路元件

在新建电路设计图文件后,根据需要仿真的电路拓扑硬件,放置相应的仿真元件模型。元件的查找与放置可参看 3.1 节的具体操作方法。本小节以单相二极管整流仿真为例来绘制仿真电路模型。单相二极管整流电路硬件电路拓扑如图 3-5(a)所示。单相二极管整流硬件拓扑由正弦交流电源 AC、二极管 D 及负载 R 三个电路元件构成,因此需要从 PSIM 元件库中找到这三个元件,并放置到电路图设计文件上,如图 3-5(b)所示。

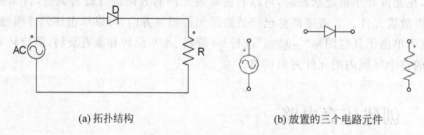

(a) 拓扑结构　　　　　　　　　　　　(b) 放置的三个电路元件

图 3-5　单相二极管整流拓扑

在放置元件过程中,可以利用删除、复制、粘贴、撤销等功能对元件进行处理,功能执行可以利用键盘上的快捷键,也可以利用工具栏上的功能图标" ⅩⅢ⼚圇⼩⼂ "。在执行相应功能前需要选中元件,选中元件的方法是在元件上单击以选中一个元件,或者按住鼠标左键不放拖出一个区域,以选中该区域内的所有元件。在元件放置过程中,右击可以调整元件的放置方向,以适应电路图的绘制。

另外,如果在绘制电路原理图的过程中,需要放置一个图中已存在的元件,可以选中该元件,使用复制、粘贴功能进行相同元件放置。

2. 绘制元件连接线

在合适位置放置好三个元件后,需要将三个元件按照硬件电路拓扑连接的结构连接三个元件。连线方法是单击工具栏上类似于笔的画线图标“ ⁄ ”,单击该图标后鼠标变成一支“笔”,然后移动“笔”到元件端点的小圆圈“-○”(如二极管的阴极 K 端)上,按住鼠标左键不放,并移动“笔”到负载电阻一个端点的小圆圈“-○”上,释放鼠标左键,此时一条电线将二极管的阴极 K 与电阻的一端连接起来了。在移动笔的过程中,可以看到一条电线跟着笔在移动。按照同样的方法将其他端点连接起来,连接好的电路图如图 3-6(a)所示。在绘制电线过程中,可以灵活使用编辑功能对元件及电线进行相应的操作。

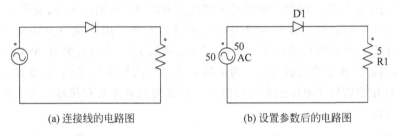

(a) 连接线的电路图　　　　　(b) 设置参数后的电路图

图 3-6　单相二极管整流拓扑

在绘制电线的过程中,可以单击已经绘制的电线,或者按住鼠标左键不放拖出一个区域选中该区域内的电线,随后可按键盘上的“Delete”按键或者单击工具栏的删除图标“ ✂ ”,对选中电线进行删除。

“笔”可以在任何想绘制电线的位置开始绘制电线,也可以在任何想结束绘制电线的位置停止绘制电线。未与元件端点或者其他线连接的线,在末端会出现一个小圆圈“-○”端点,以方便后续接着继续绘制。

3. 设置元件属性参数

元件连接好后,需要设置各元件的属性参数。以交流电源 AC 为例,先双击交流电源元件,弹出属性对话框,如图 3-7 所示。

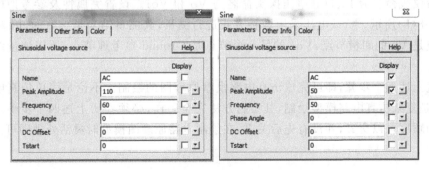

图 3-7　元件属性参数设置对话框

图 3-7 左边对话框中显示的是元件默认参数,可以根据实际需要修改各参数值。如需要在电路图中显示设置的参数,可勾选参数设置文本框旁边的"Display"复选框,相应的参数就会显示在元件模型旁边。按照此方法将三个元件的属性参数依次设置为:

- 正弦交流电源名称设置为 AC,电源频率设置为 50Hz,最大峰值幅值设置为 50V,如图 3-7 右边视图所示;
- 电阻名称设置为 R1,阻值设置为 5Ω;
- 二极管元件名称设置为 D1,其他参数默认不变。

设置完属性参数后的拓扑电路图如图 3-6(b)所示。元件旁边显示的参数可用鼠标拖放到合适的位置。另外,在设置元件参数时,若对某一个参数的定义不清楚,可在属性对话框上单击"Help"按钮,打开该元件的帮助文档,文档对元件的各参数及使用进行了详细描述。

4. 设置测量探针及仪表

为了查看电路运行的状态及性能,需要测量相关节点的电压、电流等参数,以便在电路运行结束后进行性能分析。假设需要查看正弦交流电源 AC 的输出电压、负载电流、负载电压,可利用 2.4.3 节中的相关探针及仪表进行测量。本例利用测量节点到地的电压探头" ⓥ "、测量两个节点之间电压的电压探头" ⓥ "和电流探头" ⓐ "进行测量,将相应的探头及仪表放置在电路需要测量的位置即可。为给测量节点探头提供参考地,需放置一个接地元件" ⏚ ",该元件作为信号或电压的参考接地点。设置完测量探头和接地参考点的电路原理图如图 3-8(a)所示。

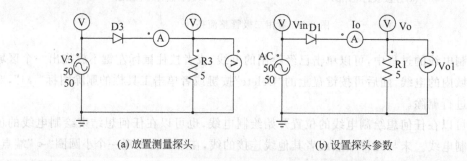

(a) 放置测量探头　　　　　　(b) 设置探头参数

图 3-8　放置测量探头及设置探头属性参数

放置完探头后,为区分各个测量探头,需要设置探头属性参数。探头属性参数设置方法类似于元件属性参数设置方法。正弦交流电源 AC 的输出电压测量探头命名为 Vin、负载电流测量仪表命名为 Io、负载电压探头命名为 Vo 和 Vo1。设置完属性及参考地的拓扑电路如图 3-8(b)所示。负载电压采用两种方式进行测量,其测量结果是一致的,因为 Vo1 的一个节点是 Vo 的测量节点,Vo1 的另一个节点是 Ground 参考地节点,所以测量结果是一致的。

通过上述四个步骤,即可完成仿真电路模型原理图的绘制。不论是简单仿真电路模型绘制,还是复杂仿真电路模型绘制,其绘制方法完全一样,必须经历上述四个步骤。四个绘制步骤的顺序可以交叉,并没有先后关系,在绘制电路原理图模型时灵活处理即可。

3.3 电路模型仿真

瞬态时域仿真分析是计算仿真模型的时域响应特性,并描述为时间的函数。每个计算数据的时间点称为一个时间步长。瞬态时域仿真分析是通过仿真控制选项设置瞬态时域分析的参数,如仿真时间步长、仿真总时间等。

对将要仿真的电路模型,必须设置时域仿真控制,需要在模型电路原理图的任意位置放置仿真控制元件(元件外形类似时钟),放置后即可设置仿真控制参数。本节将详细讲解瞬态时域仿真的操作细节。

3.3.1 仿真控制设置

在创建完仿真电路模型后,可以选择"Simulate→Simulation control"菜单项放置仿真控制元件。在原理图的合适位置放置"Simulation control"控制元件后,双击该元件,弹出仿真控制属性参数设置对话框,如图 3-9 所示。在该界面中,需根据仿真需要,对仿真控制参数进行设置,各仿真参数定义如表 3-1 所示。在属性界面的 SimCoder 页面,可添加 SimCoder 注释文本,该注释文本将插入自动生成的 C 程序代码中。

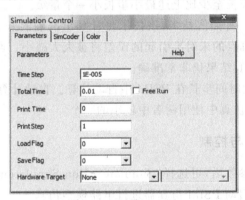

图 3-9 仿真控制属性设置

表 3-1 仿真控制参数定义

参 数	描 述
Time Step	仿真时间步长,单位为 s(sec.)
Total Time	总仿真时间,单位为 s(sec.)
Free Run	自由运行。如果勾选"自由运行"复选框,仿真将以自由运行模式运行,直到手动停止为止。在仿真过程中,单通道或双通道示波器(在"Elements→Other→Probes"菜单项下)可用于查看电压波形,电流示波器可用于查看分支电流(右击元件顶部,选择"电流示波器")
Print Time	将仿真结果保存到输出文件的时间(默认值=0)。在此之前不保存输出
Print Step	打印步长(默认=1)。如果打印步骤设置为1,则每个数据点都将保存到输出文件中。如果是10,则每10个数据点中保存一个数据点,这有助于减小输出文件的大小

参　　　数	描　　　述
Load Flag	加载功能标志(默认值＝0)。如果标志为1,则从文件(扩展名为.ssf)中优先加载仿真参数值作为初始条件
Save Flag	保存功能标志(默认值＝0)。如果标志为1,则当前仿真结束时自动将仿真设置参数保存到扩展名为.ssf的文件中
Hardware Target	硬件目标板选择。用于指定SimCoder自动代码生成的硬件目标板。硬件目标板类型可以是以下之一: • None:无硬件目标 • TI F28335:TI F28335硬件,选择此项后可选择生成代码的版本 • PE-Pro/F28335:Myway公司的PE-Pro/F28335 • General_Hardware:通用硬件 • PE_Expert3:Myway公司的PE_Expert3硬件,对于PE-Expert3硬件,需通过下拉框将PE-View版本设置为PE-View8或PE-View9

在设置仿真步长时,应注意以下两点:

(1)在PSIM中,仿真时间步长在整个仿真过程中都是固定的。为了确保准确的仿真结果,必须正确选择时间步长。限制时间步长的因素包括开关周期、脉冲/波形的宽度以及瞬变的间隔。建议时间步长至少比上述最小步长小一个量级。

另外,PSIM采用了一种插值技术,该技术将计算出准确的开关时刻。利用这种技术,由于开关时刻和离散仿真点的未对准引起的误差将被大大减小。通过该技术可以以较大的时间步长进行仿真,其仿真结果仍非常准确。

(2)仿真允许的最大时间步长在PSIM中自动计算。自动计算结果将与用户设置的时间步长进行比较,然后在仿真中使用两者中较小的一个。

3.3.2　仿真运行与控制

在设置完仿真控制参数后,可选择"Simulate→Run Simulation"菜单项,或单击工具栏的仿真运行"▣"图标,启动PSIM仿真器进行电路模型仿真。

在仿真运行时,可单击"Simulate"菜单下的"Cancel Simulation/取消仿真""Pause Simulation/暂停仿真""Restart Simulation/重启仿真"对仿真进行控制。也可以单击工具栏的仿真运行控制工具图标"▣Ⅱ"实现仿真运行控制。

3.4　仿真结果查看与分析

3.4.1　运行Simview

默认情况下,在仿真结束后会自动打开Simview波形显示和后处理程序。如果Simview没有自动打开,可以选择PSIM菜单的"Simulate→Run SIMVIEW"菜单项,或单击工具栏上的"▣"工具图标,运行波形显示程序Simview。

如果需要PSIM仿真结束后自动运行Simview波形显示分析程序,可在PSIM的

"Options"菜单中,勾选"Auto-run SIMVIEW"项即可在仿真
结束后自动运行 Simview,如图 3-10 所示。

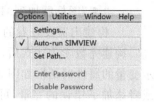

　　对 3.2 节创建的仿真电路模型,单击图标"　"启动 PSIM
仿真。仿真结束后自动打开的 Simview 界面如图 3-11 所示。
在弹出的属性窗口左侧列出了在电路模型中设置的测量探头
名称。测量探头名称实际就是保存测量值的变量名称,该变
量保存了在整个仿真中采集的数据,后续可以在 Simview 中
对该数据进行查看与分析。

图 3-10   自动运行 Simview 设置

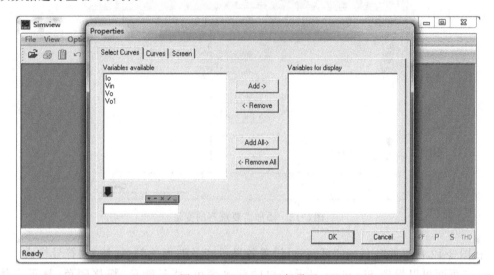

图 3-11   Simview 运行界面

3.4.2   仿真结果查看

1. 添加显示变量

在图 3-11 的属性窗口中,可以将左侧列表中变量添加到右侧显示变量列表中,添加完
成后,单击"OK"按钮进行结果数据显示。显示变量添加方法有三种方式:

◇ 第一种:双击左侧可用变量列表中需要显示的变量,则该变量立即添加到右侧显示
　　变量列表中。

◇ 第二种:单击左侧可用变量列表中需要显示的变量,然后单击"Add->"按钮即可添
　　加到右侧显示变量列表中。该方法可以单击选中多个变量,然后单击"Add->"按钮
　　完成多个变量的添加。

◇ 第三种:如果想添加所有变量,直接单击"Add All->"按钮添加即可。

　　另外,Simview 支持对变量进行数学运算,以表达式的形式进行显示。构建数学运算表
达式的方法有两种方式:

◇ 第一种:在图 3-11 左下角的空白框中手动输入"左侧列表中可用变量"来构建相应
　　的数学表达式。表达式支持的数学运算函数可单击表达式输入框右上角的图标
　　"　　　　　"进行添加或查看。

◇ 第二种:在"左侧列表可用变量"中选中一个变量,然后单击表达式输入框左上角

"▮"图标添加到编辑框中,再单击"+-×/..."图标添加相应的数学函数,以此方式构建出需要查看的变量表达式。

构建完数学表达式后,单击"Add->"按钮添加到右侧显示变量列表中。添加完需要显示变量的属性对话框如图 3-12 所示。在图 3-12 所示显示列表框中的变量,如果不想观察或者添加了错误的变量,可以在右侧列表中双击该变量进行删除;或者在右侧列表中单击选中需要删除的变量(可以一次性选中多个需要删除的变量),然后单击"<-Remove"按钮进行删除。如果想删除所有变量,直接单击"<-Remove All"按钮即可。

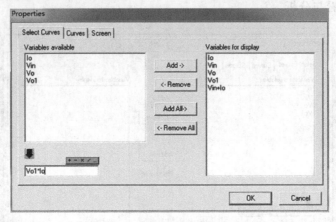

图 3-12　添加需要观察的变量

在图 3-12 窗口的"Curves"页面,可设置各显示变量波形的颜色、线型、符号标志等;在"Screen"页面可以设置 Simview 显示窗口的前景颜色、背景颜色、栅格颜色、显示字体等属性。

2. 波形显示

在图 3-12 中单击"OK"按钮进入波形显示界面,所有需要显示的变量均在同一个坐标系窗口中显示,如图 3-13 所示。

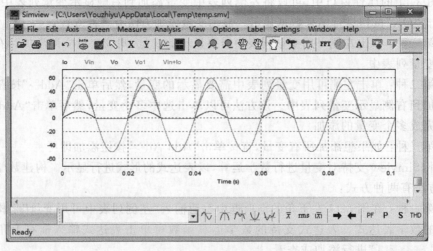

图 3-13　变量波形显示窗口

3. 增加/删除显示变量

如果要增加/删除显示坐标窗口中的变量,可双击波形显示区域,或者在图形区域右击并在右键菜单中选择"Add/Delete Curves…"项,或者单击工具栏" 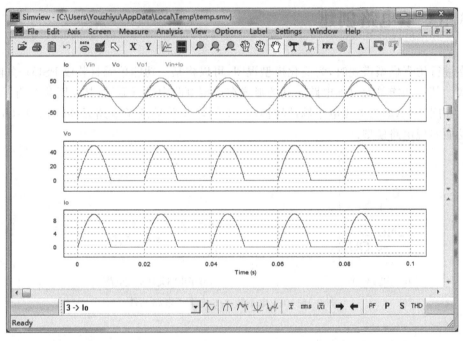 "图标,随后弹出变量设置属性对话框,可按照上述"添加显示变量"的方法进行增加或删除需要显示的变量,同时也可以修改显示波形的颜色等属性参数。

4. 分窗口显示波形

多个变量在同一个窗口进行显示,有时不便于观察分析。可以选择 Simview 的"Screen→Add Screen"菜单项或者单击工具栏的" ▦ "图标增加一个显示坐标系窗口,在弹出的属性对话框中添加需要观察的变量,随后单击"OK"按钮回到波形显示窗口,如图 3-14 所示(可以根据显示需要,添加多个显示窗口)。

图 3-14 多波形坐标显示窗口

在显示出所需变量波形后,便可根据仿真电路硬件拓扑工作原理,对波形进行详细分析,以确定是否存在问题。若存在问题可返回仿真电路原理图设计窗口,对电路模型进行调整、修改,修改后重新进行仿真分析,直至仿真结果符合设计要求为止。

5. 波形测量

Simview 提供了测量功能,可以对选定的变量波形进行测量。选择"Measure→Measure"菜单项,弹出测量值显示对话框窗口。在波形显示窗口单击将出现一条测量线,同时显示选中变量的波形值;在波形显示窗口右击将显示另一条测量线,并且将测量两条竖线之间的波形。

6. 波形分析

待测量变量可以通过测量工具栏进行选择,也可以在波形显示坐标系窗口左上角的变量显示栏进行选择,单击需要测量的变量名即可选中需要分析的具体变量。选择变量后,可利用测量工具栏进行相关变量的测量与分析,分析工具具体功能说明见表1-23的说明。

7. 显示波形调整

显示波形可以利用菜单"Axis"设置X、Y坐标的属性及显示范围,也可以通过"View"菜单中的"Zoom""Re-draw"等工具进行波形显示的调整。

8. 添加注释及导出

在分析完波形后,可以在波形显示区域,利用菜单"Label"添加文字、箭头、直线等波形注释符号。可选择"Edit→Copy to Clipboard"菜单项将调整好的波形整体复制到剪贴板供使用。分析完的显示波形,可以选择"File→Save As"菜单项进行数据保存,便于后续继续分析。

3.5　子电路创建

在进行仿真模型搭建时,为简化模型视图,可以将某一功能单元封装成 PSIM 子电路元件形式。某一功能单元以子电路元件的形式在模型电路中进行显示,其视图简单明了、功能清晰。如图 3-15(a)为 0/1 电平脉冲转换成−3/6 电平脉冲的子电路元件,图 3-15(b)为其具体功能实现电路模型。

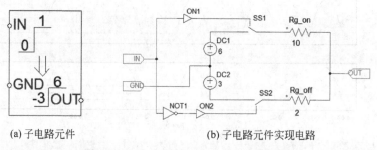

(a) 子电路元件　　　　　　　　　(b) 子电路元件实现电路

图 3-15　0/1 电平转-3/6 电平子电路元件

3.5.1　子电路元件创建

PSIM 仿真软件"Subcircuit"菜单下的各项子菜单是创建子电路元件的菜单项,其详细功能描述见表 1-4(a)及表 1-4(b)。本节以图 3-15 所示子电路元件为例,详细讲解创建过程。

1. 创建子电路原理图文件

启动 PSIM 软件,新建 PSIM 电路图文件。保存新建的 PSIM 电路图文件,并取名为"subPWM. psimsch"。

2. 构建子电路元件实现电路

在创建的 subPWM 电路原理图设计文件中,按照图 3-15(b)所示电路放置模型实现元件。

◇ 放置两个直流电源(选择"Elements→Sources→Voltage→DC"菜单项)DC1、DC2,分别设置为 6V 和 3V;

◇ 将 DC1 与 DC2 串联,并从串联点引出公共输入端,作为参考 GND 连接点,形成 6V
和−3V 电源;

◇ 放置两个双向开关(选择"Elements→Power→Switches→Bi-directional Switch"菜
单项) SS1、SS2;

◇ 放置两个电阻(选择"Elements → Power → RLC Branches → Resistor"菜单项)
Rg_on、Rg_off,阻值分别设置为 10Ω 和 2Ω;

◇ 放置两个通断控制器(选择"Elements → Other → Switch Controllers → On-off
Controller"菜单项)ON1、ON2;

◇ 放置一个非门(选择"Elements → Control → Logic Elements → NOT"菜单项)
NOT1。在所有元件放置完成后,按照图 3-16 所示将各元件连接起来。

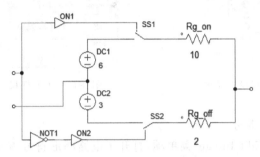

图 3-16   子电路功能实现电路

3. 放置输入/输出端口

图 3-16 已经将实现元件连接起来了,并引出了输入/输出连接点。

◇ 选择"Subcircuit→Place Input Signal Port"菜单项,鼠标指针变成一个输入端口,放
置在 ON1 和 NOT1 连接的导线上,并弹出如图 3-17(a)所示的端口设置窗口。窗
口包括参数设置及颜色设置两个页面。在参数设置页面,单击端口预设的位置,随
后在端口名称 Port Name 框内输入端口名称"IN",如图 3-17(b)所示。随后关闭该
设置窗口完成 IN 端口名称设置。以同样的方法设置 DC1 与 DC2 串联点的公共参
考点 GND 输入端口,并将名称设置为"GND"。

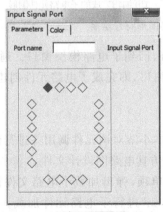
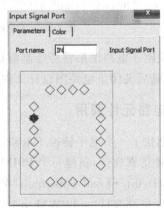

(a)端口设置界面   (b)完成端口设置界面

图 3-17   端口设置界面

◇ 选择"Subcircuit→Place Output Signal Port"菜单项,鼠标指针变成一个输出端口,放置在两个电阻相连的中间位置,在弹出的端口设置界面中完成输出端口设置。完成输入/输出端口设置后的模型电路图如图3-15(b)所示。

选择"Subcircuit→Display Port"菜单项,可查看子电路所有端口设置情况,如图3-18所示。

4. 设置子元件尺寸

选择"Subcircuit→Set Size"菜单项,打开子元件尺寸设置窗口,如图3-19所示。在该窗口可以选择子元件的外形尺寸大小。

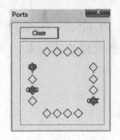
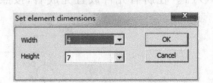

图 3-18　子电路端口设置显示　　　　　图 3-19　子元件尺寸设置窗口

5. 绘制子元件图形符号

选择"Subcircuit→Edit Image"菜单项,打开子电路图形符号编辑窗口,如图3-20(a)所示。根据该子电路的具体功能绘制其形象图形符号,以表达子电路具体功能,如图3-20(b)所示。当然也可以不绘制外形图形符号,不影响元件功能。

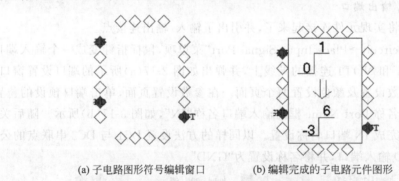

(a) 子电路图形符号编辑窗口　　　　(b) 编辑完成的子电路元件图形

图 3-20　子电路图形符号绘制

绘制完成后关闭子电路图形符号绘制窗口,回到子电路模型窗口。通过菜单或者快捷键保存该子电路,随后关闭该电路图设计文件窗口,即完成子电路元件创建。

3.5.2　子电路元件调用

在3.5.1节创建了一个电平转换子电路,本小节对该元件调用并进行仿真测试。

◇ 启动PSIM仿真软件,新建一个PSIM仿真电路图设计文件。

◇ 选择"Subcircuit→Load Subcircuit"菜单项,弹出加载子电路文件窗口如图3-21所示。双击子电路文件"subPWM.psimsch"进行子电路元件加载。随后鼠标指针变成该子电路元件的外形图形符号,根据需要放置在适当位置即可。

图 3-21　子电路加载窗口

另外,如果在创建子电路元件时,将该子电路元件模型电路图设计文件保存到自定义元件目录"\PSIM9.1.1\User Defined\Custom library"下,将会在"Elements→Custom library"菜单项下出现创建的子电路元件,如图 3-22 所示。选择菜单下的元件"Elements→Custom library→subPWM"菜单项,鼠标立即拾起该元件,移动鼠标到适当位置,即可放下该元件。

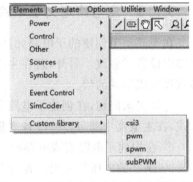

◇ 利用方波电压源(选择"Elements→Sources→
　 Voltage→Square"菜单项或者单击工具栏的
　 方波电源图标"　")构建如图 3-23(a)所示的

图 3-22　元件库中的自创子电路元件菜单

测试电路,并添加输入、输出电压探头对输入、输出波形进行测量,方波电压源参数设置如图 3-23(b)所示。

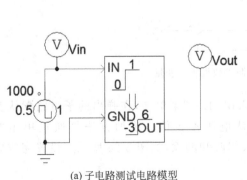

(a) 子电路测试电路模型

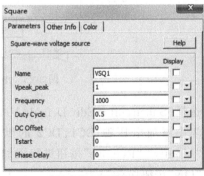

(b) 方波电源参数设置

图 3-23　测试电路模型及测试信号

◇ 设置"仿真控制"参数后进行仿真测试,测试结果波形如图 3-24 所示。

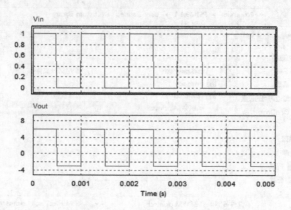

图 3-24　仿真结果波形

从图 3-24 仿真结果波形可以看出,设计的子电路元件实现了将 0/1 电平转换成－3/6 电平脉冲。从图 3-23(a)所示电路模型看,电路模型简单、清晰、直观。

3.5.3　主电路定义子电路元件参数

在 3.5.1 节创建的子电路元件,其元件参数是在子电路中设置的常量值,无法在调用主电路中设置或修改。另外,若在主电路中调用多个子电路元件,也无法将各个子电路元件的参数设置成不同的值。

为解决该问题,在创建子电路元件时,子电路具体实现电路元件的参数可设置成变量的形式,在主电路中就可以修改各变量的参数值,具体步骤如下:

◇ 在构建子电路实现电路时,将各元件的参数值设置为变量,如图 3-15(b)中 DC1 和 DC2 的电压值分别设置为 VH、VL,修改设置后的电路原理图如图 3-25 所示。

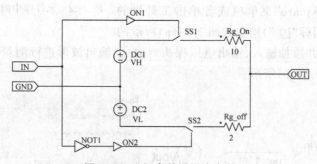

图 3-25　电源参数设置为变量

◇ 选择"Subcircuit→Edit Default Variable List"菜单项,在弹出的子电路默认变量列表中添加电压源 DC1、DC2 的默认电压参数值。添加方法是通过单击"Add""Modify""Remove"按钮进行添加、修改和删除,如图 3-26 所示。设置完成后单击"OK"按钮保存。

◇ 默认参数值设置完后,保存子电路模型电路图,随后关闭子电路模型电路图文件,并返回调用主电路,在主电路中调用子电路元件,搭建功能仿真电路模型。

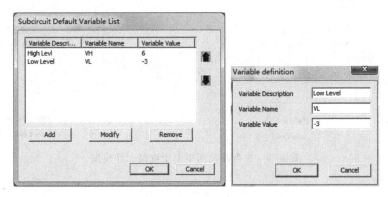

图 3-26　子电路变量默认值设置

◇ 在搭建好的功能仿真电路模型中单击选中子电路元件,随后选择"Subcircuit→
  EditSubcircuit"菜单项弹出设置窗口界面,切换到 Subcircuit Variables 页面,如
  图 3-27 所示,该界面显示了子电路元件可以设置的参数变量。
◇ 在图 3-27 中,单击需要修改的变量,再单击"Modify"按钮对该变量的值进行修改。
  或者双击需要修改的变量,在弹出变量修改窗口进行修改,如图 3-28 所示。

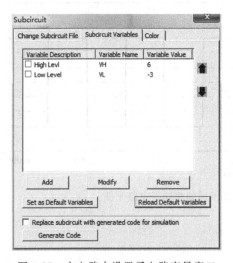

图 3-27　主电路中设置子电路变量窗口

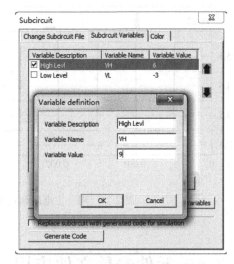

图 3-28　修改变量默认值

◇ 修改设置完成后,在 Subcircuit Variables 页面将变量前面的复选框选中,使其变量
  参数能在主电路调用的子电路元件旁显示。
◇ 设置完成后,直接关闭该对话框并返回到主电路设计图,在主电路图中可以看到子
  电路元件参数的具体设置,如图 3-29 所示。

在图 3-29 中,VSQ1、VSQ2 参数设置完全一样,但两个子电路元件模型参数设置不一
样,子电路元件模型内部实现完全一样。对该电路模型进行仿真测试,测试波形如图 3-30
所示。

图 3-30 表明同样的子电路在主电路中被多次使用时,不同的参数值可赋值给同样的变
量,达到在主电路中定义子电路元件参数的目的。

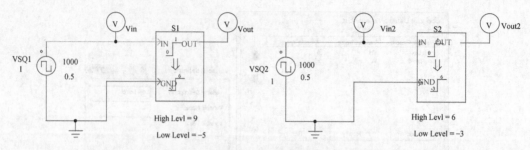

图 3-29　主电路调用多个子电路元件模型

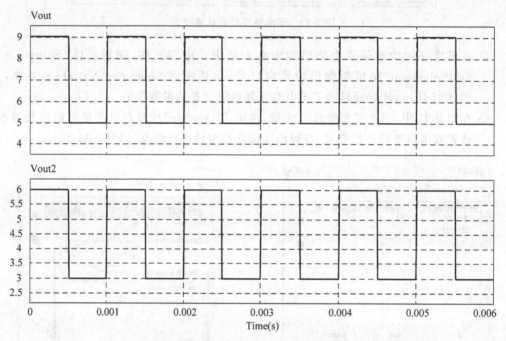

图 3-30　同一主电路调用变量参数不同的相同子电路元件

3.6　元件参数文件应用

3.6.1　参数文件格式说明

在 3.5.3 节通过将子电路参数定义为变量的方式,实现主电路对子电路元件参数的设置。该方式也表明参数可以定义为一个变量(例如直流电源"Vin"),或者一个数学表达式(例如负载电阻"R1+R2"),变量"Vin""R1""R2"可在参数文件"Parameter File(存储元件参数的文件)"中被定义。

参数文件是设计者在创建仿真电路模型时创建的文本文件。参数文件的格式有以下几种形式:

　　<变量名> ＝ <值>　　　　　　　　　　　　　　　% 注释

(global) <变量名> = <值>	% 注释:定义"(global)"仅在 SimCoder 中使用
<变量名>　<值>	//添加评论

LIMIT　<变量名>　<下限>　<上限>

% 注释

//注释

其中，

◇ <变量名>：是在电路元件参数中设置的参数变量(例如：R1)；

◇ <值>：可以是数字(例如：R1 = 15.1)或数学表达式(例如：R3 = R1＋R2/2)；

◇ ＝：用来连接<变量名>和<值>(例如：R1 = 15.1)，等号"＝"也可以用"空格"(例如：R1 15.1)代替；

◇ ％或//：字符％或//到本行末尾的文本被视为注释(例如：％R3 是负载电阻)；

◇ (global)：仅在 SimCoder 中使用，定义后面的变量为全局变量。

注意：

➢ 在数学表达式中，变量与运算符之间不能有空格。例如"R3＝R1＋R2/2"是正确的，但是"R3＝R1＋R2/2"("R1"与"＋"之间加入空格)将被视为"R3＝R1"，因为空格被视为数学表达式的末尾，"R3 = R1"后面的字符将被忽略。

➢ "(global)"标识仅在 SimCoder 的自动代码生成中起作用，表明是一个全局变量，对于 PSIM 仿真将被忽略此定义。例如：在 PSIM 仿真时将参数定义为"(global) kp = 1.2"与定义为"kp = 1.2"效果相同。

➢ 参数文件的文件名可任意取，其后缀为 txt，定义一个参数文件的示例如图 3-31 所示。

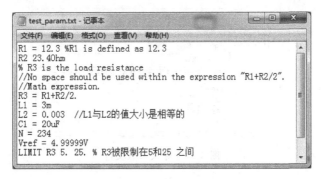

图 3-31　参数文件示例

3.6.2　参数文件调用示例

利用参数文件的方式定义仿真电路模型中各元件的参数非常方便，也便于对参数的保存与修改。利用参数文件构建仿真电路模型中各元件参数的方法如下：

(1) 搭建仿真电路模型，并将元件参数设置为变量的形式，示例如图 3-32 所示。示例定义一个直流电源的电压值为 Vin，三个电阻元件的阻值分别为 R1、R2、R2 * R1。放置三个电压探头和三个电流探头，用于测量输入电压及流过电阻的电流，以检验模型的工作状态。

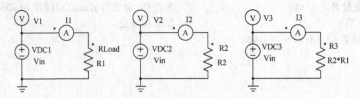

图 3-32　元件参数变量模型

（2）在仿真电路模型保存的目录下新建文本文件"test_param. txt"，并在文本文件中输入元件参数变量的值并保存，如图 3-33 所示。

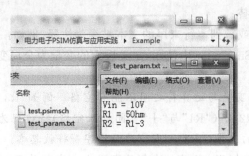

图 3-33　创建参数文本文件

（3）在仿真电路模型中，选择"Elements→Other→Parameter File"菜单项添加参数文件元件模型。然后双击参数文件元件模型，在弹出的属性对话框中单击"File"按钮，在弹出菜单中选择"Open…"，打开刚才创建的"test_param. txt"参数文件，如图 3-34 所示。

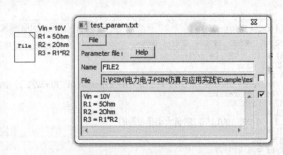

图 3-34　导入参数文件

随后关闭该属性对话框即可。若需要在参数文件元件旁边显示文件的内容，可选中显示复选框。

（4）设置仿真控制对电路模型进行仿真，仿真结果如图 3-35 所示。V1、V2、V3 测量的电压值均为 10V，I1 电流 2A，I2 电流 5A，I3 电流为 1A，符合设计的仿真电路模型。

（5）若要修改参数变量值，可打开参数文件元件的属性对话框，在变量值定义处直接进行修改，修改完成后 PSIM 将自动保存并更新参数值。也可以手动单击"File"按钮，在弹出菜单中选择"Save…"进行保存。

另外，也可以不用手动创建参数文件，而直接在添加的参数文件元件属性对话框中输入各变量的具体定义。即上述第（2）步不执行，在第（3）步中双击打开参数文件元件属性框后，PSIM 默认创建一个未保存的"para-untitled1. txt"文本文件。直接在属性变量定义框内输入参数变量的具体定义,然后单击"File"按钮,在弹出菜单中选择"Save As…",保存文件名为"test_param2.txt"文件,如图3-36所示。

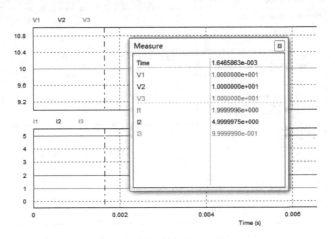

图 3-35　仿真测试结果波形

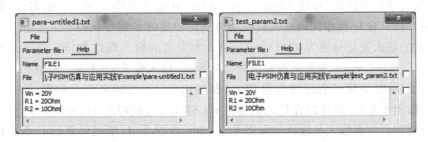

图 3-36　PSIM参数文件元件自动创建参数文件

　　若参数文件名及保存路径直接采用 PSIM 默认创建的文件名及存储路径,在输入完变量参数值设置后,直接关闭属性对话框,PSIM 将自动保存该参数文本文件。

3.7　内嵌 C 程序块应用

3.7.1　简化 C 程序块

　　在搭建电路仿真模型时,若某一功能不便使用 PSIM 元件库中的电路元件模型构建,可以使用简化 C 程序块元件,编写 C 程序代码实现。简化 C 程序块元件在 PSIM 元件库的"Elements→Other→Function Blocks→Simplified C Block"菜单项下。Simplified C Block 允许用户直接输入 C 代码而无须编译代码,C 解释器引擎将在运行时解释并执行 C 代码。这使得搭建模型时编写自定义 C 代码变得非常容易,并且可以定义和修改模块的功能。

　　与 PSIM 元件库中"Elements→Other→Function Blocks→C Block"菜单项的 C Block 相比,Simplified C Block 更易于使用,并可用于自动代码生成。

　　1. 简化 C 程序块构建

　　在 PSIM 电路原理图中添加 Simplified C Block 元件,双击该元件,打开简化 C 程序块的属性对话框,如图 3-37 所示。

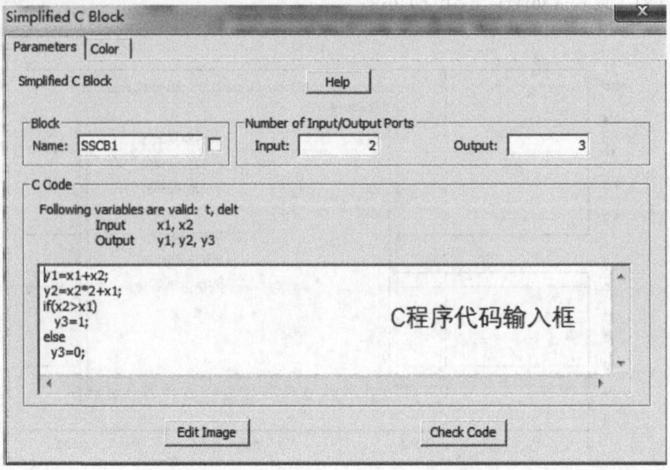

图 3-37 简化 C 程序块属性对话框

在打开的属性对话框中,在 Name、Input、Output 输入框中定义模块的名称、输入端口数、输出端口数。在 C 程序代码输入框内编写具体功能的 C 程序代码。

自定义的输入变量分别为 x1,x2,…,xn(n 为定义的输入端口数量),自定义的输出变量分别为 y1,y2,…,yn(n 为定义的输出端口数量)。输入变量 xn 是从 PSIM 传入的输入参量,输出变量 yn 是简化 C 程序块传到 PSIM 的输出参量。在编辑 C 代码时,除了使用自定义的输入、输出变量外,还可以在代码中使用 t(PSIM 经过的时间 t)、delt(时间步,从 PSIM 传递)两个变量。所有输入和输出变量都是 double 数据类型,编写的简化 C 程序块代码会在每个时间步被 PSIM 调用。完成 C 程序代码输入后,可单击属性对话框的"Check Code"按钮,检查代码是否正确。

简化 C 程序块定义的输入/输出节点排列顺序是从上到下,输入端口在左侧,输出端口在右侧。例如,对于具有 2 个输入和 3 个输出的块,节点分别为 x1、x2、y1、y2、y3。单击"Edit Image"按钮,可对元件外形图形进行编辑,如图 3-38(a)所示。利用图形编辑工具,可在外形图形上放置一些图形符号及字符,如图 3-38(b)所示。设置完成后关闭图形编辑返回属性对话框,再返回电路原理图中,Simplified C Block 元件外形如图 3-38(c)所示。

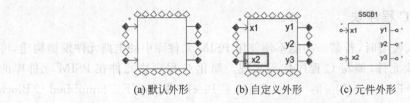

(a)默认外形   (b)自定义外形   (c)元件外形

图 3-38 简化 C 程序块外形图形编辑

Simplified C Block 元件外形中带点的输入引脚是第一个输入 x1 端口。注意:未使用的输入节点必须接地。同时与 DLL 块不同,简化 C 程序块的代码不可调试和逐步执行。

2. 简化 C 程序块应用

在构建完如图 3-37 所示的简化 C 程序块功能后,即可利用 C 程序块元件搭建仿真电路模型,并进行仿真测试,如图 3-39 所示。SSCB1 为图 3-37 所创建的简化 C 程序块。

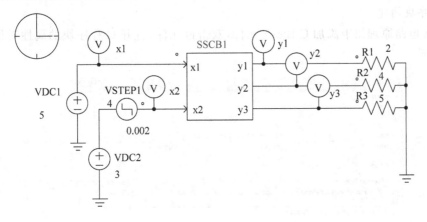

(a) 利用简化C程序块构建的仿真电路模型

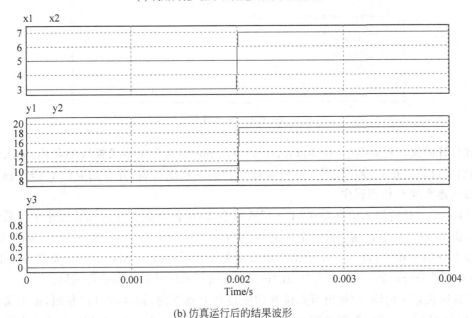

(b) 仿真运行后的结果波形

图 3-39   简化 C 程序块构建仿真模型

每个简化 C 程序块都是一个独立单元,一个简化 C 程序块中的全域变量对其他 C 程序块来说是不可见的。将 C 程序块中的值传递给另一个 C 程序块或其他任何电路的唯一方法是通过 C 程序块的输入/输出端口。当 C 程序块的输出直接连接到另一个 C 程序块的输入时,PSIM 仿真引擎首先运行第一个 C 程序块,然后运行第二个 C 程序块。

3.7.2   通用 C 程序块

通用 C 程序块(C Block)的功能类似 3.7.1 节的简化 C 程序块。C Block 在 PSIM 元件库的"Elements→Other→Function Blocks→C Block"菜单项下,C Block 允许用户直接输入 C 代码而无须编译代码,C 解释器引擎将在运行时解释并执行 C 代码。这使得搭建模型时编写自定义 C 代码实现自定义功能变得非常容易,并且可以定义和修改模块的功能。与

Simplified C Block 相比，C Block 功能更强，但不可用于 SimCoder 自动代码生成。

1. C 程序块构建

在 PSIM 电路原理图中添加 C Block 元件，双击该元件，打开 C 程序块的属性对话框，如图 3-40 所示。

图 3-40　C Block 元件属性框

在打开的属性对话框中，在 Name、Input、Output 输入框中定义模块的名称、输入端口数、输出端口数。在 C 程序代码区域可选择 C 代码的功能类型，并在相应的 C 程序输入框内编写具体实现 C 代码程序。

C Block 元件的输入值存储在"in[n]"数组中，输出值存储在"out[n]"数组中。数组的大小 n 由 Input、Output 端口数确定。例如，对于具有 2 个输入和 3 个输出的 C Block 元件，输入节点分别为 in[0] 和 in[1]；输出节点分别为 out[0]、out[1] 和 out[2]。类似 Simplified C Block 元件外形设置，可以单击"Edit Image"按钮对元件外形图形进行编辑。

C 程序块定义的输入/输出节点排列顺序是从上到下的，输入端口在左侧，输出端口在右侧，同时 C Block 元件外形中带点的输入引脚是第一个输入 in[0] 端口。注意：未使用的输入节点必须接地，与 DLL 块不同，C 程序块的代码不可调试和逐步执行。

在定义完输入/输出端口数量，设置好元件外形图形后，即可编写 C 程序块的功能程序代码。完整的 C 代码包括"变量/函数定义""打开仿真用户功能""运行仿真用户功能"和"关闭仿真用户功能"四个功能类型。简单来说，C Block 程序代码包含四部分，变量或函数的声明部分、仿真开始前执行的初始化代码部分、仿真运行的具体功能实现代码部分及仿真结束后执行的代码部分。

> 选择"功能类型"下的"变量/函数定义"，在程序编辑框内定义任何需要的头文件和变量。

> 选择"功能类型"下的"OpenSimUser"，在程序编辑框输入初始化代码。在每一次仿真开始时，仅调用"OpenSimUser"代码一次，进行初始化设置。

> 选择"功能类型"下的"RunSimUser"，在程序编辑框输入具体功能的 C 程序执行代

码。PSIM仿真时,在每个时间步都会调用此功能函数,实现具体的功能。

➤ 选择"功能类型"下的"CloseSimUser",在程序编辑框输入终止执行代码。在每一次仿真结束时,将调用此函数一次。

2. C程序块应用

为说明 C Block 元件的应用,此处以 RMS 的计算为例,设计的 RMS 功能 C Block 元件如图 3-41 所示。

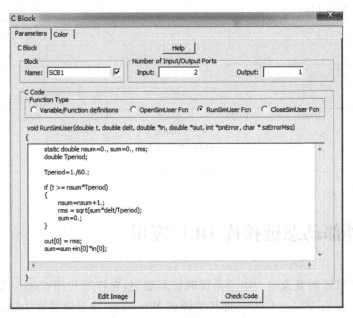

图 3-41　RMS 计算的 C Block

元件名称为 SCB1、输入端口 2 个,输出端口 1 个,RunSimUserFcn 的代码如图 3-41 所示。其他三个功能类型代码未添加,即在启动仿真、结束仿真时不执行任何功能。利用 PSIM 自带的 RMS 元件及自定义 RMS C Block 元件构建测试仿真电路模型如图 3-42(a) 所示,仿真结果波形如图 3-42(b)所示,仿真结果完全一致。

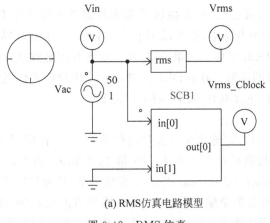

(a) RMS仿真电路模型

图 3-42　RMS 仿真

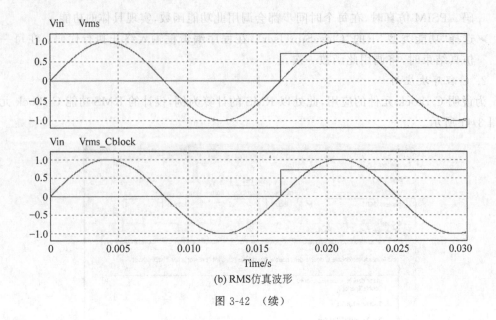

(b) RMS仿真波形

图 3-42 （续）

3.8 外部动态链接库 DLL 应用

为了增强 PSIM 对复杂电力电子系统的仿真能力,允许用户用 C/C++编写功能程序代码,并使用 Microsoft Visual C/C++将其编译成 Windows 动态链接库 DLL,然后将其链接到 PSIM 执行。PSIM 在每个仿真时间步调用该 DLL 例程,执行用户自定义的功能算法。但是,当 DLL 元件块的输入端连接到一些离散分立元件(如:零阶保持,单位延迟,离散积分器和微分器,z 域传递功能块和数字滤波器)的输出端时,PSIM 将 DLL 元件块作为离散元件,仅在离散采样时间点调用 DLL 元件块。

3.8.1 外部 DLL 元件概述

PSIM 元件库中的外部 DLL 元件提供了调用外部动态链接库 DLL 的接口,这些外部 DLL 元件可用于电源功率电路中,也可以用于控制电路中。PSIM 提供了简单 DLL 块和通用 DLL 块两种类型的 DLL 元件。简单 DLL 元件块具有固定数量的输入和输出,并且 DLL 文件名是唯一需要定义的参数;通用 DLL 元件块允许用户定义任意数量的输入/输出和附加参数,且用户还可以自定义通用 DLL 块的元件图形。

1. 简单 DLL 元件

PSIM 提供具有固定输入/输出端口数量的简单 DLL 元件模型,该简单 DLL 元件块易于编程和使用。PSIM 提供具有 1、3、6、12、20 和 25 个输入/输出端口的六种简单 DLL 元件,位于"Elements→Other→Function Blocks"菜单项下,外形如图 3-43 所示。

简单 DLL 元件节点分配是输入节点在左侧,输出节点在右侧,排序是从上到下。左侧带小圆点的输入引脚是第 1 个输入(in［0］)端,其对应的右侧引脚为第 1 个输出引脚(out［0］),如具有 3 个输入/输出端口的 DLL 元件,输入/输出引脚排列如图 3-44 所示。

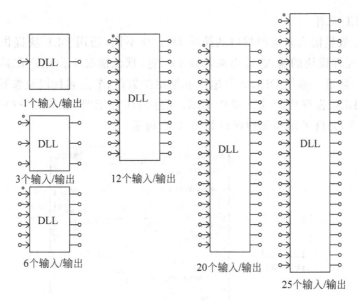

图 3-43　简单 DLL 元件外形

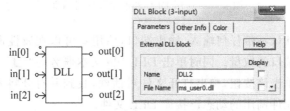

图 3-44　DLL 输入/输出端口排序及属性设置

作为具有固定数量输入、输出端口的简单 DLL 元件模块，其属性参数只有一个，为所调用的 DLL 文件名，如图 3-44 右侧属性窗口所示。Name 是 DLL 元件模块的名字，File Name 框输入的是 DLL 元件将要调用的动态链接库的文件名，如"ms-user0.dll"。注意：该参数框仅输入文件名，而不需要指定其存放路径。PSIM 会按照规定的路径进行文件查找。

DLL 元件左侧的输入端口（输入、输出是相对于 DLL 元件来说的，即将 DLL 当作一个真实元件，其具有输入、输出端口）接收与之相连的其他 PSIM 元件给出的参量值，然后对输入的参数值进行特定功能的运算处理，运算处理结束后获得当前运算结果，最后通过右侧的输出端口将 DLL 元件运算处理后的结果输出给与之相连接的其他 PSIM 元件。注意，未使用的输入节点必须接地。

被调用 DLL 文件名称可以是任意的，在创建 DLL 动态链接库时可指定文件名，也可在创建完 DLL 后手动修改为其他文件名。DLL 元件模块调用的 DLL 文件可以按照优先顺序在两个搜索路径进行文件查找。一是存放在 PSIM 目录下，二是存放在调用 DLL 文件的电路原理图保存路径下。

注意：若在原理图中包含多个 DLL 元件块且使用同一个 DLL 文件时，如果在 DLL 代码中声明并使用了全局或静态变量，则这些全局或静态变量将相同，并且将在所有 DLL 块之间共享。如果这不是用户想要的，则 DLL 计算可能不正确，在这种情况下应避免在代码中使用全局或静态变量。

2. 通用 DLL 元件

与具有固定数量输入和输出端口的简单 DLL 块不同,通用 DLL 块提供了更大的灵活性。通用 DLL 元件模块的输入/输出端口数不固定,默认情况下由用户在其属性窗口自定义输入和输出的数量。通用 DLL 元件输入和输出的数量、节点名称以及参数的数量和参数名称也可以在 DLL 程序中定义。通用 DLL 元件模块位于"Elements→Other→Function Blocks"菜单项下,元件外形及属性窗口如图 3-45 所示。

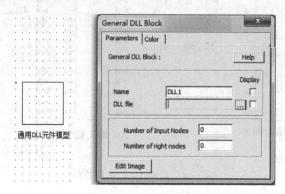

图 3-45　通用 DLL 外形及属性对话框

通用 DLL 元件默认不带任何输入、输出端口,使用者可以在属性窗口的端口数量输入框中指定输入/输出端口的数量。同时单击 DLL file 文本框旁的"▣"浏览按钮,查找需要调用的 DLL 文件。单击该按钮,弹出打开文件对话框,找到并打开将要调用的 DLL 文件,即可设置通用 DLL 元件调用的动态链接库 DLL 文件。

通用 DLL 元件模型根据调用的 DLL 动态链接库文件不同,其打开 DLL 文件后的属性窗口将不同。如果在 DLL 程序代码中实现了界面属性设置函数,则打开后的界面将根据 DLL 文件的具体实现进行显示,用户也可以手动修改。在 PSIM 安装目录的"examples\custom dll"子文件夹中提供了一些简单 DLL 块和常规 DLL 块使用的 DLL 示例。读者可以打开不同的 DLL,观察属性窗口的变化。如图 3-46 所示,左图是调用 PSIM 提供的"pfc_vi_dll\pfc_vi_dll.dll"示例 DLL 的属性界面,右图是调用 PSIM 提供的"general_dll_block1\TestBlock.dll"示例 DLL 的属性界面。

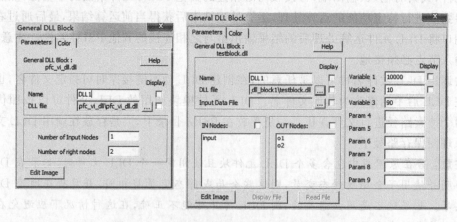

图 3-46　通用 DLL 调用不同 DLL 的属性窗口

　　简单 DLL 有关使用规定同样适用于通用 DLL,差别仅在参数数量可以变化,并且用户可以根据需要添加其他参数。通用 DLL 元件默认参数有 DLL File(DLL 文件名)、Number of Input Nodes(输入节点数)和 Number of Output Nodes(输出节点数),如图 3-46 左图所示。一旦选择了一个确定的 DLL 文件,会根据 DLL 文件中的定义,可能会显示 Input Data File(输入数据文件)、IN Nodes(输入节点名称)、OUT Nodes(输出节点名称)、输入 DLL 例程的 Parameter 1～ Parameter n 等可选参数,如图 3-46 右图所示。

　　通用 DLL 元件模块可以定义任意数量的输入和输出,定义从 PSIM 传递到 DLL 例程的任意数量的参数,并为 DLL 例程定义输入数据文件。例如,输入/输出数量和参数名称的信息可以存储在输入数据文件中,并在运行时由 DLL 例程读取。注意,输入数据文件是可选的,如果不需要输入数据文件,则可以将其留为空白。

　　另外,通用 DLL 可以自定义 DLL 块的外观图形,在属性对话框窗口底部的三个按钮执行以下功能:

- 编辑图像:允许用户绘制和自定义 DLL 块的图像。
- 显示文件:在文本编辑器中显示输入数据文件的内容。
- 读取文件:重新读取输入数据文件。

3.8.2　外部 DLL 导出功能函数

　　PSIM 可调用的 DLL 有四个导出功能函数,其中 PSIM 仿真引擎使用其中的三个,另一个由用户界面使用(打开 DLL 文件时,属性窗口界面的改变由此函数实现)。在用 C/C++编程实现 DLL 时,需要实现这四个函数(其中一个必须实现,另外三个可以不实现)。三个 PSIM 引擎调用的函数是 RUNSIMUSER、OPENSIMUSER 和 CLOSESIMUSER,用户界面输出函数是 REQUESTUSERDATA。

1. RUNSIMUSER 函数

RUNSIMUSER 函数是 DLL 例程中唯一的强制性实现函数,其他三个函数是可选的,可以不实现。PSIM 在每个仿真时间步都会调用此函数。DLL 例程从 PSIM 接收参数值作为 DLL 的输入,随后执行计算,计算结束后将结果发送回 PSIM。输入/输出节点分配是输入节点在左侧,输出节点在右侧,其顺序是从上到下。函数的原型定义如下:

```
void RUNSIMUSER(
        double t,
        double delt,
        double * in,
        double * out,
        void ** ptrUserData,
        int * pnError,
        char * szErrorMsg)
```

其中,
- double t:仿真时间 t,单位 s,输入参量,只读。
- double del:仿真步长,单位 s,输入参量,只读。
- double * in:输入值数组,如果 DLL 模型有三个输入,则在程序代码中用 in[0]、in[1]和 in[2]可以访问这些输入值,输入参量,只读。

- double ∗ out：输出值数组，执行计算后，应将输出值写入此数组中。如果 DLL 模型具有四个输出，则在程序代码中可用 out [0]、out [1]、out [2]和 out[3]可将值输出，输出参量，只写。

- void ∗∗ ptrUserData：用户定义数据的指针，更多信息参考函数 OPENSIMUSER，输入/输出参量，可读写。

- int ∗ pnError：成功与否指示，成功时返回 0，出错时返回 1。输出参量，只写。例如，∗ pnError = 0；//success ∗ pnError = 1；//error。

- char ∗ szErrorMsg：错误信息字符串，如果有错误，请将错误消息复制到此字符串。输出参量，只写。例如，strcpy(szErrorMsg，"输入 2 不能超过 50V")。

DLL 模块要实现的特定功能需要在 RUNSIMUSER 函数中实现，在函数计算处理时，可以利用 t、delt、输入数组 in[]和 ptrUserData 等输入数据参与计算，计算结果通过输出数组 out[]输出，计算过程中产生的错误信息可以通过 szErrorMsg 输出。

2. OPENSIMUSER 函数

OPENSIMUSER 是可选的，在 PSIM 仿真开始时仅调用一次。PSIM 调用此函数从 DLL 例程接收信息，并允许 DLL 例程分配内存供其自己使用。函数原型定义如下：

```
void OPENSIMUSER(
        const char ∗ szId,
        const char ∗ szNetlist,
        void ∗ ∗ ptrUserData,
        int ∗ pnError,
        LPSTR szErrorMsg,
        void ∗ pPsimParams)
```

其中，

- const char ∗ szId：DLL 模块的 ID 字符串，输入参量，只读。

- const char ∗ szNetlist：DLL 块的网表字符串，输入参量，只读。在 PSIM 中通过菜单"Simulate→Generate Netlist file"进行网表文件查看，网表字符串是一系列由空格分隔的参数。常规 DLL 块的网表格式参看 PSIM 的帮助文档。

- void ∗∗ ptrUserData：指向用户定义数据的指针，可读写。必须在函数 OPENSIMUSER 中分配内存，并在 CLOSESIMUSER 中释放内存。每次调用时，它将传递给 RUNSIMUSER。它允许 DLL 在仿真过程中管理自己的数据。

注意：此指针与函数 REQUESTUSERDATA 中用户定义的指针不同，无法将指针从 REQUESTUSERDATA 函数传递到仿真功能函数中。它们仅通过 Netlist 线路进行通信。

- int ∗ pnError：成功与否指示，成功时返回 0，出错时返回 1。输出参量，只写。

- char ∗ szErrorMsg：错误信息字符串，输出参量，只写。

- void ∗ pPsimParams：EXT_FUNC_PSIM_INFO 结构体指针，输入参量，只读。通过该指针传入相关信息。

```
struct EXT_FUNC_PSIM_INFO
{
    char m_szPsimDir[260];          //PSIM 文件夹名称
    char m_szSchDir[260];           //文件夹下存放的 PSIM 电路图文件名(∗.sch)
```

```
    char m_szSchFileName[260];          //PSIM 电路图文件完整路径及文件名
};
```

在 PSIM 仿真启动时,调用此函数,传入信息到 DLL 例程或从 DLL 例程获取信息。

3. CLOSESIMUSER 函数

CLOSESIMUSER 函数是可选的,在 PSIM 仿真结束时仅调用一次,其主要目的是允许 DLL 释放已分配的任何内存或资源。函数原型定义如下:

```
void CLOSESIMUSER(
        const char * szId,
        void ** ptrUserData)
```

其中,

- const char * szId:DLL 模块的 ID 字符串,输入参量,只读。
- void ** ptrUserData:指向用户定义数据的指针,可读写。更多信息参考函数 OPENSIMUSER。

4. REQUESTUSERDATA 函数

REQUESTUSERDATA 函数是可选的,它是与 PSIM 的处理用户界面接口。在创建通用 DLL 元件模块或在其属性框中修改其属性时,PSIM 会调用它。函数原型定义如下:

```
void REQUESTUSERDATA(
        int nRequestReason,      //描述了调用此函数时用户的操作
        int nRequestCode,        //描述了从 DLL 请求的信息
        int nRequestParam,       //此值取决于参数 nRequestCode
        void * * ptrUserData,    //指向用户定义数据的指针,它包含在每个函数调用中,
                                 //允许用户管理自己的数据,内存由用户分配和释放
        int * pnParam1,
        int * pnParam2,
        char * szParam1,
        char * szParam2)
```

int * pnParam1,int * pnParam2,char * szParam1,char * szParam2:这些参数取决于 nRequestReason,nRequestCode 和 nRequestParam 的值。

3.8.3　外部 DLL 创建

一些复杂的控制算法,使用 C/C++编程非常容易实现。为了能在 PSIM 中调用该控制算法,必须将控制算法程序代码封装成动态链接库。本节以 Visual Studio 2010 为开发环境,介绍 PSIM 可调用 DLL 动态链接库的创建方法。有关 Visual Studio 2010 开发环境安装不属于本书介绍的内容,读者可查阅有关文献进行了解。

1. 创建 DLL 工程

➤ 启动 Visual Studio 2010 开发环境,如图 3-47 所示。单击"New Project..."创建新工程,并弹出如图 3-48 所示的项目设置对话框。

图 3-47　Visual Studio 2010 启动界面

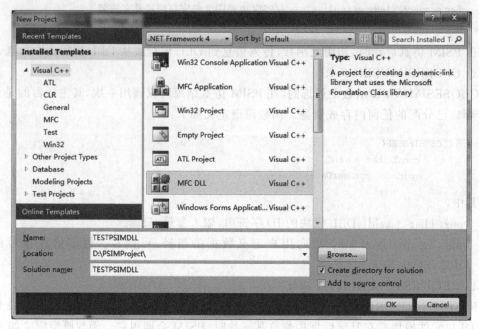

图 3-48　项目设置对话框

➤ 在图 3-48 项目设置对话框中选择"MFC DLL"项,在 Name 文本框输入项目名称,在 Location 文本框选择项目保存的路径。本项目保存路径设置为"D:\PSIMProject\",项目名称设置为 TESTPSIMDLL。设置完成后单击"OK"按钮弹出 MFC DLL Wizard 欢迎信息,单击"NEXT"按钮进入下一步。

➤ 在弹出的应用设置对话框中选择"Regular DLL using shared MFC DLL"项,如图 3-49 所示,创建常规动态链接库 DLL,随后单击"Finish"按钮,完成项目创建。

2. 编写 DLL 程序代码

➤ 在完成新建项目创建后,Visual Studio 2010 进入项目,出现如图 3-50 所示的项目解决方案资源管理器。

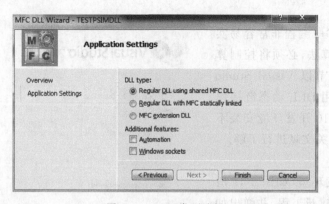

图 3-49　DLL 类型选择

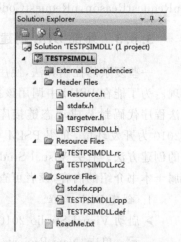

图 3-50　项目解决方案资源管理器

➢ 在项目解决方案资源管理器的 Header Files 文件夹下双击"TESTPSIMDLL. h"头文件，在编辑窗口中打开该文件。删除该文件中由 Visual Studio 2010 创建的所有程序代码（注意是全部删除）。

➢ 在"TESTPSIMDLL. h"头文件中输入 DLL 导出函数的声明代码，具体代码如下：

```
# ifndef __ TESTPSIMDLL_H __
# define __ TESTPSIMDLL_H __
# ifdef TESTPSIM_DLL_CPP
  # define TESTPSIM_DLL_API __ declspec(dllexport)
# else
  # define TESTPSIM_DLL_API __ declspec(dllimport)
# endif
# ifdef __ cplusplus
extern "C"{
# endif
TESTPSIM_DLL_API void RUNSIMUSER(double t, double delt, double * in,
            double * out, void * * ptrUserData, int * pnError, char * szErrorMsg);
# ifdef __ cplusplus
  }
# endif
# endif
```

输入完代码的头文件如图 3-51 所示。此段代码主要是声明 PSIM 仿真引擎调用的 RUNSIMUSER 函数，其他三个函数未实现，读者可自行研究，本书不再赘述。代码中包含了一些条件编译选项，告诉编译器 RUNSIMUSER 函数声明是一个标准 C 写成的库文件，同时使用 TESTPSIM_DLL_API 将函数声明为导出函数。

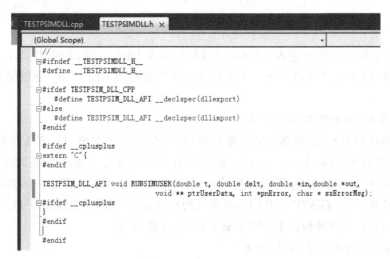

图 3-51　TESTPSIMDLL. h 头文件代码

➢ 在项目解决方案资源管理器的 Source Files 文件夹下，双击"TESTPSIMDLL. cpp"实现文件，在编辑窗口中打开该文件。删除该文件中由 Visual Studio 2010 创建的所有程序代码（注意是全部删除）。

➢ 在"TESTPSIMDLL. cpp"实现文件中输入 RUNSIMUSER 函数的具体实现代码，如下：

```
#include "stdafx. h"
#ifndef TESTPSIM_DLL_CPP
    #define TESTPSIM_DLL_CPP
#endif
#include "TESTPSIMDLL. h"
extern "C" void RUNSIMUSER(double t, double delt, double * in,double * out,
        void ** ptrUserData, int * pnError, char * szErrorMsg)
{
    out[0] = in[0] + 10;
    return ;
}
```

RUNSIMUSER 函数的具体功能实现代码根据具体功能编写,本示例是将输入值加上 10,再将结果输出,仅用于演示 DLL 的创建。

3. 编译生成 DLL 动态链接库

在完成代码编程后保存项目,然后编译生成 DLL 动态链接库。项目编译完成后生成的 DLL 文件如图 3-52 所示。其中 TESTPSIMDLL. dll 是 PSIM 可以调用的 DLL 文件。

前面介绍了 DLL 创建及生成的过程,代码编写主要是根据 PSIM 引擎将要调用的 RUNSIMUSER 函数的输入、输出参数进行具体功能实现。PSIM 导出的其余三个函数类似 RUNSIMUSER 函数进行函数声明和实现,读者可以自行研究。

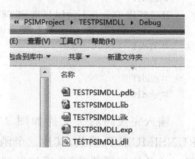

图 3-52 生成的 DLL 文件

3.8.4 简单 DLL 元件应用示例

PSIM 提供的具有固定输入/输出端口数量的简单 DLL 元件,在调用 DLL 动态链接库时仅需要设置 DLL 的文件名即可。本节以 3.8.3 节创建的 DLL 为例,介绍简单 DLL 的调用过程。

1. 1 个输入/输出简单 DLL 调用

启动 PSIM 仿真软件,添加 PSIM 电路模型,并在原理图中添加具有 1 个输入/输出的简单 DLL 元件(DLL Block (1-input)),创建的电路模型及仿真波形如图 3-53 所示。模型中直流电源设置为 4V,并连接到 DLL 的输入端口,DLL 的输出端口通过一个电阻连接到地。

从仿真结果可知,TESTPSIMDLL. dll 实现的功能完全正确,说明创建的 TESTPSIMDLL. dll 通过简单 DLL 元件模型被 PSIM 正确调用,并正确执行。

2. 3 个输入/输出简单 DLL 调用

将 3.8.3 节中 RUNSIMUSER 函数的实习代码改成如下代码:

```
out[0] = in[0] + in[1] + in[2];          //将 3 个输入相加,并从第 1 个输出端口输出
out[1] = (in[0] + in[1]) * in[2];        //将第 1 个和第 2 个输入相加,再乘以第 3 个输入,
                                         //并从第 2 个输出端口输出
out[2] = in[0] * (in[1] + in[2]);        //将第 2 个和第 3 个输入相加,再乘以第 1 个输入,
                                         //并从第 3 个输出端口输出
```

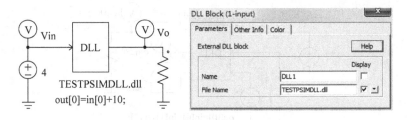

(a) 仿真电路模型及属性设置

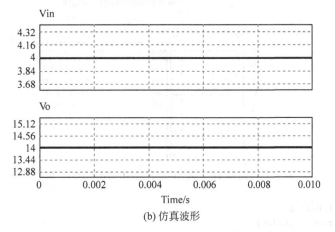

(b) 仿真波形

图 3-53　简单 DLL 调用 TESTPSIMDLL.dll 模型及仿真

修改完代码后,在项目属性中,设置编译输出 DLL 名字为"PSIMDLL33",如图 3-54 所示,随后编译生成 DLL 动态链接库。

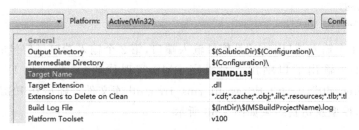

图 3-54　修改生成 DLL 的名称

新建一个 PSIM 仿真电路模型,并在原理图中添加具有 3 个输入/输出的简单 DLL 元件(DLL Block (3-input)),创建的电路模型及仿真波形如图 3-55 所示。

从仿真结果可知,PSIMDLL33.dll 实现的功能仿真完全正确,说明创建的 PSIMDLL33.dll 通过简单 DLL 元件模型被 PSIM 正确调用,并正确执行。

3. DLL 动态链接库实现 RMS 测量

将 3.7.2 节用 C 程序块实现的 RMS 功能用外部 DLL 实现。将 3.8.3 节中 RUNSIMUSER 函数实现代码改成如下代码,注意在头文件中加入 include "math.h"数学库函数头文件。

```
static double nsum = 0.0, sum = 0.0, rms = 0;
double Tperiod, freq;
freq = in[1];
```

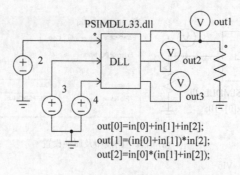

out[0]=in[0]+in[1]+in[2];
out[1]=(in[0]+in[1])*in[2];
out[2]=in[0]*(in[1]+in[2]);

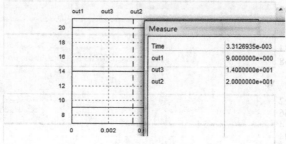

图 3-55　简单 DLL 调用 TESTPSIMDLL33.dll 模型及仿真

```
Tperiod = 1.0/freq;
if (t > = nsum * Tperiod)
{
    nsum = nsum + 1.0;
    rms = sqrt(sum * delt/Tperiod);
    sum = 0.0;
}
out[0] = rms;
sum = sum + in[0] * in[0];
```

　　代码中第 1 个输入端口 in[0] 是信号输入端口,第 2 个输入端口是信号的频率值。求出的 RMS 从第 1 个输出端口输出。编辑完 RMS 实现代码后,将输出 DLL 文件取名为"testdll_rms_freq.dll",编译生成 testdll_rms_freq.dll 库文件。随后在 PSIM 中建立 RMS 仿真电路模型,模型及仿真结果如图 3-56 所示。

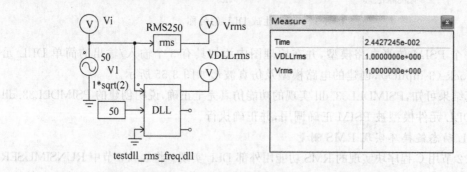

图 3-56　RMS 实现 testdll_rms_freq.dll 仿真测试

　　从图 3-56 仿真测量结果可知,编写的 DLL 实现了 RMS 测量,与 3.7.2 节采用 C 程序块实现的效果完全一样。testdll_rms_freq.dll 的实现代码要求 2 个输入、1 个输出,简单

DLL 元件中没有 2 输入 1 输出的 DLL 元件模块,但可以用输入/输出端口大于要求端口数量的简单 DLL 元件模型进行调用,将多余的输入端口接地,多余的输出端口悬空即可。

3.8.5　通用 DLL 元件应用示例

通用 DLL 比简单 DLL 具有更多的灵活性,本节利用通用 DLL 代替简单 DLL,对 3.8.4 节的 DLL 进行调用,讲解通用 DLL 的具体使用。

1. 具有 1 个输入/输出的 DLL 调用

将 3.8.4 节中创建的 TESTPSIMDLL. dll 用通用 DLL 元件进行调用,建立的仿真电路及仿真波形如图 3-57 所示。

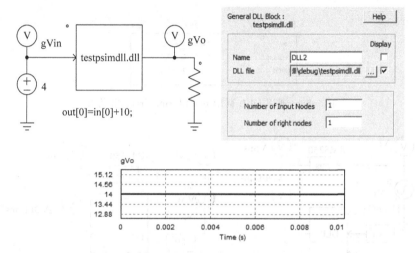

图 3-57　通用 DLL 调用 TESTPSIMDLL. dll 仿真

从图 3-57 仿真结果可知,与图 3-53 仿真结果一致,说明通用 DLL 与简单 DLL 实现的功能一致。

2. DLL 动态链接库实现 RMS 测量

3.8.4 节生成的 testdll_rms_freq. dll 库文件具有 2 个输入、1 个输出,采用通用 DLL 元件模型建立仿真电路模型并仿真,如图 3-58 所示。

从图 3-58 仿真测量结果可知,与图 3-56 仿真结果一致,说明通用 DLL 与简单 DLL 调用功能完全一致。

3. 全局变量或静态变量测试

在 3.8.1 节简单 DLL 元件应用中提到,若在原理图中包含多个 DLL 元件块且使用同一个 DLL 文件时,如果在 DLL 代码中声明并使用了全局变量或静态变量,则多个 DLL 元件块所调用的 DLL 文件将使用相同的全局变量或静态变量,并且将在所有 DLL 块之间共享。在 3.8.4 节生成的 testdll_rms_freq. dll 中包含有静态变量"static double nsum＝0.0,sum＝0.0,rms＝0;"的定义,若在同一个 PSIM 原理图文件放置两个 DLL 元件块(简单或者通用),并同时调用 testdll_rms_freq. dll,模型及仿真结果如图 3-59 所示。

从图 3-59 的仿真测量结果可知,Vrms 和 gVrms 是使用 PSIM 的标准元件库中 RMS 元件测量的结果,完全正确;VDLLrms 是使用简单 DLL 元件调用 testdll_rms_freq. dll 的结果，gVDLLrms 是使用通用 DLL 元件调用 testdll_rms_freq. dll 的结果，其结果不正确，因为它们共用了静态变量。

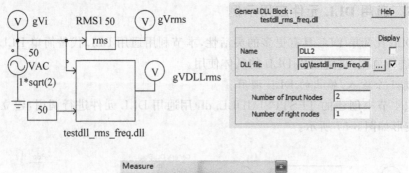

图 3-58　通用 DLL 调用 testdll_rms_freq. dll 仿真

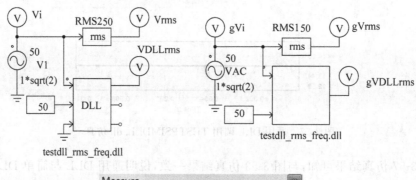

图 3-59　同一个带全局变量或静态变量的 DLL 被多个 DLL 元件同时调用

3.9　PSIM 与 MATLAB 协同仿真

MATLAB 是 MathWorks 公司开发的大型科学计算与数学软件，用于算法开发、数据可视化、数据分析以及数值计算等。Simulink 是 MATLAB 中的一种可视化仿真工具，是一种基于 MATLAB 的框图仿真环境，可实现动态系统建模、仿真和分析，被广泛应用于线性系统、非线性系统、连续系统、离散系统、连续离散混合系统、数字控制及数字信号处理的建模和仿真。

MATLAB/Simulink 包含大量的计算算法、数学运算函数和专用工具箱,在控制系统设计与仿真方面具有不可替代的地位。PSIM 在电源功率电路建模与仿真方面具有独特的一面,但在控制系统设计与仿真方面不及 MATLAB/Simulink。为充分利用 PISM 在电源功率仿真和 MATLAB/Simulink 在控制仿真的各自优势,PSIM 软件开发了 SimCoupler 模块,实现 PSIM 软件与 MATLAB/Simulink 的协同仿真。通过 SimCoupler 模块,系统仿真的一部分可以在 PSIM 中实现和模拟,而其余部分可在 MATLAB/Simulink 中实现,以充分发挥各自的优势,充分互补,实现更为复杂的电力电子系统仿真。PSIM 仿真软件的 SimCoupler 模块支持 MATLAB/Simulink Release 13 或者更高版本。

3.9.1　SimCoupler 接口模块概述

SimCoupler 模块是 PSIM 软件的附加模块,提供了 PSIM 和 MATLAB/Simulink 之间的协同仿真接口。SimCoupler 接口由 PSIM 中的链接节点和 MATLAB/Simulink 中的 SimCoupler 模型模块两部分组成,节点及模型如图 3-60 所示。

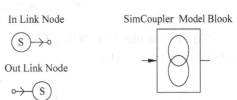

图 3-60　SimCoupler 链接节点和 Simulink 模型

PSIM 中的链接节点位于 PSIM 元件库 "Elements→Control→SimCoupler Module" 菜单项下,用于为 PSIM 中构建的仿真模型提供输入、输出接口。

- "In Link Node"元件模型是输入链接节点,用于从 MATLAB/Simulink 接收一个值,并将该值传给 PISM 仿真模型。
- "Out Link Node"元件模型是输出链接节点,用于从 PSIM 中输出一个值给 MATLAB/Simulink,MATLAB/Simulink 仿真模型可利用接收到的值进行下一步的分析、计算及仿真。
- "In Link Node"和"Out Link Node"都是控制元件,只能在控制电路中使用。

SimCoupler Model Block 是用于 MATLAB/Simulink 中建模的模块,位于 Simulink Librarybrowser 的 S-function SimCoupler 工具箱中,SimCoupler 模型模块通过输入/输出端口连接到 Simulink 模型中。要在 MATLAB/Simulink 中找到 SimCoupler 模型模块,需要先将其加入 Simulink Library 中才能使用。加入 MATLAB/Simulink 库的方法是:

- 先启动 PSIM 软件,选择"Utilities→SimCoupler Setup"菜单项。随后弹出 SimCoupler 设置对话框,单击"Next"按钮进行下一步设置,如图 3-61 所示。示例使用的 MATLAB 版本为 2010b,在单击"Next"按钮设置时,就将 SimCoupler 添加到系统中所安装的 MATLAB 软件中,安装完成后给出安装成功提示信息,单击"确定"按钮即可。
- 将 SimCoupler 添加到 MATLAB/Simulink 库的操作,只需执行一次即可,除非需要关联其他 PSIM 版本的 SimCoupler 模型模块。
- 如果在同一台计算机上安装有多个 PSIM 软件版本,当你从一个 PSIM 版本切换到另一个 PSIM 版本进行仿真时,必须重新运行相应版本的"Utilities→SimCoupler Setup"进行设置(即需要将相应版本的 SimCoupler 添加到 MATLAB/Simulink 库中)。

➢ 选择"Utilities→SimCoupler Setup"菜单项,实际是调用 SetSimPath. exe 程序进行 SimCoupler 设置。SetSimPath. exe 程序位于 PSIM 安装目录下。

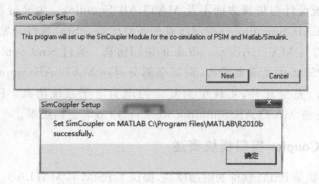

图 3-61　添加 SimCoupler 到 Simulink 库

利用 SimCoupler 进行协同建模时,两部分模型分别在各自的仿真平台构建,各自模型构建的框图如图 3-62 所示。

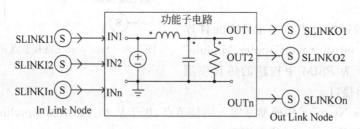

(a) PSIM中建立的模型示意框图

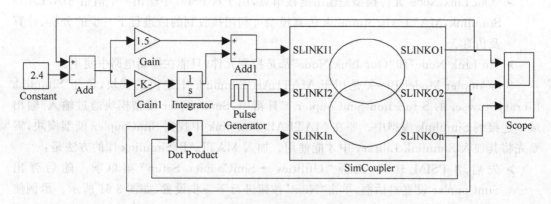

(b) Simulink中建立的模型示意框图

图 3-62　各模型构建框图

图 3-62(a)是在 PSIM 中建立的仿真电路模型,其中功能子电路是具体实现的功能电路,SLINKI1、SLINKI2、SLINKIn 是功能子电路的输入节点,SLINKO1、SLINKO2、SLINKOn 是功能子电路的输出节点。该功能电路通过 In Link Node 输入链接节点"SLINKI1、SLINKI2、SLINKIn"从 MATLAB/Simulink 获得输入值,然后功能子电路进行运算,将运算后需要输

出给 MATLAB/Simulink 的值从 Out Link Node 输出节点"SLINKO1、SLINKO2、SLINKOn"
输出。

图 3-62(b)是在 MATLAB/Simulink 中建立的仿真模型,其中 SimCoupler 模型块是载
入图 3-62(a)所建的 PSIM 模型后自动生成的模型块,模型块的输入端口对应 PSIM 模型的
输入链接节点,模型块的输出端口对应 PSIM 模型的输出链接节点。换句话说,MATLAB/
Simulink 中的 SimCoupler 模型块就是 PSIM 建立的模型,与 PSIM 模型等同。MATLAB/
Simulink 通过 SimCoupler 模型块将 PSIM 仿真电路模型包含进 MATLAB/Simulink 的仿
真模型中。

在 MATLAB/Simulink 搭建完仿真模型后,就可以在 MATLAB/Simulink 中设置仿真
参数,并运行仿真。在 MATLAB/Simulink 仿真结束后,MATLAB/Simulink 模型中要求
观察的参量在 MATLAB/Simulink 中进行显示;同时 PSIM 的 Simview 将自动启动,在
PSIM 模型中设置了观察探头的参量,将在 Simview 中显示。

3.9.2　SimCoupler 协同仿真步骤

SimCoupler 模块的使用既简单又直接,利用 PSIM 与 MATLAB/Simulink 进行电力电
子系统协同仿真,一般功率电路模型在 PSIM 中构建,系统控制电路模型在 MATLAB/
Simulink 中构建。以下是 PSIM 与 MATLAB/Simulink 进行协同仿真的具体步骤。

1. 将 SimCoupler 模块添加到 Simulink 库中

在 PSIM 软件中选择"Utilities→SimCoupler Setup"菜单项,调用 SetSimPath. exe 程序
将 SimCoupler 模块添加到 Simulink 库中,并设置 SimCoupler 模块以对 PSIM 和 MATLAB/
Simulink 进行协同仿真。执行后,SimCoupler 块在 Simulink 库浏览器中的"S-function
SimCoupler"工具箱中。需要注意:

◇ 此步是必需的,否则 MATLAB/Simulink 将不能与 PSIM 协同仿真。

◇ 此步只需要运行一次,一旦运行过此步后,在后续进行其他模型的协同仿真时,此步
可以直接跳过,不操作。

◇ 在 PSIM 文件夹或 MATLAB 文件夹改变时,必须重新运行此步,才能再次进行协
同仿真。

2. 在 PSIM 中构建所需部分仿真电路模型

启动 PSIM 仿真软件,首先将需要在 PSIM 中实现的部分电路进行建模;其次,在电路
模型构建完成后,添加输入、输出链接节点,并对各链接节点命名;最后,保存该电路模型到
项目文件夹中。

如果有一个以上的 In Link Node 或 Out Link Node 节点,可以设置这些节点在 MATLAB/
Simulink 的 SimCoupler 模型块中出现的顺序。选择 PSIM 的"Simulate→Arrange SLINK
Nodes"选项,弹出如图 3-63 所示的对话框。

图 3-63 对话框中 SLINK In 栏列出了所有的输入链接节点,SLINK Out 栏列出了所有
的输出链接节点。可以选中某一个节点,单击左侧或者右侧的上/下箭头可调整该节点在列
表中的位置。链接节点在 SLINK In 栏和 SLINK Out 栏中从上到下的排列顺序,与
MATLAB/Simulink 的 SimCoupler 模型块中节点出现的顺序一致。输入节点将在
SimCoupler 模型块的左侧,从顶部到底部按照 SLINK In 栏中的顺序排列;输出节点将在

SimCoupler 模型的右侧，从顶部到底部按照 SLINK Out 栏中的顺序排列。

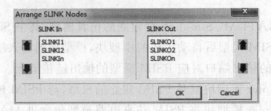

图 3-63　输入/输出链接节点排列顺序调整对话框

3. 在 MATLAB/Simulink 中构建剩余部分仿真电路模型

启动 MATLAB，进入 Simulink。打开已有的 Simulink 模型文件或者新建一个 Simulink 模型文件，构建剩余部分仿真模型（去除已经在 PSIM 中构建了的部分）。

4. 添加 SimCoupler 模型块到电路原理图中

Simulink 库浏览器中的"S-function SimCoupler"工具箱中，将 SimCoupler 模型拖放到 Simulink 模型文件中。

5. 加载 SimCoupler 模型块的 PSIM 仿真电路模型

在 Simulink 原理图中双击 SimCoupler 模型块，在弹出的对话框中单击"Browse…"按钮，找到并选择第 2 步创建的 PSIM 原理图文件，然后单击"Apply"按钮，SimCoupler 模型块的输入和输出端口数将自动匹配成 PSIM 中设置的链接节点数。

6. 将 SimCoupler 模型块连接到 Simulink 电路模型中

加载 PSIM 仿真模型后，SimCoupler 模型块出现了输入、输出端口，将 SimCoupler 模型块的输入、输出端口与 Simulink 模型电路连接起来，形成完整的仿真模型。

7. 设置 Simulink 的仿真参数

转到 Simulink 仿真参数设置窗口，配置仿真参数。需要设置仿真时间、求解器类型及仿真步长。若求解器类型选择 Fixed-step（固定步长），则将固定步长设置为与 PSIM 的时间步长相同或接近的值；若求解器类型选择 Variable-step（可变步长），得到的仿真结果将不正确。为了获得正确的结果，必须在 SimCoupler 模型块的输入端放置零阶保持器，且该零阶保持器的采样时间必须与 PSIM 时间步长相同或接近。

8. 在 Simulink 中开始仿真

完成上述步骤后，启动 Simulink 仿真。仿真结束后，可以查看需要观察的参量数据，同时 PSIM 的 Simview 程序也会自动打开，显示相关参量曲线。

另外需要注意，在 Simulink 的反馈系统模型中使用 SimCoupler 模型块时，SimCoupler 模型块可能是代数循环的一部分。MATLAB/Simulink 的某些版本无法解决包含代数循环的系统，而其他一些版本则可以解决包含代数循环的系统，但性能降低。为了打破代数循环的限制，可在 SimCoupler 模型块的每个输出端口处放置一个存储模块。该存储模块引入了一个积分时间步长的延迟，以打破代数循环问题。

3.9.3　平均电流控制 Buck 变换器协同仿真

本节将以单环平均电流反馈控制 Buck 变换器的协同仿真为例，说明 PSIM 与 MATLAB/Simulink 的协同仿真。本示例的完整仿真模型如图 3-64 所示。模型功率电路部分电源设置为 50V，电感为 1mH，电容为 $47\mu F$，负载电阻为 5Ω。设置电感电流采集传感为反馈控制提供控制参量。控制电路部分，采用 PI 补偿调节控制器，将当前电感电流与设置的参考电流 Iref 比较，比较后的误差量进行 PI(kp=1.5,ki=0.0001)运算，运算结果再进行限幅处理，随后与锯齿波(频率为 20kHz、幅值为 1、占空比为 1)进行比较，产生一定占空比的 PWM 波控制功率开关管工作，实现 Buck 变换控制。

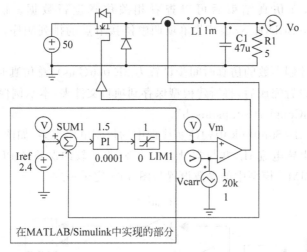

图 3-64　平均电流反馈控制电路模型

在图 3-64 的模型中，将实线框内的部分放到 MATLAB/Simulink 中实现，其余部分（功率电路及部分控制电路）在 PSIM 中实现。本实例使用的 MATLAB 版本是 R2010b。

(1) 将当前版本 PSIM 的 SimCoupler 模块添加到 Simulink 库中。

本示例使用的是 PSIM 9.1.1 版本，启动 PSIM 软件，并选择"Utilities→SimCoupler Setup"选项，将 PSIM9.1.1 与 MATLAB/Simulink 关联以进行协同仿真。注意此操作只需要执行一次，直到下次希望将其他版本的 PSIM 与 MATLAB/Simulink 进行关联以协同仿真。

(2) 在 PSIM 中新建原理图文件，构建图 3-64 中的功率电路及部分控制电路模型，并添加输入、输出链接节点，设置仿真控制参数，电路模型如图 3-65 所示。

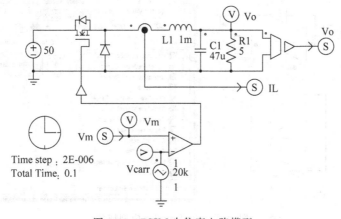

图 3-65　PSIM 中仿真电路模型

　　图 3-65 中的电路模型,将电流传感器(增益为1)采集输出的电流连接到输出链接节点,并命名为 IL,将其值输出给 MATLAB/Simulink;利用电压传感器(增益为1)测量变换器的输出电压,并将采集输出连接到输出链接节点,并命名为 Vo,将其值输出给 MATLAB/Simulink;比较器的同相输入端是输入的调制信号,连接到输入链接节点,节点命名为 Vm,将从 MATLAB/Simulink 中获得控制所需的调制信号。在 PSIM 模型中添加了 Vm、Vo、Vcarr 的测量探头,在仿真结束后可以查看相关仿真运行数据。根据需要可以选择"Simulate→Arrange SLINK Nodes"菜单项调整链接节点的排列顺序,此处采用默认排列顺序。

　　模型仿真运行控制参数的仿真时间步设置为 2E-006(2us),总仿真时间为 0.1s,其他参数采用默认参数。设置完成后,将所建模型保存到项目文件夹,本示例保存路径及文件名为"I:\PSIM\test\SimCouplertest.psimsch"。

　　(3) 在 MATLAB/Simulink 中构建实线框中的控制电路模型,如图 3-66 所示。模型准备从 PSIM 中获得电感电流 IL,并与常量 2.4 比较,将比较的误差经 PI 运算后获得的调整控制信号输出给 PSIM。模型中的参数设置与图 3-64 完全一致。

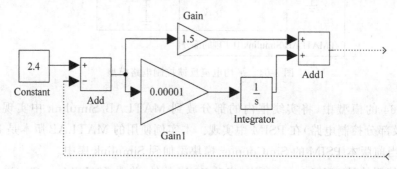

图 3-66　MATLAB/Simulink 中搭建的部分模型

　　(4) 在 Simulink 库浏览器中的"S-function SimCoupler"工具箱中,将 SimCoupler 模型拖放到 Simulink 模型文件中,如图 3-67 所示。

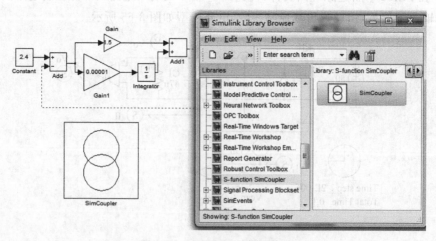

图 3-67　SimCoupler 模型拖放

（5）双击 SimCoupler 模型块加载 PSIM 仿真电路模型，在弹出的对话框中单击"Browse…"按钮，找到并选择"I：\PSIM\test\SimCouplertest. psimsch"原理图文件，然后单击"Apply"按钮，随后关闭对话框，如图 3-68 所示。SimCoupler 模型块的输入和输出端口数将自动匹配成 PSIM 中设置的链接节点数及相应节点名称。如果之后在 PSIM 中的原理图节点数目发生变化，需要选择"Edit→Update Diagram"选项来更新 SimCoupler 模块。

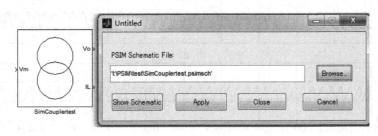

图 3-68 添加 SimCoupler 的 PSIM 电路模型

（6）将 SimCoupler 模型块连接到 Simulink 电路模型中，形成完整的仿真电路模型，如图 3-69 所示。添加 Scope 观察器，并将输出电压、电感电流接入，仿真过程中可进行查看。

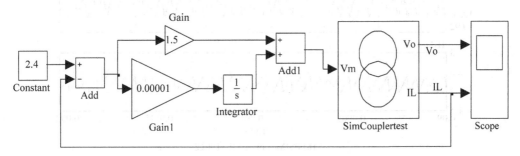

图 3-69 SimCoupler 构建的 Simulink 电路模型

（7）设置 Simulink 的仿真参数，将仿真结束时间设置为 0.1s、求解器类型设置为 Fixed-step(固定步长)、求解器设置为 ode5,仿真步长设为 2e-6,与 PSIM 的时间步长相同。参数设置界面如图 3-70 所示。

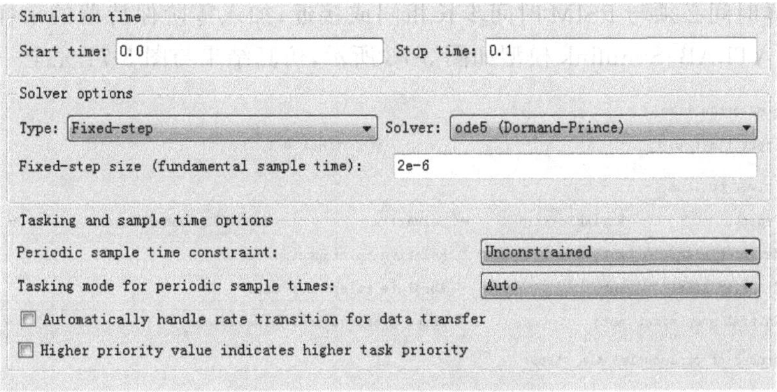

图 3-70 Simulink 仿真参数设置

（8）完成上述步骤后启动 Simulink 仿真。仿真结束后，在 MATLAB/Simulink 查看的参量数据波形如图 3-71(a)所示，同时，自动启动 PSIM 的 Simview 波形如图 3-71(b)所示。从两者波形可知，仿真波形一致。

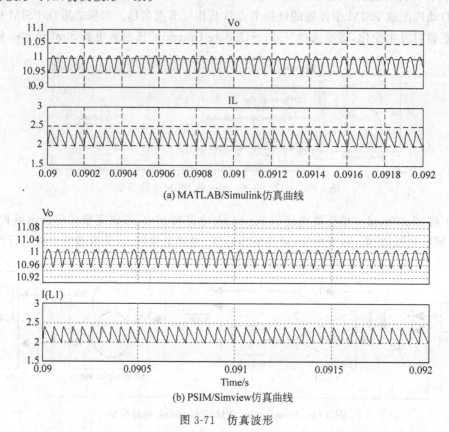

(a) MATLAB/Simulink仿真曲线

(b) PSIM/Simview仿真曲线

图 3-71　仿真波形

若将求解器类型选择 Variable-step（可变步长），得到的仿真结果将不正确，如图 3-72 所示。

为了获得正确的结果，必须在 SimCoupler 模型块的输入端放置零阶保持器，且该零阶保持器的采样时间必须与 PSIM 时间步长相同或接近，加入零阶保持器的采样时间设置为 2e-6，新的 MATLAB/Simulink 模型如图 3-73 所示，仿真结果与图 3-71 完全一致。

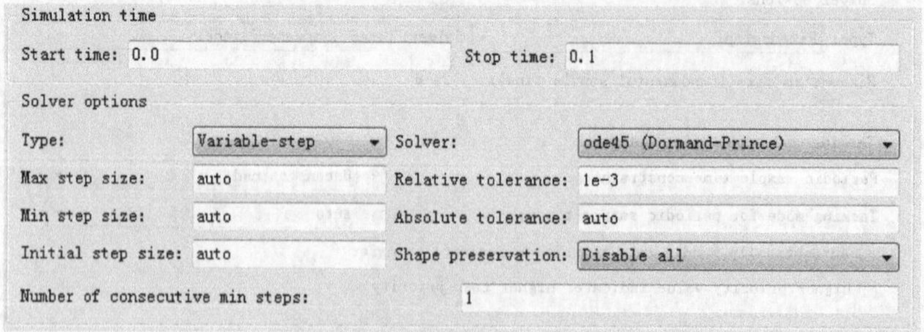

(a) Variable-step可变步长参数

图 3-72　求解器类型选择 Variable-step 的仿真

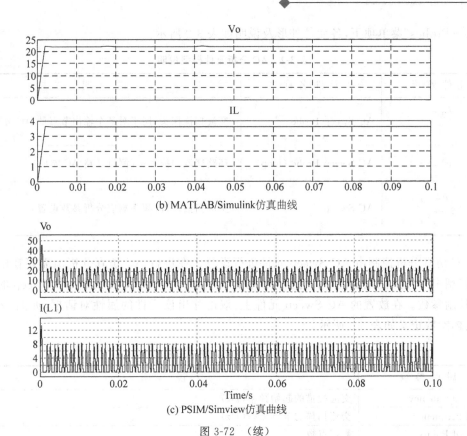

(b) MATLAB/Simulink仿真曲线

(c) PSIM/Simview仿真曲线

图 3-72 （续）

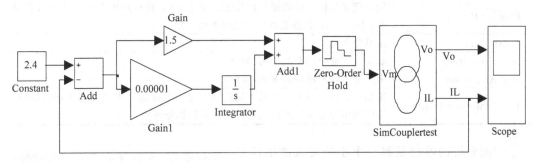

图 3-73 添加零阶保持器的仿真模型

3.10 交流频域仿真分析

通过交流频域(简称 AC)仿真分析可以获得一个电路或控制环路的频率响应特性。在 PSIM 中进行 AC 分析的一个显著特点是电路可以保持原有的开关模式,而不需要转换成平均模型,尽管通过平均模型执行 AC 分析可以节省更多的时间。

3.10.1 交流频域分析元件模型

PSIM 元件库中带有 AC 分析的元件模型,其位于"Elements→Other"和"Elements→

Other→Probes"菜单项下,各元件外形及说明如表 3-2 所示。

表 3-2 AC分析元件模型说明

元 件 外 形	元 件 名 称	说　　　明
(ac)	AC Sweep Probe	交流扫描探头,用于对某个输出节点的 AC 分析
(ac)	AC Sweep Probe(loop)	环路交流扫描探头(测量环路 AC 响应)
AC Sweep	AC Sweep	交流扫描设置(频率响应分析参数设置)

AC 仿真分析控制由 AC Sweep 元件进行设置。在进行 AC 仿真分析前需要在电路原理图模型中的任意位置放置 AC 仿真分析控制元件(AC Sweep),并设置 AC Sweep 的仿真分析控制参数。在放置的 AC Sweep 元件上,双击弹出该元件的属性对话框,如图 3-74 所示,具体参数定义如表 3-3 所示。

表 3-3 AC Sweep 参数定义

属 性 参 数	说　　　明
Start Frequency	交流扫描的起始频率(Hz)
End Frequency	交流扫描的末点频率(Hz)
No. of Points	数据点数
Flag for Points	用于定义如何生成数据点的标志。标志＝0:数据点按 Log10 比例线性分布;标志＝1:数据点以线性比例线性分布
Source Name	激励源名称
Start Amplitude	起始频率处激励源的振幅(幅值)
End Amplitude	末点频率处激励源的振幅(幅值)
Freq. for extra Points	附加数据点的频率。如果频域特性在某个频率范围内快速变化,则可以在该区域中添加额外的点以获得更好的数据分辨率

交流分析的原理是将一个小的交流激励信号(激励源)作为扰动注入系统中,并在输出点提取相同频率的信号。为了获得准确的交流分析结果,交流激励源的幅值必须设置适当。一方面,激励源的幅值必须足够小,以使扰动保持在线性区域内;另一方面,激励源的幅值又必须足够大,以使输出信号不受数值误差的影响。

通常,一个物理系统在低频段衰减较小,而在高频段衰减很大。因此,设置激励源时,最好是在低频段(起始频率处)设置一个相对较小的幅值,而在高频段(结束频率处)设置一个相对较大的幅值。

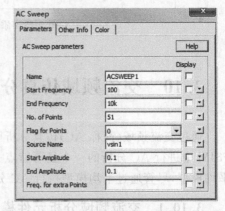

图 3-74　AC Sweep 参数设置属性对话框

另外,有时交流分析完成后会出现一个警告信息:"Warning:The program did not reach the steady state after 60 cycles. See File 'message. txt' for more details(警告:60个周期后程序未达到稳态。有关警告信息的具体内容,可查阅'message. txt'文件以获取详细信息说明)"。该警告产生的原因是当软件在执行了60个周期后,交流扫描输出仍然未检测到稳态。为了解决这个问题,可以增加电路中的阻尼(包括寄生电阻)、调整激励源幅值,或者减小仿真时间步长。文件"message. txt"将提供有关发生这种情况的频率和相对误差的信息(相对误差将指示数据点距离稳定状态有多远)。

3.10.2 交流频域分析设置方法

在 PSIM 仿真中进行 AC 仿真分析非常简单,仅需要四个设置即可进行 AC 仿真分析。具体如下:

> 确定一个正弦电压源作为 AC 扫描分析的激励源(需要在仿真模型中加入一个正弦交流信号源)。

> 将交流扫描探头(AC Sweep Probe)放置在需要分析(检测点)的位置。如果要测量闭环控制系统的环路响应,需要使用节点到节点的环路交流扫描探头(AC Sweep Probe (loop))。

> 将 AC Sweep 扫描控制元件模块放置在电路原理图模型中的任意位置,并定义 AC 扫描参数。

> 运行仿真,进行 AC 仿真分析。

3.10.3 交流频域分析示例

1. Buck 变换的开环响应分析

在 PSIM 中建立一个开环 Buck 变换器模型,如图 3-75 所示。在调制信号(Ur)上注入一个激励源 SINe,在变换器的输出端进行测量,检测变换器输出电压 Vo 与调制信号 Ur 之间的开环频率响应特性。

2. 闭环电路传递函数响应分析

通过交流分析可以获取闭环系统环路响应特性。在 PSIM 建立一个单环平均电流反馈控制模式的 Buck 变换器,如图 3-76 所示。在电流反馈环路中注入激励信号 SINe(反馈电流和激励 SINe 相加作为反馈信号),采用环路交流扫描探头获得环路传递函数。根据环路传递函数,可以确定控制环路的带宽和相位裕度。

需注意,交流扫描探头的连接需要保证在激励源注入后,探头两端覆盖反馈环路。

3. 开关电源传递函数响应分析

由补偿调节器控制的开关电源也可进行 AC 分析。在 PSIM 中建立一个单环电压反馈控制的 Buck 变换器,补偿调节器采用 Type 3 调节器。激励源在运算放大器输出之前插入反馈路径中,如图 3-77 所示。

从图 3-77(c)的频率响应曲线可以看出,系统的相位裕量约为 50°,增益裕量接近 20dB,系统是稳定系统。因此可以通过 AC Sweep 频率分析来判断闭环系统的稳定性,以辅助 DC/DC 变换器控制环路的设计。图 3-77(b)模型中,AC Sweep 也可以前移到运算放大器的输出之后,仿真曲线与图 3-77(c)的频率响应曲线一样。

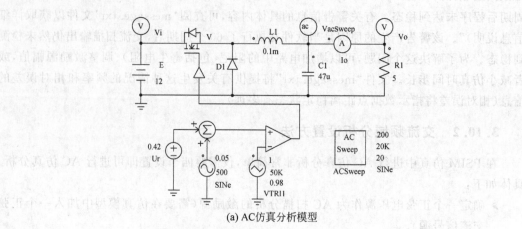

(a) AC仿真分析模型

(b) AC Sweep参数设置

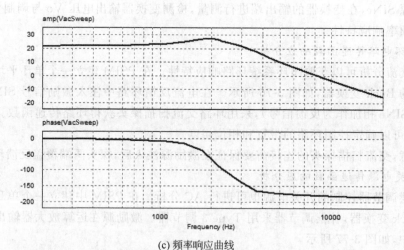

(c) 频率响应曲线

图 3-75　Buck 变换开环 AC 仿真分析

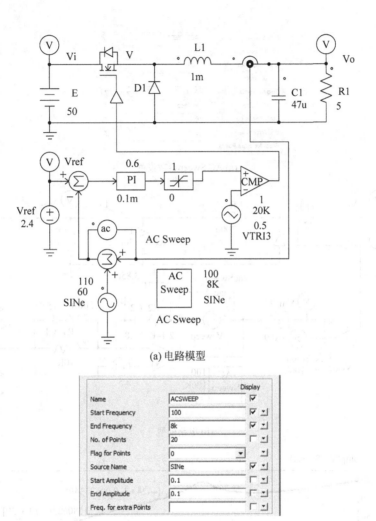

(a) 电路模型

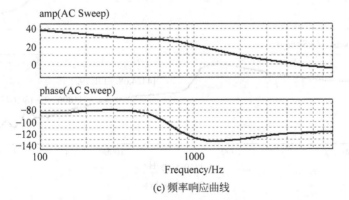

(b) AC Sweep参数设置

amp(AC Sweep)

phase(AC Sweep)

Frequency/Hz

(c) 频率响应曲线

图 3-76　单环平均电流反馈控制 Buck 变换器 AC 仿真分析

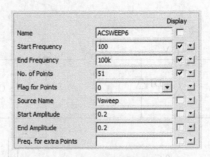

(a) AC Sweep参数设置

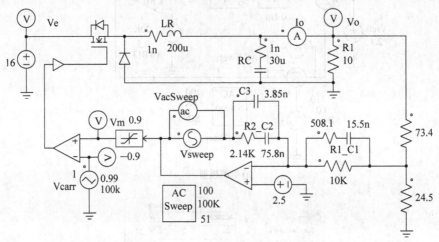

(b) 电路模型

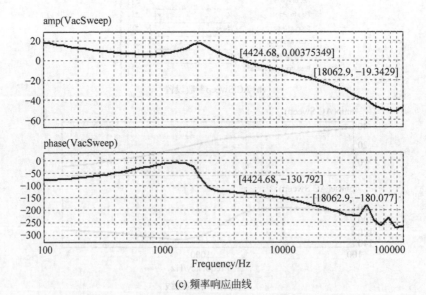

(c) 频率响应曲线

图 3-77　Type 3 型单环电压反馈控制 Buck 变换器 AC 仿真分析

3.11　参数扫描分析

PSIM 元件库带有参数扫描元件模型,可以通过该模型对某些元件进行参数扫描,评估参数对系统的影响。参数扫描模块位于"Elements→Other"菜单项下,元件外形如图 3-78 所示,元件属性参数如表 3-4 所示。参数扫描元件模块可扫描的参数一般包括:

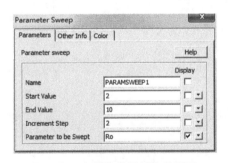

图 3-78　参数扫描元件模型

- RLC 分支的电阻、电感和电容(R、L、C);
- 比例控制器的增益(P,Proportional);
- 积分器的时间常数(I,Integrator);
- 比例积分控制器的增益和时间常数(PI, proportional-integral);
- 二阶低通和高通滤波器的增益、截止频率和阻尼比(2nd-order Low-pass Filter/2nd-order High-pass Filter);
- 二阶带通和带阻滤波器的增益、中心频率以及通带和阻带(2nd-order Band-pass Filter/2nd-order Band-stop Filter)。

表 3-4　Param Sweep 属性参数说明

参　数	说　明	参　数	说　明
Start Value	参数的起始值	Increment Step	参数步长增量值
End Value	参数的终止值	Parameter to be Swept	启用参数扫描功能

图 3-79　参数扫描属性参数设置

例如,某个电阻器"R1"的电阻设置为"Ro"。要将电阻从 2Ω 扫描到 10Ω(增量值为 2Ω)。则相应参数设置为:参数起始值设置为 2,参数终止值设置为 10,参数步长增量值设置为 2,扫描参数设置为 Ro,并勾选"Display"复选框,具体设置如图 3-79 所示。注意:要扫描的参数值应该是元件的参数值,而不是元件的名称。例如示例中,将要扫描的参数应定义为"Ro",而不是元件名称"R1",Ro 才是元件的参数值。

参数扫描分析将输出两条曲线:一条是输出量随时间变化的曲线,另一条是最后一个仿真点的输出与扫描参数之间的变化曲线。

例如,一个具有两个输出变量 V1 和 V2 的电路,对电阻 R1 的阻值 Ro 进行扫描,总仿真时间设置为 0.1s。仿真结束后,在 Simview 中会显示两个曲线图,一个曲线图是 V1 和 V2 随时间变换的曲线,另一个是 V1 和 V2 随 Ro 变换的曲线,V1 和 V2 值是 0.1s 时最后一个仿真点的值。

3.12　本章小结

　　本章首先对 PSIM 的元件查找与放置、仿真电路原理图设计、仿真控制、仿真结果查看与分析等基本操作进行详细的讲解与分析；随后,对 PSIM 子电路创建、元件参数文件使用、C 程序块使用、外部动态链接库 DLL 的设计与调用、PSIM 与 MATLAB 协同仿真等高级功能的使用与操作进行详细的讲解；最后,对 PSIM 电力电子仿真的频域仿真分析及参数扫描分析进行讲解。通过对本章的学习,读者能掌握 PSIM 构建仿真电路模型的基本操作方法与分析方法。

第4章

整流变换电路仿真

整流变换电路是电力电子变换电路中出现最早的一种变流电路,它的作用是将交流电变换为直流电。整流变换又称为交流-直流变换、AC/DC 变换,常用的变换电路有单相整流变换和三相整流变换。按照组成整流变换开关元件的可控程度将整流变换分为不控、半控、全控型整流变换;按照输出直流波形又将整流变换分为半波整流变换和全波整流变换。

整流变换电路中常用的电力电子开关元件有不可控电力二极管、半控型晶闸管、全控型门极可关断晶闸管、电力晶体管、电力场效应晶体管、绝缘栅双极晶体管等,利用半控型晶闸管可构成相控整流变换,利用全控型元件可构成 PWM 整流变换。本章主要利用半控型晶闸管构建相控单相和三相整流变换电路模型,并进行 PSIM 仿真与分析。

4.1 单相整流电路仿真

4.1.1 单相不可控整流电路仿真

电力二极管是不可控元件,当承受正向电压时导通,承受反向电压时截止。利用电力二极管的单相导通特性,可构建单相不可控整流电路,其整流电路拓扑如图 4-1 所示。

单相不可控整流电路由交流电源 AC、电力二极管 D、负载 R 构成。在交流电源 AC 正半周时,电力二极管 D 承受正向电压而导通;在交流电源 AC 负半周时,电力二极管 D 承受反向电压而截止。由于电力二极管的单相导电特性,在负载 R 上得到不可控的半波直流电。

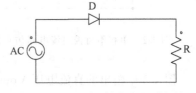

图 4-1 单相不可控整流电路拓扑

电路仿真分为建立仿真电路模型、电路参数设置、电路仿真及仿真结果分析几个步骤,现分步讲解如下。

1. 建立仿真电路模型

（1）启动 PSIM 仿真软件，新建一个仿真电路原理图设计文件，具体方法参见 3.2 节。

（2）根据单相不可控整流电路拓扑，从 PSIM 元件库中选取交流电源、电力二极管、电阻放置于电路原理设计图上。在放置元件的同时调整好元件的方向及位置，放置位置可参考图 4-1 电路拓扑结构中各元件的位置。

（3）利用 PSIM 画线工具，按照单相不可控整流电路拓扑将电路元件连接起来，组成仿真电路模型。在连接导线时，可以调整元件的位置、方向等，以方便连线并使模型美观。

（4）放置测量探头，测量需要观察的节点电压、电流等参数。本例仿真拟测量交流输入电压、负载电压、负载电流等参数，故需放置相应的电压、电流测量探头。为了给测量探头一个参考点，需放置一个参考地于交流电源的负端。完成后的电路模型如图 4-2 所示。

2. 电路元件参数设置

参照 3.2 节，根据仿真要求设置电路中各电路元件的参数。本例将交流电源设置为 220V（幅值为 $220\sqrt{2}$ V）、频率为 50Hz，初始相位、直流偏置、起始时间都设置为 0。电力二极管采用默认设置（理想元件参数）、电阻设置为 10Ω；输入电压测量探头命名为 Vin、负载电压探头命名为 Vout、负载电流探头命名为 Io，设置完参数的电路仿真模型如图 4-2 所示。

3. 电路仿真

完成电路模型构建后，放置仿真控制元件，并设置仿真控制参数。本例设置的仿真步长为 10μs、仿真时间为 0.06s，其他参数采用默认值。设置完仿真控制参数后即可启动仿真。

4. 仿真结果分析

在仿真结束后，PSIM 自动启动 Simview 波形显示窗口。将模型电路中测量的 Vin、Vout、Io 分别添加到波形观察窗口，观察并分析仿真结果波形，如图 4-3 所示。

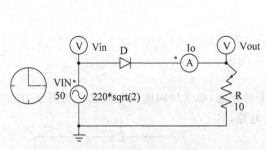

图 4-2　单相不可控整流电路仿真模型

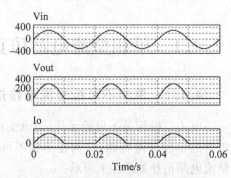

图 4-3　单相不可控整流电路仿真波形

图 4-3 中输出的直流电压 Vout、直流电流 Io 都是脉动直流，表明输入的交流电经过整流电路后变成了直流电，实现了整流。整流后 Vout、Io 波形周期性出现正半周波形，符合电力二极管的单向导通特性。因负载为阻性负载，电压 Vout、电流 Io 波形相位一致，符合欧姆定律。通过对仿真结果波形分析，其仿真输出结果符合单相不可控整流电路的工作原理及特性，可以验证仿真模型搭建正确，工作正常。

4.1.2　单相半波可控整流电路仿真

晶闸管属于半控型电力电子开关，可以通过控制晶闸管门极触发脉冲的触发电角度（又称为触发角,用 α 表示),实现对二次回路导通时刻的控制。晶闸管仅可通过触发脉冲控制其导通,不可控制其关断,其关断受外部条件影响。晶闸管构成的单相半波可控整流电路拓扑如图 4-4 所示。电路拓扑由交流电源 AC、变压器 T、晶闸管 Vt、负载 R、触发脉冲驱动器Ug 等组成。变压器 T 在电路中起到电压变换和电气隔离两个作用,变压器两侧电压之比等

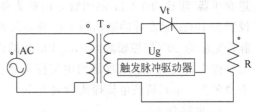

图 4-4　单相半波可控整流电路拓扑

于变压器绕组的匝比。触发脉冲驱动器 Ug 是晶闸管 Vt 的门极驱动脉冲发生器,产生驱动晶闸管 Vt 的触发脉冲。

根据晶闸管单相可控导通特性,在交流电源 AC 正半周时触发晶闸管 Vt 导通,在负载 R 上将得到方向不变的直流电,改变触发脉冲的触发角 α 的大小,可以调节输出直流电压和电流的大小。晶闸管触发脉冲驱动器 Ug 输出的触发脉冲需与输入交流电源 AC 同步,且发出的脉冲也是周期性的。PSIM 仿真元件模型库中的门控模块“Gating Block”、α 控制器“Alpha Controller”和方波电源“Square”三个元件模型可以作为晶闸管触发脉冲驱动器。

1. 建立仿真电路模型

(1) 启动 PSIM 仿真软件,新建一个仿真电路设计文件。

(2) 根据图 4-4 所示单相半波可控整流电路拓扑,从 PSIM 元件库中选取交流电源、理想变压器、晶闸管、负载电阻、触发脉冲驱动器 Gating Block 等元件,放置于电路设计图上。在放置元件时可根据图 4-4 所示拓扑中各元件的位置调整好元件的方向及位置,以便于后续连接线路。

(3) 利用 PSIM 画线工具,按照图 4-4 所示电路拓扑将电路元件连接起来,组成仿真电路模型。

(4) 放置测量探头,测量需要观察的电压、电流等参数。本例仿真拟测量交流输入电压、负载电压、负载电流、晶闸管电压等参数,故需放置相应的电压、电流测量探头。为了给测量探头一个参考点,需放置一个参考地于交流电源的负端,搭建完成后的电路模型如图 4-5 所示。

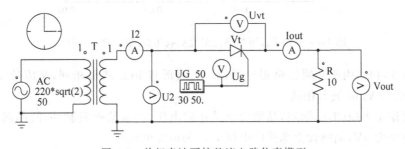

图 4-5　单相半波可控整流电路仿真模型

2. 电路元件参数设置

参照 3.2 节,根据仿真要求设置电路中各电路元件的参数。本例将交流电源设置为220V(幅值为 $220\sqrt{2}$ V)、频率为 50Hz,初始相位、直流偏置、起始时间都为 0。变压器为理

想变压器,匝比为 1∶1;晶闸管采用默认参数(理想元件参数);负载设置为电阻负载,阻值设置为 10Ω;触发脉冲驱动器 UG 频率设置为 50Hz,与交流电源频率一致,触发角 α＝30°,脉冲宽度为 20°(门控模块 Gating Block 的设置,参看 2.2.2 节相关讲解)。二次侧输入电压测量探头命名为 U2、二次绕组电流探头命名为 I2、晶闸管电压探头命名为 Uvt、负载电压探头命名为 Vout、负载电流探头命名为 Iout。设置完参数的电路仿真模型如图 4-5 所示。

3. 电路仿真

完成电路模型构建后,放置仿真控制元件,并设置仿真控制参数。本例设置的仿真步长为 10μs、仿真时间为 0.06s,其他参数采用默认值。设置完仿真控制参数后即可启动仿真。

4. 仿真结果分析

(1) 在仿真结束后,PSIM 自动启动 Simview,将测量的 U2、Ug、Vout、Uvt、I2 分别添加到波形观察窗口,其波形结果如图 4-6 所示。

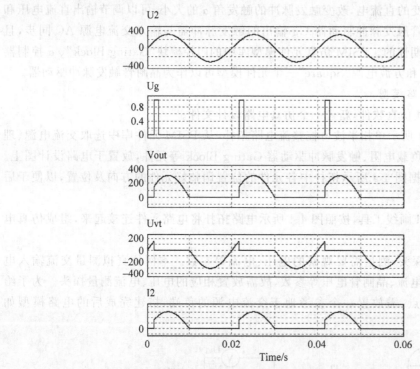

图 4-6　单相半波可控整流阻性负载仿真(触发角 α＝30°)

从图 4-6 可知,由于晶闸管单相导通,故 I2 波形与 Iout 波形相同,又因负载是阻性负载,Iout 波形与 Vout 波形相同。

➤ 在交流正半周(0,α)期间,晶闸管承受正向电压,但未给触发脉冲,故晶闸管关断,负载电压为 0V,晶闸管上承受的电压 Uvt 为电源电压;

➤ 在触发角 α 时刻,脉冲触发驱动器给晶闸管门极一个触发脉冲,此时晶闸管已承受正向电压而立即导通,故负载电压 Vout 为电源电压,晶闸管导通时承受的电压 Uvt 为 0(理想元件导通压降为 0V,若为实际元件,此时 Uvt 应为管压降);

➤ 在(α,π)期间,晶闸管导通,负载电压 Vout 为电源电压,晶闸管导通时承受的电压 Uvt 为 0V;

> 在 π 时刻电源电压降为 0V,由于负载为阻性负载,此时电流也为 0A,根据晶闸管特性此时晶闸管关断;

> 在(π,2π)期间晶闸管承受反向电压,故在整个(π,2π)期间晶闸管关断,故输出电压 Vout 为 0V,晶闸管承受的电压为电源电压。

通过对仿真结果波形分析可知,模型仿真结果符合单相半波可控整流电路的工作原理及特性,可以验证仿真模型搭建正确、工作正常。

(2)调整触发角 α＝90°再次仿真,其仿真结果如图 4-7 所示。

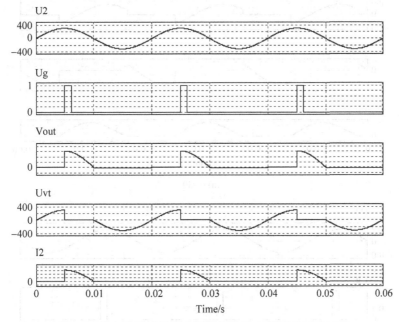

图 4-7　单相半波可控整流阻性负载仿真(触发角 α＝90°)

将图 4-7 与图 4-6 对比,波形已随控制角变换而发生了变换。输出波形符合 α＝90°时的波形,输出直流电压、电流的波形减少了,其平均值也减小,表明控制触发角 α 的大小即可控制输出直流电压、电流的大小。

(3)将阻性负载改为阻感负载,阻值设置为 10Ω,电感值设置为 50mH,分别在触发角 α＝30°和 α＝90°时再次仿真,其仿真结果如图 4-8 所示。

阻感负载仿真波形在 π 时刻,电源电压降为 0V,但此时由于电感的续流作用,导致电流不为 0A,故在 π 时刻晶闸管不能关断,使输出直流电压出现负值。比较图 4-8(a)和图 4-8(b)可知,电压的负值随触发角 α 的增大而增大,输出平均值也随之减小,输出电流也下降。

(4)脉冲触发驱动器改为 Alpha Controller 控制器,对阻感负载 α＝90°进行仿真。根据 Alpha Controller 控制器的使用方法,构建的基于 Alpha Controller 控制器的仿真电路模型如图 4-9 所示。

启动仿真时,正弦交流电源输出是从仿真时间 0 时刻开始第一个周期的输出,其值为 0V,随后进入正半周。由于触发脉冲的触发角 α 需与交流电源相位同步,故 Alpha Controller 控制器需要在仿真 0 时刻使能,在设置的触发角位置发出触发脉冲,与交流正弦电源保持同步。同时,触发脉冲需周期性地发出,故其频率需与交流电源频率一致。

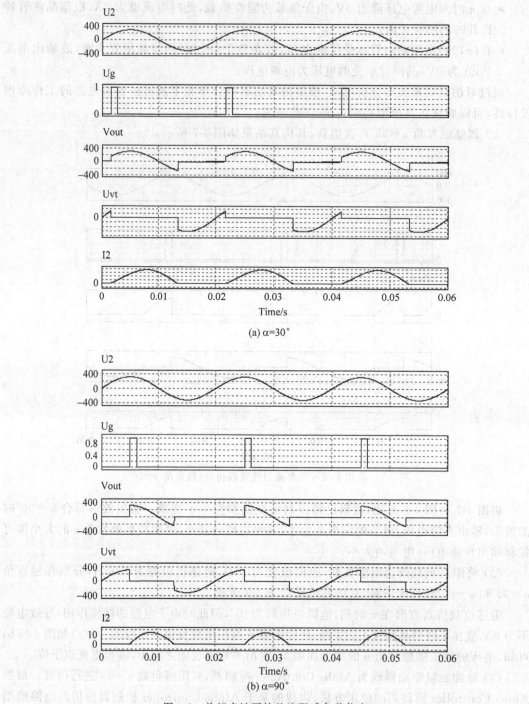

(a) α=30°

(b) α=90°

图 4-8　单相半波可控整流阻感负载仿真

在图 4-9 模型中,使用电压传感器 VSEN 测量交流电源的电压值,传感器输出接入比较器 COMPARA 的同相端,比较器的反相端接 GND(即 0V),当同相端大于反相端时,比较器输出高电平,即在交流信号从负过 0 变正时,比较器输出高电平,作为 Alpha Controller 控制器 ACTRL 的同步触发信号;ACTRL 的触发角用一个直流电源 VDC 进行设置,VDC 的值设置为 90,即设置触发角为 90°;ACTRL 的使能端用一个阶跃电源 VSTEP 进行设置,在仿真时间 0 时刻产生一个幅值为 1 的阶跃信号,使能 ACTRL 控制器;ACTRL 控制器的工作频率设置为 50Hz,与交流电源的频率一致,其脉冲宽度设置为 20°。

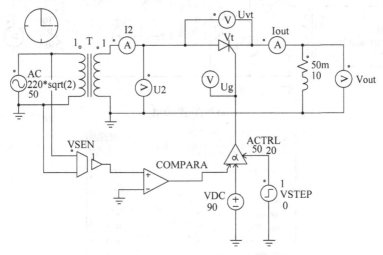

图 4-9　Alpha Controller 控制器仿真模型

对图 4-9 所示模型进行仿真,仿真控制设置与前面相同,其仿真波形与图 4-8(b)波形一致。对应其他不同触发角的仿真,读者可调整仿真参数,研究和观察不同工作条件下整流电路的输出特性,为整流变换电路设计出最佳参数。

(5) 脉冲触发驱动器改为 Square 方波电源,对阻感负载 α=30° 进行仿真。

根据 Square 方波电源的使用方法,构建的基于 Square 方波电源的仿真电路模型如图 4-10(a)所示。Square 方波电源 VSQ 的幅值设置为 1V,因为在 PSIM 仿真中开关元件的驱动信号为高电平(信号幅值为 1V 代表高电平)即可驱动;VSQ 的频率设置为 50Hz,与交流信号频率一致;VSQ 的占空比设置为 0.1,即高电平在整个周期中的占比,模拟晶闸管的触发脉冲宽度;VSQ 的相位延迟设置为 30°,即设置触发角 α=30°。VSQ 的参数设置如图 4-10(b)所示。对图 4-10 所示模型进行仿真,仿真控制设置与前面相同,其仿真波形与图 4-8(a)波形一致,此处不再给出仿真结果波形。

4.1.3　单相桥式全控整流电路仿真

由晶闸管构成的单相桥式全控整流电路拓扑如图 4-11 所示。拓扑由交流电源 AC、理想变压器 TI、4 个晶闸管 VT1～VT4、负载 R 构成。

四个晶闸管 VT1～VT4 构成一个整流桥,VT1 和 VT4 构成一对桥臂,VT2 和 VT3 构成另一对桥臂。在单相桥式全控整流电路工作时,交流电源正半周时同时触发晶闸管 VT1 和 VT4,交流电源负半周时同时触发晶闸管 VT2 和 VT3。由于晶闸管的单相可控导通特性,在负载 R 上得到方向不变的直流电,改变触发角的大小,可以控制直流电压及电流的大小。晶闸管触发脉冲发生器 Ug 输出的触发脉冲需与交流电源同步,这是保证变换电路正常工作的重要条件。触发脉冲驱动器 Ug 可选门控模块"Gating Block"、α 控制器"Alpha Controller"和方波电源"Square"三个中的任一个,本节以 α 控制器作为驱动器进行讲解,其

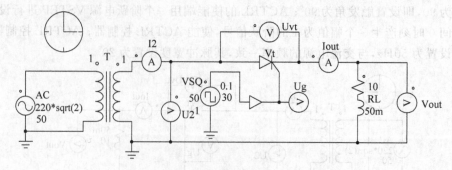

(a) 仿真电路模型

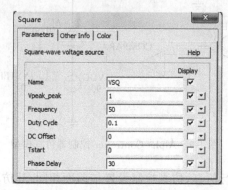

(b) 脉冲驱动器参数设置

图 4-10 Square 方波电源构建的仿真模型

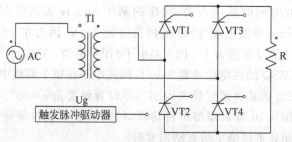

图 4-11 单相桥式全控整流电路拓扑

他两种驱动器的使用可留待读者自行研究。

1. 建立仿真电路模型

(1) 启动 PSIM 仿真软件,新建一个仿真电路设计文件。

(2) 根据图 4-11 所示电路拓扑,从 PSIM 元件库中选取交流电源、理想变压器、4 个晶闸管、负载电阻、触发脉冲驱动器 Alpha Controller 等元件并放置于设计图上。在放置元件时可根据图 4-11 所示拓扑中各元件位置调整好元件的方向及位置,以便于后续连接线路。

(3) 利用 PSIM 画线工具,按照图 4-11 所示拓扑将电路元件连接起来,组成仿真电路模型。

(4) 放置测量探头,测量需要观察的电压、电流等参数。本例仿真拟测量交流输入电压、负载电压、负载电流、晶闸管电压、二次侧绕组电流等参数,故需放置相应的电压、电流测量探头。为了给测量探头一个参考点,需放置一个参考地于交流电源的负端,搭建完成后的电路模型如图 4-12 所示。

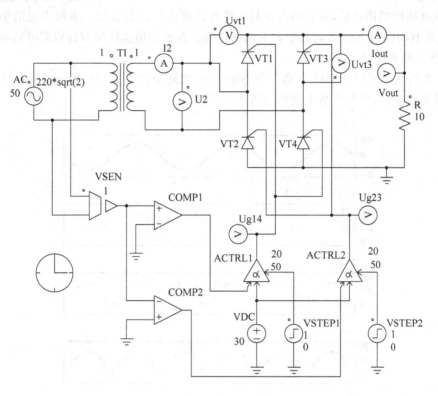

图 4-12　单相桥式全控整流电路仿真模型

2. 电路元件参数设置

参照 3.2 节,根据仿真要求设置电路中各电路元件的参数。本例将交流电源设置为 220V(幅值为 $220\sqrt{2}\,V$)、频率为 50Hz,初始相位、直流偏置、起始时间都为 0。变压器为理想变压器,匝比为 1 ∶ 1;晶闸管 VT1~VT4 采用默认参数(理想元件参数);负载设置为电阻负载,阻值设置为 10Ω;α 控制器 ACTRL1 的频率设置为 50Hz,脉冲宽度设置为 20°,触发角采用直流电压源 VDC 设置为 30°,使能信号采用阶跃电源 VSTEP1 在仿真时间 0 时刻阶跃到 1 进行使能,同步信号与交流正弦电源从负过 0 变正的 0 电压点同步;α 控制器 ACTRL2 的频率设置为 50Hz,脉冲宽度设置为 20°,触发角采用直流电压源 VDC 设置为 30°,使能信号采用阶跃电源 VSTEP2 在仿真时间 0 时刻阶跃到 1 进行使能,同步信号与交流正弦电源从正过 0 变负的 0 电压点同步。

二次侧输入电压测量探头命名为 U2、二次绕组电流探头命名为 I2、晶闸管 VT1 电压探头命名为 Uvt1、晶闸管 VT3 电压探头命名为 Uvt3、负载电压探头命名为 Vout、负载电流探头命名为 Iout、晶闸管 VT1、VT4 的触发脉冲测量探头命名为 Ug14、晶闸管 VT2、VT3 的触发脉冲测量探头命名为 Ug23。设置完参数的电路仿真模型如图 4-12 所示。

比较器 COMP1 检测的是交流信号从负过 0 变正的 0 电压点,即过 0 后马上产生高电平信号给 ACTRL1 的同步端;比较器 COMP2 与 COMP1 反相输入,检测的是交流信号从正过 0 变负的 0 电压点,即过 0 后马上产生高电平信号给 ACTRL2 的同步端。

3. 电路仿真

完成电路模型构建后,放置仿真控制元件并设置仿真控制参数。本例设置的仿真步长为 $10\mu s$、仿真时间为0.06s,其他参数采用默认值。设置完仿真控制参数后即可启动仿真。

4. 仿真结果分析

(1) 在仿真结束后,PSIM 自动启动 Simview,将测量的 U2、Ug、Vout、Iout、I2 分别添加到波形观察窗口,其仿真结果波形如图 4-13 所示。

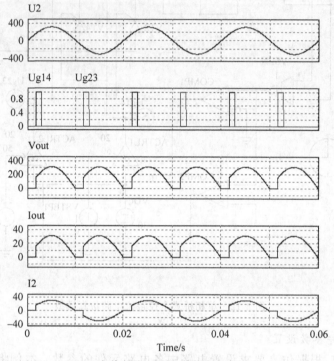

(a) 负载电压、电流、绕组电流波形

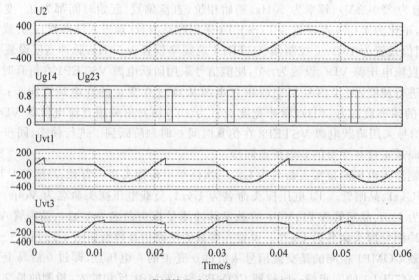

(b) 晶闸管承受电压Uvt1、Uvt3波形

图 4-13　单相桥式全控整流变换仿真($\alpha=30°$)

从图 4-13 可知,由于负载是阻性负载,Iout 波形与 Vout 波形同相位。

➢ 在交流正半周(0,α)期间,晶闸管 VT1、VT4 承受正向电压,但是未给触发脉冲,故晶闸管 VT1、VT4 关断,晶闸管 VT2、VT3 承受反向电压而关断。负载电压为 0V,晶闸管上承受的电压 Uvt1、Uvt3 为电源电压的一半(VT1 与 VT4 串联,若其漏阻相等,则各承受一半电压),且 Uvt1 与 Uvt3 电压相反,绕组电流 I2 为 0A。

➢ 在触发角 α 时刻,脉冲触发驱动器 ACTRL1 给晶闸管 VT1、VT4 门极一个触发脉冲,此时晶闸管 VT1、VT4 已承受正向电压立即导通,故负载电压 Vout 为电源电压,晶闸管 VT1 承受的电压 Uvt1 为 0(理想元件导通压降为 0,若为实际元件,此时 Uvt1 应为管压降),晶闸管 VT2、VT3 关断,承受的电压 Uvt3 为反相的电源电压(电源的正极位于晶闸管 VT3 的阴极),绕组电流 I2 为负载电流 Iout。

➢ 在(α,π)期间,晶闸管 VT1、VT4 稳态导通,VT2、VT3 关断,负载电压 Vout 为电源电压,晶闸管 VT1 导通时承受的电压 Uvt1 为 0V,晶闸管 VT3 承受的电压 Uvt3 为反相的电源电压,绕组电流 I2 为负载电流 Iout。

➢ 在 π 时刻电源电压降为 0V,由于负载为阻性负载,此时流过晶闸管的电流也为 0A。根据晶闸管特性,此时晶闸管 VT1、VT4 关断。又因 VT2、VT3 也是关断的,故负载电压 Vout 为 0V,绕组电流 I2 为 0A。

➢ 在(π,π+α)期间,VT1、VT4 承受反向电压而关断,VT2、VT3 承受正向电压,但其门极未给触发脉冲,也是关断的。故负载电压为 0V,晶闸管上承受的电压 Uvt1、Uvt3 为电源电压的一半,且 Uvt1 与 Uvt3 电压相反,绕组电流 I2 为 0A。

➢ 在 π+α 时刻,给 VT2、VT3 触发脉冲 Ug23,由于其承受正向电压而导通,VT1、VT4 仍然承受反向电压处于关断状态。VT2、VT3 导通后,电源经 VT3-R-VT2 回到变压器二次绕组的同名端,电流方向与电源正半周时的方向相反,大小为负载电流。此时负载电压为反相的电源电压,晶闸管 VT3 导通时的压降 Uvt3 为 0V,晶闸管 VT1、VT4 承受电源电压,变压器二次绕组 I2 为-Iout(取流出绕组方向为正)。

➢ 在(π+α,2π)期间晶闸管 VT2、VT3 稳态导通,VT1、VT4 关断,测量信号波形与在 π+α 时刻的波形一致。

➢ 在 2π 时刻,交流电源电压降为 0V,由于是阻性负载,电流也为 0A,故 VT2、VT3 关断,回到四个晶闸管 VT1~VT4 全部关断的状态。

通过对仿真结果波形分析可知,模型仿真结果符合单相桥式全控整流电路的工作原理及特性,可以验证仿真模型搭建正确、工作正常。

(2) 调整触发角 α=60°,其他参数不变。再次仿真,其仿真结果如图 4-14 所示。

将图 4-13 与图 4-14 对比,波形已随控制角变化而发生了变化,输出波形符合 α=60°时的波形,输出直流电压、电流的波形减少了,其平均值也减小,表明控制触发角 α 的大小可控制输出直流电压、电流的大小。

(3) 将阻性负载改为阻感负载,阻值设置为 10Ω,电感值设置为 50mH,分别在触发角 α=30°和 α=60°时再次仿真,其仿真结果如图 4-15 所示。

阻感负载仿真波形在 π、2π 时刻,电源电压降为 0V,但此时由于电感的续流作用,导致流过晶闸管的电流不为 0A,故在 π、2π 时刻原导通的晶闸管不能关断,使输出直流电压出现负值。比较图 4-15(a)和图 4-15(b)可知,电压的负值随触发角的增大而增大,输出平均值也随之减小,输出电流也下降。

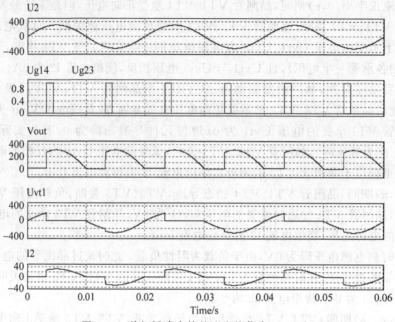

图 4-14　单相桥式全控整流变换仿真(α=60°)

本例电感值为 50mH,在 α=30°时,负载电流连续;在 α=60°时负载电流出现了断续,这是由于触发角变大,使得电感存储的能量在电源电压反相且另一桥臂晶闸管未导通前被提前放完。如果电感足够大,将会使负载电流连续。

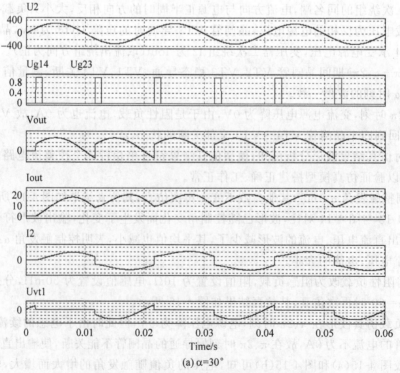

(a) α=30°

图 4-15　单相桥式全控阻感负载时仿真波形

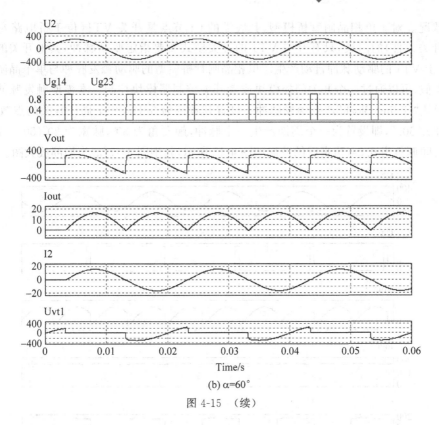

(b) α=60°

图 4-15　（续）

通过对单相桥式全控整流电路的仿真可以看出，直流输出在一个周期出现了两个脉波，其效率比单相半波可控整流提高一倍。触发脉冲驱动器采用门控模块"Gating Block"、方波电源"Square"进行仿真的波形与采用 α 控制器"Alpha Controller"一致，读者可自行进行仿真测试。对应其他不同触发角的仿真，读者可调整仿真参数，研究和观察不同工作条件下整流电路的输出特性，为单相桥式全控整流变换电路设计出最佳参数。

（4）PSIM 元件库带有晶闸管单相桥模型（位于"Elements→Switches→1-ph Thyristor Bridge"菜单项下），可将图 4-11 所示电路拓扑中的 4 个晶闸管用单相晶闸管桥模块建立仿真电路模型进行仿真，构建的仿真电路模型如图 4-16 所示。

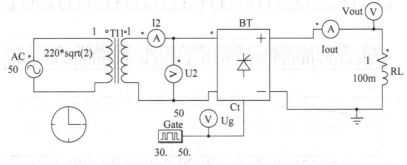

图 4-16　单相晶闸管桥全控整流电路模型

图 4-16 模型中晶闸管桥 BT 采用默认参数，读者可根据仿真需要修改其参数。阻感负载的电阻值为 1Ω，电感值为 100mH，模拟电感足够大的情况下输出电流 Iout 波形接近于

直线的状况。对于单相晶闸管桥模型,其底端的 Ct 节点是开关 VT1(位于桥电路左上角的第 1 个开关元件)的门极,只有开关 VT1 的开关模式需要指定驱动脉冲,其他开关的控制由 PSIM 基于 VT1 的驱动脉冲自动产生。单相晶闸管桥模型的驱动触发脉冲与单个晶闸管的驱动脉冲类似,可以通过一个开关门控模块或者开关控制器模块控制。本模型触发脉冲采用开关门控模块"Gating Block"产生触发脉冲。设置其频率为 50Hz,一个周期开关的点数为 2,切换点为"30. 50.",即设置为一个周期产生一个脉冲,触发角为 30°,脉宽为 20°(50°−30°)。仿真控制时间调整为 0.8s,仿真后的波形如图 4-17 所示,其中图 4-17(a)为局部放大图。

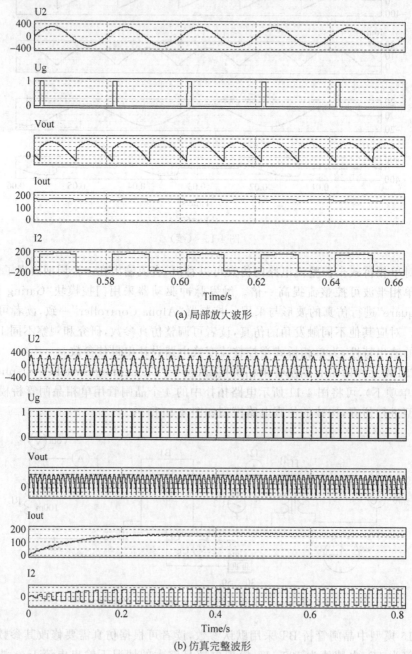

(a) 局部放大波形

(b) 仿真完整波形

图 4-17　单相晶闸管桥全控整流电路仿真波形

从图 4-17 可以看出，仿真波形符合触发角 α＝30°时的波形。由于负载电感设置为 100mH，而负载电阻为 1Ω，电感量足够大，导致电感放电期间 Iout 仅仅出现微小的波动，在整个仿真期间输出电流 Iout 波形近似一条直线（指达到稳态后），绕组电流 I2 近似方波。符合电感量足够大时的波形。

4.1.4　单相全波可控整流电路仿真

由晶闸管构成的单相全波可控整流电路拓扑如图 4-18 所示。电路由交流电源 AC、单相三绕组 T3、2 个晶闸管 VT1 和 VT2、负载 R1 构成。

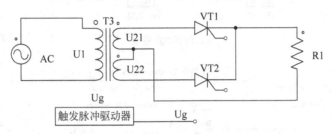

图 4-18　单相全波可控整流电路拓扑

单相三绕组变压器 T3 的二次侧两个绕组串联，形成带中心抽头的单相二绕组变压器。两个晶闸管 VT1、VT2 的阳极分别与串联绕组的两端连接，其阴极并联。晶闸管 VT1、VT2 的共阴极点作为直流输出的正端，变压器中心抽头作为直流输出的负端。在交流电源正半周时触发晶闸管 VT1，对正半周进行整流；在交流电源负半周时触发晶闸管 VT2，对负半周进行整流；通过 VT1、VT2 的交替整流，形成全波可控整流。通过调整晶闸管触发脉冲触发角 α 的大小，可以控制负载上电压、电流的大小，形成可控整流。

晶闸管触发脉冲发生器 Ug 输出的触发脉冲需与交流电源同步，这是保证变换电路正常工作的重要条件。触发脉冲驱动器可选门控模块"Gating Block"、α 控制器"Alpha Controller"和方波电源"Square"三个中的任一个，本节以门控模块"Gating Block"作为脉冲发生器进行讲解，其他两种驱动器的使用可留待读者自行研究。

1. 建立仿真电路模型

（1）启动 PSIM 仿真软件，新建一个仿真电路设计文件。

（2）根据图 4-18 所示电路拓扑，从 PSIM 元件库中选取交流电源、单相三绕组、2 个晶闸管、负载电阻、触发脉冲驱动器 Gating Block 等元件，分别放置于电路设计图上。在放置元件时可根据图 4-18 所示拓扑调整好各元件的方向及位置，以便于后续连接线路。

（3）利用 PSIM 画线工具，按照图 4-18 所示拓扑将电路元件连接起来，组成仿真电路模型。

（4）放置测量探头，测量需要观察的电压、电流等参数。本例仿真拟测量一次侧交流电压、绕组电流、负载电压、负载电流、晶闸管 VT1 的电压、触发脉冲 Ug1 和 Ug2 等参数，故需放置相应的电压、电流测量探头。为了给测量探头一个参考点，需放置一个参考地于交流电源的负端，搭建完成后的电路模型如图 4-19(a)所示。

2. 电路元件参数设置

根据仿真要求设置电路中各电路元件的参数，本例将交流电源 AC 设置为 2×220V（幅

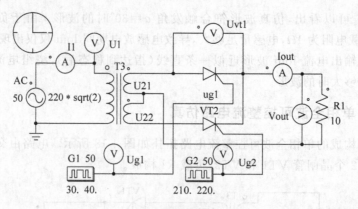

(a) 仿真电路模型

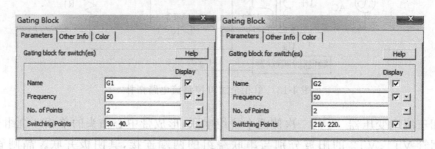

(b) 触发脉冲驱动器参数设置

图 4-19　单相全波可控整流电路阻性负载仿真电路模型及触发脉冲参数设置

值为 $220\sqrt{2}\,\text{V}$)、频率为 50Hz,初始相位、直流偏置、起始时间都为 0;变压器 T3 采用默认参数,匝比为 1∶1∶1;晶闸管 VT1、VT2 采用默认参数(理想元件参数);负载设置为电阻负载,阻值设置为 10Ω;门控开关模型具体参数设置如图 4-19(b)所示。

　　G1 模型的工作频率设置为 50Hz,一个周内开关切换的点数为 2,切换位置为"30. 40.",即在电角度 30°的位置产生一个脉宽为 10°的触发脉冲;G2 模型的工作频率设置为 50Hz,一个周内开关切换的点数为 2,切换位置为"210. 220.",即在电角度 210°的位置产生一个脉宽为 10°的触发脉冲。G1、G2 的参数表明在一个交流电源周期的 30°与 210°位置各产生一个脉冲(在交流电源的正半周、负半周各一个脉冲),即产生触发角 α=30°的晶闸管触发脉冲。各测量探头命名分别如图 4-19(a)电路模型所示。

　　为使变压器二次侧两个绕组在交流电源的正、负半周都得到 220V 的交流电,且变压器绕组匝比设置为 1∶1∶1,故需要将交流电源设置为 220V(幅值为 $220\sqrt{2}\,\text{V}$),这样使得二次侧的 U21、U22 的幅值都为 $220\sqrt{2}\,\text{V}$。

　　另外,图 4-19(a)模型电路中的两个脉冲发生驱动器 G1、G2 可以用一个门控开关模型代替,将模型工作频率设置为 50Hz,一个周内开关切换的点数为 4,切换位置为"30. 40. 210. 220.",这样在一个交流电源周期内也是产生 2 个触发脉冲,正半周、负半周各一个脉冲,形成触发角 α=30°的晶闸管触发脉冲。替换后的仿真电路模型如图 4-20 所示。

　　在交流电源 AC 正半周时,根据变压器 T3 的同名端可知,VT1 承受正向电压,VT2 承受反向电压。同时给 VT1、VT2 的门极触发脉冲,但只有承受正向电压的 VT1 导通,而

VT2 不导通。同理,在交流电源负半周时,VT1 承受反向电压,VT2 承受正向电压,同时给 VT1、VT2 的门极触发脉冲,但只有承受正向电压的 VT2 导通,而 VT1 不导通。

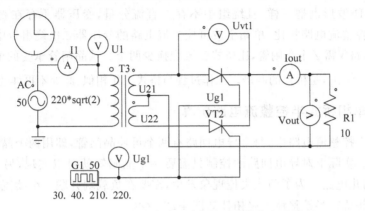

图 4-20　仅用一个脉冲驱动门控开关模块电路模型

3. 电路仿真

完成电路仿真模型构建后,放置仿真控制元件并设置仿真控制参数。本例设置的仿真步长为 $10\mu s$、仿真时间为 $0.04s$,其他参数采用默认值。设置完仿真控制参数后即可启动仿真。

4. 仿真结果分析

在仿真结束后,PSIM 自动启动 Simview 波形分析窗口,将测量的 U1、Ug1、Ug2、Vout、I1、Uvt1 分别添加到波形窗口进行观察与分析,其仿真波形如图 4-21 所示。

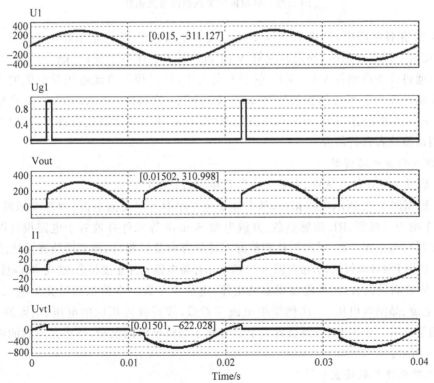

图 4-21　单相全波可控整流电路阻性负载仿真波形

由于是阻性负载,Iout 波形与 Vout 波形相同,故仅给出了 Vout 波形。从仿真结果波形可以看出,Vout 波形与单相桥式全控整流电路阻性负载在 α＝30°时的波形完全一样,交流输入端电流 I1 波形也是一样,且绕组中不存在直流分量,变压器不存在直流磁化问题。与单相桥式全控整流电路相比,单相全波可控整流电路的变压器二次绕组带中心抽头,结构复杂,但整流电路仅需 2 个晶闸管,比桥式整流变换少两个。从晶闸管承受的电压波形可知,其最大电压为 $2\sqrt{2}U_2$,是桥式的两倍。工作过程与桥式工作相似,此处不再详述分析说明。

4.1.5　单相桥式半控整流电路仿真

单相桥式全控整流电路中,每个导电回路有两个可控晶闸管,即用两个晶闸管同时导通控制导电回路。实际上对导电回路的控制只需要一个晶闸管就可以实现,另一个晶闸管用二极管代替,简化电路。为了防止失控现象发生,需要在负载端并联一个续流二极管。由晶闸管构成的单相桥式半控整流电路拓扑如图 4-22 所示。

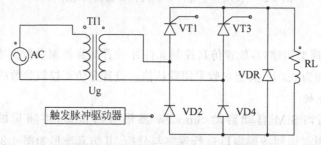

图 4-22　单相桥式半控整流电路拓扑

图 4-22 拓扑电路中,二极管 VD2、VD4 代替了桥式全控整流拓扑电路中的 VT2 和 VT4,在交流电源正半周时,触发晶闸管 VT1 进行控制;在负半周时,触发晶闸管 VT3 进行控制。通过改变晶闸管 VT1、VT3 的触发角大小,可以控制直流电压及电流的大小。晶闸管触发脉冲发生器可选门控模块"Gating Block"、α 控制器"Alpha Controller"和方波电源"Square"三个中的任一个,本节以方波电源"Square"作为驱动器进行讲解,其他两种驱动器的使用留待读者自行研究。

1. 建立仿真电路模型

(1) 启动 PSIM 仿真软件,新建一个仿真电路设计文件。

(2) 根据图 4-22 所示电路拓扑,从 PSIM 元件库中选取交流电源、理想变压器、两个晶闸管、两个电力二极管、RL 阻感负载、方波电源 Square 等元件并放置于电路设计图上。在放置元件时可根据图 4-22 所示拓扑调整好元件的方向及位置,以便于后续连接线路。

(3) 利用 PSIM 画线工具,按照图 4-22 所示拓扑将电路元件连接起来,组成仿真电路模型。

(4) 放置测量探头,测量需要观察的电压、电流等参数。本例拟测量交流电压、负载电压、负载电流、晶闸管电压、二次侧绕组电流等参数,故需放置相应的电压、电流测量探头。为了给测量探头一个参考点,需放置一个参考地于交流电源的负端,搭建完成后的电路模型如图 4-23 所示。

2. 电路元件参数设置

根据仿真要求设置电路中各电路元件的参数,本例将交流电源 AC 设置为 220V(幅值

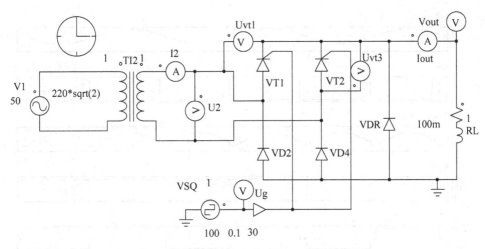

图 4-23 单相桥式半控整流电路仿真模型

为 $220\sqrt{2}\,\mathrm{V}$)、频率为 $50\,\mathrm{Hz}$,初始相位、直流偏置、起始时间都为 0;变压器 TI2 采用默认参数,匝比为 $1:1$;晶闸管 VT1、VT3 采用默认参数(理想元件参数);二极管 VD2、VD4、续流二极管 VDR 均采用默认参数;负载电阻值设置为 1Ω,电感设置为 $100\,\mathrm{mH}$;触发脉冲采用方波信号源,具体参数设置如图 4-24 所示。

方波信号源 VSQ 频率设置为 $100\,\mathrm{Hz}$,即在交流信号的正半周和负半周各产生一个触发脉冲,分别送给晶闸管 VT1 和 VT3。占空比设置为 0.1,即方波信号的高低电平比为 10%,用来设置触发脉冲的

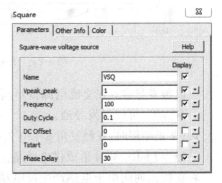

图 4-24 触发脉冲驱动器方波
信号源参数设置

宽度。相位延迟设置为 30,表示触发脉冲的触发角 $\alpha=30°$。方波信号的幅值设置为 $1\mathrm{V}$(表示高电平电位)。在 PSIM 仿真时,脉冲驱动信号幅值大于 $1\mathrm{V}$,即可驱动开关元件的门极或栅极。直流偏置和信号产生时刻都设置为 0,即无直流偏置,在仿真启动时立即产生触发脉冲信号。另外,方波信号源 VSQ 输出属于控制信号,不能直接与功率电路连接,需要通过"On-off switch controller"模块进行信号转换。

3. 电路仿真

完成电路模型构建后,放置仿真控制元件并设置仿真控制参数。本例设置的仿真步长为 $10\mu\mathrm{s}$、仿真时间为 $0.04\mathrm{s}$,其他参数采用默认值。设置完仿真控制参数后即可启动仿真。

4. 仿真结果分析

在仿真结束后,PSIM 自动启动 Simview 波形窗口,将测量的 U2、Ug、Vout、Iout、I2、Uvt1 分别添加到波形窗口进行观察与分析,其仿真波形如图 4-25 所示。

图 4-25 是稳态后的仿真波形,由于仿真时电感值设置为 $100\mathrm{mH}$,足够大,故输出电流近似一条直线。

➢ 模型中 VT1、VT3 连接在同一个脉冲驱动器上,即 VT1、VT3 会同时接收到触发脉冲。在交流电源正半周时,仅有晶闸管 VT1 承受正向电压,故在正半周仅有 VT1 可

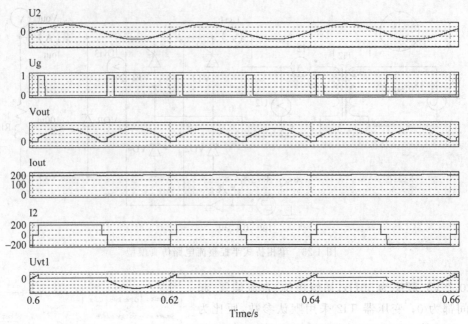

图 4-25　单相桥式半控整流电路仿真波形

以触发导通；在交流电源负半周时，仅有晶闸管 VT3 承受正向电压，故在负半周仅有 VT3 可以触发导通。

➤ U2 正半周时，在触发角 α=30°处给晶闸管发送触发脉冲，VT1 导通，此时交流电源 U2 经 VT1-RL-VD4 形成供电回路。在 U2 过 0 变负时，因为电感作用使电流续流。

➤ 在续流期间由于电感产生反电动势，导致续流二极管 VDR 承受正向电压而导通，使得输出电压 Vout 为 0；由于续流二极管的导通，迫使 VT1 承受反向电压而关断。因此在续流期间输出直流不再出现负值。

➤ 在 U2 负半周的触发位置，给晶闸管发出触发脉冲，由于此时 VT3 承受正向电压，VT1 承受反向电压，故 VT3 导通，此时交流电源 U2 经 VT3-RL-VD2 形成供电回路。在 U2 过 0 变正时，因为电感作用使电流续流。

➤ 在续流期间由于电感产生反电动势，导致续流二极管 VDR 承受正向电压而导通，使得输出电压 Vout 为 0；由于续流二极管的导通，迫使 VT3 承受反向电压而关断。因此在续流期间输出直流不再出现负值。

与单相桥式全控整流波形相比，桥式半控波形不出现负值；同时续流期间通过续流二极管形成导电回路，其只有一个管压降，降低了损耗。

4.2　三相整流电路仿真

4.2.1　三相半波不可控整流电路仿真

当整流负载容量较大，或者要求直流电压脉动较小、易滤波时应采用三相整流。三相整流电路分为不可控整流和可控整流两大类。三相可控整流电路中最基本的是三相半波可控整流电路,应用最广泛的是三相桥式全控整流电路。

由不可控电力二极管构成的三相半波不可控整流电路拓扑如图 4-26 所示。电路由三相正弦交流、二极管及负载构成。三个二极管 D1～D3 的阳极分别接入三相交流的 a、b、c 三相,阴极连接在一起作为直流输出的正端,直流输出的负端接三相交流系统的公共零线,这种接法是共阴极接法,如图 4-26(a)所示。可以将二极管反过来,形成共阳极接法,如图 4-26(b)所示。

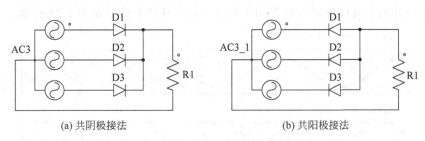

(a) 共阴极接法　　　　　　　　　　(b) 共阳极接法

图 4-26　三相半波不可控整流电路拓扑

1. 建立仿真电路模型

(1) 启动 PSIM 仿真软件,新建一个仿真电路设计文件。

(2) 根据三相不可控整流电路拓扑,从 PSIM 元件库中选取交流电源、电力二极管、电阻负载放置于电路设计图上。在放置元件的同时调整好各元件的方向及位置,放置位置可参考图 4-26 电路拓扑结构的位置放置。

(3) 利用 PSIM 画线工具,按照图 4-26 所示电路拓扑将电路元件连接起来组成仿真电路模型。在连接导线时,可以调整元件的位置、方向,以方便连线及模型美观。

(4) 放置测量探头,测量需要观察的节点电压、电流等参数。本例仿真拟测量交流输入电压、负载电压,故需放置相应的电压、电流测量探头。为了给测量探头一个参考点,需放置一个参考地于电源的负端。完成后的电路模型如图 4-27 所示。

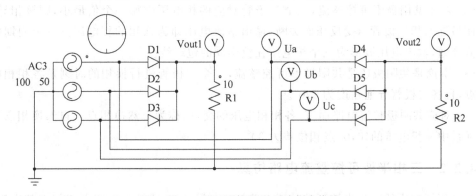

图 4-27　三相不可控整流电路仿真模型

2. 电路元件参数设置

根据仿真要求设置电路中各电路元件的参数。本例将交流电源幅值设置为 110V、频率为 50Hz,初始相位为 0。电力二极管参数采用默认设置(理想元件参数)、电阻设置为 10Ω。输入电压测量探头命名为 Ua、Ub、Uc,负载电压探头命名为 Vout1 和 Vout2。设置完参数的电路仿真模型如图 4-27 所示。

3. 电路仿真

完成电路模型构建后,放置仿真控制元件,并设置仿真控制参数。本例设置的仿真步长为 10μs、仿真时间为 0.06s,其他参数采用默认值。设置完仿真控制参数后即可启动仿真。

4. 仿真结果分析

在仿真结束后,PSIM 自动启动 Simview 波形窗口,将测量值 Ua、Ub、Uc 添加到同一个窗口,在另外两个窗口分别添加 Vout1 和 Vout2。其结果波形如图 4-28 所示。

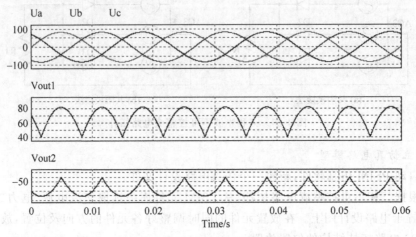

图 4-28　三相不可控整流仿真波形

从图 4-28 的 Vout1 和 Vout2 波形可知:

(1) 对于共阴极不可控整流,三个二极管对应的相电压中哪一个值最大,则该相导通,同时使另外两相二极管承受反压而关断,输出整流电压即为该相的相电压。一个周期内三相轮流导通,输出电压波形为三个相电压在正半周的包络线。

(2) 对于共阳极不可控整流,三个二极管对应的相电压中哪一个值最小,则该相导通,同时使另外两相二极管承受反压而关断,输出整流电压即为该相的相电压。一个周期内三相轮流导通,输出电压波形为三个相电压在负半周的包络线。

(3) 不论是共阴极还是共阳极不可控整流,三个二极管进行换相的时刻是各相相电压的交点,且各二极管导通角度为 120°。

(4) 对应共阴极整流电路而言,各相相电压的交点,称为自然换相点。自然换相点相对于坐标系中 a 相电压的(0,0)点相位差为 30°。

4.2.2　三相半波可控整流电路仿真

由晶闸管构成的三相半波可控整流电路拓扑如图 4-29 所示。电路由三相正弦交流、三个晶闸管、负载及晶闸管门极脉冲驱动器构成。3 个晶闸管 VT1～VT3 的阳极分别接入三相交流的 a、b、c 三相,阴极连接在一起形成共阴极接法。共阴极作为直流输出的正端,直流输出的负端接三相交流系统的公共零线。

由 4.2.1 节三相不可控半波整流仿真可知,各相换相的位置位于各相的相电压交点,即自然换相点。若将不可控二极管换成半控的晶闸管,则自然换相点是晶闸管触发导通的最早时刻(因为该交点是各相相电压大小发生变化的时刻,是晶闸管开始承受正向电压的开始时刻）。因此将自然换相点作为计算晶闸管触发角的起点，即 $\alpha=0°$，改变触发角，只能在此基础上增大它。

与单相整流变换类似，晶闸管触发脉冲驱动器输出的触发脉冲需与输入交流电源 AC 同步，且发出的脉冲也是周期性的。PSIM 仿真元件模型库中的门控模块"Gating Block"、α 控制器"Alpha Controller"和方波电源"Square"三个元件模型可以作为晶闸管触发脉冲驱动器。

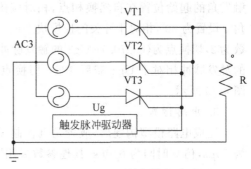

图 4-29　三相半波可控整流电路拓扑

1. 建立仿真电路模型

（1）启动 PSIM 仿真软件，新建一个仿真电路设计文件。

（2）根据图 4-29 所示整流电路拓扑，从 PSIM 元件库中选取三相交流电源、晶闸管、负载电阻、触发脉冲驱动器 Gating Block 等元件并放置于电路设计图上。在放置元件时可根据图 4-29 所示拓扑调整好各元件的方向及位置，以便后续连接线路。

（3）利用 PSIM 画线工具，按照图 4-29 所示电路拓扑将电路元件连接起来，组成仿真电路模型。

（4）放置测量探头，测量需要观察的电压、电流等参数。本例仿真拟测量三相交流输入电压、负载电压、负载电流、晶闸管 VT1 电压及电流等参数，故需放置相应的电压、电流测量探头。搭建完成后的电路模型如图 4-30 所示。

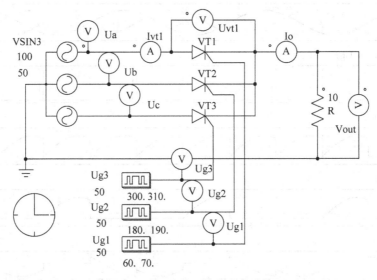

图 4-30　三相半波可控整流电路模型

2. 电路元件参数设置

根据仿真要求设置电路中各电路元件的参数。本例将交流电源幅值设置为 100V，频率为 50Hz，初始相位为 0；晶闸管采用默认参数（理想元件参数）；负载设置为电阻负载，阻值设置为 10Ω；触发脉冲驱动器 Ug1～Ug3 的频率设置为 50Hz，与交流电源频率一致，触发角 $\alpha=30°$，脉冲宽度为 10°。开关门控模块的起始相位是 0°（相对应仿真起始时刻），晶闸管触发角的起始位置在自然换相点,相对应仿真起始时刻相位差为30°。要将触发脉冲的触发角 α 设置为30°,相对于开关门控模块来说,其相位应为60°,因此 Ug1 设置为一个周期切换点数为2,切换点为(60.70.);Ug2 的触发脉冲相对于 Ug1 滞后120°,切换点为(180.190.);Ug3 的触发脉冲相对于 Ug2 滞后120°,切换点为(300.310.)。设置完参数的电路仿真模型如图 4-30 所示。

3. 电路仿真

完成电路模型构建后,放置仿真控制元件并设置仿真控制参数。本例设置的仿真步长为 10μs,仿真时间为 0.06s,其他参数采用默认值。设置完仿真控制参数后即可启动仿真。

4. 仿真结果分析

(1) 在仿真结束后,PSIM 自动启动 Simview 波形窗口,将测量的参数分别添加到波形窗口进行观察与分析,其仿真波形如图 4-31 所示。从仿真波形可以看出:

➢ 负载电压波形 Vout、电流波形 Iout(阻性负载,电流波形与电压波形一致)处于连续与断续的临界状态,各相导通120°。

➢ 晶闸管 VT1 流过的电流 Ivt1 在一个周期仅出现120°,即 VT1 仅导通120°。

➢ 晶闸管 VT1 一个周期内承受的电压由三段组成,第 1 段是 VT1 导通期间,为管压降,理想状态其值为 0V;第 2 段是 VT1 关断、VT2 导通期间,VT1 承受的是 a、b 相间的线电压 UVT1=Ua−Ub=Uab;第 3 段是 VT2 关断、VT3 导通期间,VT1 承受的是 a、c 相间的线电压 UVT1=Ua−Uc=Uac。

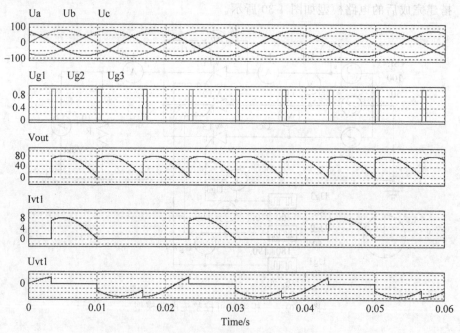

图 4-31　三相半波可控整流阻性负载仿真波形(α=30°)

(2) 调整触发角 α=60°再次仿真,其仿真结果如图 4-32 所示。

从仿真波形可以看出:

➢ 负载电压波形 Vout、电流波形 Iout 出现了断续,各晶闸管导通角为90°,小于120°。

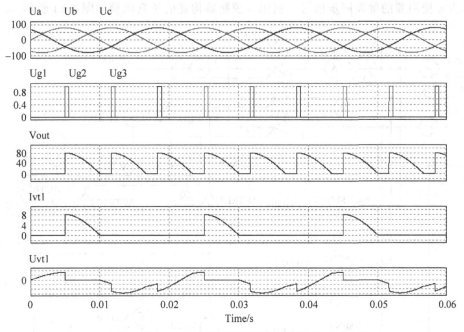

图 4-32　三相半波可控整流阻性负载仿真波形(α＝60°)

> 当 α＞30°时,导通相的相电压过 0 变负时,其电流也降为 0,该相晶闸管关断。此时下一相晶闸管虽然承受正向电压,但它的触发脉冲还未到达,故不能导通,导致输出电压、电流均为 0,直到触发脉冲出现为止。

> 与图 4-31 相比,随着触发角 α 的增大,晶闸管承受的负电压减少,正电压逐渐增多。

(3) 模型中晶闸管触发脉冲发生器可以使用一个开关门控模块,如图 4-33 所示。

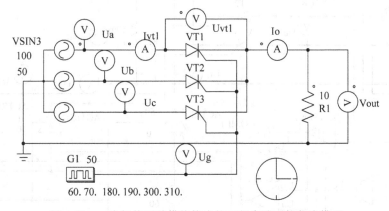

图 4-33　一个门控开关模块构成的三相半波可控仿真模型

一个仿真周期内,门控开关模块 G1 产生三个触发脉冲,各脉冲相位差 120°,脉冲宽度为 10°。从模型可以看出三个触发脉冲同时到达三个晶闸管,但只有承受正向电压的那个晶闸管可以触发导通,因此与用三个脉冲触发驱动器产生触发脉冲是一样的,仿真波形结果也是一样的。

(4) 脉冲触发器也可以改为 α 控制器来产生触发脉冲。此时需要采集三相交流的同步点,作为 α 控制器的触发同步信号。利用 α 控制器构建的仿真模型如图 4-34 所示。

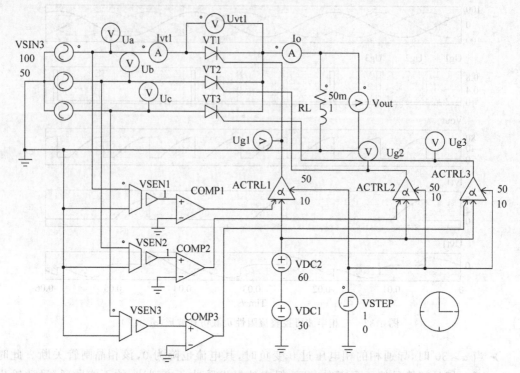

(a) a/b/c三相过零点作为基准产生同步信号

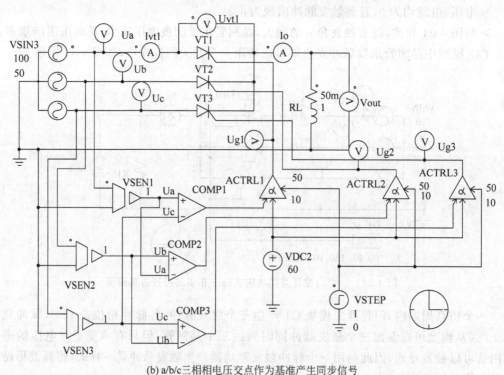

(b) a/b/c三相相电压交点作为基准产生同步信号

图 4-34　α 控制器构建的三相半波可控仿真模型(α=60°)

在图 4-34(a)模型中,利用 a/b/c 三相过零点作为基准产生同步信号。根据自然换相点与相电压原点(相电压过 0 变正点)相位差为 30° 的原理,可用三个电压传感器 VSEN1～VSEN3 和比较器 COMP1～CPMP3 获得 a、b、c 三相每个周期开始时的过 0 同步点,作为 α 控制器的同步信号。在同步信号的基准上,偏移 30° 即为晶闸管的自然换相点,因此 α 控制器触发角由 VDC1 和 VDC2 进行设置,VDC1 设置为 30,表明触发角偏离同步点 30°,即从自然换相点开始。触发角由 VDC2 设置,三相的触发角相对各自相的同步点是一样大的,即触发脉冲是周期出现的,各项触发脉冲相位差 120°,即交流信号的相位差。

在图 4-34(b)模型中,利用 a/b/c 三相相电压交点作为基准产生同步信号,由于自然换相点即为相电压的交点,故采用相电压交点作为同步基准,此基准点即为自然换相点。用三个电压传感器 VSEN1～VSEN3 和比较器 COMP1～CPMP3 获得 a、b、c 三相的相电压。当 $U_a > U_c$ 时产生 a 相的同步点;当 $U_b > U_a$ 时产生 b 相的同步点;当 $U_c > U_b$ 时产生 c 相的同步点。晶闸管的触发角由 VDC2 进行设置。

(5) 将负载改为阻感负载,阻值设置为 1Ω,电感量设为 50mH,触发角 α=30°,仿真波形与图 4-31 相同。因为两种负载在 α=30° 时,负载电流均连续,且输出电压出现连续与断续的临界点。

(6) 在相同阻感负载、触发角 α=60° 时进行仿真,仿真波形如图 4-35 所示。

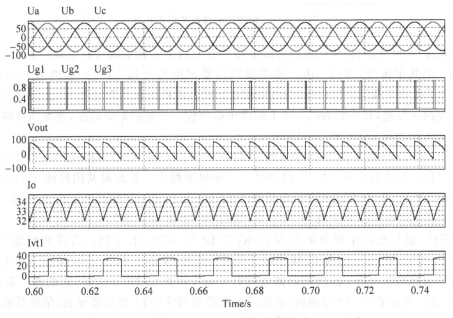

图 4-35 三相半波可控整流阻感负载仿真波形(α=60°)

与图 4-32 对比,在相电压过零时,由于电感的存在,阻止电流下降,晶闸管无法关断而继续导通,输出电压出现负值,直到下一相导通为止。由于电感设置为 50mH,足够大,所以输出电流连续,且近似一条直线。另外,随着触发角 α 的增大,电压波形负的部分逐渐增多,输出电压平均值将逐渐减小。

4.2.3　三相桥式全控整流电路仿真

在各种整流电路中,应用最为广泛的是三相桥式全控整流电路,其电路拓扑如图 4-36 所示。三相桥式全控整流电路中阴极连接在一起的三个晶闸管 VT1、VT3、VT5 称为共阴极组,阳极连接在一起的三个晶闸管 VT4、VT6、VT2 称为共阳极组。对晶闸管的触发控制,习惯上希望按 1~6 的顺序依次触发导通。因此,与 a、b、c 三相电源连接的共阴极组晶闸管分别编号为 VT1、VT3、VT5,与 a、b、c 三相电源连接的共阳极组晶闸管分别编号为 VT4、VT6、VT2。按照此顺序编号,晶闸管的导通顺序为 VT1-VT2-VT3-VT4-VT5-VT6。

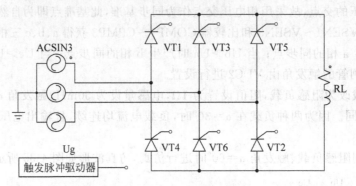

图 4-36　三相桥式全控整流电路拓扑

从图 4-36 可知,三相桥式全控整流电路可看成两个三相半波可控整流电路(一个共阴极组和一个共阳极组)组成。由三相半波可控整流电路可知,各组中晶闸管导通相位为 120°。为了能在负载上获得电压,与负载相连接的共阴极组和共阳极组中,在任意时刻需各有一个晶闸管导通,且不能为同一相上的两个晶闸管。导通后形成通路,施加到负载上的电压为导通两相的相电压之差,即线电压。

若将一个周期 360°平分为 6 段(拓扑结构由 6 个晶闸管构成),每一段为一个导电通路,占 60°;当 60°结束后会发生换相,换到另一个导电通路上。若此时共阴极的 VT1 导通,在其导通的 120°时间内,存在两个导电通路 VT1-RL-VT6 和 VT1-RL-VT2;对于 VT3 导通的 120°时间内,也存在两个导电通路 VT3-RL-VT2 和 VT3-RL-VT4;对于 VT5 导通的 120°时间内,也存在两个导电通路 VT5-RL-VT4 和 VT5-RL-VT6。若按照规定的 VT1-VT2-VT3-VT4-VT5-VT6-VT1 顺序循环导通晶闸管,实际上在每一个 60°导通阶段,都是当前阶段的晶闸管和前一阶段的晶闸管同时导通。因此,VT1 导通时,它的前一阶段晶闸管 VT6 也需要导通;VT2 导通时,它的前一阶段晶闸管 VT1 也需要导通,依次类推。

为保证在同时导通的两个晶闸管均有触发脉冲,三相桥式全控整流电路常采用双窄脉冲触发。即在触发某一个晶闸管时,为保证前一个晶闸管连续导通 120°,给前一个晶闸管补发一个触发脉冲,即用两个窄脉冲代替一个宽脉冲,两个窄脉冲的前沿相位差为 60°。脉冲宽度一般为 20°~30°。

与三相半波可控整流变换类似,触发脉冲驱动器输出的触发脉冲需与输入交流电源 AC 同步,且发出的脉冲也是周期性的。PSIM 仿真元件模型库中的门控模块"Gating Block"、α 控制器"Alpha Controller"和方波电源"Square"等三个元件模型均可以作为晶闸管触发脉冲驱动器。

1. 建立仿真电路模型

（1）启动 PSIM 仿真软件，新建一个仿真电路设计文件。

（2）根据图 4-36 所示整流电路拓扑，从 PSIM 元件库中选取三相交流电源、6 个晶闸管、负载电阻、触发脉冲驱动器 Gating Block 等元件并放置于电路设计图上。在放置元件时可根据图 4-36 所示拓扑调整好各元件的方向及位置，以便于后续连接线路。

（3）利用 PSIM 画线工具，按照图 4-36 所示电路拓扑将电路元件连接起来，组成仿真电路模型。

（4）放置测量探头，测量需要观察的电压、电流等参数。本例拟测量三相交流输入电压和电流、负载电压和电流、晶闸管 VT1 电压、6 个晶闸管的驱动脉冲等参数，故需放置相应的电压、电流测量探头。搭建完成后的电路模型如图 4-37 所示。

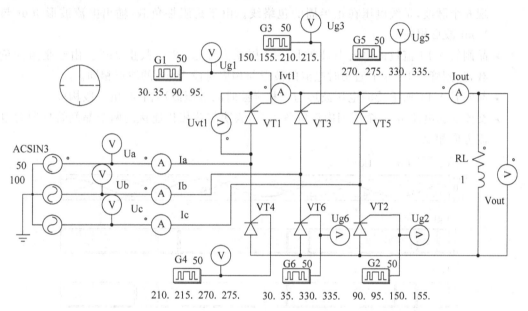

图 4-37　三相桥式全控整流电路仿真模型

2. 电路元件参数设置

根据仿真要求设置电路中各电路元件的参数，本例将交流电源幅值设置为 100V，频率为 50Hz，初始相位为 0；晶闸管采用默认参数（理想元件参数）；负载设置为电阻负载，阻值设置为 1Ω；触发脉冲驱动器 G1～G6 的频率设置为 50Hz，与交流电源频率一致，触发角 $\alpha=0°$，脉冲宽度为 5°。开关门控模块的起始相位是 0°，相对应仿真起始时刻。晶闸管触发角的起始位置在自然换相点，相对应仿真起始时刻相位差为 30°。要将触发脉冲的触发角 α 设置为 0°，相对于门控开关模块来说，其相位应为 30°。由于采用双窄脉冲触发，G1～G6 设置为一个周期切换点数为 4 点。G1 切换点为（30. 35. 90. 95.），G2 切换点为（90. 95. 150. 155.），G3 切换点为（150. 155. 210. 215.），G4 切换点为（210. 215. 270. 275.），G5 切换点为（270. 275. 330. 335.），G6 切换点为（30. 35. 330. 335.）。设置完参数的电路仿真模型如图 4-37 所示。需要注意 G6 的触发脉冲切换值的设置，切换角度小的需要放前面，度数大的放后面。

3. 电路仿真

完成电路模型构建后,放置仿真控制元件并设置仿真控制参数。本例设置的仿真步长为 1μs,仿真时间为 0.06s,其他参数采用默认值。设置完仿真控制参数后即可启动仿真。

4. 仿真结果分析

(1) 在仿真结束后,PSIM 自动启动 Simview 波形窗口,将测量的参数分别添加到波形窗口进行分析与观察,其仿真波形如图 4-38 所示。图 4-38(a)为晶闸管的触发脉冲波形,图 4-38(b)为输出电压、电流、晶闸管电压等波形。从仿真波形可以看出:

➤ 晶闸管的触发脉冲采用的是双窄脉冲,两个脉冲的前沿相位差为 60°,触发脉冲按照 VT1-VT2-VT3-VT4-VT5-VT6-VT1 顺序循环触发导通。

➤ 由于触发角 α=0°,各晶闸管均在自然换相点处换相。输出电压 Vout 一个周期内出现 6 个脉波,是线电压在正半周的包络线。由于是阻性负载,输出电流波形 Iout 与 Vout 波形相同。

➤ 晶闸管 VT1 流过的电流 Ivt1 波形一个周期内导通 120°,截止 240°。由于是阻性负载,晶闸管 VT1 处于通态时电流的波形与相应时段 Vout 的波形相同。

➤ 晶闸管 VT1 所承受的电压波形与三相半波时的电压波形相同,由三段构成。

➤ 交流 a 相电流 Ia 一个周期内正负各 120°,表明与该相相连接的两个晶闸管导通时电流方向相反。

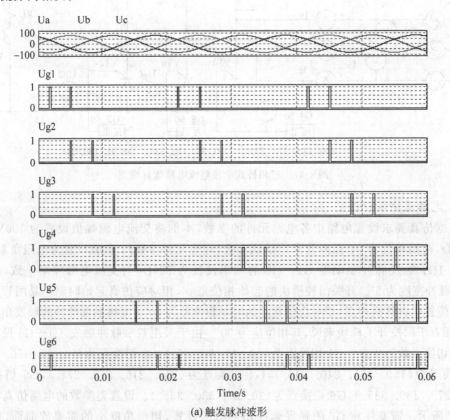

(a) 触发脉冲波形

图 4-38　三相桥式全控整流电路仿真波形(α=0°)

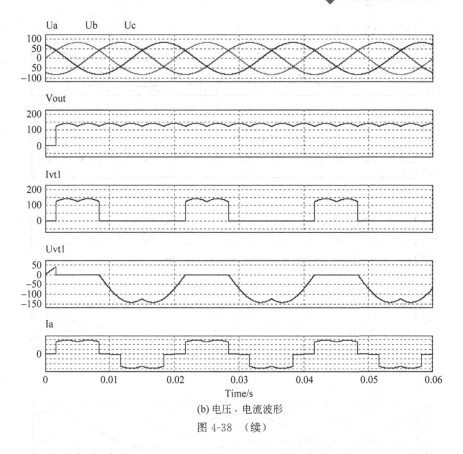

(b) 电压、电流波形

图 4-38 （续）

（2）调整触发角分别为 α＝30°、α＝60° 和 α＝90°，其仿真波形如图 4-39 所示。

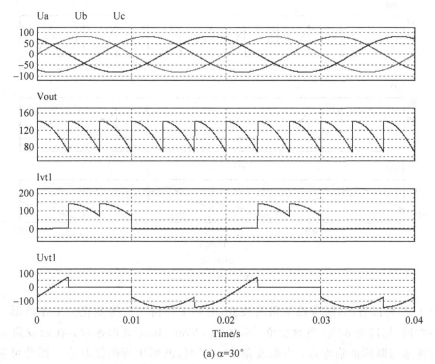

(a) α=30°

图 4-39 三相桥式全控整流电路阻性负载在 α＝30°/60°/90°的仿真波形

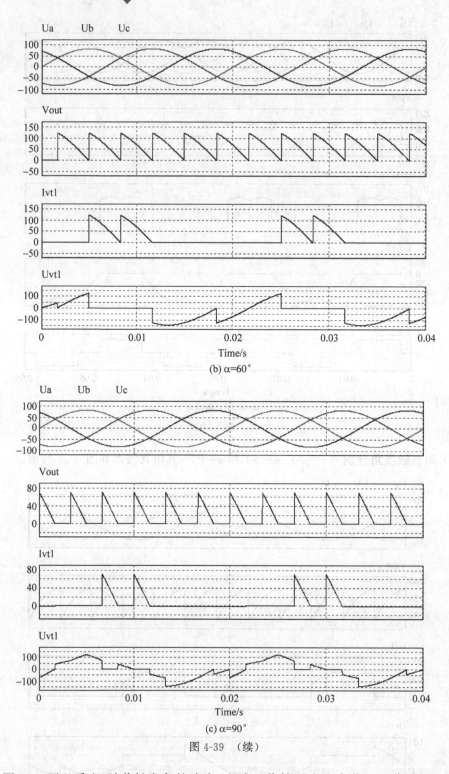

(b) α=60°

(c) α=90°

图 4-39　（续）

　　从图 4-39 可以看出，随着触发角的改变，电路工作情况发生变化。工作波形一个周期仍然分为六段，每段为 60°。当触发角 α≤60°时，Vout、Iout 波形连续；在触发角 α＝60°时波形出现连续与断续的临界点；当触发角 α＞60°时，波形出现断续状态。因此可通过调整

触发角 α 的大小,调整输出电压、电流的大小。

（3）将阻性负载改为阻感负载,阻值设置为 1Ω,电感值设置为 100mH,仿真时间设置为 0.8s,分别在触发角 α＝60°和 α＝90°时进行仿真,其仿真结果如图 4-40 所示。

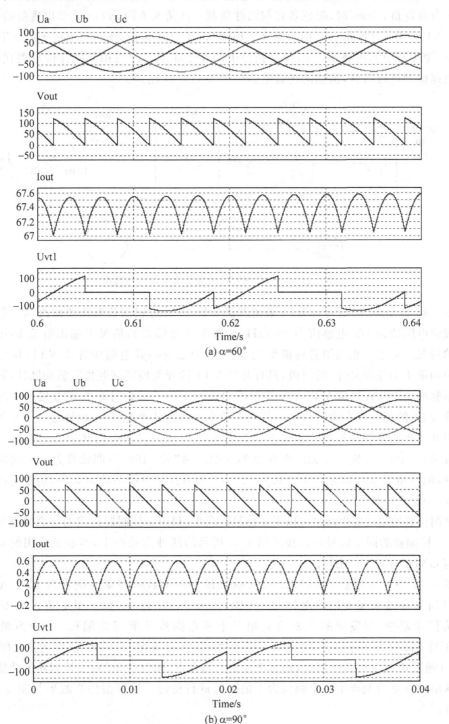

图 4-40　三相桥式全控整流阻感负载在 α＝60°/90°的仿真波形

从图 4-40 可知：

> 当触发角 α≤60°时，Vout、Uvt1 波形与阻性负载时的波形相同。

> 由于电感量足够大，当 α≤60°时，电流 Iout 连续且近似一条直线。

> 当触发角 α＞60°时，阻感负载与阻性负载工作情况不同，Vout 波形出现负值。

（4）PSIM 元件库带有三相晶闸管桥模型（位于"Elements→Switches→3-ph Thyristor Bridge"菜单项下），可将图 4-36 电路拓扑中的 6 个晶闸管用三相晶闸管桥模型代替，建立仿真电路模型进行仿真，构建的仿真电路模型如图 4-41 所示。

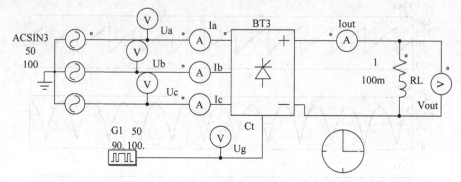

图 4-41　三相晶闸管桥全控整流电路仿真模型

图 4-41 模型中，晶闸管桥 BT3 采用默认参数，读者可根据仿真需要修改其参数值。阻感负载的电阻值为 1Ω，电感值为 100mH，模拟电感足够大的情况下输出电流 Iout 接近于直线的情况。对于三相晶闸管桥模型底端的 Ct 节点是桥式电路中开关 VT1（位于桥电路左上角的第 1 个开关元件）的门极，只有开关 VT1 的开关模式需要指定驱动脉冲，其他开关的控制脉冲由 PSIM 根据 VT1 的触发脉冲自动产生。三相晶闸管桥 BT3 模型中的第一个晶闸管 VT1 的驱动触发脉冲与单个晶闸管的驱动触发脉冲类似，可以通过一个开关门控模块或者开关控制器模块控制。本模型触发脉冲采用开关门控模块"Gating Block"产生，频率设置为 50Hz，一个周期开关的点数为 2，切换点为"90. 100."，即设置为一个周期产生一个脉冲，触发角为 60°，脉宽为 10°（100°－90°）。仿真控制时间调整为 0.8s，仿真后的波形与图 4-40（a）完全一样。

晶闸管脉冲驱动发生器也可以用 α 控制器产生，利用 α 控制器构建的仿真模型如图 4-42 所示。α 控制器的同步信号可以按照图 4-33 所示的两种方式产生，本示例采用的是 a 相相电压与 GND（0V 电压）比较。

图 4-42 中 α 控制器 ACTRL1 的频率设置为 50Hz，脉冲宽度设置为 10°；ACTRL1 的同步信号通过采集 a 相的电压与 GND（0V 电压）比较，获得 a 相从负过 0 变正的零点作为同步基准，触发器的触发角 α 相对于零点同步基准需要偏移 30°作为触发角的起始角度（自然换相点）。ACTRL1 的触发角由直流电源 VDC 设置为 90，即触发角 α＝60°（触发角 0°在自然换相点，相对于 a 相的同步点，相位差 30°）；α 控制器的使能信号使用阶跃电源在 0 时刻产生一个幅值为 1 的阶跃进行使能。该模型仿真波形与图 4-40（a）完全一样。

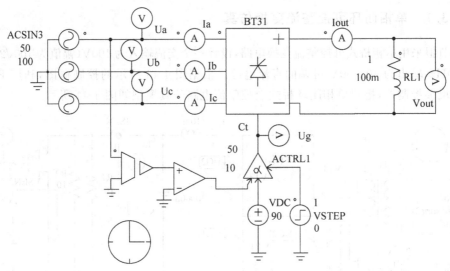

图 4-42　α控制器及三相晶闸管桥构建的全控整流电路仿真模型

4.3　闭环可控整流电路仿真

可控整流变换在实际工业中存在广泛的应用。为保证整流输出的直流电压值恒定在负载需要的电压范围内,一般需要设置自动调整单元,形成闭环控制环路。在输入或者输出电压发生波动时,可以快速调整变换电路的触发角,使输出稳定在允许的电压范围内。

在 4.1.3 节和 4.2.3 节的桥式全控整流电路仿真中,晶闸管触发脉冲的触发角是手动设置的某一固定值。当输入电压或负载发生变化时,会导致输出电压发生变化,有可能超出负载所允许的电压范围。为使整流输出的直流电压稳定在某一允许的电压值范围内,可以利用控制理论知识,构建闭环控制环路,对整流变换进行自动调节。闭环可控整流变换电路框图如图 4-43 所示。

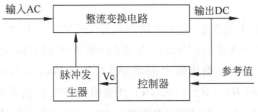

图 4-43　整流变换反馈控制框图

控制器实时采集输出 DC 值,与设定参考值进行比较,获得控制误差。控制器再根据控制误差进行某种控制运算产生控制量 Vc,Vc 控制脉冲发生器产生一定触发角的触发脉冲,实时调整功率变换电路的输出,使其输出值 DC 稳定在设定的参考值。当输入 AC 或负载发生变化时,必然导致控制误差产生,控制器就立即动作,产生新的控制量 Vc 去调整整流变换电路的触发角,从而使其输出快速返回到设定值。

4.3.1　单相闭环可控整流变换仿真

本节拟采用单相桥式可控整流变换电路,设计一个交流输入为100V(幅值为$100\sqrt{2}$ V),频率为50Hz,输出为40~60V可调的直流电源。根据图4-43所示的控制框图,利用PI控制器作为反馈控制器,搭建单相闭环桥式全控整流电路仿真模型如图4-44所示。

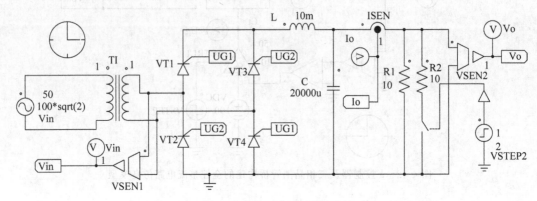

(a) 单相桥式主功率变换电路

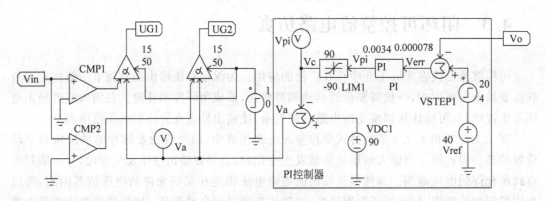

(b) PI补偿控制环路

图4-44　单相闭环可控整流仿真模型

图4-44(a)为单相桥式全控整流变换功率电路,模型中变压器TI采用理想变压器,变比为1:1;晶闸管VT1~VT4采用默认参数(若需要模拟实际元件,可修改晶闸管的参数)。为了得到恒定的直流,在整流输出端增加LC滤波器(L=10mH,C=20000μsF)进行滤波。负载采用两个电阻R1=R2=10Ω,R1直接接入,R2在仿真时间t=2s时并入,模拟负载变化的情形。电压传感器VSEN1采集输入电压Vin,电压传感器VSEN2采集输出电压Vo,电流传感器ISEN采集负载电流Io,传感器增益均设置为1。传感器采样输出及晶闸管VT1~VT4的门极驱动接口分别通过"Label"标签引出,方便与控制电路连接。

图4-44(b)为控制环路,晶闸管触发脉冲驱动器采用α控制器。α控制器的同步信号由输入交流信号Vin与0比较获得正半周和负半周的同步点。比较器CMP1采用同相端连接Vin,获取从负变正的正半周0点(起始点);比较器CMP2采用反相端连接Vin,获取从正变负的负半周0点(起始点)。α控制器采用阶跃信号源(在t=0s时产生0到1的阶跃)

进行使能,使 α 控制器在仿真启动时进行使能。两个 α 控制器的触发角设置为相同的角度,因为桥式整流变换器的触发脉冲正负半周都在相同的位置发出触发脉冲。

图 4-44(b)实线框部分为 PI 控制器。Vref 和 VSTEP1(在 t=4s 时从 0V 阶跃到 20V)串联作为参考设置值,模拟输出设置在 t=4s 时从 40V 阶跃到 60V,以验证输出设置变化时控制器的控制效果。在 t=4s 前输出设置为 40V,在 t=4s 后输出设置为 60V(40V+20V)。为了获得当前的晶闸管触发控制角,控制器将当前输出电压 Vo 与设置的考值相减得到控制偏差 Verr,控制偏差 Verr 经 PI(kp=0.0035,ki=0.000078)运算后获得控制增量 Vpi,Vpi 再经 LIM1 限幅(上下限设置为±90)得到控制量 Vc,Vc 与固定值 90 相减得到 α 控制器的触发角 Va。阻性负载的触发角移相范围为 0°~180°,为实现整个范围内的可调,取其中间值 90° 为基准,再用 90 减去 PI 控制器产生的控制触发角 Va,使得触发角可以在整个范围内可调。

模型中 PI 控制器的 kp 和 ki 参数整定不属于本书讲解的内容,读者需根据有关文献自行研究。另外,控制器也可以采用其他控制策略进行控制,留给读者自行研究及扩展。在设置好模型参数后,对图 4-44 所示模型进行仿真,仿真后的波形如图 4-45 所示。

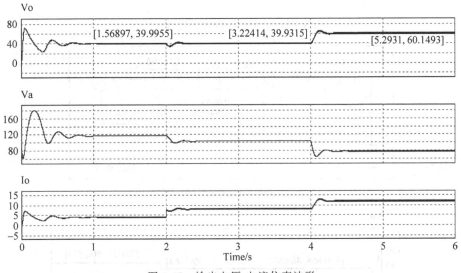

图 4-45 输出电压-电流仿真波形

从图 4-45 可知,输出电压 Vo 在 1s 后达到稳态值,其输出为期望的 40V;在 2s 时并入负载电阻 R2,输出电流 Io 增大,电压出现跌落,但在反馈控制器的控制下,输出很快稳定到期望的 40V;在 4s 时调整输出参考值到 60V,输出经过短暂的调整后快速稳定在期望的 60V。Va 为 PI 控制器运算产生的调整控制触发角,在负载及参考设置值发生变化时,PI 控制器自动调整触发角的大小,以实现对输出的调整控制。仿真结果表明,闭环可控整流变换模型在负载变化时能快速调整控制触发角,使输出能稳定在设置的期望输出值。

4.3.2 三相闭环可控整流变换仿真

单相桥式整流变换一个周期内输出两个直流脉波,其输出脉动较大,后端的滤波器需要较大的电感、电容才可以得到较小纹波的稳定直流电。三相桥式整流变换一个周期输出六个直流脉波,相对单相桥式整流而言更容易滤波,因此在要求输出容量大、输出直流脉动小的直流电源中,应采用三相桥式整流变换进行设计。

　　本节采取三相桥式全控整流变换电路,设计一个交流输入为 100V(幅值为 $100\sqrt{2}$ V)、频率为 50Hz,输出为 40~60V 可调的直流电源。根据图 4-44 所示的控制框图,利用 PI 控制器作为反馈控制器,构建的三相闭环桥式全控整流电路仿真电路模型如图 4-46 所示。

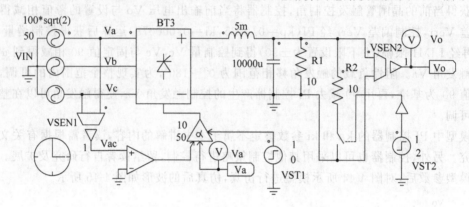

(a) 三相桥式主功率变换电路模型

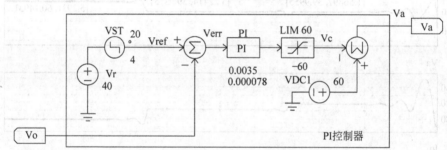

(b) 三相桥式PI控制器电路模型

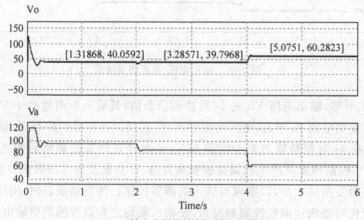

(c) 输出电压及触发控制角仿真波形

图 4-46　三相闭环可控整流仿真

　　图 4-46(a)是三相桥式变换的主功率电路模型,采用三相晶闸管桥(参数采用默认参数)作为整流桥。LC 滤波器设置为 5mH/10000μF。负载由 R1(10Ω)和 R2(10Ω)两个电阻构

成,在 t=2s 时进行并联,模拟负载动态变化情形。功率电路设置输入、输出电压传感器,分别采集输入交流 AC 线电压 Vac 及直流输出电压 Vo,传感器增益设置为1。

晶闸管桥的 VT1 的驱动脉冲采用 α 控制器产生,其同步信号由交流输入信号采样、比较获得。模型中电压传感器 VSEN1 测量的是 AC 线电压 Vac(Ua-Uc),在线电压 Vac 等于零时,正好是晶闸管的自然换相点,因此线电压 Vac 与 0 比较便可得到 α 控制器的同步触发信息。α 控制器的使能信号由阶跃电源设置,在仿真开始时就使能 α 控制器。

图 4-46(b)是 PI 控制器电路模型,控制期望参考值 Vref 由 Vr 和 VST 串联进行设置。阶跃电源 VST 在 t=4s 时由 0V 阶跃到 20V,模拟参考设置 Vref 从 40V 跳变到 60V 的情形。系统运行时,实时采集输出电压值 Vo,并与参考设置 Vref 比较获得控制误差 Verr。控制误差 Verr 经 PI(kp=0.0035,ki=0.000078)运算后进行上下限限幅器 LIM 处理,得到控制量 Vc,控制量 Vc 与 VDC1 相减得到晶闸管的触发控制角。三相阻性负载触发角移相范围为 0°~120°,为实现全范围可调,取其中点 60° 作为基准,在基准上下偏移即可实现全域可调。控制仿真输出波形及控制角变化波形如图 4-46(c)所示。

从图 4-46(c)可知,输出电压 Vo 约在 0.03s 后达到稳态值,其输出为期望的 40V;在 2s 时并入负载电阻 R2,电压出现跌落(功率增大引起电压跌落),但在 PI 控制器的控制下,使晶闸管触发角 Va 逐步减小,输出逐步增大并稳定到期望输出值 40V;在 4s 时调整输出参考值到 60V,输出经过短暂的调整后也快速稳定到期望的 60V。

将图 4-46(c)和图 4-45(c)对比,两个变换器的输入、输出参数设置一致,但三相桥式整流输出的 LC 滤波器仅是单相桥式整流的一半,且滤波效果比单相桥式整流好。图 4-46(c)和图 4-45(c)的仿真结果表明,三相桥式整流变换适合大容量、小脉动的应用场合。

4.4　本章小结

整流变换电路是电力电子四大变换电路之一,也是应用最早的电能变换电路。本章首先对单相不可控、单相半波、单相桥式、单相全波及单相桥式半控的开环相控整流变换电路进行建模与仿真,讲解开环相控单相整流变换电路的 PSIM 建模方法及步骤;随后在单相整流变换电路的基础上,对三相半波不可控、三相半波可控及三相桥式全控的开环相控整流变换电路进行了建模与仿真,讲解开环相控三相整流变换电路的 PSIM 建模方法及步骤;最后在开环相控整流电路模型的基础上,引入闭环反馈控制,对可控整流变换闭环反馈控制进行建模与仿真,详细讲解反馈控制环路的建模过程及方法。通过本章的学习,读者可以掌握各种整流变换电路的建模步骤及方法,实现对整流变换的仿真与分析。

第5章

直-直变换电路仿真

将一种直流电压变换成另一种固定或可调直流电压的变换电路,称为直-直变换电路,又称为 DC/DC 变换。直流变换电路分为直接直流变换电路和间接直流变换电路。直接直流变换也称为直流斩波变换,其输入与输出之间不隔离。间接直流变换是在直接直流变换的基础上增加交流环节,在交流环节实现输入与输出间的隔离。本章将利用全控型元件对直流斩波变换、隔离型直流变换进行 PSIM 建模与仿真,并在开环直流变换电路的基础上,引入闭环反馈控制,对闭环直流斩波变换进行建模与仿真。

5.1 斩波变换电路仿真

直流斩波变换包括降压斩波电路、升压斩波电路、升降压斩波电路、Cuk 斩波电路、Sepic 斩波电路和 Zeta 斩波电路等六种基本斩波电路。直流斩波控制常采用的方法有脉宽调制 PWM、脉冲频率调整 PFM 及混合控制三种方法,最常用的是 PWM 控制。本节利用 PWM 控制技术,对 6 种基本斩波电路进行建模与仿真,讲解其具体建模、仿真分析的步骤和过程。

5.1.1 降压变换电路仿真

降压斩波变换又称为 Buck 变换,是将高于输出要求的直流电压变换到规定输出的直流电压。降压斩波变换电路由直流电源 E、全控型元件 V、续流二极管 D、储能电感 L 及负载 R 构成,其电路拓扑如图 5-1(a)所示。

图 5-1(a)中的全控型元件 V 可由 MOSFET、IGBT、GTR 等全控型元件构成,对于小功率降压变换器,常用功率 MOSFET 全控型元件作为电路的开关元件。通过对开关 V 的控制,在负载 R 上得到一个脉动的直流,其平均输出电压小于或等于电源电压 E。为了在负载 R 上得到恒定的直流,在负载端并联一个滤波电容 C,以减小输出直流的纹波,如图 5-1(b)所示。

1. 建立仿真电路模型

(1) 启动 PSIM 仿真软件,新建一个仿真电路设计文件。

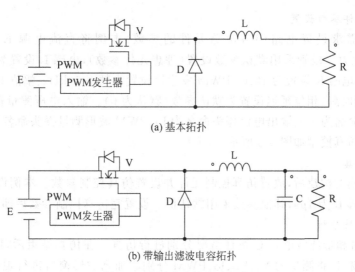

(a) 基本拓扑

(b) 带输出滤波电容拓扑

图 5-1 降压式变换电路拓扑

（2）根据图 5-1 所示电路拓扑，从 PSIM 元件库（菜单"Elements"或者"View→Library Browser"菜单项）中选取直流电源、P-MOSFET、电力二极管、电感、电阻、电容等元件，并放置于电路设计图上。PWM 发生器采用方波电源（位于"Elements→Sources→Voltage→Square"菜单项）产生所需占空比的 PWM 脉冲。由于方波信号电源"Square"输出的 PWM 是弱电控制信号，不能直接驱动开关管，需要将其输出用"On-off Controller"元件转换成功率电路驱动信号，开关控制器"On-off Controller"位于"Elements→Other→On-off Controller"菜单项下。在放置元件时可调整好各元件的方向及位置，放置位置可参考图 5-1 电路拓扑各元件的位置。在选取元件时，可优先从 PSIM 底部的元件快捷工具栏选取相应元件，以快速元件选取。

（3）利用 PSIM 画线工具（菜单项"Edit→Place Wire"或工具栏"✎"图标），按照图 5-1 所示拓扑将电路元件连接起来组成仿真电路模型。在连接导线时，可以调整元件的位置、方向等，以方便连线并使模型美观。

（4）放置测量探头，测量需要观察的节点电压、电流等参数。本例仿真拟测量输入电压、输出电压、输出电流、驱动 PWM 波形等参数，故需放置相应的电压、电流测量探头。为给测量探头一个参考点，放置一个参考地于电源的负端，完成后的电路模型如图 5-2 所示。

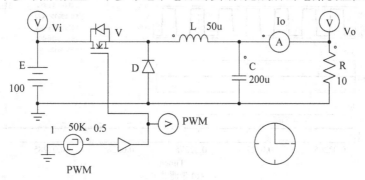

图 5-2 降压变换电路仿真模型

2. 电路元件参数设置

根据仿真需求设置电路中各电路元件的参数，本例将直流电源 E 设置为 100V，P-MOSFET、电力二极管采用默认参数设置（理想元件参数），电感 L 设置为 $50\mu H$，电容 C 设置为 $200\mu F$，电阻 R 设置为 10Ω。PWM 发生器设置为频率 50kHz、幅值 1V、占空比 0.5，直流偏移、起始时刻、相位延迟设置为默认参数（默认为 0）。输入电压测量探头命名为 Vi、输出电压探头命名为 Vo、输出电流探头命名为 Io、PWM 波形测量探头命名为 PWM。设置完参数的电路仿真模型如图 5-2 所示。

3. 电路仿真

完成电路模型构建后，放置仿真控制元件并设置仿真控制参数。本例设置的仿真时间为 0.05s，仿真步长为 $1\mu s$，其他参数采用默认值。设置完仿真控制参数后即可启动仿真。

4. 仿真结果分析

（1）对不带和带滤波电容 C 两种情况分别进行仿真。在仿真结束后，PSIM 自动启动 Simview 波形窗口，将测量的 Vi、Vo、Io、PWM 分别添加到波形窗口进行观察与分析，其仿真波形如图 5-3 所示。

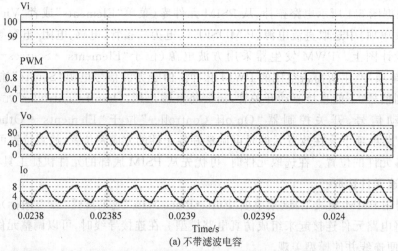

(a) 不带滤波电容

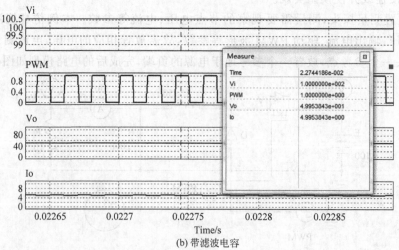

(b) 带滤波电容

图 5-3　降压式变换电路仿真波形

根据降压斩波变换器原理,输出电压 Vo＝DVi(D 为占空比)。在输入电压 Vi 一定的情况下,通过调整占空比 D 的大小,可以改变输出电压 Vo 的大小。对于不带滤波电容 C 的输出波形 Vo,是一个连续的脉动直流。其输出平均值 Vo＝D×E。示例仿真 D＝0.5,故 Vo＝50V;对于带滤波电容 C 的输出波形 Vo,是一个连续的恒定直流,其值为 50V,符合直流降压斩波的理论计算值。

(2) PWM 脉冲发生器可以选择开关门控模块 Gating Block 模型,若使用 Gating Block,其模型及参数设置如图 5-4 所示。

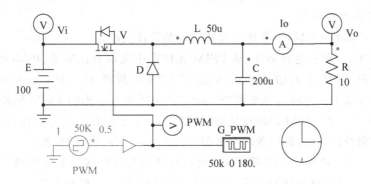

图 5-4　Gating Block 作为 PWM 发生器模型

> 在 5-2 模型中,单击将 PWM、On-off Control、GND(接地符号)选中,然后右击,在弹出的右键快捷菜单中选择 Disable,将方波 PWM 发生器支路禁用。禁用后的支路在仿真时不会运行,相当于没有该支路。若要启用该支路,可以选中将要启用的支路,右击,在弹出的右键快捷菜单中选择 Enable 即可。

> 选择"Elements→Switches →Gating Block"选项,放置 Gating Block 元件模型,并按照图 5-4 连接线路。

> Gating Block 模型参数设为 50kHz,一个周期切换点数为 2,切换点位置用电角度表示。Gating Block 模块在仿真起始时刻为低电平,即在 0°位置为低电平。一个周期的电角度宽度为 360°,50％占空比表明一个周期内高电平与低电平各占 50％,即高低电平宽度均为 180°。若在 0°位置将电平切换一次,电平就从起始时刻的低电平变成高电平;随后在 180°位置切换一次,电平从当前的高电平变成低电平,低电平持续到本周期结束。即两个切换点"0. 180."形式 50％占空比的方波信号。注意 Gating Block 模型输出的是功率驱动信号,可直接驱动开关元件。

> 图 5-4 的模型仿真波形与图 5-3 完全一样,此处不再给出仿真波形结果。

本例仅设置一个占空比进行仿真讲解,读者可修改不同占空比再次仿真,观察不同占空比下降压斩波变换电路的输出电压波形,验证降压斩波电路的工作原理及特性。

5.1.2　升压变换电路仿真

升压斩波变换又称为 Boost 变换,是将低于输出要求的直流电压变换到规定输出的直流电压。升压斩波变换电路由直流电源 E、全控型元件 V、续流二极管 D、储能电感 L、滤波电容 C 及负载 R 构成,其电路拓扑如图 5-5 所示。

升压斩波电路构成元件与降压斩波电路元件相同,仅交换了开关管 V、电感 L、续流二

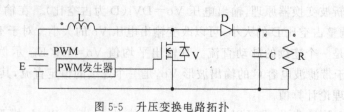

图 5-5　升压变换电路拓扑

极管 D 的位置,使其变成一个升压变换电路。

1. 建立仿真电路模型

(1) 启动 PSIM 仿真软件,新建一个仿真电路设计文件。

(2) 根据图 5-5 所示电路拓扑,从 PSIM 元件库中选取直流电源、P-MOSFET、电力二极管、电感、电阻、电容、方波信号电源"Square"、开关控制器"On-off Controller"等元件,并放置于电路设计图上。方波信号电源"Square"产生所需占空比的 PWM 脉冲,开关控制器"On-off Controller"将 PWM 波转换成可驱动功率开关管的驱动信号。在放置元件时可调整各元件的方向及位置,放置位置可参考图 5-5 电路拓扑各元件的位置。

(3) 利用 PSIM 画线工具按照图 5-5 所示拓扑将各元件连接起来组成仿真电路模型。在连接导线时,可以调整元件的位置、方向等,以方便连线并使模型美观。

(4) 放置测量探头,测量需要观察的节点电压、电流等参数。本例仿真拟测量输入电压、输出电压、输出电流、驱动 PWM 波形等参数,故需放置相应的电压、电流测量探头。为给测量探头一个参考点,需放置参考地于电源的负端,完成后的电路模型如图 5-6 所示。

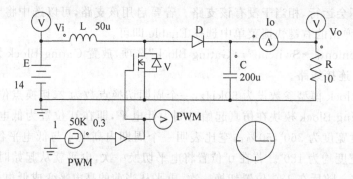

图 5-6　升压变换电路仿真模型

2. 电路元件参数设置

根据仿真需求设置电路中各电路元件的参数,本例将直流电源 E 设置为 14V,P-MOSFET、电力二极管采用默认参数设置(理想元件参数),电感 L 设置为 $50\mu H$,电容 C 设置为 $200\mu F$,电阻 R 设置为 10Ω。PWM 发生器设置为频率 50kHz,幅值 1V,占空比 0.3,直流偏移、起始时刻、相位延迟设置为默认参数(默认为 0)。输入电压测量探头命名为 Vi、输出电压探头命名为 Vo、输出电流探头命名为 Io、PWM 波形测量探头命名为 PWM,设置完参数的电路仿真模型如图 5-6 所示。

3. 电路仿真

完成电路模型构建后,放置仿真控制元件,并设置仿真控制参数。本例设置的仿真时间为 0.05s,仿真步长为 $1\mu s$,其他参数采用默认值。设置完仿真控制参数后即可启动仿真。

4. 仿真结果分析

在仿真结束后,PSIM 自动启动 Simview 波形窗口,将测量的 Vi、Vo 分别添加到波形观察窗口进行分析与查看,其仿真波形如图 5-7 所示。

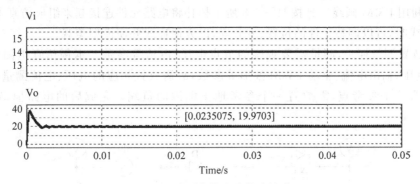

图 5-7　升压变换电路仿真波形

根据升压斩波变换原理,输出电压 $Vo = \dfrac{Vi}{1-D}$。仿真输入直流电压 $Vi = 14V$,$Vo = 20V$,从仿真波形测量可知,在 0.0235075s 时,输出电压为 19.9703V,符合理论计算结果。读者可修改占空比,对不同占空比下的工作情况进行仿真,以验证升压变换电路的工作原理及特性。

5.1.3　升/降压变换电路仿真

对于输入电压在输出电压值上下波动的情况,降压斩波变换和升压斩波变换不适用。降压斩波变换和升压斩波变换只能对输入直流电压进行降压或者升压变换,仅适用于直流输入电压恒定高于或者低于输出电压要求的情况。

对于在同一个变换电路中既需要升压、又需要降压的情况,可选择升/降压斩波变换器,它可将低于输出要求的直流电压进行升压,又可以对高于输出要求的直流电压进行降压。升/降压斩波变换器又称为 Buck-Boost 变换器,由直流电源 E、全控型元件 V、续流二极管 D、储能电感 L、滤波电容 C 及负载 R 构成,其电路拓扑如图 5-8 所示。

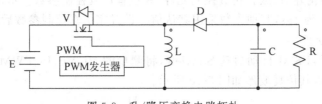

图 5-8　升/降压变换电路拓扑

升/降压斩波电路构成元件与降压斩波电路相同,仅交换了开关管 V、电感 L、续流二极管 D 的位置,使其变成一个升/降压变换电路。注意:升/降压变换器输出电压与电源电压极性相反,属于反极性斩波变换器,负载上的电压极性为上负下正。

1. 建立仿真电路模型

(1) 启动 PSIM 仿真软件,新建一个仿真电路设计文件。

（2）根据图 5-8 所示电路拓扑，从 PSIM 元件库中选取直流电源、P-MOSFET、电力二极管、电感、电阻、电容、方波信号电源"Square"、开关控制器"On-off Controller"等元件，并放置于电路设计图上，放置位置可参考图 5-8 电路拓扑各元件的位置。

（3）利用 PSIM 画线工具按照图 5-8 所示拓扑将电路元件连接起来组成仿真电路模型。在连接导线时，可以调整元件的位置、方向等，以方便连线并使模型美观。

（4）放置测量探头，测量需要观察的节点电压、电流等参数。本例仿真拟测量输入电压、输出电压、输出电流、驱动 PWM 波形等参数，故需放置相应的电压、电流测量探头。为给测量探头一个参考点，需放置一个参考地于电源的负端。完成后的电路模型如图 5-9 所示。

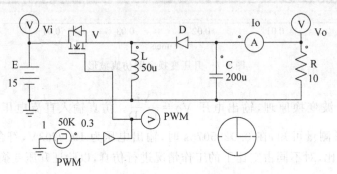

图 5-9 升/降压变换电路仿真模型

2. 电路元件参数设置

根据仿真需求设置电路中各电路元件的参数，本例将直流电源 E 设置为 15V，P-MOSFET、电力二极管采用默认参数设置（理想元件参数），电感 L 设置为 $50\mu H$，电容 C 设置为 $200\mu F$，电阻 R 设置为 10Ω。PWM 发生器设置为频率 50kHz、幅值 1V、占空比 0.3，直流偏移、起始时刻、相位延迟设置为默认参数（默认为 0）。输入电压测量探头命名为 Vi、输出电压探头命名为 Vo、输出电流探头命名为 Io、PWM 波形测量探头命名为 PWM。设置完参数的电路仿真模型如图 5-9 所示。

3. 电路仿真

完成电路模型构建后，放置仿真控制元件，并设置仿真控制参数。本例设置的仿真时间为 0.05s，仿真步长为 $1\mu s$，其他参数采用默认值。设置完仿真控制参数后即可启动仿真。

4. 仿真结果分析

在仿真结束后，PSIM 自动启动 Simview，将测量的 Vi、Vo、Io、PWM 分别添加到波形观察窗口进行分析，其仿真波形如图 5-10 所示。

根据升/降压斩波变换原理，输出电压 $Vo = \dfrac{D}{1-D}Vi$。当占空比 D＜0.5 时，工作在降压模式，当占空比 D＞0.5 时，工作在升压模式。本例仿真模型输入直流电源 Vi＝15V，当 D＝0.3 时仿真结果为 Vo＝−6.43V，当 D＝0.7 时仿真结果为 Vo＝−34.94V，仿真波形测量结果符合理论计算结果。

5.1.4 Cuk 斩波变换电路仿真

Cuk 斩波变换器与升/降压变换器一样，属于反极性升/降压变换器。Cuk 斩波变换电路由直流电源 E、全控型元件 V、续流二极管 D、储能电感 L、滤波电容 C 及负载 R 构成,其电路拓扑如图 5-11 所示。

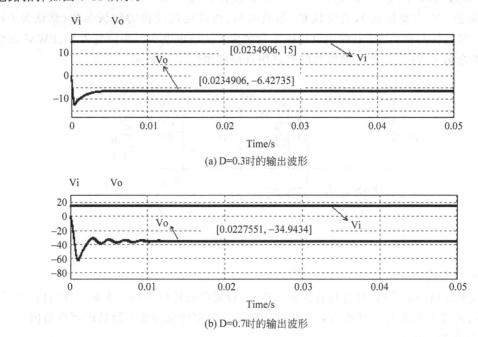

(a) D=0.3时的输出波形

(b) D=0.7时的输出波形

图 5-10　升/降压式变换电路仿真波形

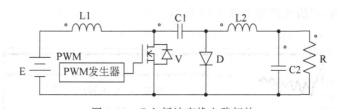

图 5-11　Cuk 斩波变换电路拓扑

1. 建立仿真电路模型

(1) 启动 PSIM 仿真软件,新建一个仿真电路设计文件。

(2) 根据图 5-11 所示电路拓扑,从 PSIM 元件库中选取直流电源、P-MOSFET、电力二极管、两个电感、电阻、电容、方波信号电源"Square"、开关控制器"On-off Controller"等元件,并放置于电路设计图上,放置位置可参考图 5-11 电路拓扑中各元件位置。

(3) 利用 PSIM 画线工具按照图 5-11 所示拓扑将电路元件连接起来组成仿真电路模型。在连接导线时,可以调整元件的位置、方向等,以方便连线并使模型美观。

(4) 放置测量探头,测量需要观察的节点电压、电流等参数。本示例仿真拟测量输入电压、输出电压、输出电流、驱动 PWM 波形等参数,故需放置相应的电压、电流测量探头。为给测量探头一个参考点,需放置一个参考地于电源的负端。完成后的电路模型如图 5-12 所示。

2. 电路元件参数设置

根据仿真需求设置电路中各电路元件的参数,本例将直流电源 E 设置为 20V,

P-MOSFET、电力二极管采用默认参数设置(理想元件参数),电感 L1、L2 设置为 $100\mu H$、电容 C1 设置为 $500\mu F$,C2 设置为 $200\mu F$,电阻 R 设置为 10Ω。PWM 发生器设置为频率 50kHz、幅值 1V、占空比 0.3,直流偏移、起始时刻、相位延迟设置为默认参数(默认为 0)。输入电压测量探头命名为 Vi、输出电压探头命名为 Vo、输出电流探头命名为 Io、PWM 波形测量探头命名为 Vpwm,设置完参数的电路仿真模型如图 5-12 所示。

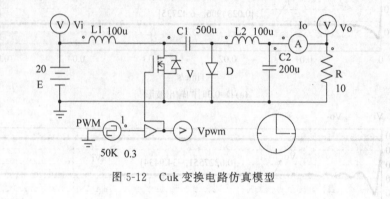

图 5-12　Cuk 变换电路仿真模型

3．电路仿真

完成电路模型构建后,放置仿真控制元件,并设置仿真控制参数。本例设置的仿真时间为 0.04s,仿真步长为 $1\mu s$,其他参数采用默认值。设置完仿真控制参数后即可启动仿真。

4．仿真结果分析

在仿真结束后,PSIM 自动启动 Simview 波形窗口,将测量的 Vi、Vo 分别添加到波形观察窗口进行分析,其仿真波形如图 5-13 所示。

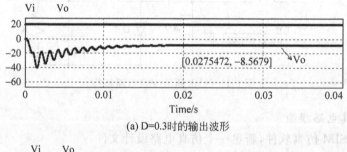

(a) D=0.3时的输出波形

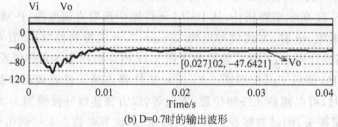

(b) D=0.7时的输出波形

图 5-13　Cuk 变换电路仿真波形

根据 Cuk 斩波变换原理,输出电压 $Vo = \dfrac{D}{1-D}Vi$,当占空比 D<0.5 时,工作在降压模式;当占空比 D>0.5 时,工作在升压模式。本例仿真模型输入直流电源 Vi=20V,当 D=0.3 时仿真结果为 Vo=-8.57V,当 D=0.7 时仿真结果为 Vo=-47.64V。仿真波形测量结果符合理论计算结果。

5.1.5　Sepic 斩波变换电路仿真

升/降压变换器和 Cuk 斩波变换器属于反极性升/降压变换器,其输出电压极性与电源极性相反,在某些场合不适用。为解决输出电压极性反相问题,学者提出了 Sepic 升/降压斩波变换电路,该电路在 PWM 波占空比低于 0.5 时进行降压变换,占空比大于 0.5 时进行升压变,同时 Sepic 变换电路输出电压极性与输入电源极性一致。Sepic 变换电路依然由直流电源 E、全控型元件 V、续流二极管 D、储能电感 L、滤波电容 C 及负载 R 构成,其电路拓扑如图 5-14 所示。

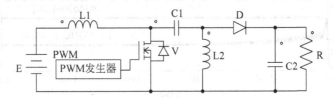

图 5-14　Sepic 斩波变换电路拓扑

1. 建立仿真电路模型

(1) 启动 PSIM 仿真软件,新建一个仿真电路设计文件。

(2) 根据图 5-14 所示电路拓扑,从 PSIM 元件库中选取直流电源、P-MOSFET、电力二极管、两个电感、电阻、两个电容、方波信号电源"Square"、开关控制器"On-off Controller"等元件,并放置于电路设计图上,放置位置可参考图 5-14 电路拓扑结构中各元件的位置。

(3) 利用 PSIM 画线工具按照图 5-14 所示拓扑将电路元件连接起来组成仿真电路模型。在连接导线时,可以调整元件的位置、方向等,以方便连线并使模型美观。

(4) 放置测量探头,测量需要观察的节点电压、电流等参数。本例仿真拟测量输入电压、输出电压等参数,故需放置相应的电压测量探头。为了给测量探头一个参考点,需放置一个参考地于电源的负端。完成后的电路模型如图 5-15 所示。

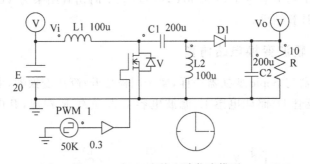

图 5-15　Sepic 变换电路仿真模型

2. 电路元件参数设置

根据仿真需求设置电路中各电路元件的参数,本例将直流电源 E 设置为 20V,P-MOSFET、电力二极管采用默认参数设置(理想元件参数),电感 L1、L2 设置为 $100\mu H$,电容 C1、C2 设置为 $200\mu F$,电阻 R 设置为 10Ω。PWM 发生器设置为频率 50kHz、幅值 1V、占空比 0.3,直流偏移、起始时刻、相位延迟设置为默认参数(默认为 0)。输入电压测量探头命名为 Vi、输出电压探头命名为 Vo,设置完参数的电路仿真模型如图 5-15 所示。

3. 电路仿真

完成电路模型构建后,放置仿真控制元件,并设置仿真控制参数。本例设置的仿真时间为 0.1s,仿真步长为 1μs,其他参数采用默认值。设置完仿真控制参数后即可启动仿真。

4. 仿真结果分析

在仿真结束后,PSIM 自动启动 Simview 波形分析窗口,将测量的 Vi、Vo 分别添加到波形窗口进行分析,其仿真波形如图 5-16 所示。

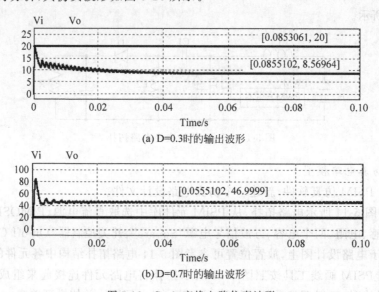

(a) D=0.3时的输出波形

(b) D=0.7时的输出波形

图 5-16 Sepic 变换电路仿真波形

根据 Sepic 斩波变换原理,输出电压 $Vo = \dfrac{D}{1-D}Vi$。本例仿真模型输入直流电源 $Vi=20V$,当 $D=0.3$ 时仿真结果为 $Vo=8.56V$,当 $D=0.7$ 时仿真结果为 $Vo=47V$。仿真波形测量结果符合理论计算结果。

5.1.6 Zeta 斩波变换电路仿真

Zeta 斩波变换器与 Sepic 变换器一样,属于同极性升/降压变换器,由直流电源 E、全控型元件 V、续流二极管 D、储能电感 L、滤波电容 C 及负载 R 构成,其电路拓扑如图 5-17 所示。

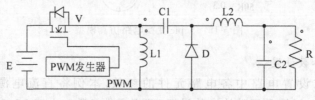

图 5-17 Zeta 斩波变换电路拓扑

1. 建立仿真电路模型

（1）启动 PSIM 仿真软件，新建一个仿真电路设计文件。

（2）根据图 5-17 所示电路拓扑，从 PSIM 元件库中选取直流电源、P-MOSFET、电力二极管、两个电感、电阻、两个电容、方波信号电源"Square"、开关控制器"On-off Controller"等元件，并放置于电路设计图上，放置位置参考图 5-17 电路拓扑结构中各元件的位置。

（3）利用 PSIM 画线工具按照图 5-17 所示拓扑将电路元件连接起来组成仿真电路模型。在连接导线时，可以调整元件的位置、方向等，以方便连线并使模型美观。

（4）放置测量探头，测量需要观察的节点电压、电流等参数。本例仿真拟测量输入电压、输出电压等参数，故需放置相应的电压测量探头。为了给测量探头一个参考点，需放置一个参考地于电源的负端。完成后的电路模型如图 5-18 所示。

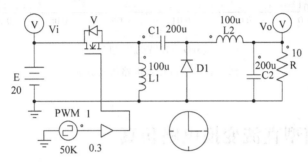

图 5-18　Zeta 变换电路仿真模型

2. 电路元件参数设置

根据仿真需求设置电路中各电路元件的参数，本例将直流电源 E 设置为 20V，P-MOSFET、电力二极管采用默认参数设置（理想元件参数），电感 L1、L2 设置为 100μH，电容 C1 设置为 200μF，C2 设置为 200μF，电阻 R 设置为 10Ω。PWM 发生器设置为频率 50kHz、幅值 1V、占空比 0.3，直流偏移、起始时刻、相位延迟设置为默认参数（默认为 0）。输入电压测量探头命名为 Vi、输出电压探头命名为 Vo，设置完参数的电路仿真模型如图 5-18 所示。

3. 电路仿真

完成电路模型构建后，放置仿真控制元件，并设置仿真控制参数。本例设置的仿真时间为 0.1s，仿真步长为 1μs，其他参数采用默认值。设置完仿真控制参数后即可启动仿真。

4. 仿真结果分析

在仿真结束后，PSIM 自动启动 Simview 波形分析窗口，将测量的 Vi、Vo 分别添加到波形窗口进行分析，其仿真波形如图 5-19 所示。

根据 Zeta 斩波变换原理，输出电压 $Vo = \dfrac{D}{1-D} Vi$。本例仿真模型输入直流电源 Vi=20V，当 D=0.3 时仿真结果为 Vo=8.57V，当 D=0.7 时仿真结果为 Vo=46.65V，仿真波形测量结果符合理论计算结果。

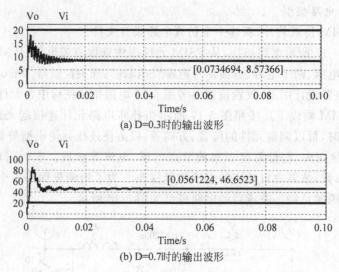

(a) D=0.3时的输出波形

(b) D=0.7时的输出波形

图 5-19　Zeta 变换电路仿真波形

5.2　隔离型直流变换电路仿真

间接隔离型直流变换电路实现输入端与输出端之间的隔离,以满足某些应用中需要相互隔离的输出要求。带隔离的直流-直流变换电路增加了交流环节,也称为直-交-直变换电路,其电路结构如图 5-20 所示。

图 5-20　带隔离型直流变换电路的结构

采用这种复杂电路结构可实现输出电压与输入电压的比例远小于 1 或大于 1 的直流变换。为降低交流环节变压器、滤波器的体积和重量,交流环节一般采用高频变压器。由于工作频率较高,逆变电路通常采用全控型元件,如 GTR、MOSFET、IGBT 等,整流电路中通常采用快恢复二极管或通态压降较低的肖特基二极管。

带隔离型直流变换电路分为单端和双端两大类,单端电路中变压器流过的是脉动直流电流,而在双端电路中变压器流过的是正负对称的交流电流。单端电路包括正激变换和反激变换电路,双端电路包括半桥、全桥和推挽变换电路。

5.2.1　正激变换电路仿真

正激变换又称为 Forward Converter,有多种不同的电路拓扑结构,典型的单开关正激变换电路拓扑如图 5-21 所示。

电路工作过程:开关 S 闭合后,变压器绕组 W1 两端的电压为上正下负,与其耦合的 W2 绕组两端的电压也是上正下负(带点的是同名端),因此 VD1 处于通态,VD2 为断态,电

感 L 的电流逐渐增长；开关 S 断开后，电感 L
通过 VD2 续流，VD1 关断。变压器的励磁电流
经 W3 绕组和 VD3 流回电源。当输出滤波电感

电流连续时，输出电压理论值为 $U_o = \dfrac{N2}{N1} \dfrac{t_{on}}{T} U_i$，

其中 N1、N2 为 W1 绕组与 W2 绕组的匝数，t_{on}
为开关 S 的导通时间，T 为开关周期。

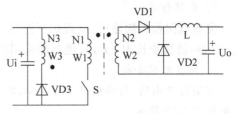

图 5-21　正激变换电路拓扑

1. 建立仿真电路模型

（1）启动 PSIM 仿真软件，新建一个仿真电路设计文件。

（2）根据图 5-21 所示电路拓扑，从 PSIM 元件库中选取直流电源、三绕组变压器、P-MOSFET、三个电力二极管、电感、电阻、两个电容、方波信号电源"Square"、开关控制器"On-off Controller"等元件，并放置于电路设计图上，放置位置可参考图 5-21 电路拓扑结构中各元件的位置。注意正激变换副边为一个绕组，因此将三绕组变压器的原边作为副边 W2，而变压器的两个副边绕组作为 W1 和 W3。

（3）利用 PSIM 画线工具按照图 5-21 所示拓扑将电路元件连接起来组成仿真电路模型。在连接导线时，可以调整元件的位置、方向等，以方便连线并使模型美观。

（4）放置测量探头，测量需要观察的节点电压、电流等参数。本例仿真拟测量输入电压、输出电压、输出电流、驱动 PWM 波形等参数，故需放置相应的电压、电流测量探头。为给测量探头一个参考点，需放置一个参考地于电源的负端。完成后的电路模型如图 5-22 所示。

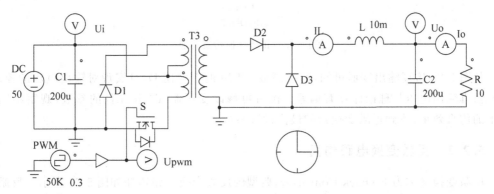

图 5-22　正激变换电路模型

2. 电路元件参数设置

根据仿真需求设置电路中各电路元件的参数，本例将直流电源 DC 设置为 50V，开关 S、电力二极管 D1～D3 采用默认参数设置（理想元件参数），三绕组变压器 T3 采用默认参数，匝比为 1:1:1。电感 L1 设置为 10mH，电容 C1、C2 设置为 $200\mu F$，电阻 R 设置为 10Ω。PWM 发生器设置为频率 50kHz、幅值 1V、占空比 0.3，直流偏移、起始时刻、相位延迟设置为默认参数（默认为 0）。输入电压测量探头命名为 Ui、输出电压探头命名为 Uo、输出电流探头命名为 Io、PWM 波形测量探头命名为 Upwm、电感电流探头为 IL，设置完参数的电路仿真模型如图 5-22 所示。

3. 电路仿真

完成电路模型构建后,放置仿真控制元件,并设置仿真控制参数。本例设置的仿真时间为 0.02s,仿真步长为 1μs,其他参数采用默认值。设置完仿真控制参数后即可启动仿真。

4. 仿真结果分析

在仿真结束后,自动启动 Simview,将测量的 Ui、Uo 分别添加到波形观察窗口,其结果波形如图 5-23 所示。

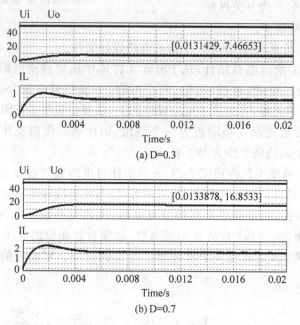

图 5-23　正激变换仿真波形

从图 5-23 仿真输出波形可知,通过调整 PWM 的占空比 D,可实现对输出电压的控制。注意仿真输出电压与理论计算有偏差。读者可修改变压器 T3 和元件的参数,观察不同参数下的仿真效果,找到正激变换器的最优设置参数。

5.2.2　反激变换电路仿真

反激变换又称为 Flyback Converter,典型的反激变换电路拓扑如图 5-24 所示。反激变换电路中的变压器起储能作用,可以看作是一对相互耦合的电感。

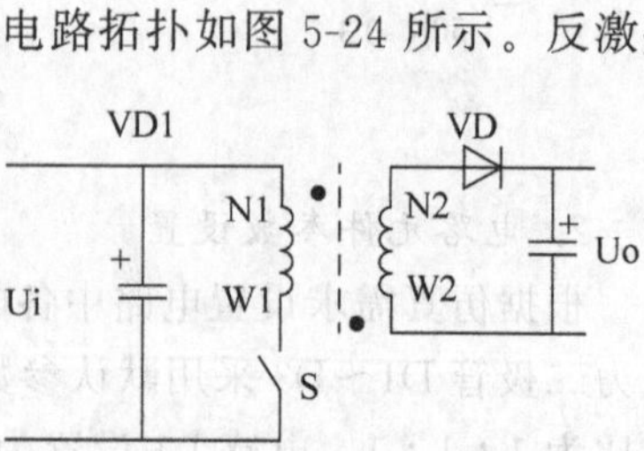

电路工作过程:开关 S 闭合后,VD1 处于断态,W1 绕组的电流线性增长,电感储能增加;开关 S 断开后,W1 绕组的电流被切断,变压器中的磁场能量通过 W2 绕组和 VD1 向输出端释放。当输出电流连续时,输出电压理论值为 $Uo = \dfrac{N2}{N1}\dfrac{ton}{toff}Ui$,其中 N1、N2 为 W1 绕组

与 W2 绕组的匝数,ton 为开关 S 的导通时间,toff 为开关 S 的关断时间。

图 5-24　反激变换电路拓扑

1. 建立仿真电路模型

(1) 启动 PSIM 仿真软件,新建一个仿真电路设计文件。

(2) 根据图 5-24 所示电路拓扑,从 PSIM 元件库中选取直流电源、双绕组变压器(极性反相)、P-MOSFET、电力二极管、电阻、两个电容、方波信号电源"Square"、开关控制器"On-off Controller"等元件,并放置于电路设计图上,放置位置可参考图 5-24 电路拓扑结构的位置。

(3) 利用 PSIM 画线工具按照图 5-24 所示拓扑将电路元件连接起来组成仿真电路模型。在连接导线时,可以调整元件的位置、方向等,以方便连线并使模型美观。

(4) 放置测量探头,测量需要观察的节点电压、电流等参数。本例仿真拟测量输入电压、输出电压、输出电流等参数,故需放置相应的电压、电流测量探头。为给测量探头一个参考点,需放置一个参考地于电源的负端。完成后的电路模型如图 5-25 所示。

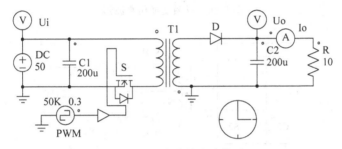

图 5-25　反激变换电路模型

2. 电路元件参数设置

根据仿真需求设置电路中各电路元件的参数,本例将直流电源 DC 设置为 50V,电力 MOSFET 开关 S、电力二极管 D 采用默认参数设置(理想元件参数),双绕组变压器 T1 采用默认参数(不能使用理想双绕组变压器),匝比为 1:1。电容 C1、C2 设置为 $200\mu F$,电阻 R 设置为 10Ω。PWM 发生器设置为频率 50kHz、幅值 1V、占空比 0.3,直流偏移、起始时刻、相位延迟设置为默认参数(默认为 0)。输入电压测量探头命名为 Ui、输出电压探头命名为 Uo、输出电流探头命名为 Io。设置完参数的电路仿真模型如图 5-25 所示。

3. 电路仿真

完成电路模型构建后,放置仿真控制元件,并设置仿真控制参数。本例设置的仿真时间为 0.4s,仿真步长为 $1\mu s$,其他参数采用默认值。设置完仿真控制参数后即可启动仿真。

4. 仿真结果分析

在仿真结束后,PSIM 自动启动 Simview 波形窗口,将测量的 Ui、Uo 分别添加到波形观察窗口进行分析,其仿真波形如图 5-26 所示。

从图 5-26 仿真输出波形可知,通过调整 PWM 的占空比 D,可实现对输出电压的控制。读者可修改变压器 T1 及元件的参数,观察不同参数下的仿真效果,找到反激变换器的最优设置参数。

5.2.3　半桥变换电路仿真

双端半桥变换电路具有两个互补的控制开关,典型电路拓扑如图 5-27 所示。半桥变换电路中,变压器一次侧的两端分别连接在电容 C1、C2 的中点和开关 S1、S2 的中点,电容 C1、C2 的中点电压为 Ui/2。S1、S2 交替导通,使得变压器一次侧形成幅值为 Ui/2 的交流电压,改变开关的控制占空比,即可改变输出电压 Uo 的大小。

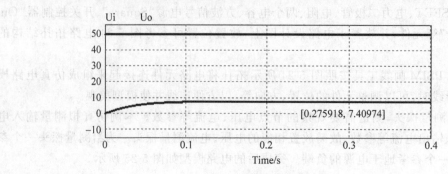

图 5-26　反激变换仿真波形

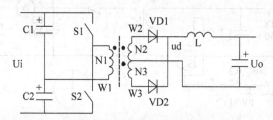

图 5-27　半桥变换电路拓扑

S1 导通时,二极管 VD1 处于通态;S2 导通时,二极管 VD2 处于通态;当两个开关都关断时,变压器绕组 W1 中的电流为零,根据磁动势平衡,W2、W3 绕组中电流相等,方向相反,VD1 和 VD2 都处于通态,各分担一半的电流。S1 或 S2 导通时电感 L 的电流逐渐上升,两个开关都关断时,电感 L 的电流逐渐下降;S1 和 S2 断态时承受的峰值电压均为 Ui。为避免半桥中上下两开关同时导通,每个开关的占空比不能超过 50%,应留有裕量。

当滤波电感输出电流连续时,输出电压理论值为 $Uo = \dfrac{N2}{N1}\dfrac{ton}{T}Ui$,其中 N1、N2 为 W1 绕组与 W2/W3 绕组的匝数,ton 为开关的导通时间,T 为开关周期。

1. 建立仿真电路模型

(1) 启动 PSIM 仿真软件,新建一个仿真电路设计文件。

(2) 根据图 5-27 所示电路拓扑,从 PSIM 元件库中选取直流电源、三绕组变压器、两个 P-MOSFET 开关、两个电力二极管、三个电容、电感、电阻、方波信号电源"Square"、逻辑非门、时间延迟单元、开关控制器"On-off Controller"等元件,并放置于电路设计图上,放置位置可参考图 5-27 电路拓扑结构的位置。

(3) 利用 PSIM 画线工具按照图 5-27 所示拓扑将电路元件连接起来组成仿真电路模型。在连接导线时,可以调整元件的位置、方向等,以方便连线并使模型美观。

(4) 放置测量探头,测量需要观察的节点电压、电流等参数。本例仿真拟测量输入电压、输出电压、输出电流等参数,故需放置相应的电压、电流测量探头。为给测量探头一个参考点,需放置一个参考地于电源的负端。完成后的电路模型如图 5-28 所示。模型中 PWM

输出的脉冲一路通过非门 NOT 进行取反,再通过时间延迟单元 TD(形成控制死区),形成开关 S2 的驱动脉冲。S2 与 S1 的脉冲互补,且 S1、S2 不同时导通。

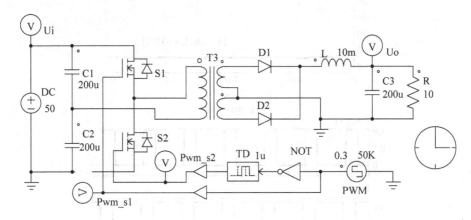

图 5-28 半桥变换电路模型

2. 电路元件参数设置

根据仿真需求设置电路中各电路元件的参数,本例将直流电源 DC 设置为 50V,电力 MOSFET 开关 S1、S2、电力二极管 D1、D2 采用默认参数设置(理想元件参数),三绕组变压器 T3 采用默认参数,匝比为 1∶1∶1。电容 C1、C2、C3 设置为 $200\mu F$,电感 L 设置为 10mH,电阻 R 设置为 10Ω。PWM 发生器设置为频率 50kHz,幅值 1V,占空比 0.3,直流偏移、起始时刻、相位延迟设置为默认参数(默认为 0)。时间延迟单元 TD 延迟时间设置为 $1\mu s$。输入电压测量探头命名为 Ui、输出电压探头命名为 Uo、S1 的驱动脉冲探头设置为 Pwm_s1、S2 的驱动脉冲探头设置为 Pwm_s2,设置完参数的电路仿真模型如图 5-28 所示。

3. 电路仿真

完成电路模型构建后,放置仿真控制元件,并设置仿真控制参数。本例设置的仿真时间为 0.2s,仿真步长为 $0.4\mu s$,其他参数采用默认值。设置完仿真控制参数后即可启动仿真。

4. 仿真结果分析

在仿真结束后,PSIM 自动启动 Simview 波形窗口,将测量的 Ui、Uo 分别添加到波形观察窗口进行分析,其仿真波形如图 5-29 所示。

从图 5-29 仿真输出波形可知,通过调整 PWM 的占空比 D,可实现对输出电压的控制。读者可修改变压器 T3 及元件的参数,观察不同参数下的仿真效果,找到半桥变换器的最优参数。

5.2.4 全桥变换电路仿真

双端全桥变换电路具有两对互补控制的开关桥臂,典型电路拓扑如图 5-30 所示。全桥变换电路中逆变电路由 4 个开关组成,互为对角的两个开关同时导通,同一侧半桥上下两开关交替导通,将直流电压逆变成幅值为 Ui 的交流电压,加载到变压器的一次侧。通过改变占空比就可以改变压器二次侧 VD1~VD4 整流输出电压 u_d 的平均值大小,即改变输出电压 Uo 的大小。

当 S1 与 S4 开通后,VD1 和 VD4 处于通态,电感 L 的电流逐渐上升;当 S2 与 S3 开通后,VD2 和 VD3 处于通态,电感 L 的电流也上升;当 4 个开关都关断时,4 个二极管都处于

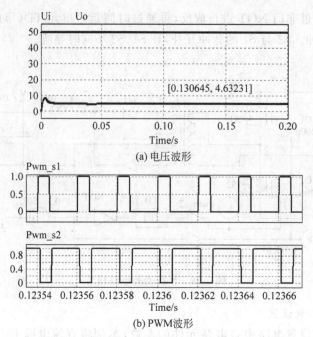

(a) 电压波形

(b) PWM波形

图 5-29　半桥变换仿真波形

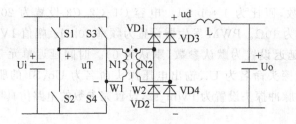

图 5-30　全桥变换电路拓扑

通态,各分担一半的电感电流,电感 L 的电流逐渐下降。S1 和 S2 断态时承受的峰值电压均为 Ui。为避免同一侧半桥中上下两开关同时导通,每个开关的占空比不能超过 50%,还应留有裕量。当滤波电感输出电流连续时,输出电压理论值为 $Uo = \dfrac{N2}{N1}\dfrac{2ton}{T}Ui$,其中 N1、N2 为 W1 绕组与 W2 绕组的匝数,ton 为开关的导通时间,T 为开关周期。

1. 建立仿真电路模型

(1) 启动 PSIM 仿真软件,新建一个仿真电路设计文件。

(2) 根据图 5-30 所示电路拓扑,从 PSIM 元件库中选取直流电源、双绕组变压器、四个 P-MOSFET 开关、四个电力二极管、电容、电感、电阻、方波信号电源"Square"、逻辑非门、时间延迟单元、开关控制器"On-off Controller"等元件,并放置于电路设计图上,放置位置可参考图 5-30 电路拓扑结构的位置。

(3) 利用 PSIM 画线工具按照图 5-30 所示拓扑将电路元件连接起来组成仿真电路模型。在连接导线时,可以调整元件的位置、方向等,以方便连线并使模型美观。

(4) 放置测量探头,测量需要观察的节点电压、电流等参数。本例拟测量输入电压、输出电压、输出电流等参数,故需放置相应的电压、电流测量探头。为给测量探头一个参考点,需放置一个参考地于电源的负端。完成后的电路模型如图 5-31 所示。模型中 PWM 输出的脉冲一路通过非门 NOT 进行取反,然后通过时间延迟单元 TD,形成开关 S2、S3 的驱动脉冲。

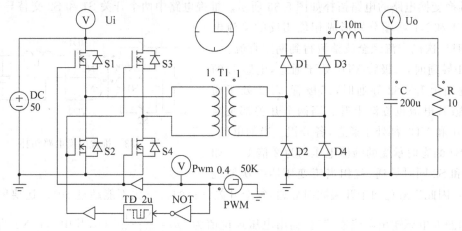

图 5-31　全桥变换电路模型

2. 电路元件参数设置

根据仿真需求设置电路中各电路元件的参数,本例将直流电源 DC 设置为 50V,电力 MOSFET 开关 S1~S4、电力二极管 D1~D2 采用默认参数设置(理想元件参数),双绕组变压器 T1 采用默认参数,匝比为 1:1。电容 C 设置为 $200\mu F$,电感 L 设置为 10mH,电阻 R 设置为 10Ω。PWM 发生器设置为频率 50kHz、幅值 1V、占空比 0.4,直流偏移、起始时刻、相位延迟设置为默认参数(默认为 0)。时间延迟单元 TD 延迟时间设置为 $2\mu s$。输入电压测量探头命名为 Ui、输出电压探头命名为 Uo、驱动脉冲探头设置为 Pwm,设置完参数的电路仿真模型如图 5-31 所示。

3. 电路仿真

完成电路模型构建后,放置仿真控制元件,并设置仿真控制参数。本例设置的仿真时间为 0.1s,仿真步长为 $2\mu s$,其他参数采用默认值。设置完仿真控制参数后即可启动仿真。

4. 仿真结果分析

在仿真结束后,PSIM 自动启动 Simview 波形分析窗口,将测量的 Ui、Uo 分别添加到波形观察窗口进行分析,其仿真波形如图 5-32 所示。

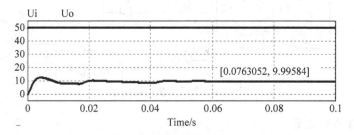

图 5-32　全桥变换仿真波形

从图 5-32 仿真输出波形可知,通过调整 PWM 的占空比 D,可实现对输出电压的控制。读者可修改变压器 T1 及元件的参数,观察不同参数下的仿真效果,找到全桥变换器的最优参数。

5.2.5　推挽变换电路仿真

推挽变换电路的电路拓扑如图 5-33 所示。推挽电路中两个开关 S1 和 S2 交替导通,在绕组 N1 和 N1′两端分别形成相位相反的交流电压,同时二次侧交流经全波整流得到期望直流。

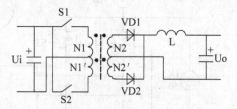

S1 导通时,二极管 VD1 处于通态,电感 L 的电流逐渐上升;S2 导通时,二极管 VD2 处于通态,电感 L 电流也逐渐上升。当两个开关都关断时,VD1 和 VD2 都处于通态,各分担一半的电流。S1 和 S2 断态时承受的峰值电压均为 2 倍 Ui。如果 S1 和 S2 同时导通,就相当于变压器一次侧绕

图 5-33　推挽变换电路拓扑

组短路,因此应避免两个开关同时导通,每个开关各自的占空比不能超过 50%,还要留有死区。当滤波电感输出电流连续时,输出电压理论值为 $Uo=\dfrac{N2}{N1}\dfrac{2ton}{T}Ui$,其中 N1、N2 为一次绕组与二次绕组的匝数,ton 为开关的导通时间,T 为开关周期。

1. 建立仿真电路模型

(1) 启动 PSIM 仿真软件,新建一个仿真电路设计文件。

(2) 根据图 5-33 所示电路拓扑,从 PSIM 元件库中选取直流电源、四绕组变压器、两个 IGBT 开关、两个电力二极管、电容、电感、电阻、方波信号电源"Square"、逻辑非门、开关控制器"On-off Controller"等元件,并放置于电路设计图上,放置位置可参考图 5-33 电路拓扑结构的位置。

(3) 利用 PSIM 画线工具按照图 5-33 所示拓扑将电路元件连接起来组成仿真电路模型。在连接导线时,可以调整元件的位置、方向等,以方便连线并使模型美观。

(4) 放置测量探头测量需要观察的节点电压、电流。本例拟测量输出电压,故需放置相应的电压测量探头。完成后的电路模型如图 5-34 所示。

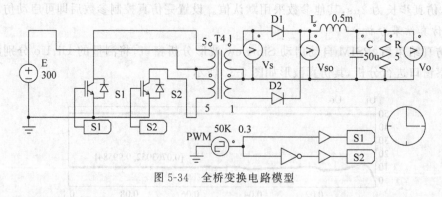

图 5-34　全桥变换电路模型

2. 电路元件参数设置

根据仿真需求设置电路中各电路元件的参数,本例将直流电源 E 设置为 300V,电力 IGBT 开关 S1～S2、电力二极管 D1～D2 采用默认参数设置(理想元件参数),四绕组变压器 T4 匝比为 5:1,其他参数采用默认参数。电容 C 设置为 $50\mu F$,电感 L 设置为 0.5mH,电阻 R 设置为 5Ω。PWM 发生器设置为频率 50kHz、幅值 1V、占空比 0.3,直流偏移、起始时

刻、相位延迟设置为默认参数(默认为 0)。输出电压探头命名为 Vo,设置完参数的电路仿真模型如图 5-34 所示。

3. 电路仿真

完成电路模型构建后,放置仿真控制元件,并设置仿真控制参数。本例设置的仿真时间为 0.1s,仿真步长为 2μs,其他参数采用默认值。设置完仿真控制参数后即可启动仿真。

4. 仿真结果分析

(1)在仿真结束后,PSIM 自动启动 Simview 波形分析窗口,将测量的 Uo 添加到波形观察窗口进行分析,其仿真波形如图 5-35 所示。

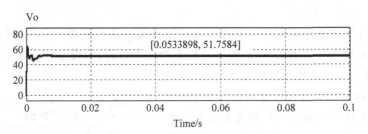

图 5-35　推挽变换仿真波形

从图 5-35 仿真输出波形可知,通过调整 PWM 的占空比 D,可实现对输出电压的控制。读者可修改变压器 T4 及元件的参数,观察不同参数下的仿真效果,找到全桥变换器的最优参数。

(2)PWM 信号发生器可以由相关逻辑元件与三角载波比较构成,如图 5-36(a)所示。

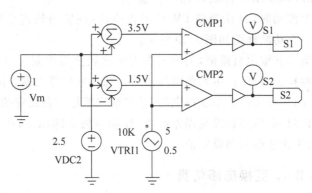

(a) PWM信号发生单元模型

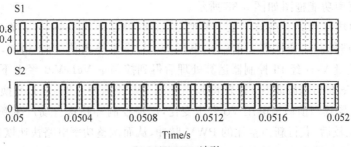

(b) S1/S2 PWM波形

图 5-36　PWM 信号模型

控制电压 Vm 和 VDC2 相加或相减,获得幅值分别为 3.5V 与 1.5V 两个调制信号,随后分别接入比较器 CMP1 的反相端和 CMP2 的同相端;将幅值为 5V、频率为 10kHz、占空比为 0.5 的三角波 VTRI1 分别接入比较器 CMP1 的同相端和 CMP2 的反相端。经 CPM1、CPM2 比较后,分别获得占空比为 30% 的 PWM 信号 S1 和 S2,该信号波形如图 5-36(b)所示。在仿真时需尽量将仿真时间步长设置为 0.2μs 或更小。

5.3　闭环直流变换电路仿真

在各种电子装置电源应用中或多或少地存在直流电源变换器,为保证直流输出电压值恒定在负载需要的电压范围内,一般需要设置自动调整单元,以保证在输入电压或者负载发生变化时,其输出电压能快速调整到规定的设定值。

在 5.1 节和 5.2 节的直流变换电路仿真中,开关管驱动 PWM 脉冲的占空比被设置为某一固定值。当输入电压或者负载发生变化时会导致输出电压偏离设定的参考值,不具备自动调节能力。为使输出直流电压稳定在某一允许的电压值范围内,可以利用自动控制理论知识,根据当前输出电压、电流值,构建闭环控制环路。在输

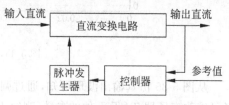

图 5-37　闭环直流变换反馈控制框图

入或者输出电压发生波动时,自动调整 PWM 的占空比,使输出快速稳定在允许电压范围内。闭环直流变换电路功能框图如图 5-37 所示。

控制器实时采集当前输出直流值,与设定参考值比较获得控制误差量。控制器再利用控制误差量通过某种控制运算,产生当前的控制量。脉冲发生器根据当前控制量,输出一定占空比的 PWM 脉冲,实时调整功率变换电路,使其输出值稳定在设定的参考值。当输入直流或者负载发生变化时,必然导致控制误差产生,控制器将立即动作,产生新的控制量去调整变换电路,使其输出快速返回到设定值。

5.3.1　单环 Buck 变换电路仿真

根据图 5-37 所示的控制框图,利用 PI 控制作为控制器,构建的电压单环反馈控制 Buck 变换器模型功能框图如图 5-38 所示。

图 5-38 中功率部分电路与 5.1.1 节的 Buck 斩波功率电路拓扑一致,反馈控制部分采用输出电压反馈控制。变换器当前输出电压 Vo 与设定输出值 Vref 相减,得到当前控制误差量 Verr,误差量 Verr 经 PI 控制器运算处理后得到控制量 Vc1,Vc1 经上下限限幅后得当前的控制量 Vc,Vc 在与锯齿波 Sw 比较得到当前的 PWM 脉冲。当 Buck 变换器输入或者负载发生变化时,会导致当前输出电压 Vo 发生变化,反馈控制环路将自动产生新的控制量 Vc,经与锯齿波 Sw 比较后,获得新占空比的 PWM 脉冲,从而调整功率电路快速恢复到设置输出值。

本节拟采用电压单环反馈控制,设计一个输入为 15V～20V,输出为 5V 的非隔离 Buck 变换直流电压电源。根据图 5-38 所示的控制框图,构建的电压单环反馈 Buck 变换电路模型如图 5-39 所示。

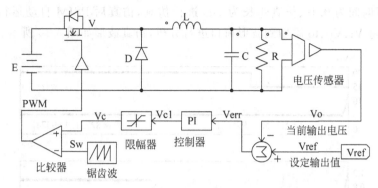

图 5-38　电压反馈控制 Buck 变换器模型框图

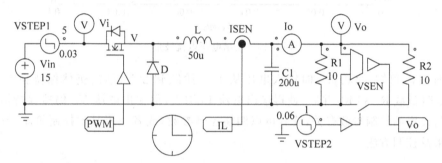

(a) Buck变换功率部分电路模型

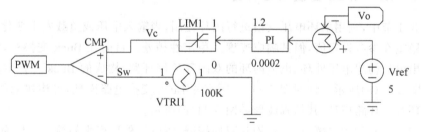

(b) 电压反馈控制环

图 5-39　电压反馈控制 Buck 变换器电路模型

图 5-39(a)功率电路部分添加了电感电流传感器 ISEN、输出电压传感器 VSEN，传感器增益设置为 1，同时将开关管 V 的控制端口与端子 PWM 连接，电流传感器 ISEN 输出与端子 IL 连接、电压传感器 VSEN 输出与端子 Vo 连接。端子元件在"Edit→Place Label"菜单项下，或单击工具栏"▣"图标放置。"Label"元件是电气连接标签，相同名字的电气标签将自动连接在一起，不需要用实际电线连接起来。直流输入电源由 Vin 和 VSTEP1 串联构成，在 0.03s 时 VSTEP1 从 0V 阶跃到 5V，模拟输入电压从 15V 阶跃突变到 20V 的情况。负载 R2 通过双向电子开关与 R1 并联，双向开关的控制端由阶跃信号 VSTEP2 控制，在 0.06s 时产生一个 0 到 1 的阶跃，使开关在 0.06s 闭合，形成 R1 与 R2 并联，模拟负载变化情形。

图 5-39(b)为反馈控制环路，设定的期望输出 Vref 为 5V，PI 控制器比例系数为 1.2、积分系数为 0.0002，限幅器限幅范围为(0,1)，锯齿波 VIRTI1 利用三角波信号发生器产生，其频率为 100kHz、幅值为 1V、占空比为 1，其余参数默认为 0。

设置仿真时间为 0.1s、仿真步长为 1μs 进行仿真,仿真后 PSIM 自动运行 Simview 波形分析窗口,将 Vi、Vo、Io 添加到波形窗口进行分析,仿真波形如图 5-40 所示。

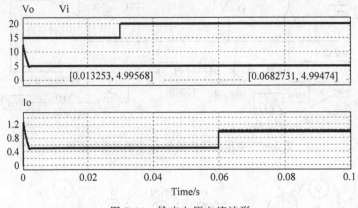

图 5-40　输出电压电流波形

从图 5-40 可知,在 0.03s 时输入电压从 15V 阶跃到 20V,输出仍然保持在 5V 不变。在 0.06s 时负载 R1 和 R2 并联,使得输出电流 Io 增大,但输出电压 Vo 仍然保持恒定。稳态性能与设置的控制参数有关,读者可以调整控制参数,或者采用其他控制策略,寻找最优控制效果及控制方法。

5.3.2　双环 Buck 变换电路仿真

在 5.3.1 节中,利用单环电压反馈进行闭环控制,当输入电压或负载发生变化时输出虽然能快速稳定在参考设定值,但其响应速度及稳定性稍差。目前在 Buck 变换中,常用电感电流及输出电压构建电压外环、电流内环的双闭环控制环路,构成的 Buck 变换双环控制功能框图如图 5-41(a)所示。针对图 5-41(a)所示的 Buck 变换电路模型,可构建如图 5-41(b)所示的双环控制环路模型,其仿真波形如图 5-41(c)所示。

图 5-41(a)中,利用电感电流 IL 构建双环控制,将电压外环产生的控制量作为电流内环的参考电流,当外部条件发生变化时,电感电流能快速反映外部的变化,使得变换器能快速进行调整。稳态性能与设置的控制参数有关,读者可以调整控制参数或者采用其他控制测试,寻找最优控制效果及控制方法。

5.3.3　单环 Boost 变换电路仿真

与 Buck 变换器类似,升压 Boost 变换电路也可以构建电压单环反馈控制的闭环 Boost 变换器,根据图 5-37 所示的控制框图,利用 PI 控制作为控制器,构建的电压单环反馈控制 Boost 变换模型功能框图如图 5-42 所示。

本节拟采用电压单环反馈控制,设计一个输入为 10～15V,输出为 24V 的非隔离 Boost 变换直流电压电源。根据图 5-42 所示的功能控制框图,构建的电压单环反馈 Boost 变换电路模型如图 5-43 所示。

图 5-43(a)功率电路部分的输入电源由 Vin 与 VSTEP1 串联形成,在 0.1s 时 VSTEP1 从 0V 阶跃到 5V,模拟输入电压在 0.1s 时从 10V 阶跃到 15V 的情形。负载 R2 通过双向

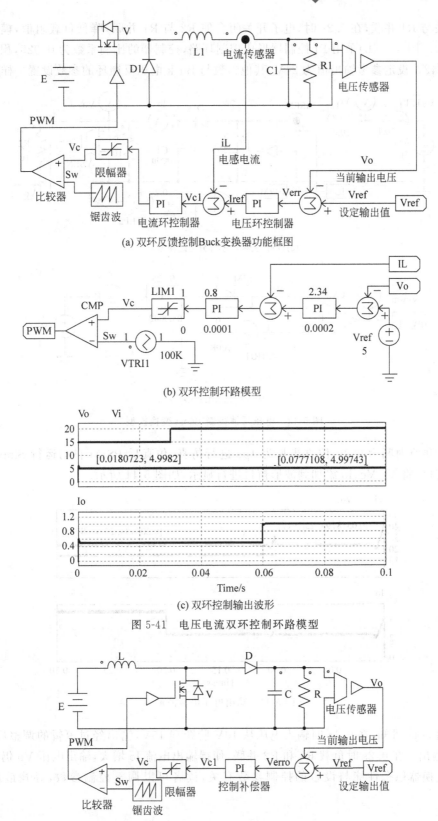

(a) 双环反馈控制Buck变换器功能框图

(b) 双环控制环路模型

(c) 双环控制输出波形

图 5-41 电压电流双环控制环路模型

图 5-42 电压反馈控制 Boost 变换模型框图

电子开关与 R1 并联,在 0.2s 时,电子开关闭合使 R2 与 R1 并联,降低负载阻值,模拟负载变化情形。图 5-43(b)采用 PI 控制器形成控制环路,控制器的比例系数为 0.025,积分系数为 0.00042。设定参考输出值为 24V,其他参数与 Buck 电压反馈环的参数设置一样。

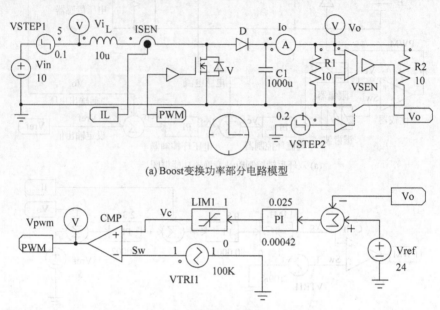

(a) Boost变换功率部分电路模型

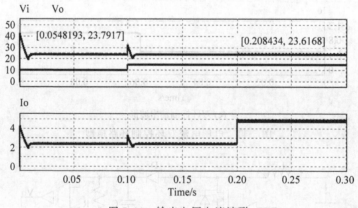

(b) 电压反馈控制环

图 5-43　电压反馈控制 Boost 变换模型

设置仿真时间为 0.3s,仿真步长为 1μs 进行仿真,仿真后 PSIM 自动运行 Simview 波形观测窗口,将 Vi、Vo、Io 添加到波形窗口进行显示,如图 5-44 所示。

图 5-44　输出电压电流波形

从图 5-44 可知,在 0.1s 时输入电压从 10V 阶跃到 15V,输出经过短暂的调整后,恢复到 24V 输出。在 0.2s 时负载 R1 和 R2 并联,使得输出电流 Io 增大,输出电压 Vo 仍然保持恒定。变换器稳态性能与设置的控制参数有关,读者可以调整控制参数,寻找最优控制效果。

5.3.4 双环 Boost 变换电路仿真

与 Buck 变换一样,Boost 变换也可以采用电压、电流双环控制,电流内环采用电感电流作为控制参量,外环采用输出电压作为参量。构建的双环控制模型如图 5-45(a)所示,仿真波形如图 5-45(b)所示。

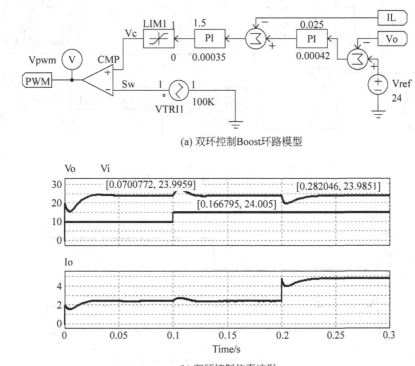

(a) 双环控制Boost环路模型

(b) 双环控制仿真波形

图 5-45　双环控制 Boost 环路模型

利用电感电流 IL 构建双环控制,当外部条件发生变化时,电感电流能快速反应外部的变化,使得变换器能快速进行调整。稳态性能与设置的控制参数有关,读者可以调整控制参数或者采用其他控制测试,寻找最优控制效果及控制方法。

5.3.5 电压控制正激变换电路仿真

5.2.1 节对隔离型正激变换器进行了开环建模与仿真,其开关管 S 的控制脉冲占空比是设置的一个固定值,当输入电压发生变化时,在相同占空比下其输出值不能保持恒定。为解决输入电压变化时输出保持恒定问题,需要构成闭环控制。根据图 5-37 的闭环反馈控制框图,利用 PI 控制,构建的电压反馈 PI 控制正激变换电路模型如图 5-46 所示。

图 5-46 模型是在图 5-22 的基础上更改其控制环路得到的。模型中将输入改为 DC 和 VSTEP1 串联,VSTEP1 设在 0.1s 时从 0V 阶跃到 30V,模拟输入电压在 0.1s 时从 45V 突变到 75V 的情形。控制环路利用输出电压反馈 Vo 与设定参考输出 Vref 的误差量 Ve 进行 PI 运行,PI 运算输出经限幅 LIM 得到控制量 Vc,Vc 与锯齿波 SW 进行比较,得到新占空比的控制脉冲,控制功率电路进行调整,使输出电压 Vo 稳定在设定的参考值 Vref。图 5-47

是仿真的结果波形。

　　从图 5-46 可知,输入电压在 0.1s 时从 45V 阶跃到 75V 时,输出电压 Uo 在整个输出期间基本稳定在设定的参考值 10V,不受输入变化的影响,保证了输出电压恒定。

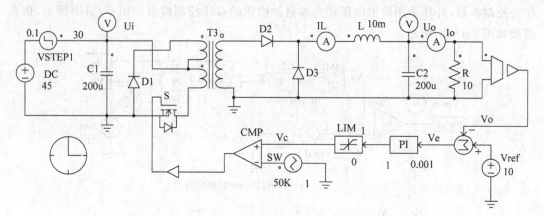

图 5-46　电压反馈控制正激变换器模型

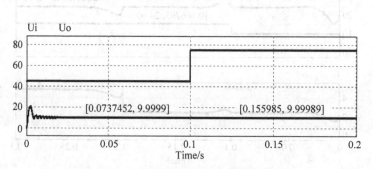

图 5-47　电压反馈控制正激变换仿真波形

5.3.6　电压控制推挽变换电路仿真

　　5.2.5 节对隔离型推挽变换进行了开环建模与仿真,其开关管 S1、S2 的控制脉冲占空比设置为一个固定值,当输入电压发生变化时,在相同占空比下其输出值不能保持恒定。类似正激变换,可以根据图 5-37 所示的闭环反馈控制功能框图,利用 PI 控制器,构建电压反馈 PI 控制推挽变换电路模型,如图 5-48 所示。

　　图 5-48 中,输入电源由 E 和 VSTEP1 串联,阶跃电源 VSTEP1 在 0.1s 时从 0V 阶跃到30V,模拟输入直流电源在 0.1s 时从 300V 阶跃到 330V 的情形。变换器的输出由电压传感器 VSEN 进行采样,VSEN 的增益设置为 1/10,即采集电压值缩小为 1/10。参考设置Vref 为 5V,即设置变换器的输出电压恒定在 50V(放大 10 倍)。缩小后的输出电压采样值Vo 与设置的参考输入 Vref 比较获得当前输出误差量,经过 PI 运行、上下限限幅器 LIM1(限幅器的上限为 5,下限为 0)限幅后获得控制量 Vc。锯齿波 VTRI1 采用频率为 100kHz、幅值为 5V、占空比为 1 的三角波信号源产生。当前控制量 Vc 与锯齿波 Sw 比较,获得当前开关管 S1、S2 的驱动 PWM 脉冲,驱动功率电路进行调整。仿真波形如图 5-49 所示。

　　从图 5-49 的仿真波形可知,输入电压 Vi 在 0.1s 时发生阶跃变成 330V,输出电压 Vo

在阶跃处发生微小波动,但很快恢复到稳定期望值。输出电压 Vo 在整个输出周期基本保持恒定,实现输入变化时自动调节输出电压的闭环控制。

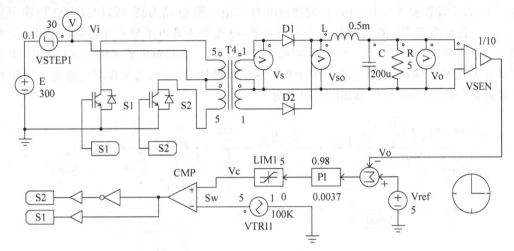

图 5-48 电压反馈控制推挽变换器模型

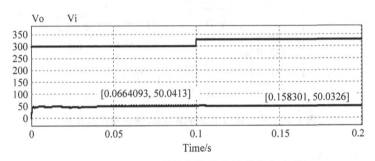

图 5-49 电压反馈控制推挽变换器仿真波形

5.3.7 峰值电流控制 Buck 变换电路仿真

1. 单环峰值电流控制

对 Buck 降压变换电路,可以利用电感电流的峰值实现输出电流控制。峰值电流控制直接控制输出侧电感电流的大小,进而间接地控制 PWM 脉冲宽度,实现输出调整控制。峰值电流控制暂态闭环响应较快,对输入电压变化和输出负载变化的瞬态响应较快。根据峰值电流控制原理及图 5-37 闭环反馈控制框图,构建的峰值电流控制 Buck 变换器仿真电路模型如图 5-50 所示。模型中输入电源由 Vin 和 VSTEP1 串联构成,VSTEP1 在 0.03s 时产生 0V 到 5V 的阶跃,使得输入电压在 0.03s 时由 24V 阶跃到 29V,模拟输入电压变化情形。输出负载由双向电子开关 SS 控制的 R2 与电阻 R1 并联,电子开关由 VSTEP2 控制。VSTEP2 在 0.06s 时产生一个阶跃信号,使电子开关 SS 闭合,实现 R2 与 R1 的并联,并联后负载电阻减小,模拟负载变化情形。

图 5-50 控制环路中,参考电流 Iref 设置为 5A,即控制电感电流峰值为 5A。触发器 SR 设置为边沿触发模式(触发标志设置为 0),时钟 VSQ1 设置为 100kHz、占空比为 50%、幅值为 1V 的方波。时钟 VSQ1 周期性的置位触发器 SR 的 Q 端,使 Q 端输出高电平。Q 为高

电平时开关 V 导通,电感电流 IL 增加。当电感电流 IL 小于 Iref 时,比较器输出为 0,与门 AND 输出为 0,RS 触发器 Q 端继续保持高电平,V 继续导通,电感电流继续增加;当电感电流 IL 大于设置参考值 Iref 时,比较器输出为 1,由于原 Q 端为高,所以与门 AND 输出从 0 变为 1,使触发器 RS 的 Q 端清零变为低电平,Q 端变为低电平导致开关管 V 关断,从而使电感电流开始下降;在下一个时钟 VSQ1 的上升沿,再次将触发器 RS 的 Q 端置位,重新驱动开关管 V 导通,再次使电感电流增加。这样周期性地运行,就可以将电感电流限制在设置的参考值,模型仿真波形如图 5-51 所示。

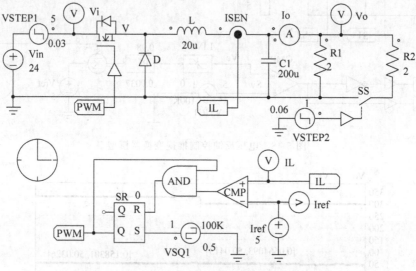

图 5-50　单环峰值电流控制 Buck 变换器仿真模型

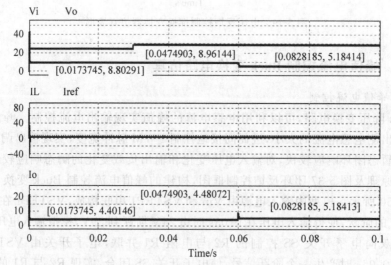

图 5-51　单环峰值电流控制 Buck 变换仿真波形

从图 5-51 可知,在 0.03s 时输入电压从 24V 阶跃到 29V 时,输出电压、电流基本恒定,电感电流峰值控制在 5A,输出电流 Io 此时小于 5A;在 0.06s 时负载 R1 与 R2 并联,负载电阻减小,导致输出电流增大,但输出电流约为 5A 且恒定。由于电感电流峰值被限制在

5A,故输出电压此时下降到约为 5V(负载并联,负载总阻值为 1Ω,输出电流被限制在 5A,
理论输出电压 Vo 应为 5V),以满足电感峰值电流设定参考值 Iref 的限制。

2. 双环峰值电流控制

上述单环峰值电流控制,仅限制了电感电流的峰值,未实现对输出电压的控制。在实际
应用中,多采用电压外环、电感峰值电流内环构成双环峰值电流控制。根据双环控制原理,
构建的双环峰值电流控制 Buck 变换电路模型如图 5-52 所示。

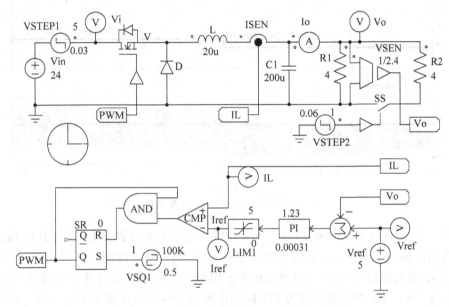

图 5-52　双环峰值电流控制 Buck 变换仿真模型

图 5-52 模型做了如下设置处理:

◇ 输入电源由 Vin 和 VSTEP1 串联,VSTEP1 设在 0.03s 时产生 0 到 5 的阶跃,模拟
变换器输入电压在 0.03s 时从 24V 阶跃到 29V 的情形。

◇ 负载电阻 R2 通过电子开关 SS 与 R1 并联。电子开关受 VSTEP2 控制,VSTEP2
在 0.06s 时产生一个阶跃,控制 SS 闭合,实现负载并联。

◇ 控制环路参考电压 Vref 设置为 5V,变换器输出电压传感器采集增益设置为 1/2.4,
当输出控制误差为 0 时,输出电压 Vo=5×2.4=12V。

◇ 在 0.06s 前,负载为 4Ω,若输出电压为 12V,此时电流为 3A,电感电流未达到最大
限制值 5A,此时将稳定输出电压在 12V。

◇ 在 0.06s 后,由于负载 R1 与 R2 并联,使得负载阻值为 2Ω,此时若输出电压为 12V,
则输出电流为 6A,必然使电感峰值电流超过最大限制 Iref(限幅器 LIM1 的最大值
为 5)。此时电压外环不起作用,变换器受峰值电流内环控制,使电感电流峰值为
5A,输出的平均电流约为 5A。输出电压不再恒定在 12V,变成以电流限制为准的
恒定电压。

◇ 读者可修改 PI 控制参数,寻找变换器的最优控制参数,以获得输出性能最优。

对 5-52 的仿真模型进行仿真,仿真结束后,PSIM 自动弹出 Simview 波形窗口,将需观
察的波形添加到 Simview 波形窗口进行分析,仿真波形如图 5-53 所示。

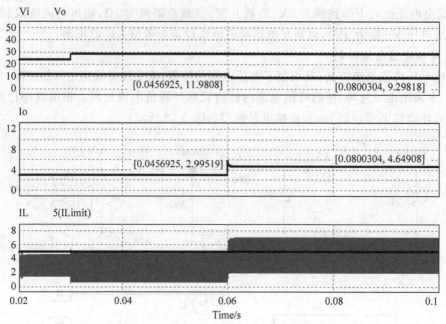

图 5-53 双环峰值电流控制 Buck 变换仿真波形

从图 5-53 仿真输出波形可知,在 0.03s 时输入电压发生阶跃变化,由于此时输出电流低于设置的电感电流限值 5A,输出保持恒定在 12V,电压外环控制起作用;在 0.06s 时负载发生变化,导致输出功率增大,电感电流超过限值 5A,此时电流内环起作用,将电感电流峰值限值在 5A。并联负载总阻值为 2Ω,限制电流为 5A,则输出被限制在 10V。从仿真输出电压 Vo 波形可知,输出稳定在 9.32V,符合理论计算。

5.3.8 V^2 控制 Buck 变换电路仿真

与电压、电流控制方式相比,V^2 控制具有更快的负载响应速度,在动态要求较高的应用中得到关注和应用。根据 V^2 控制原理,构建的仿真电路模型如图 5-54 所示。

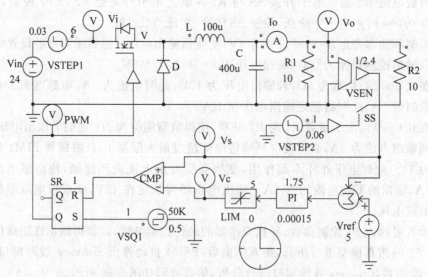

图 5-54 V^2 控制 Buck 变换电路仿真模型

图 5-54 模型做了如下设置:

◇ Vin 与 VSTEP1 串联模拟输入电压变换情形。VSTEP1 在 0.03s 时从 0V 阶跃到 6V,与 Vin 串联后,模拟输入电压在 0.03s 时从 24V 阶跃到 30V,形成一个可变的输入电压源。

◇ 电阻 R2 通过电子开关 SS 与电阻 R1 并联,模拟负载变化情形。在 0.06s 时,VSTEP2 产生一个阶跃,使电子开关 SS 闭合,导致 R2 与 R1 并联,并联后负载电阻值减小,用此模拟负载变化情形。

◇ 电压传感器 VSEN 的增益设置为 1/2.4,由于参考电压 Vref 设置为 5V,则期望的输出电压 Vo=2.4×Vref=12V。

◇ 控制环路中 SR 触发器触发模式设置为电平触发(触发标志设置为 0)。

◇ 触发时钟 VSQ1 设置为 50kHz、占空比为 0.5、幅值为 1 的方波信号。

设置完成的各参数如图 5-54 所示,对建立的仿真模型进行仿真,仿真波形如图 5-55 所示。

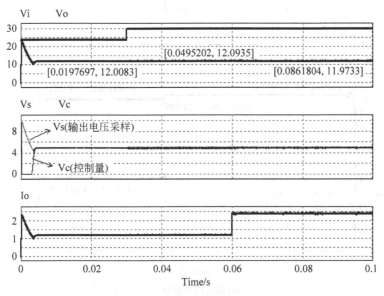

图 5-55　V^2 控制 Buck 变换电路仿真波形

从图 5-55 可知,当输入电压 Vi 从 24V 跳变到 30V 时,直流输出保持稳定。在负载变化时,输出电流增大,输出电压仍然保持稳定。在整个调整过程中,反馈控制电压 Vc 始终跟踪输出电压采样 Vs。当输入或负载变化时,输出响应非常快,在输出的整个区域几乎没有波动。仿真波形充分表明了 V^2 控制的快速响应特性。

5.3.9　谷值电流控制 Buck 变换电路仿真

采样的电感电流中包含了电流谷值点,可以利用电感的谷值电流进行反馈控制。谷值电流控制适合于占空比较小的变换控制。根据谷值电流控制原理,构建的谷值电流控制 Buck 变换器电路模型及仿真输出波形如图 5-56 所示。

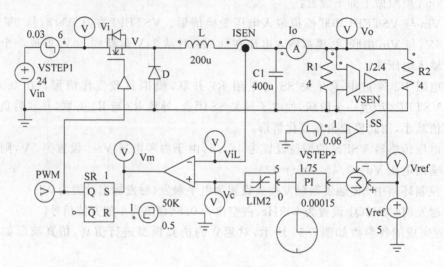

(a) 仿真电路模型

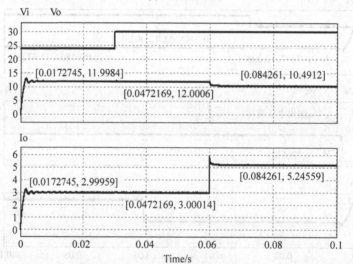

(b) 输出仿真波形

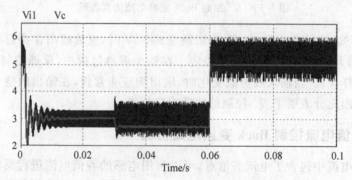

(c) 控制参考指令电流Vc与电感电流Vil

图 5-56　谷值电流控制 Buck 变换仿真模型及仿真波形

◇ 在仿真模型中,输入电压由 Vin 和 VSTEP1 串联构成,模拟输入电压变化情形,以验证控制环路的控制效果。

◇ 变换电路的输出电压传感器 VSEN 增益设置为 1/2.4,即缩小为 1/2.4。

◇ 输出参考设置电压 Vref 设置为 5V,即期望变换器的输出电压为 5V×2.4=12V。

◇ 控制环路中 SR 触发器触发模式设置为电平触发(触发标志设置为 0)。

◇ 触发器 SR 时钟 VSQ1 设置为 50kHz、占空比为 0.5、幅值为 1 的方波信号。

图 5-56(a)的控制环路类似 5.3.7 节图 5-52 的控制环路。图 5-52 内环采用电感电流峰值控制。图 5-56(a)采用电感电流谷值进行控制,控制波形如图 5-56(c)所示。在调整控制过程中,电感电流的谷值始终不低于控制指令电流 Iref。

从图 5-56(b)、(c)可以看出,当输入或负载变化时,电感电流能立即响应变化情况,控制器根据电感电流变化,快速响应,产生新的控制占空比,实现对功率变化电路的调整,使输出在全域范围内保持稳定。

5.3.10 电压跟随控制 Buck 变换电路仿真

在 5.3.1 节,利用 PI 控制策略搭建了电压反馈控制 Buck 变换电路模型。在该模型中使用 PSIM 自带的 PI 元件模型实现 PI 控制。PSIM 元件库还带有一个简化的 C 程序块 "Simplified C Block"模型,可以利用该元件模型设计任意的 C 程序控制策略,实现 Buck 变换控制。为演示"Simplified C Block"元件模型如何实现 Buck 变换控制,本节设计一个输入电压为 15～20V、输出电压为 5V 的电压跟随控制策略,假定输出电压误差控制在 ±0.1V。

电压跟随控制策略就是让输出电压跟随设定参考值。设输出设定值为 Vref,变换器当前输出电压为 Vo,当前输出电压误差为 Verr=Vref−Vo。

➢ 当 Verr>0.1V 时,表明输出电压 Vo 低于设定参考值 Vref。根据 Buck 变换的原理(Vo=D * Vin,D 为占空比,Vin 为输入电压),此时应增大开关管驱动 PWM 脉冲的占空比 D。

➢ 当 Verr<−0.1V 时,表明输出电压 Vo 高于设定参考值 Vref。根据 Buck 变换的原理,此时应减小开关管驱动 PWM 脉冲的占空比 D。

➢ 当 −0.1V<Verr<0.1V 时,说明 Vo 在允许的误差范围,应保持开关管驱动脉冲 PWM 占空比 D 不变。

➢ 开关管控制所需的 PWM 脉冲由控制电压 Vctrl 与锯齿波比较获得。当 Vctrl 值大于锯齿波幅值时为高电平,小于锯齿波幅值时为低电平。

➢ 设锯齿波的幅值为 5V,控制电压 Vctrl 的最大幅值也为 5V,最小值均为 0。

➢ 在控制调整时,只要调整控制电压 Vctrl 的幅值,即可实现对占空比的调整。

➢ 为了达到控制精度,设每次调整控制电压 Vctrl 的步长为 0.1V,即在增、减占空比时,增、减控制电压 Vctrl 的步长为 0.1V。

根据上述跟随控制策略,设计的简化 C 程序元件模块具有三个输入端口(分别为 x1,x2,x3),一个输出端口(y1)。其中,x1 为 Vo 输入端口,x2 为 Vref 输入端口,x3 是前一时刻输出控制量的反馈输入端口,y1 为当前控制量输出端口,设计的简化 C 程序块为:

```
double Verr = 0;
Verr = x2 - x1;
```

```
if(Verr > 0.1)
    {
    y1 = x3 + 0.1;
    if(y1 > 5)
        y1 = x2;
}
else if(Verr < - 0.1)
{
    y1 = x3 - 0.1;
    if(y1 < 0)
    y1 = 0;
}
```

利用设计的简化 C 程序块,构建的电压跟随 Buck 变换器仿真电路模型如图 5-57 所示。

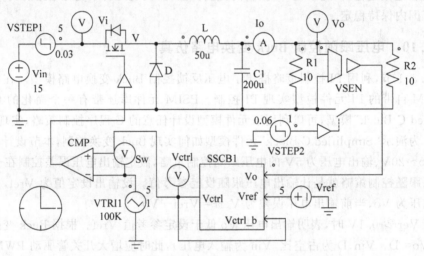

图 5-57   简化 C 程序块构建的 Buck 变换模型

图 5-57 模型中 SSCB1 为设计的简化 C 程序块,VTRI1 为幅值为 5V、频率为 100kHz、占空比为 1 的锯齿波,Vref 为参考设定输出值。模型的仿真波形如图 5-58 所示。

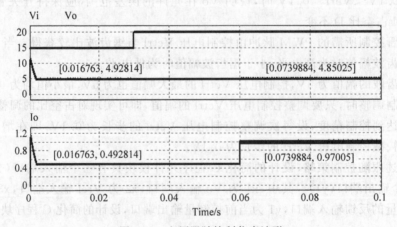

图 5-58   电压跟随控制仿真波形

从图 5-58 可知,当输入电压在 0.03s 时从 15V 突变到 20V 时,变换器的输出仍然保持 5V 输出。在 0.06s 时负载突变时,变换器输出电压仍然恒定在 5V。仿真输出波形表明,所设计的电压跟随控制策略实现了输出的稳定控制,满足控制设计目标。

5.4　本章小结

本章首先对开环直流斩波变换电路进行 PSIM 建模与仿真,讲解其具体的建模方法和仿真步骤,以验证基本斩波变换电路的工作原理;随后对隔离型开环直流变换电路进行 PSIM 建模与仿真,讲解其具体的建模方法和仿真步骤,以验证其工作原理及特性;最后在开环仿真电路模型的基础上,引入反馈控制,对闭环反馈控制直流变换电路进行建模与仿真,并对反馈控制环路进行设计与分析。

第6章

逆变变换电路仿真

本章介绍了有源逆变电路和无源逆变电路的仿真，重点介绍基于PSIM软件环境下的有源逆变、无源逆变等各类仿真电路模型的建模方法，以及仿真结果的分析。通过对各种典型逆变电路的仿真与波形分析，读者可以进一步加深对逆变电路工作原理和控制策略的理解，掌握逆变电路的仿真方法，为实际工程应用打下基础。

与整流变换相对应，将直流电变换成交流电的过程称为逆变，也称为直流-交流变换，简称 DC/AC 变换。实现逆变过程的电力电子变换电路称为逆变电路。在已有的各种电源中，蓄电池、干电池、太阳能电池、燃料电池等都是直流电源，当需要用这些电源为交流负载供电时，就需要逆变变换。

按照逆变电路负载性质的不同，逆变分为有源逆变和无源逆变。如果逆变电路的交流侧接入交流电源，将直流电逆变成与交流电源同频率、同相位、同幅值的交流电，并馈送到交流电源，称为有源逆变。有源逆变是整流变换电路工作在有源逆变条件下的一种工作状态，其电路拓扑并未发生变化。如果逆变电路的交流侧直接对非电源性交流负载供电，将直流电逆变成负载所需频率、幅值的交流电，称为无源逆变。

本章将介绍单相桥式有源逆变、三相桥式有源逆变、单相电压型无源逆变、三相电压型无源逆变等仿真电路模型的建模与仿真分析。

6.1 有源逆变电路仿真

对于可控整流电路，当满足一定条件就可工作于有源逆变状态，其电路形式未变，只是电路工作条件发生转变。实现有源逆变的条件是：要有直流电动势，其极性需与晶闸管的导通方向一致，其值应大于变流器直流侧的平均电压；同时要求晶闸管的控制角 $\alpha > \pi/2$，使直流侧电压 Ud 为负值。只要同时满足这两个条件，整流电路便可工作在有源逆变状态。

要实现有源逆变，逆变装置（全控整流电路）内部必须能使直流侧电压 Ud 改变极性，从而使功率流向交流侧。由于晶闸管的单相导电特性，当整流电路的触发控制角 $90° < \alpha \leqslant 180°$ 时，电流方向虽然不变，但直流电压变为负，改变了极性，使得装置将直流电馈送回交流电源。另外，要实现有源逆变，还得有直流电源，才能为交流电源提供回馈电能。仿真时在整流变换电路负载端添加一个直流电源 E，且 E＞Ud。为保证逆变电流的连续，在直流侧常串联大电感。

6.1.1　单相桥式有源逆变电路仿真

针对 4.1.3 节搭建的单相桥式全控整流电路模型进行调整,去掉交流侧理想变压器,并在直流负载侧添加一个直流电源与负载串联,修改调整后的仿真电路模型如图 6-1 所示。

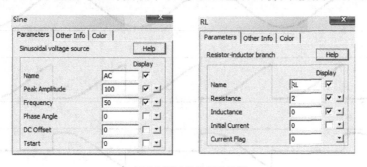

(a) 交流电源及负载参数设置

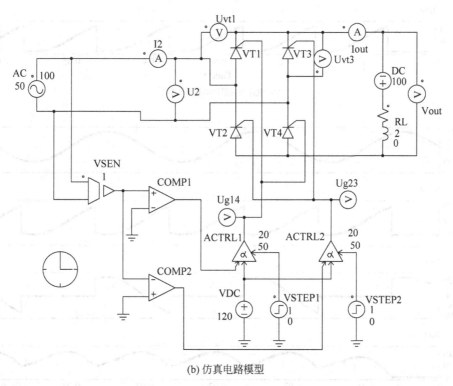

(b) 仿真电路模型

图 6-1　单相桥式有源逆变电路模型

在图 6-1(b)的模型中,将交流电源幅值设置为 100V、频率为 50Hz,初始相角、直流偏置、起始时间均设置为 0;添加的直流电源 DC 幅值为 100V,其极性与整流电路输出电压极性相反(模型中上负下正)。串联负载 RL 的电阻设置为 2Ω、电感为 0H。修改触发控制角为 120°,其他参数不变。在修改完参数后进行仿真,仿真波形如图 6-2(a)所示。随后将串联 RL 负载电感改为 10mH,再次仿真的波形如图 6-2(b)所示。

从图 6-2 仿真波形可知,直流侧电压 Vout 含有正负波形,且负的部分大于正的部分,使得其平均值为负值；直流输出电流 Iout 方向与整流状态时的方向一致未改变，表明直流侧回馈功率，整流电路工作于有源逆变状态；在串联大电感后，电流波形连续。

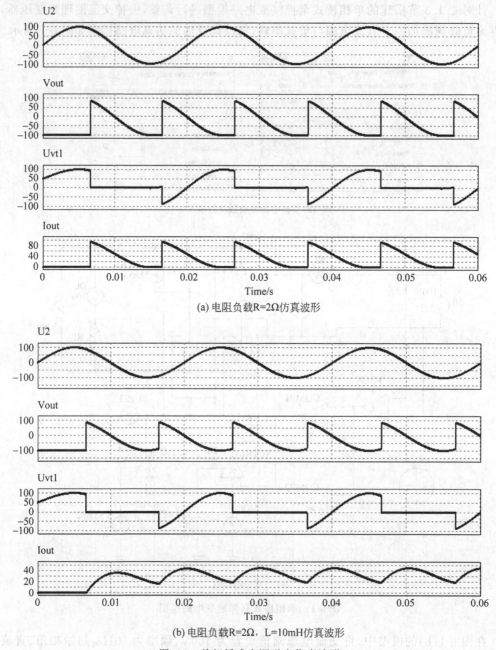

(a) 电阻负载R=2Ω仿真波形

(b) 电阻负载R=2Ω，L=10mH仿真波形

图 6-2　单相桥式有源逆变仿真波形

6.1.2　三相桥式有源逆变电路仿真

针对 4.2.3 节搭建的三相桥式全控整流电路模型进行调整，在直流负载侧添加一个直流电源与负载串联，直流电源正极与整流电路的负极相连，形成反相电源。直流电源 DC 设

置为 220V,触发角改为 150°,负载采用阻感负载(R=1Ω,L=100mH)。修改调整后的仿真
电路模型如图 6-3 所示。模型中直流电源 DC 正极接地,为测量探头提供一个参考地,实际
应用中不需要接地。

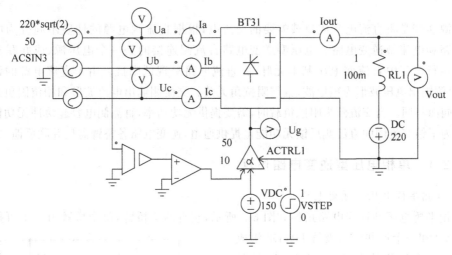

图 6-3　三相桥式有源逆变仿真电路模型

模型搭建完成后,启动 PSIM 仿真,仿真波形如图 6-4 所示。

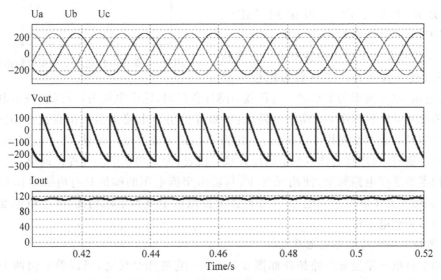

图 6-4　三相桥式有源逆变仿真波形

从图 6-4 可知,直流侧电压 Vout 含有正负波形,且负的部分大于正的部分,使得平均值
为负值;直流输出电流 Iout 方向与整流状态时的方向一致,使直流电源回馈功率,整流电路
工作于有源逆变状态;由于直流侧串联电感 L=100mH,故电流波形连续,且近似直线,保
持恒定电流。

6.2　电压型无源逆变电路仿真

无源逆变是将直流电变成负载需要的交流电,根据直流侧电源的性质不同分为电压型逆变电路和电流型逆变电路。电压型逆变电路直流侧连接的是一个电压源,或并联有大电容。在运行过程中直流侧电压基本无脉动,直流回路呈现低阻抗。由于直流电源的钳位作用,交流侧输出电压波形为矩形波,且与阻抗角无关。交流侧输出电流波形和相位因负载阻抗特性不同而不同。当交流侧为阻感负载时,需要提供无功功率,直流侧电容起缓冲无功能量的作用。为了给交流侧向直流侧反馈无功能量提供通道,逆变电路各桥臂需反并联反馈二极管。

6.2.1　单相电压型逆变电路仿真

1. 单相半桥电压型逆变电路

单相半桥电压型逆变电路拓扑如图 6-5 所示,它有两个桥臂,每个桥臂由一个可控开关管 V1/V2 和一个反并联二极管 D1/D2 组成。直流侧与两个串联的大电容 C1 和 C2 并联,串联点为直流电源的中点。负载 RL 连接在直流电源的中点和两个桥臂的连接点之间。

开关元件 V1、V2 一般采用 IGBT、p-MOSFET、GTR 等全控型电力电子开关元件,其驱动信号在一个周期内各有半周正偏和半周反偏,且二者互补。当负载为阻性负载

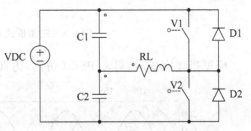

图 6-5　单相半桥电压型逆变电路拓扑

时,输出电压、电流波形为矩形波;当负载为感性负载时,输出电压为矩形波,输出电流波形随负载情况而异。根据图 6-5 所示电路拓扑,搭建的仿真电路模型及仿真波形如图 6-6 所示。模型中开关管驱动使用 50kHz、占空比为 50% 的方波驱动。另外,由于 p-MOSFET 元件带有体二极管,可以代替图 6-5 中的反并联二极管,为无功功率回馈提供通道。

单相半桥逆变电路简单,使用元件少,其输出交流电压的幅值只有电源电压幅值的一半,且直流侧需要串联两个大电容,工作时需要控制两个电容电压均衡,故半桥逆变电路常用于小功率逆变电源中。

2. 单相全桥电压型逆变电路

单相全桥电压型逆变电路拓扑如图 6-7 所示。它有四个桥臂,可以看成由两个半桥组合而成。工作时,桥臂 V1、V4 为一对,桥臂 V2、V3 为一对,成对的两个桥臂同时导通,且两对桥臂交替各导通 180°。此时若要调整输出交流电压的幅值,只能通过改变直流电源电压来实现。

根据图 6-7 所示电路拓扑,搭建的仿真电路模型及仿真波形如图 6-8 所示。模型中开关元件 V1、V4 与 V2、V3 交替导通,一个周期内正半周 V1、V4 导通,负半周 V2、V3 导通,且二者互补。当负载为阻性负载时,输出电压、电流波形为矩形波交流;当负载为感性负载时,输出电压为矩形波,输出电流波形随负载情况而异。输出与半桥逆变相比,单相全桥逆变输出电压幅值提高一倍,波形形状相同。

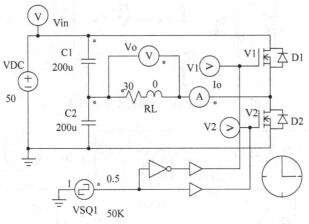

(a) 仿真电路模型

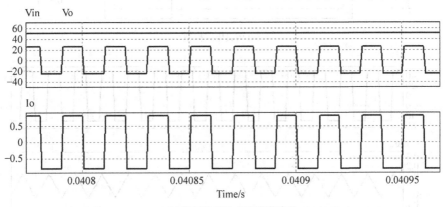

(b) 阻性负载R=30Ω仿真波形

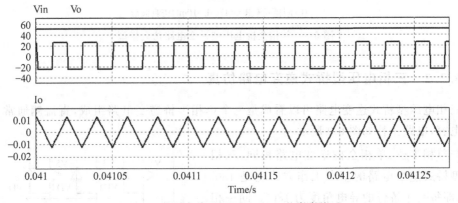

(c) 阻感负载R=30Ω，L=10mH仿真波形

图 6-6　单相半桥电压型逆变电路仿真模型

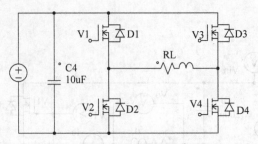

图 6-7　单相全桥电压型逆变电路拓扑

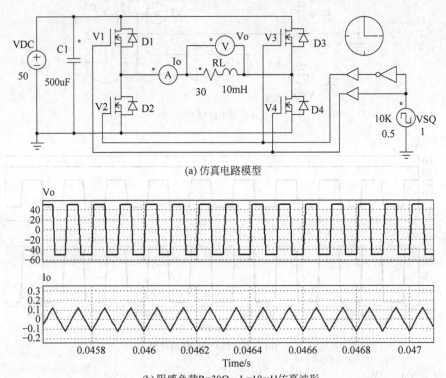

(a) 仿真电路模型

(b) 阻感负载R=30Ω，L=10mH仿真波形

图 6-8　单相全桥电压型逆变电路仿真模型

6.2.2　三相电压型桥式逆变电路仿真

三相电压型桥式逆变电路可以看成是三个单相半桥逆变电路组成，直流侧通常并联一个大电容，电路拓扑如图 6-9 所示。

与单相半桥、单相全桥逆变电路相同，三相电压型桥式逆变电路的基本工作方式也是 180°导电，即每一个桥臂的导电角度为 180°。同一相（即同一半桥）上下两个臂交替导电，各相开始导电的角度依次差 120°，在任一瞬间都有三个桥臂同时导通。每次换流都是在同一相的上下两臂之间进行，也称为纵向换流。根据图 6-9 所示拓

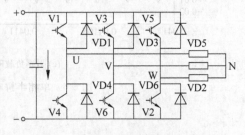

图 6-9　三相电压型桥式逆变电路拓扑

扑,搭建的仿真电路模型如图 6-10 所示。

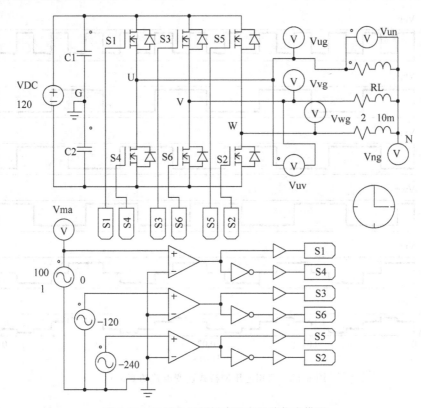

图 6-10　三相电压型桥式逆变电路仿真模型

图 6-10 三相电压型桥式逆变电路仿真模型中做了如下设置:

➤ 将直流侧电容分为两个电容串联,形成一个假想中点 G,三相 U、V、W 的中点为 N。

➤ 开关管的驱动栅极分别用 Label 标签引出,分别命名为 S1~S6。

➤ 直流侧电源设置为 120V,S1~S6 开关管采用默认参数,负载采用三相阻感负载 RL
  (R=2Ω,L=10mH)。

➤ 开关 S1~S6 的驱动脉冲由频率为 100Hz、幅值为 1V、初始相位差 120°的三个交流电
  源与 0V 相比较,产生相位差为 120°的三相驱动脉冲,每一相的脉冲占空比为 50%,
  同一相的上下两桥臂驱动脉冲互补。

根据图 6-9 的三相电压型桥式逆变电路拓扑,三相电压型桥式逆变电路导通组合顺序
为 V5V6V1、V6V1V2、V1V2V3、V2V3V4、V3V4V5、V4V5V6,每种组合工作 60°。在 180°
导电方式逆变器中,为防止同一相上下两桥臂的开关元件同时导通而引起直流侧电源短路,
一般采取"先断后通"的方法进行控制,并留一定死区裕量。当负载为阻性负载时,输出电
压、电流波形为矩形波交流;当负载为感性负载时,输出电压为矩形波,输出电流波形随负
载情况而异。对搭建的仿真电路模型进行仿真,其仿真波形如图 6-11 所示。

从图 6-11 仿真波形可知,各相与假想中点 G 的电压波形为矩形波,且幅值为±VDC/2。
两个中心点 Vng 波形为方波,Vuv、Vun 波形也符合三相桥式逆变输出电压波形。本例中
开关管驱动脉冲为 100Hz,产生的交流频率也为 100Hz。读者可以修改成其他频率,观察不

同频率下逆变输出的交流电特性。

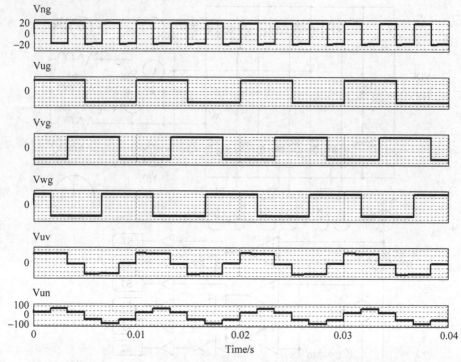

图 6-11　三相电压型桥式逆变电路仿真波形

6.3　SPWM 电压型无源逆变电路仿真

如果要从直流电逆变获得正弦交流电,正弦脉宽调制 SPWM 技术是常用的逆变控制技术。将正弦调制波(希望输出的波形)与载波(接收调制信号的波形)相比较,在曲线的交点处产生脉冲的前后沿,形成与正弦波等效、脉冲宽度按正弦规律变化且幅值相等的 PWM波,称为 SPWM 波。

载波信号有等腰三角波和锯齿波两种,常用的是等腰三角波。因为等腰三角波上任一点的水平宽度和高度呈线性关系,且左右对称。当它与任何一个平缓变化的调制信号波相交时,若在交点时刻对功率电路的开关管进行开关控制,就可以得到宽度正比于调制信号波幅值的脉冲,正好符合 PWM 控制的要求。若调制信号波为正弦波,与等腰三角波调制所得到的 PWM 波就是 SPWM 波形。

6.3.1　单极性 SPWM 单相桥式无源逆变电路仿真

利用 SPWM 调制技术进行单相桥式无源逆变的电路拓扑结构如图 6-12(a)所示。开关管 V1～V4 的驱动控制信号由调制信号 Ur 与载波信号 Uc 经调制电路调制产生。若需要输出正弦交流电,则可采用正弦波作为调制信号 Ur,在输出端得到 SPWM 波形 Uo,随后经LC 滤波便可得到与调制信号 Ur 同频率的正弦交流电。

在调制 SPWM 波形时,如果在调制信号的半个周期内三角载波的极性只在正极性或负极性的一种范围内变化,这种调制控制方式称为单极性 SPWM 控制方式。采用单极性 SPWM 控制方式所得到的输出 SPWM 波也是在单个极性范围内变化的,如图 6-12(b)所示。

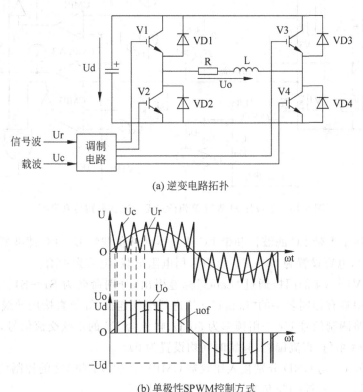

(a) 逆变电路拓扑

(b) 单极性SPWM控制方式

图 6-12　单相桥式 SPWM 逆变电路拓扑

图 6-12 拓扑在逆变工作时,V1 和 V2 互补导通,V3 和 V4 互补导通。具体控制规律为:

➤ 在调制信号 Ur 的正半周,V1 恒定导通,V2 恒定关断,V3 和 V4 交替通断。

➤ 在调制信号 Ur 的负半周,V1 恒定关断,V2 恒定导通,V3 和 V4 交替通断。

➤ 控制 V3、V4 交替通断的方法是采用正弦调制信号 Ur 与单极性等腰三角波 Uc 进行调制,获得 SPWM 波驱动 V3 和 V4 交替通断。

➤ 在调制信号 Ur 正半周时,载波信号为正极性等腰三角波 Uc。在调制信号 Ur 负半周时,载波信号为负极性等腰三角波 Uc。

➤ 在 Ur 和 Uc 的交点时刻控制开关管进行开关动作。当 Ur>Uc 时使 V4 导通,V3 关断;当 Ur<Uc 时使 V4 关断,V3 导通。

根据单极性 SPWM 控制策略,构建的仿真电路模型如图 6-13 所示。

在图 6-13 中,左边是功率变换电路,右边是设计的 SPWM 控制环路,模型设计做了如下设置:

➤ 逆变桥四个桥臂 V1～V4 使用 P-MOSFET,反并联二极管用 P-MOSFET 体二极管代替。

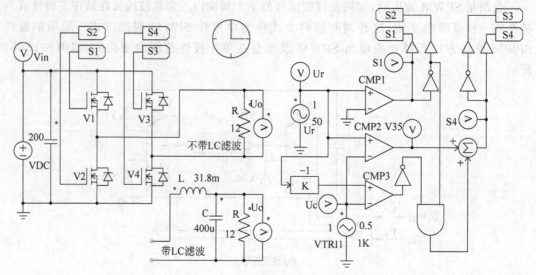

图 6-13　单极性 SPWM 单相桥式无源逆变电路仿真模型

> 模型示例了不带 LC 滤波器和带 LC 滤波器两种负载情形。LC 滤波器的电感设置为 31.8mH,电容设置为 400μF。负载采用电阻负载,阻值为 12Ω。

> 开关管 V1~V4 的门极通过"Label"标签引出,分别命名为 S1~S4。该标签将与控制环路中具有相同名字的"Label"标签进行电气连接,等效直接用导线连接。

> 控制环路调制信号 Ur 采用频率为 50Hz、幅值为 1V 的正弦交流信号,其他参数默认设置为 0(相角、直流偏置、起始时间均设置为 0)。

> 调制信号 Ur 与 GND 分别接入比较器 CMP1,产生 V1 和 V2 的控制信号,Ur 正半周 V1 导通,V2 关断;Ur 负半周 V1 关断,V2 导通。

> 三角载波信号 Uc 采用频率为 1kHz、幅值为 1V、占空比为 0.5 的三角波信号,其余参数设置为 0。

> Ur 正半周时,CMP2 输出为正半周 Ur 与 Uc 比较产生的 SPWM 波形,与门 AND 输出为低电平 0,因此求和后仍然为 CMP2 输出的 SPWM 波形,交替控制 V4、V3 通断,在负载上出现 SPWM 波形。

> Ur 负半周时,CMP2 输出为 0。同时 Ur 通过比例 K(参数设置为 -1)进行移相 180°,与正极性载波信号 Uc 进行比较,使 CMP3 输出 SPWM 波形,取反即可获得 Ur 负半周与负极性 Uc 比较的 SPWM 波形。

> 由于 Ur 负半周时,与门另一端恒为高电平 1,CMP3 产生的负极性 SPWM 波形通过与门到达加法器的一端。由于 CMP2 输出为 0,故求和器输出即为 Ur 负半周与负极性载波比较得到的负极性 SPWM 波形,交替控制 V4、V3 通断,在负载上出现负极性的 SPWM 波形。

对上述模型分别在不带 LC 滤波和带 LC 滤波的情况下进行仿真,仿真波形如图 6-14 所示。

从图 6-14 的仿真波形可知,控制环路实现了单极性 SPWM 调制,S4 驱动信号是脉冲宽度按正弦规律变化的 SPWM 波形。未经 LC 滤波的输出电压 Uo 波形是幅值相等、脉冲宽度按正弦规律变化的单极性 SPWM 波形。经 LC 滤波后,输出与调制信号同频率的正弦交流电,实现了单相无源正弦逆变。

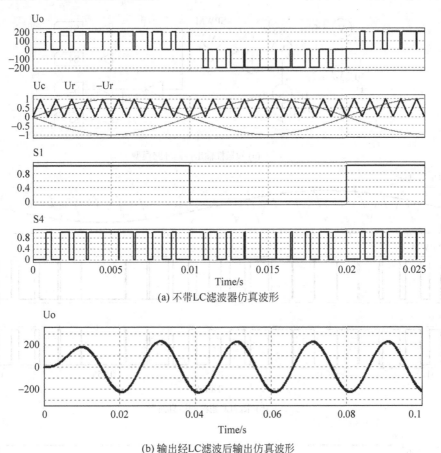

(a) 不带LC滤波器仿真波形

(b) 输出经LC滤波后输出仿真波形

图 6-14　单极性 SPWM 单相桥式无源逆变仿真波形

6.3.2　双极性 SPWM 单相桥式无源逆变电路仿真

对图 6-12(a)所示单相桥式无源逆变电路拓扑结构,若在调制 SPWM 波形时,调制信号半个周期内三角载波的极性有正有负,不再是单极性的,这种调制控制方式称为双极性 SPWM 控制方式,如图 6-15 所示。

1. 双极性 SPWM 输出

图 6-12(a)拓扑电路工作时,若将 V1 和 V4 作为一对桥臂同时导通,V2 和 V3 作为另一对桥臂同

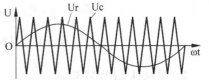

图 6-15　双极性 SPWM 控制方式

时导通,且两对桥臂互补交替导通,则得到的输出电压波形为双极性 SPWM,经 LC 滤波后便得到与调制信号 Ur 同频率的正弦交流电。根据该控制策略,构建的控制环路电路模型如图 6-16(a)所示。模型中 Ur 为 50Hz、幅值为 1V 的正弦信号,其他参数为 0。Uc 设置为 1kHz、占空比为 0.5、幅值为 2V、直流偏移为 −1 的双极性三角波信号。对控制模型进行仿

真,其仿真波形如图 6-16(b)所示,图 6-16(c)是输出 Uo 经 LC(L=31.8mH,C=400μF)滤波后得到的正弦波。

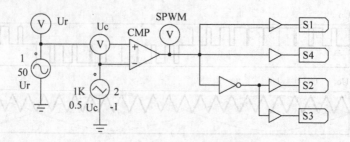

(a) 双极性输出控制环路模型

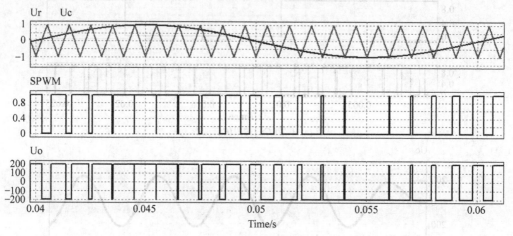

(b) 未经LC滤波的仿真波形

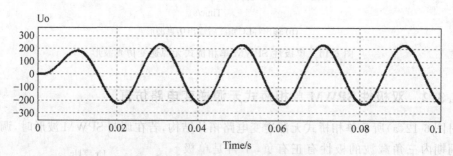

(c) LC滤波后的仿真波形

图 6-16 双极性输出控制环路模型及仿真波形

2. 单极性 SPWM 输出

图 6-12(a)电路拓扑逆变工作时,若控制 V1 和 V2 互补导通,V3 和 V4 互补导通,且 V1 采用正弦调制信号 Ur 与双极性三角载波 Uc 进行双极性调制获得的 SPWM 脉冲进行控制;V3 采用正弦调制信号 Ur 移相 180°后,与双极性三角载波 Uc 进行双极性调制获得的 SPWM 脉冲进行控制,则在输出负载上得到输出电压波形为单极性的 SPWM。经 LC 滤波后便得到与调制信号 Ur 同频率的正弦交流电。根据该控制策略,构建的控制环路模型及仿真波形如图 6-17 所示。模型中 Ur 为 50Hz、幅值为 1V 的正弦信号,其他参数为 0;

Urr 为 Ur 移相 180°的调制正弦信号；Uc 设置为 1kHz、占空比为 0.5、幅值为 2V、直流偏移
为－1 的双极性三角波信号。图 6-17(b)是未经 LC 滤波的单极性 SPWM 波,与图 6-14(a)
单极性调制控制输出的 Uo 波形完全一样。输出 Uo 经 LC 滤波后,便得到与调制信号频率
一致的正弦交流电,如图 6-17(c)所示。

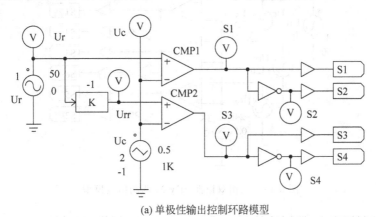

(a) 单极性输出控制环路模型

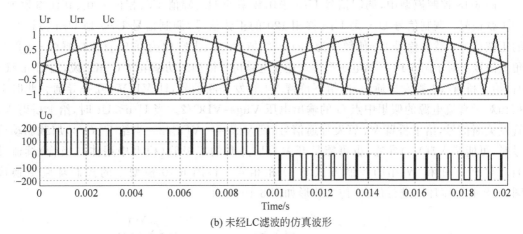

(b) 未经LC滤波的仿真波形

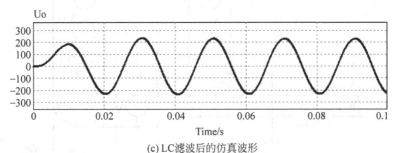

(c) LC滤波后的仿真波形

图 6-17　双极性输出控制环路模型及仿真

6.3.3　双极性 SPWM 三相桥式无源逆变电路仿真

　　三相电压型桥式逆变电路可以逆变成相位差 120°的三相交流电。如果需要采用图 6-9
所示电路拓扑进行三相正弦交流电逆变,可利用 SPWM 调制技术进行逆变控制。三相桥式

无源逆变电路常采用双极性控制方式,U、V、W 三相的 PWM 控制通常采用同一个三角载波 Uc。根据双极性调制原理及三相桥式无源逆变电路工作原理,搭建的 SPWM 三相桥式无源逆变控制电路模型如图 6-18 所示。

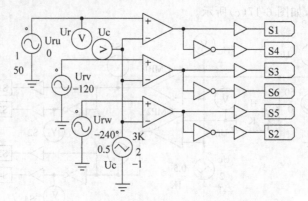

图 6-18　三相双极性 SPWM 调制仿真模型

图 6-18 控制模型中,调制信号 Uru 采用频率 50Hz、幅值 1V、相位为 0°、其他参数为 0 的正弦信号;调制信号 Urv 是 Uru 移相 120°的正弦信号,调制信号 Urw 是 Uru 移相 240°的正弦信号;载波信号 Uc 使频率为 3kHz、幅值为 2V、占空比为 0.5、直流偏置为−1 的三角波信号。对于图 6-10 三相电压型桥式逆变电路仿真模型的功率电路 U 相来说,当 Uru>Uc 时,给上桥臂 V1 管发导通信号,给下桥臂 V4 管发关断信号,即 V1、V4 互补导通。此时 U 相相对于直流电源的假想中点 G 的输出电压 Vug=VDC/2。当 Uru<Uc 时,给上桥臂 V1 管发关断信号,给下桥臂 V4 管发导通信号,则 Vug=−VDC/2。当给 V1(V4)加载驱动信号时,可能是 V1(V4)导通,也可能是开关管反并联的二极管(模型中用体二极管)续流导通。对于 V 相和 W 相的控制方式与 U 相相同。将图 6-10 模型中的控制环路更换成图 6-18 的控制环路进行仿真,仿真波形如图 6-19 所示。

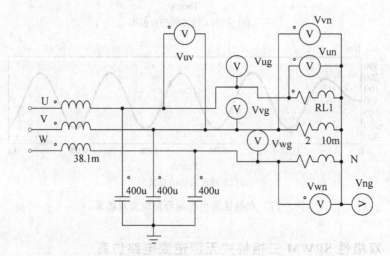

(a) 输出带三相LC滤波(L=38.1mH，C=400μF)

图 6-19　双极性 SPWM 三相桥式无源逆变 LC 滤波模型及仿真波形

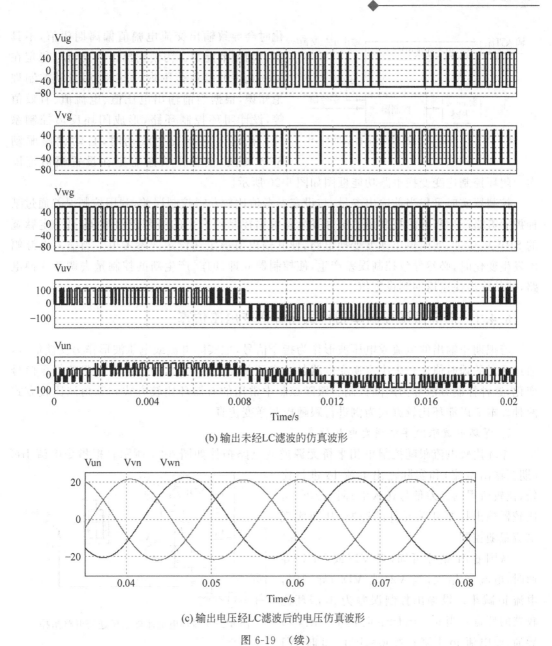

(b) 输出未经LC滤波的仿真波形

(c) 输出电压经LC滤波后的电压仿真波形

图 6-19　(续)

从图 6-19 可知,逆变输出的各相相电压波形及线电压波形在未进行 LC 滤波前,均为 SPWM 波形。经 LC 滤波后,得到与调制信号频率一致的三相正弦波,且各相相位差为 120°。

6.4　闭环控制无源逆变电路仿真

6.3 节的 SPWM 控制方式实现了直流无源逆变成正弦交流电,但输出交流电的幅值不受控,输出幅值与直流电源幅值有关,是一种开环的 SPWM 控制方式。当输入电压发生变

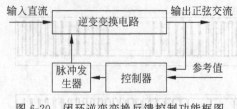

图 6-20　闭环逆变变换反馈控制功能框图

化时会导致输出交流电幅值偏离期望值,不具备自动调节能力。为使输出正弦交流电稳定在某一允许的幅值范围内,可以利用自动控制理论知识,根据当前输出电压值、电流值、有效值等,设计闭环控制环路,形成闭环反馈控制系统。在输入电压发生波动时,自动调整驱动SPWM波,使输出快速稳定在设置幅值范围内。闭环控制逆变变换电路功能框图如图 6-20 所示。

控制器实时采集当前输出参量,与设定参考值比较获得控制误差,利用控制误差通过某种控制策略产生当前的控制量。脉冲发生器根据控制器产生的当前控制量,输出一定脉宽的 SPWM 脉冲,实时调整逆变变换电路,使其输出值稳定在设定的参考值。当输入电源幅值发生变化时,必然导致控制误差产生,使控制器立即动作,产生新的控制量去调整变换电路,使其输出快速返回到设定值。

6.4.1　滞环跟随控制单相桥式无源逆变电路仿真

若把期望输出的电流或电压波形作为指令信号,把实际电流或电压波形作为反馈信号,通过两者的瞬时值比较来决定逆变电路各功率开关元件的通断,使实际输出跟随指令信号变化,这种控制方法称为跟随控制。跟随控制中常用的有滞环比较方式和三角波比较方式两种。本节以滞环比较方式为例进行跟随控制逆变仿真。

1. 滞环电流跟随半桥逆变电路仿真

滞环比较电流跟随控制单相半桥无源逆变电路拓扑如图 6-21 所示。把指令电流 Iref (期望输出电流)和实际输出电流 Io 进行比较,比较所得的偏差信号送入滞环比较器,由比较器输出控制开关元件的通断,从而实现电流跟随控制。

从图 6-21 拓扑可知,当 V1(或 VD1)导通时,电流 io 增大,当 V2(或 VD2)导通时,电流 io 减小。设输出控制误差为 β(滞环比较器的环宽),当 io＞iref＋β 时,V1 关断,V2导通,使电流 io 下降;当 io＜iref−β 时,V1

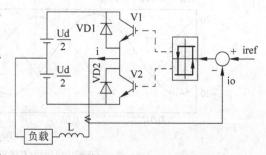

图 6-21　滞环电流跟随半桥逆变电路拓扑

导通,V2 关断,使电流 io 上升。如此周而复始,逆变器输出电流 io 将跟随给定电流 iref 的波形在(iref−β,iref＋β)变动,滞环控制的环宽 β 将决定输出电流 io 的波动范围。β 越小,逆变器输出电流跟随效果越好,但开关元件的开关频率将大大提高,开关损耗也将增大,因此选择适当的环宽比较重要。根据图 6-21 所示电路拓扑,构建的仿真电路模型如图 6-22所示。

图 6-22 模型中功率电路模型参数设置如图中参数所示。逆变器逆变输出经 LC 滤波器(L=31.8mH,C3=400μF)滤波,得到正弦交流电。输出正弦交流通过 ISEN、VSEN 传感器采样当前输出的电流、电压值,传感器增益设置为 1。负载连接的是阻性负载(R=2Ω)。

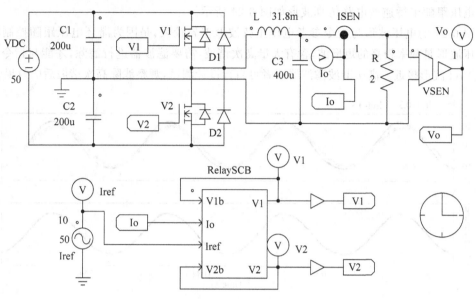

图 6-22　滞环电流跟随逆变变换模型

　　图 6-22 模型中控制环路参考指令电流 Iref 为频率 50Hz、幅值为 10V 的正弦交流,其他参数设置为 0。滞环比较器 RelaySCB 采用"Simplified C Block"简化 C 程序块编程实现。RelaySCB 设置 4 个输入,2 个输出。输入 V1b 为输出 V1 的反馈,输入 V2b 为输出 V2 的反馈,输入 Io 为逆变器实际输出电流,输入 Iref 为设定的指令参考电流。输出 V1 驱动开关管 V1,输出 V2 驱动开关管 V2。具体 C 程序代码实现如下(x1 对应 V1b,x2 对应 Io,x3 对应 Iref,x4 对应 V2b,y1 对应 V1,y2 对应 V2):

```
double iu = 0;                          {
double id = 0;                              y1 = 1;
iu = x3 + 0.3;                              y2 = 0;
id = x3 − 0.3;                          }
if( x2 > iu)                            else
{                                       {
    y1 = 0;                                 y1 = x1;
    y2 = 1;                                 y2 = x4;
}                                       }
else if(x2 < id)
```

　　程序中将滞环环宽设置为 0.3,读者可以修改环宽值,观测不同环宽下逆变器的输出效果。对仿真模型进行仿真,仿真波形如图 6-23 所示。从仿真电流波形可知,滞环跟随控制实现了输出电流 Io 跟随指令电流 Iref 的跟踪控制,输出为 50Hz 的正弦波。

　　2. 滞环电压跟随半桥逆变电路仿真

　　滞环比较电压跟随控制单相半桥无源逆变电路拓扑与图 6-21 所示拓扑类似,仅需将拓扑中的电流改成相应的电压即可。即将指令电流 iref 改成指令电压 Vref(期望输出电压),输出电流改成输出电压 Vo(实际输出电压),其余不变。将图 6-22 模型中滞环比较器 RelaySCB 的 Io 改成 Vo,其他参数不变。模型中 Iref 正弦信号作为 Vref 指令电压信号。

滞环电压跟随半桥逆变电路仿真波形如图 6-24 所示。

图 6-24 的电压波形与指令参考电压正弦波形差异较大,是因为滞环电压跟随控制输出的电压波形是频率较高的矩形波,含有大量高次谐波,需要滤波器进行滤除,才能与指令参考电压 Vref 波形接近。高次谐波滤波器读者可自行设计测试,观察滤除高次谐波后的效果。

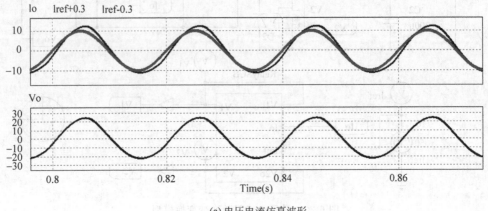

(a) 电压电流仿真波形

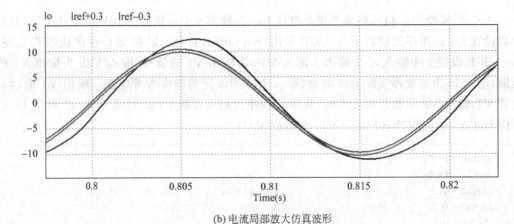

(b) 电流局部放大仿真波形

图 6-23　滞环电流跟随逆变仿真波形

6.4.2　PI 控制单相桥式无源逆变电路仿真

根据图 6-20 所示的闭环控制功能框图,利用 PI 控制器作为反馈环路控制器,构建的电压反馈 PI 控制单相桥式无源逆变电路仿真模型如图 6-25 所示。

图 6-25(a)模型中,直流输入为 230V,串联一个阶跃电源 VS,VS 在 t＝0.04s 时从 0V 阶跃到 30V,模拟输入电源从 230V 阶跃到 260V 的变化情形;MOSFET 逆变桥用体二极管代替反并联二极管;逆变 LC 滤波器的 L＝1mH,C＝30μF;负载采用阻性负载,由 R1 与 R2 在 t＝0.025s 时进行并联(R1＝R2＝20Ω),模拟负载变化情形。输出电压由电压传感器 VSEN 进行测量,并将其增益设置为 0.01,即对测量值缩小为 1%。输出电压的有效值用 PSIM 元件库中的 RMS 元件进行测量,其频率应与参考电压 Vref 的频率一致,此处设置为 50Hz。4 个开关管的驱动接口分别用标签 S1～S4 引出,测量的输出电压和有效值也分别

用 Vo 和 Vorms 标签引出,便于与控制环路连接。

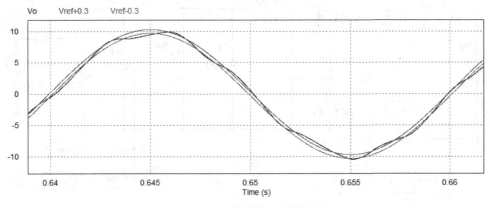

(a) 电压局部放大仿真波形

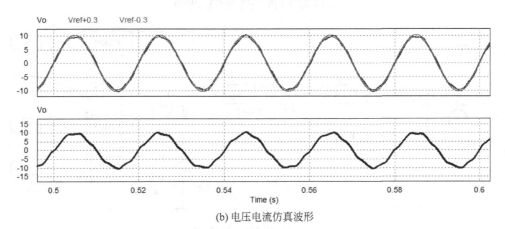

(b) 电压电流仿真波形

图 6-24 滞环电压跟随逆变仿真波形

图 6-25(b)控制环路中,设定的参考正弦交流信号 Vref 频率为 50Hz、幅值为 1.5V,其他参数设置为 0;由于输出电压测量传感器的测量值是实际值的 0.01 倍,故实际设置参考期望输出电压幅值为 150V。

控制环路工作时,设定参考 Vref 与实际测量反馈 Vo 进行比较获得误差量 Ue,当前误差量 Ue 进行 PI(kp=2.3,ki=0.001)运算得到新的调整控制量 Uepi,Uepi 与 K * Vref(放大倍数 k=2.6)进行相加得到当前新的调制信号 Ure,调制信号 Ure 经限幅器 LIM(上限为 5,下限为-5)限幅后得到调制信号 Ur。载波信号 Uc 是频率为 20kHz、幅值为 10V、占空比为 0.5、直流偏移-5 的双极性三角波。Uc 与 Ur 进行调制得到 V1~V4 的 SPWM 驱动脉冲,从而实现功率电路的调节控制。当输入或者负载发生变化时,将引起误差量 Ue 的变化,最终导致调制信号 Ur 变化,从而产生新的脉冲驱动信号,实现功率电路控制的调整。对图 6-25 进行仿真得到输出波形如图 6-26 所示。

从图 6-26(a)可知,在 t=0.025s 并联负载时,仅引起输出波形出现瞬时波动,很快被 PI 控制器调整到正弦波;在 t=0.04s 输入电压变化时,输出电压波形也出现瞬时波动,但很快恢复到正弦波。当调整参考输出 Vref=1.8V 时,输出电压 Vo 也能快速调整到期望的幅值。

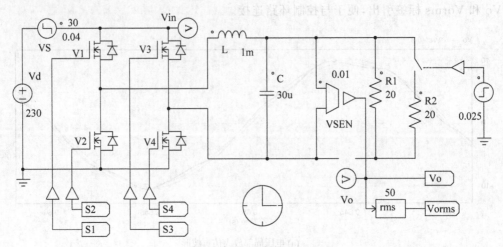

(a) 无源单相桥式逆变功率电路模型

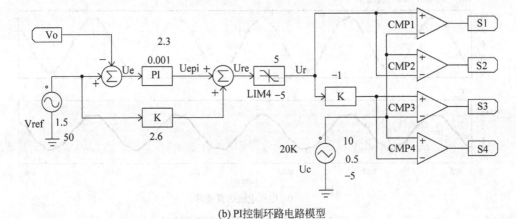

(b) PI控制环路电路模型

图 6-25　闭环 PI 控制单相桥式无源逆变仿真模型

　　逆变变换输出的正弦交流频率由参考设置信号 Vref 的频率决定,逆变输出的正弦交流电压幅值需要根据参考设置电压幅值进行控制。正弦交流电压幅值与其对应的有效值相对应,因此可以通过控制输出电压的有效值,间接实现对输出电压幅值的控制。基于此,图 6-25(b)所示的 PI 控制环路可以改成基于有效值控制的 PI 控制环路,如图 6-27 所示。

　　图 6-27(a)模型中,参考设置电压 Vref 设置为 50Hz、幅值 1.8V 的正弦交流。由于图 6-25(a)的电压传感器增益为 0.01,故实际期望输出电压幅值为 180V。将当前输出电压有效值 Vorms 与参考设置电压有效值 Vref_rms(用 RMS 元件进行测量,其频率设置为50Hz)相减,得到当前有效值误差量 Verr;再经 PI 控制器运算,获得 Vpi 控制量;Vpi 经限幅器 LIM(上限为 5,因为选用的双极性三角波幅值为 5V;下限为 0)限幅后得到调制信号的幅值 Vc;幅值 Vc 与参考设置电压的频率通过子电路 S1 产生当前的调制正弦信号Vsinc。后续的工作原理与 6.3.2 节所讲的双极性 SPWM 原理一致,不再赘述。

　　图 6-27(b)是正弦调制信号生成子电路。S1 的具体实现电路利用输入的频率 fHz 和幅值 Amp,按照 Umsin(ωt)=Amp · sin(2πf · t)进行计算得到期望的调制正弦信号。在实现电路中,时间 t 采用 PSIM 的仿真时间元件,位于"Elements→Sources→Time"菜单项下。

电路计算出来的是弧度,可利用 PSIM 提供的"Sine(in rad.)"元件产生相应的正弦信号。对图 6-27 的控制环路进行仿真,仿真波形如图 6-28 所示。

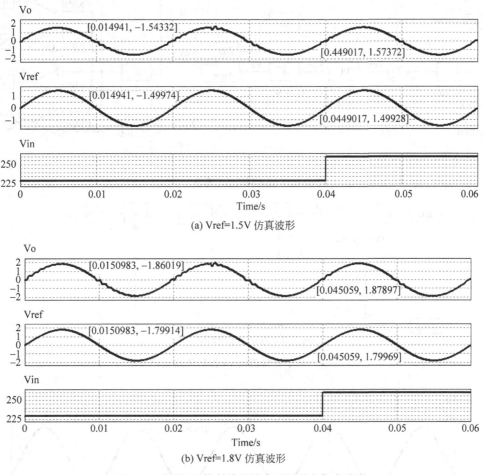

(a) Vref=1.5V 仿真波形

(b) Vref=1.8V 仿真波形

图 6-26　闭环 PI 控制单相桥式无源逆变仿真波形

6.4.3　滞环跟随控制三相桥式无源逆变电路仿真

三相桥式无源逆变控制也可以采用滞环比较跟随控制,控制方法类似滞环跟随单相半桥逆变控制。三相桥式逆变电路可以看成由三个单相半桥逆变电路组成,三相滞环跟随控制的三个指令电流或电压依次相位差 120°,其他参数完全一致。每一相采用单相半桥相同的控制策略实现 U、V、W 三相的控制。基于滞环比较电流随控制策略的三相桥式无源逆变仿真电路模型及仿真波形如图 6-29 所示。

图 6-29(a)模型中,直流电源 VDC 设为 400V,S1～S6 开关管采用默认参数,LC 滤波器电感 L=3.81mH、C=400μF,负载采用电阻性负载(R=2Ω),相电流采样传感器增益设置为 1。电流跟随控制环路模型如图 6-29(b)所示,由 3 个 6.4.1 节设计的简化 C 程序块构成,参考电流 Iru、Irv、Irw 的频率均为 50Hz、相位差为 120°、幅值为 20V。从图 6-29(c)仿真波形可知,利用滞环电流跟随控制,实现了三相桥式逆变电路的控制。

电路中存电源 U_C……由用 PSIM 软件取用 Sine_Cha……频率电流电源……

图 6-27 ……模型……由反馈……0.25 取大……

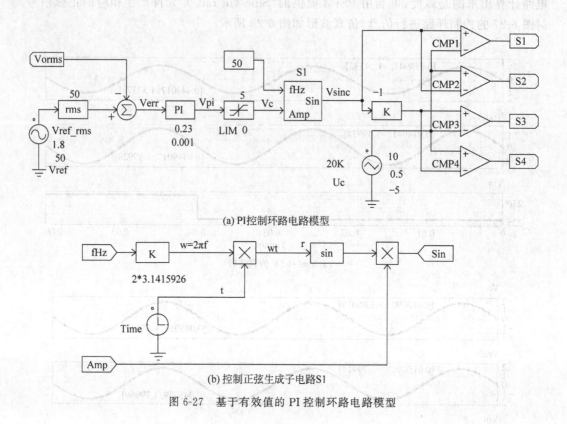

(a) PI控制环路电路模型

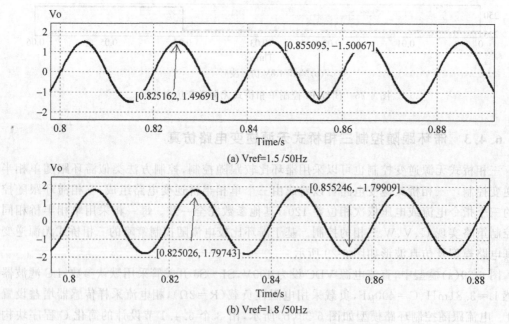

(b) 控制正弦生成子电路S1

图 6-27 基于有效值的 PI 控制环路电路模型

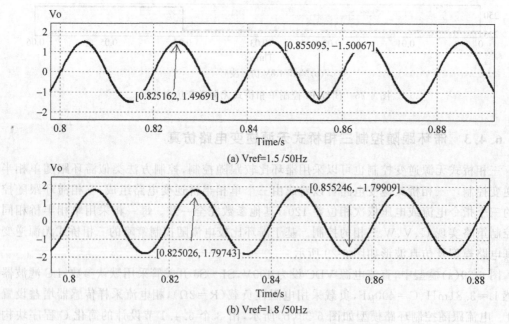

(a) Vref=1.5 /50Hz

(b) Vref=1.8 /50Hz

图 6-28 基于有效值的 PI 控制环路仿真波形

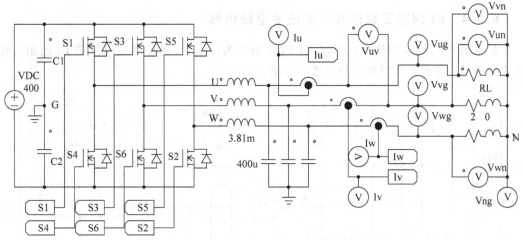

(a) 三相桥式逆变功率电路仿真模型

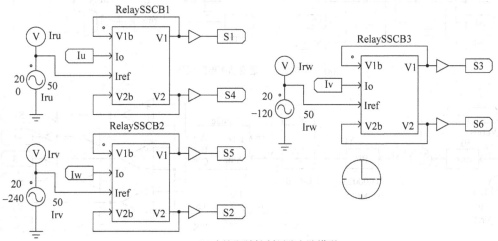

(b) 电流跟随控制环路电路模型

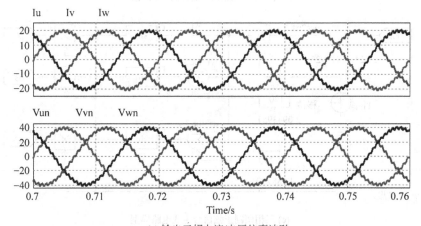

(c) 输出三相电流/电压仿真波形

图 6-29　电流跟随三相桥式逆变电路仿真模型及仿真波形

6.4.4　PI 控制三相桥式无源逆变电路仿真

根据图 6-20 所示的控制框图,利用 PI 控制作为控制器,构建的电压反馈 PI 控制三相桥式无源逆变电路仿真模型及仿真波形如图 6-30 所示。

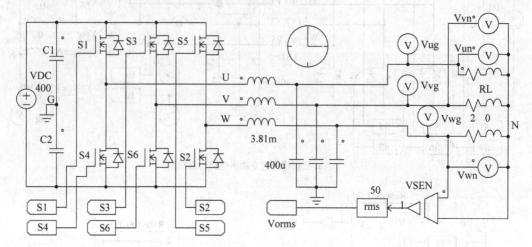

(a) 三相桥式无源逆变功率电路模型

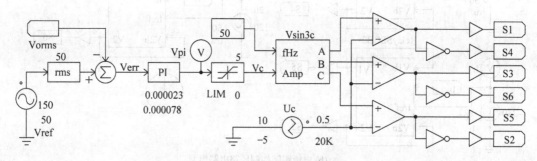

(b) 电压反馈PI控制环路电路模型

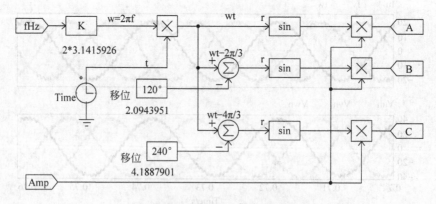

(c) 三相调制正弦信号生成电路模型

图 6-30　电压反馈 PI 控制三相桥式无源逆变电路仿真

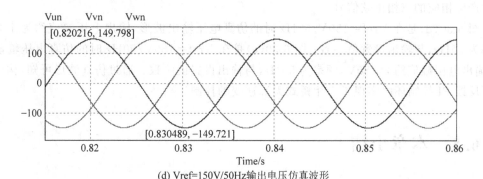

(d) Vref=150V/50Hz输出电压仿真波形

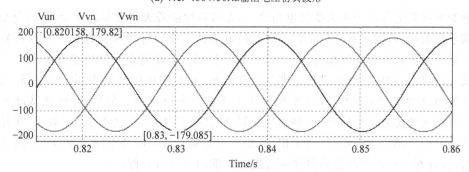

(e) Vref=180V/50Hz输出电压仿真波形

图 6-30 （续）

图 6-30（a）为三相桥式无源逆变功率电路模型，输入直流 VDC＝400V，S1～S6 为 P-MOSFET，并用其体二极管代替逆变桥中的反并联二极管。逆变输出经 LC（L＝3.81mH，C＝400μF）滤波，得到正弦交流电。负载采用三相阻性负载 RL（R＝2Ω，L＝0），输出电压有效值 Vorms 利用电压传感器 VSEN、有效值测量元件 RMS 进行测量，RMS 元件的频率需与控制环路中参考电压 Vref 的频率保持一致，示例设置为 50Hz。

图 6-30（b）为电压反馈 PI 控制环路电路模型。环路利用输出电压的有效值 Vorms 与参考电压 Vref 的有效值相减，获得当前有效值误差 Verr。误差 Verr 经 PI（kp＝0.000023，ki＝0.000078）运算，获得当前的控制量 Vpi，再经限幅器 LIM（上限为 5，下限为 0）限幅，获得当前调制信号的幅值 Vc。幅值 Vc 再经 Vsin3c 子电路，生成与参考设置电压同频率、幅值为 Vc 的三相调制信号，各相相位差 120°。三相调制信号与双极性三角载波 Uc 进行比较，产生逆变桥开关管 S1～S6 的驱动 SPWM 脉冲，实现对逆变桥的逆变控制，使其输出期望的设置电压。

图 6-30（c）为 Vsin3c 子电路的具体实现电路模型。子电路根据输入的频率 fHz 和幅值 Amp，按照三相正弦电压波形表达式进行计算得到。三相正弦电压波形表达式为：

$$\begin{cases} uA(t)＝Um \cdot \sin(2\pi f \cdot t) \\ uB(t)＝Um \cdot \sin(2\pi f \cdot t－2\pi/3) \\ uC(t)＝Um \cdot \sin(2\pi f \cdot t－4\pi/3) \end{cases}$$

在实现三相正弦电压波形生成电路时，时间 t 采用 PSIM 的仿真时间元件，位于"Elements→Sources→Time"菜单项下。电路计算出来的是弧度，需利用 PSIM 提供的"Sine（in rad.）"

元件产生相应的三相正弦信号。

图 6-30(d)是在 Vref＝150V/50Hz 时的仿真电压输出波形,输出电压幅值约为 150V,频率为 50Hz,与输出设置值一致;图 6-30(e)是在 Vref＝180V/50Hz 时的仿真电压输出波形,输出电压幅值约为 180V,频率为 50Hz,与输出设置值一致。通过仿真波形可知,构建的电压反馈 PI 控制环路实现了三相桥式无源逆变的控制。

6.5　本章小结

逆变变换是电力电子四大变换电路之一,在可再生能源大力发展的今天,对逆变变换装置的需求日益增多,因此有必要掌握逆变变换电路的工作原理及控制方法。本章首先对可控整流电路进行有源逆变建模与仿真,讲解如何利用 PSIM 电路元件构建有源逆变电路仿真模型,并对构建的仿真模型进行原理分析及验证;随后对电压型单相、电压型三相无源逆变 180°导电逆变控制和 SPWM 逆变控制的工作原理进行讲解与分析,并在此基础上构建对应的开环逆变仿真电路模型,讲解逆变控制环路的工作原理及设计细节;最后,在开环仿真的基础上引入闭环反馈控制,对单相、三相无源逆变电路的滞环跟随控制、PI 控制进行建模与仿真,并对闭环控制环路的具体实现进行详细的讲解与分析。

第7章

交-交变换电路仿真

把电压或频率固定或变化的交流变换成频率、电压可调或固定的另一种交流称为交流-交流变换,简称交-交变换,又称 AC/AC 变换。交-交变换是把一种形式的交流变成另一种形式的交流,主要包括交流电力控制电路和交-交变频电路。交-交变频电路可以分为直接方式(无中间环节)和间接方式(有中间直流环节)两种。间接方式可以看成交流-直流-交流变换,是整流和逆变的组合。

在交-交变换中,只改变电压、电流或对电路的通断进行控制,不改变其频率的变换电路称为交流电力控制电路。其中改变交流输出电压有效值的电路称为交流调压电路;改变交流输出功率平均值的电路称为交流调功电路;根据需要改变电路通断的电路称为交流电力电子开关。

7.1 交流调压电路仿真

传统的交流调压采用变压器实现,在电力电子技术出现后,采用电力电子元件的交流调压得到广泛的应用。其特点是体积小、质量轻、控制灵活,且可以对电压进行连续调节。交流调压广泛应用到灯光控制、家用风扇调速、交流电机调压调速和软启动、小功率电炉温度控制等场合。根据输入交流的相数,交流调压可分为单相交流调压和三相交流调压。交流调压可采用晶闸管相位控制,也可以采用全控元件的 PWM 控制两种方式,本节将以晶闸管相控方式讲解交流调压变换电路的建模与仿真。

7.1.1 单相交流调压电路仿真

由晶闸管控制的单相交流调压电路拓扑如图 7-1 所示。电路由反并联的晶闸管 VT1 和 VT2 组成交流双向开关,在交流输入电压正半周时 VT1 导通,在交流输入电压负半周时 VT2 导通。通过控制晶闸管导通时刻,可以调节负载两端的电压。

从工作波形可以看出,输出电压 uo 是电源电压的一部分,且是断续的。通过改变晶闸管的触发延迟角 α 的大小,可以控制输入电源电压通过部分的占比,使得输出电压 uo 的平均值降低,实现调压控制。

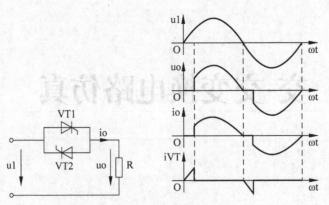

图 7-1 单相交流调压拓扑及工作波形

1. 阻性负载

根据电路拓扑构建的仿真电路模型及仿真波形如图 7-2 所示,模型做了如下设置:

- 输入交流电源 Vin 设置为 50Hz、幅值为 $220\sqrt{2}$ V,其余参数为 0;
- 输入交流电压通过 VSEN1 电压传感器(增益设置为 1)进行测量,一方面为晶闸管 Alpha 触发器 ACTRL1 和 ACTRL2 提供同步信号,另一方面通过 RMS1 实现输入电压有效值测量;
- 负载采用电阻负载,阻值设置为 10Ω,输出电压通过 VSEN2 电压传感器(增益设置为 1)进行测量,并通过 RMS2 测量输出电压的有效值;
- Alpha 触发器 ACTRL1 和 ACTRL2 频率设置为 50Hz、脉冲宽度为 20,触发角 α 由一个常量元件 Alpha 设置,模型中设置为 30°。

从图 7-2 可知,不同触发角 a 下,输出电压波形不为 0 的部分占有面积大小不一样,其有效值随触发角 a 的增大而减小。当 a＝30°时,输出电压有效值约为 216V;当 a＝60°时,输出电压有效值约为 197V,实现了调压。由于是阻性负载,电流波形 Io 与电压波形 Vo 相同。

2. 感性负载

将负载换成 RL 感性负载(电感 10mH,电阻 10Ω),分别在触发角 a＝10°和 a＝60°时进行仿真,仿真波形如图 7-3 所示。

交流调压晶闸管触发角 a 的移相范围是 0°～180°,a＝0°的位置定在电源电压过零的时刻。在阻感负载时,其触发控制角分为两个区间 [0,φ] 和 [φ,π]。负载阻抗角 φ＝arctan(wL/R),本模型中 φ＝0.3043rad＝17.44°。

- 阻感负载时,负载电流滞后电压。在 a＜φ 时,晶闸管 VT1 的电流还没有降到 0 前,另一个晶闸管 VT2 的触发脉冲已发出,但未能导通。一旦负载电流下降到 0,且另一个晶闸管 VT2 的触发脉冲还存在,则 VT2 立即被触发导通,导通后使负载电压成为连续的正弦波,出现失控现象。虽然触发控制角 a 变化,但输出电压不变,为完整的正弦波。
- 图 7-3(a)是触发角 a＝10°时的仿真波形,输出电压波形为完整的电源电压波形,未实现调压控制。

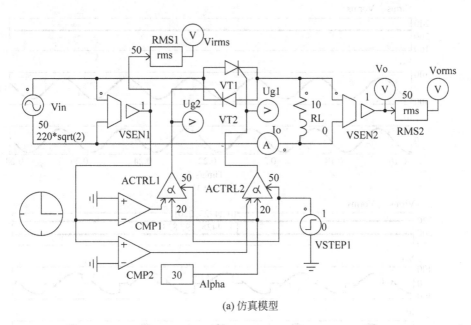

(a) 仿真模型

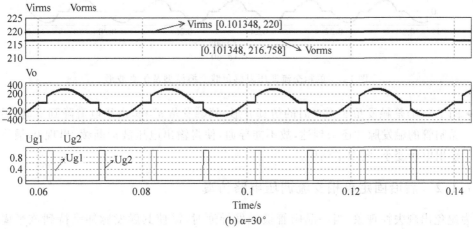

(b) α=30°

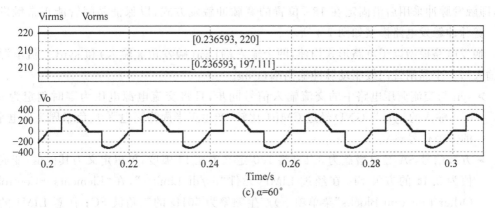

(c) α=60°

图 7-2 单相交流调压阻性负载变换模型及仿真波形

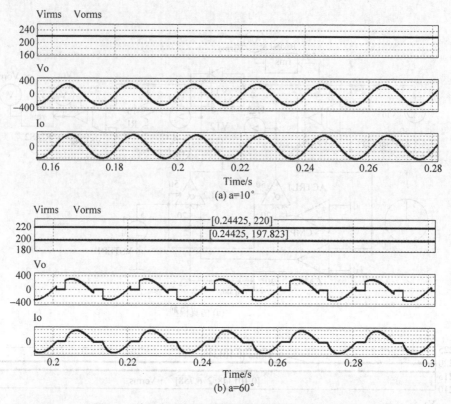

图 7-3　单相交流调压阻感负载变换模型及仿真波形

➤ 图 7-3(b)是触发角 a＝60°时的仿真波形,其触发角 a＞φ,由于电流降到 0 时,另一个晶闸管的触发脉冲还未到达,故不能导通,使得输出电压波形断续,出现 0,最终导致输出电压变小,实现了调压。

7.1.2　后沿固定单相交流调压电路仿真

为避免出现失控现象,当一晶闸管被触发导通时,需使其触发脉冲维持到该半周期结束,即触发脉冲采用后沿固定在 180°位置的宽脉冲触发方式,以保证晶闸管能正常触发导通。宽脉冲触发电路模型如图 7-4 所示。

触发电路模型以子电路形式构建,两个输入端口 a(触发角 a 输入)和 syn(交流电源信号输入),一个晶闸管门极驱动脉冲输出端口 ug。

➤ syn 与交流调压电路中的交流输入信号同步,且将交流电源电压为零时刻定为 a＝0°。输入的 syn 与 GND 经过 CMP1 比较,产生正半周为高电平 1、负半周为低电平 0 的方波信号 SA。

➤ 方波信号 SA 经过增益为 3.14(将 180°定义为 3.14 弧度,可以定义为其他值)变成幅值为 3.14 的方波 SB,在经过 LIM1(元件"dv/dt Limiter",在"Elements→Control→Other Function Blocks"菜单项下)产生频率为 50 Hz 的三角波 SC;注意 LIM1 的斜率限制设置为 314(此处设置交流信号频率 50 Hz,半周的时间是 0.01 s,半周的弧度是 3.14,因此 3.14/0.01＝314)。

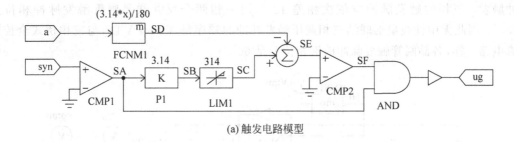

(a) 触发电路模型

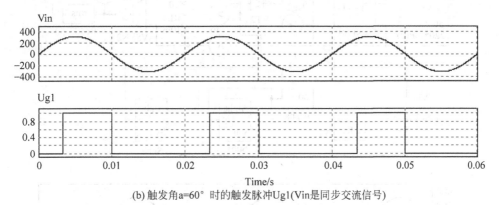

(b) 触发角a=60° 时的触发脉冲Ug1(Vin是同步交流信号)

图 7-4 后沿固定在 180°位置的宽脉冲触发电路模型

> 输入触发角 a 经过 FCNM1 数学公式元件进行计算,换成对应的弧度(注意 180°对应的弧度大小在增益 P1 中定义,需要保持一致)SD,实现触发角与移相控制值的转换。

> 三角波信号 SC 与 SD 求差,实现 SC 的移相,移相角度为 a;移相后的信号 SE 与 GND 比较,得到(0,a)区间为低电平、(a,2π−a)区间为高电平的方波信号 SF。

> 方波信号 SF 与方波信号 SA 相与,得到(0,a)区间为低电平、(a,π)区间为高电平的晶闸管宽脉冲触发信号,且其后沿定位在 180°位置。

修改图 7-2 中晶闸管触发脉冲电路,用后沿定位在 180°位置的宽脉冲子电路代替原触发脉冲发生电路,将触发角设置为 60°,调整后的模型及仿真波形如图 7-5 所示。

图 7-5 中 Sub1、Sub2 为后沿固定于 180°位置的宽脉冲发生子电路,其内部实现如图 7-4(a) 所示,输出波形与图 7-3(b)仿真波形一致。

7.1.3 三相交流调压电路仿真

当对大容量对象进行交流调节时,常采用三相交流调压。三相交流调压有星形联结、三角形联结。其中星形联结又分为无中性线和有中性线两种,三角形联结有线路控制、支路控制和中点控制等三种形式电路。本节将对无中性线星形联结和支路控制三角形联结进行仿真,相应拓扑电路如图 7-6 所示。

1. 无中性线星形联结三相交流调压

星形联结三相调压相当于三个单相交流调压电路的组合,三相互相错开 120°工作。无中性线星形联结三相调压工作时,任一相在导通时必须和另一相构成环路,因此与三相桥式全控整流电路一样,电流流通路径中至少有两个晶闸管导通,故应采用双窄脉冲触发或宽脉冲触发。三相的触发脉冲应依次相差 120°,同一相两个反并联晶闸管触发脉冲相位差 180°。因此无中性线星形联结三相调压触发脉冲的顺序是 VT1~VT6,与三相桥式全控整流电路一样,各晶闸管触发脉冲前沿相位差是 60°。

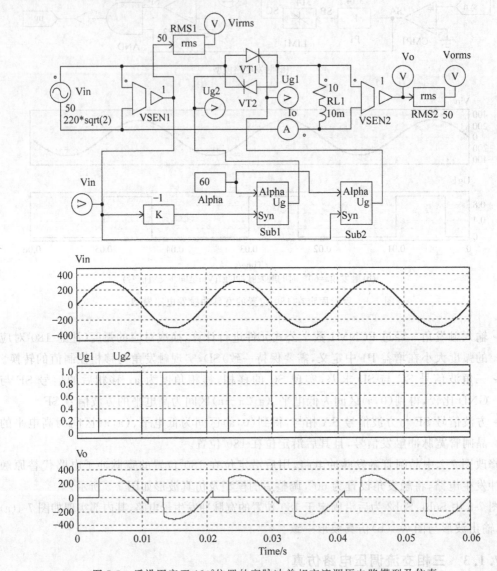

图 7-5　后沿固定于 180°位置的宽脉冲单相交流调压电路模型及仿真

　　无中性线星形联结三相调压电路拓扑如图 7-6(a)所示。根据无中性线星形联结三相调压电路拓扑可以看出,如果把晶闸管换成不可控的二极管,则相电压和相电流同相位,且相电压过零时二极管开始导通,因此把相电压过零点定为触发角 a 的起点。同时两相间导通是靠线电压导通的,而线电压超前相电压 30°,因此触发角 a 的移相范围为 0°~150°。

　　从图 7-6(a)可知,在任一时刻,电路中的晶闸管导通状态分为三种情况:一种是三相中各有一个晶闸管导通,这时负载相电压就是电源电压;另一种是两相中各有一个晶闸管导通,另一相不导通,这时导通相的负载相电压是电源线电压的一半;第三种是三相晶闸管均不导通,这是负载电压为0。根据无中性线星形联结三相调压电路拓扑及7.1.2节图7-4(a)所示后沿固定180°位置宽脉冲触发电路模型,构建的无中性线星形联结三相调压电路模型如图7-7所示。

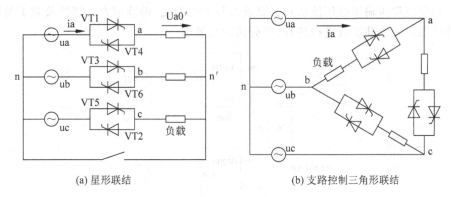

(a) 星形联结 (b) 支路控制三角形联结

图7-6 三相交流调压电路拓扑

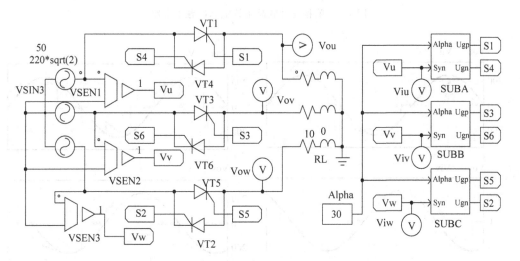

图7-7 无中性线星形联结三相调压电路模型

图7-7中三相交流采用三相正弦电压源 VSIN3,频率为50Hz、幅值为$220\sqrt{2}$ V、其余参数为0。三相交流各相电压分别由电压传感器 VSEN1~VSEN3 测量,传感器增益设置为1。各相反并联晶闸管排序与三相桥式全控桥一样,且各个晶闸管采用默认参数,各晶闸管门极通过"Label"连接,分别命名为S1~S6。负载采用三相阻感负载(电感 L=0mH、电阻 R=10Ω)。

脉冲触发电路部分,触发角 Alpha 设置为30°,各相脉冲触发电路由子电路 SUBA、SUBB 和 SUBC 构成,子电路内部构成如图7-8所示,由7.1.2节图7-5所示的单相晶闸管交流调压触发电路构成,并采用子电路封装形式,使顶层模型更加简洁、清晰。

对图7-7中的模型分别在触发角 a=30°和 a=60°时进行仿真,波形如图7-9所示。

图7-9给出了各相输入/输出电压波形,便于比较。从 a=30°的三相调压波形中可以看出,三相中各相都有一个晶闸管导通的区间,输出电压与电源相电压相同;在三相中只有两

相有晶闸管导通的区间,输出电压(相电压)应为导通两相线电压的1/2(如图7-9(a)所示)。随着触发控制角a的增大,同时有三个晶闸管导通的区间逐步减小,到a≥60°时,任何时刻都只有两相有晶闸管导通,导通时输出相电压等于导通两相线电压的1/2(如图7-9(b)所示)。三相交流调压输出电压波形较正弦波有较大的畸变,谐波增大。感性负载下的输出波形,读者可以修改负载参数进行仿真,并分析输出波形。

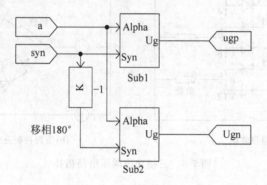

图 7-8   单相反并联晶闸管宽脉冲触发电路

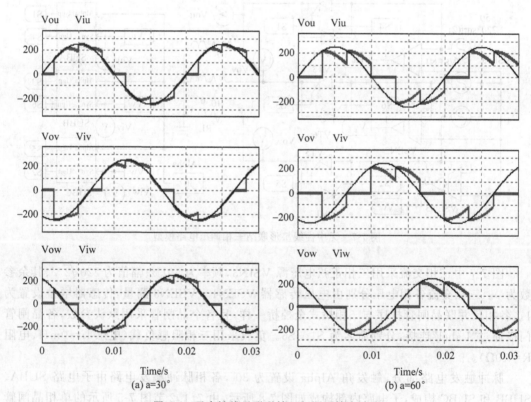

图 7-9   无中性线星形联结三相调压输出波形

2. 支路控制三角形联结三相交流调压

支路控制三角形联结交流调压电路拓扑如图7-6(b)所示,电路由三个单相交流调压电路组成。三个单相电路分别在不同的线电压作用下单独工作,因此单相交流调压电路的控制原理完全适用于支路控制三角形联结三相交流调压电路。

　　支路控制三角形联结交流调压常用于动态无功补偿装置,如图 7-10(a)所示。动态无功补偿装置由固定电容和晶闸管控制的电抗器并联支路组成。通过控制晶闸管对电感支路电流进行调节,从而实现对无功补偿装置的补偿电流 ia 的调节。晶闸管控制电抗器 TCR 的电路结构如图 7-10(b)所示,TCR 是支路控制三角形联结方式的晶闸管三相交流调压电路。图中电抗器所含电阻非常小,可以近似看成纯电感负载,因此晶闸管触发角 a 的移相范围为 90°~180°。通过控制触发角 a 的大小,可以连续调节流过电抗器的电流,从而调节从电网吸收的无功功率。在动态无功补偿器中,就可以从容性到感性范围内连续调节无功功率。

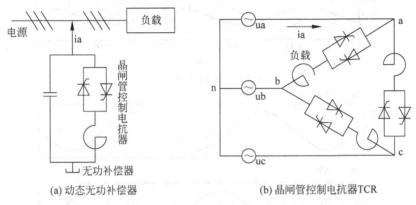

(a) 动态无功补偿器　　　　　　　(b) 晶闸管控制电抗器TCR

图 7-10　动态无功补偿及晶闸管控制电航器 TCR 拓扑结构

　　根据图 7-6(b)所示拓扑,构建的纯电感负载的支路控制三角形联结交流调压仿真电路模型及不同触发角时的仿真波形如图 7-11 所示。

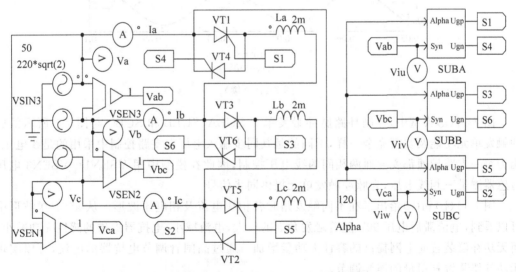

(a) 支路控制三角形联结三相交流调压电路模型

图 7-11　支路控制三角形联结三相交流调压仿真模型及输出波形

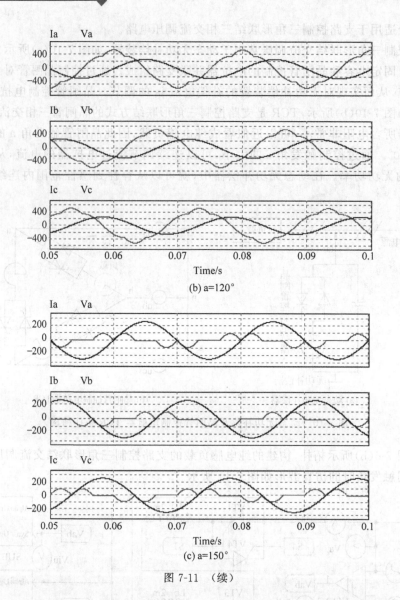

(b) a=120°

(c) a=150°

图 7-11 （续）

图 7-11(a)模型中,控制环路脉冲触发单元 SUBA、SUBB 和 SUBC 与图 7-7 所示的脉冲触发单元功能及实现完全一样,不同的是其同步输入电压在支路控制中采用的是线电压。因为每一支路导通都受导通两相间的线电压控制,因此在模型中用 VSEN1～VSEN3 电压传感器测量三相线电压,为脉冲触发单元提供同步信号。

图 7-11(b)和(c)给出了在不同触发角时各相线电流及相电压波形。从 a=120°波形中可以看到,电流滞后电压 90°,随着触发角 a 的增大,电流减小,电抗器提供的感性无功减小,而无功补偿装置向电网提供的容性无功量增加。通过晶闸管调节电抗器的电流,可以实现无功补偿装置补偿量的连续调节。

7.2　单相斩控式交流调压电路仿真

交流调压除了用晶闸管相位控制方式外,也可以采用全控元件的 PWM 控制方式,称为斩控式交流调压,其电路拓扑及调压波形如图 7-12 所示。斩控式交流调压电路由 V1、V2、VD1 和 VD2 构成一双向可控开关,其斩控原理与直流斩波控制类似。用 V1、V2 进行斩波控制,V3、V4 给负载电流提供续流通道。VD1～VD4 是开关管 V1～V4 的串联二极管,起到阻止反相电压通过的作用。

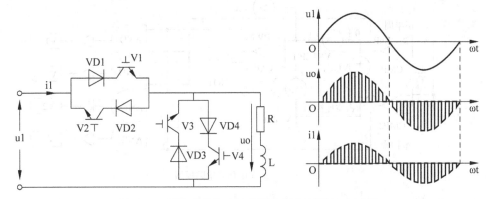

图 7-12　斩控式单相交流调压电路拓扑及输出波形

- 在交流正半周时,VD1 导通,VD2 关断,通过控制 V1 的通断进行斩波控制。V1 导通时,VD1-V1-RL 形成回路;V1 关断时,为给负载提供续流通道,需控制 V3 导通,此时 V3-RL-VD3 形成回路。因此,在正半周时,V1、V3 互补导通实现对正半周的斩波。

- 在交流负半周,电源反相,VD1 关断,VD2 导通,通过控制 V2 的通断进行斩波控制。V2 导通时,RL-VD2-V2 形成回路;V2 关断时,为给负载提供续流通道,需控制 V4 导通,此时 V4-RL-VD4 形成回路。因此,在负半周时,V2、V4 互补导通实现对负半周的斩波。

- 设斩波元件 V1、V2 的导通时间为 ton,开关周期为 T,则导通比 a＝ton/T,通过控制导通比 a 的大小即可调节输出电压。

- 从图 7-12 调压输出波形可知,电源电路 i1 的基波分量与电源电压 u1 同相位,位移因素为 1。输出波形中不含低次谐波,只含与开关周期 T 有关的高次谐波,可用较小的 LC 滤波器滤除,此时功率因素接近 1。

图 7-12 电路拓扑的开关管是并联的,且每个开关管正向串联一个二极管,形成单相导通支路。也可以利用全控元件开关管反相串联,同时每一个开关管反向并联一个二极管,形成单相导通支路。基于此,利用全控元件 P-MOSFET 搭建仿真模型,由于 P-MOSFET 带有体二极管,在搭建模型时用体二极管代替反并联二极管。构建的仿真电路模型及输出波形如图 7-13 所示。

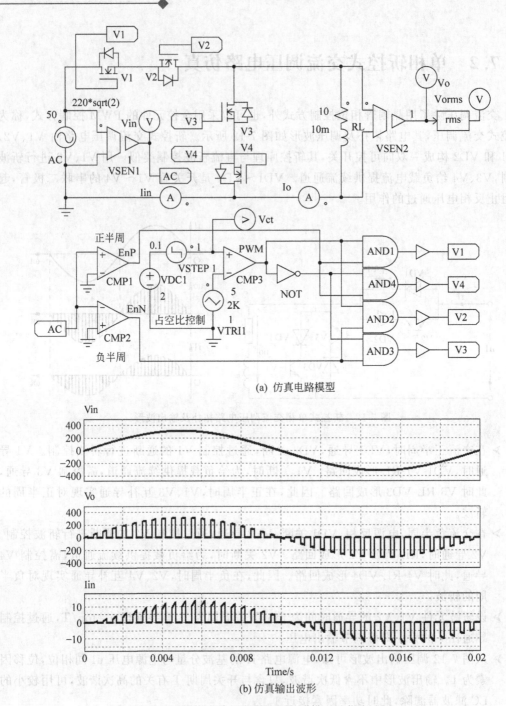

(a) 仿真电路模型

(b) 仿真输出波形

图 7-13 斩控式单相交流调压电路模型及仿真波形

图 7-13(a)仿真模型功率电路部分利用 P-MOSFET 反相串联,V1(正半周)、V2(负半周)实现斩波控制,V4(正半周续流)、V3(负半周续流)实现续流控制。即 V1 和 V4 组成一对,在交流电源正半周时互补导通,在负半周时关断;V2 和 V3 组成一对,在交流电源负半周时互补导通,在正半周时关断。负载采用 RL(R=10Ω,L=10mH)阻感负载。添加输入电压 Vin、电源电流 Iin、输出电压 Vo、输出电流 Io 测量探头,电压采样采用电压传感器

VSEN1、VSEN2,增益设置为1。

图 7-13(a)控制电路部分,根据输入交流电 AC,通过 CMP1 和 CMP2 两个比较器,获得正半周 EnP 和负半周 EnN 两个使能信号;利用 VDC1 和 VSTEP1 两个电源串联形成控制电压 Vct,且 VSETP1 在 0.1s 时从 0 到 1 的跳变,模拟控制电压 Vct 从 2V 跳变到 3V 的情形;锯齿波信号 VTRI1 频率为 2kHz、幅值为 5V、占空比为 1;控制电压 Vct 与锯齿波 VTRI1 通过 CMP3 比较获得相应占空比的 PWM 波,PWM 波再经过非门 NOT 获得互补的 PWM 波。互补的 PWM 波与正负半周的使能信号 EnP 或 EnN 通过与门 AND1～AND4 产生 V1～V4 的驱动控制信号。

从图 7-13(b)仿真波形可知,电压输出波形被斩成一段一段的通过负载,在负载上获得的平均电压降低了,实现了调压功能。若在输出负载侧添加 LC 滤波器(L=10mH,C=200μF),对输出的高次谐波进行滤波,将得到正弦交流,滤波后的仿真波形如图 7-14 所示。

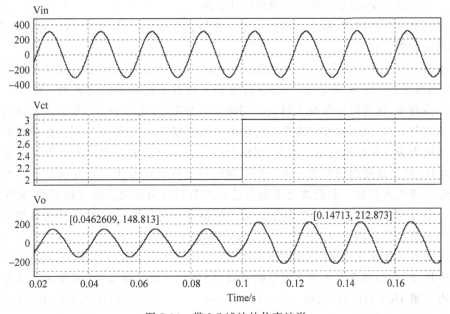

图 7-14　带 LC 滤波的仿真波形

从图 7-14 仿真波形可知,经 LC 滤波后,输出变成正弦交流,且波形连续。控制电压 Vct 在 0.1s 从 2V 跳变到 3V 时,即调大 PWM 的占空比,其输出电压幅值也变大,从原来的 148.8V 变成 212.9V。从仿真结果可以看到,利用斩控方式进行交流调压非常方便、简单。

7.3　单相交-交变频电路仿真

交-交变频电路是把电网工频交流电变换成可调频率的交流电。交-交变频电路可以分为直接方式(无中间环节)和间接方式(有中间直流环节)两种。间接方式可以看成是交流-直流-交流变换,是整流和逆变的组合。以晶闸管为移相控制开关,直接将电网工频交流变换成另一种频率的交流电,中间无直流环节,属于直接变频电路,又称为周波变流器。

交-交变频电路广泛用于大功率交流电动机调速传动系统,实际使用中主要是三相输出交-交变频电路,其中单相输出交-交变频电路是三相输出交-交变频电路的基础。本节以单相输出交-交变频电路进行建模与仿真,讨论其建模步骤及方法。在实现单相输出交-交变频模型后,可以很方便地组成三相输出交-交变频电路模型,读者可自行研究,本节不再赘述。

交-交变频的基本原理是通过电力电子元件的开关控制,截取三相工频电源电压的部分片断,重新拼装组合成一个新的交流电压,其输出波形不是一个平滑的正弦波。在输出电压的一个周期内,所包含的电源电压段数越多,其波形就越接近正弦波。单相输出交-交变频电路由两组反并联的

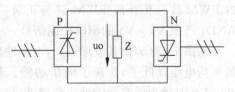

图 7-15 单相交-交变频电路结构

三相晶闸管整流电路组成,整流电路常采用三相桥式整流电路或者 12 脉波整流电路构成,其电路结构如图 7-15 所示。

当正组 P 组工作时在负载 Z 上得到正向电流,反组 N 组工作时在负载 Z 上得到反向电流,P、N 两组按照一定频率交替工作,在负载 Z 上便得到该频率的交流电。改变两组整流电路的切换频率,就可以在负载上得到不同频率的交流电,实现变频。如果改变晶闸管的延迟触发控制角 a 的大小,就可以改变交流输出电压的幅值,实现调压控制。如果在负载电压的一个周期内保持延迟触发角 a 不变,则输出电压是带锯齿的方波。为了得到接近正弦波的输出电压,则要求延迟触发角 a 在一个周期内按正弦规律变化。触发角 a 常用的控制方法有余弦交点法和叠加三次谐波交流偏置法。本节利用余弦交点法实现对交-交变频电路的控制。余弦交点法的基本原理是当交-交变频器输出电压波形的相邻两段与调制的目标正弦波的差值相等时,则此时便是交-交变频器晶闸管的切换时刻。

余弦交点法求取交-交变频电路触发延迟角 a 的基本公式是 a＝arccos(rsinwt),其中 r 是输出电压比,为期望输出正弦交流电的有效值 Uom 与触发角 a＝0°时整流电路输出的理想空载电压值 Ud0 的比值,取值为 0～1。Uomsinwt 是期望输出正弦交流电压波形,其频率为输出交流电的频率。

交-交变频输出电压是由三相电源线电压的片断组成,线电压 uab 超前相电压 ua 的相位是 30°。从整流电路可知,相邻两个线电压的交点对应于触发角 a＝0°,则线电压对应的同步余弦信号在 a＝0°时达到最大值。如以 a＝0°为零时刻,则输出为同步余弦信号。根据交-交变换电路结构及余弦控制方法,利用 PSIM 三相晶闸管整流桥模块构建的仿真电路模型如图 7-16 所示。

图 7-16 功率电路部分,三相交流 VSIN3 设置为频率 50Hz、线电压有效值 100V、初始相角为 0;正组整流桥 PGroup 和反组整流桥 NGroup 采用 PSIM 元件库中的三相晶闸管整流桥,其参数均采用默认设置(全为 0,理想晶闸管整流桥);负载采用 RL(L＝10mH,R＝10Ω)阻感负载;三相交流输入侧利用电压传感器 VSEN1 测量 ac 线电压,增益设置为 1,负载电流利用电流传感器 ISEN 测量,其增益设置为 1;电压传感器 VSEN1、电流传感器 ISEN 的输出通过标签"Label"引出,分别命名为 Vac 和 Io,整流桥 PGroup 和 NGroup 桥的第一个晶闸管门极通过标签"Label"引出,分别命名为 PUg 和 NUg。此标签将与控制环路

中具有相同名字的标签进行电气连接,相当于实体电线连接。

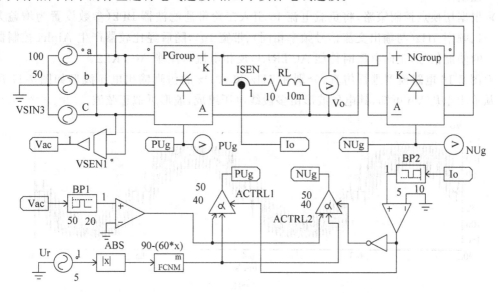

图 7-16　单相交-交变频仿真电路模型

图 7-16 中控制部分主要产生两个晶闸管桥的驱动脉冲。三相晶闸管桥仅需提供整流桥第一晶闸管的门极驱动脉冲,其余脉冲由 PSIM 根据第一个晶闸管驱动脉冲在内部自动产生,因此用两个 Alpha 触发器 ACTRL1 和 ACTRL2 作为触发脉冲发生器。

➤ ACTRL1 和 ACTRL2 两个 Alpha 触发控制器的参数分别设置为频率 50Hz(与整流桥输入交流信号频率一致)、脉冲宽度为 40°。

➤ Alpha 触发控制器的同步信号由线电压 Vac 产生,将 Vac 经二阶带通滤波器 BP1 滤波(参数设置为增益 1、频率 50Hz(与整流输入交流信号频率相同)、带宽 20)后接入比较器的同相端,比较器的反相端接地,比较输出同步信号。在 Vac 正半周过零时产生同步触发信号,接入 Alpha 控制器 ACTRL1 和 ACTRL2 的同步端。

➤ 整流晶闸管的触发角 a 由调制信号 Ur 产生,调制信号 Ur 是期望输出的正弦交流电压波形,其频率设置为 5Hz(交-交变频输出交流的频率)、幅值为 1(与期望输出电压幅值相关)。

➤ 调制信号 Ur 通过 ABS(元件在"Elements→Computational Blocks→Absolute Value"菜单项下)取绝对值后,接入数学计算公式 FCNM(元件在"Elements→Other→Function Blocks→Math function"菜单项下)进行计算,实现移相,计算公式为"90-(60*x)",计算结果作为 ACTRL1 和 ACTRL2 的触发角输入值。

➤ 正反两组整流电路的切换频率即是变频输出交流电频率,正组提供正向电流,反组提供反相电流,因此可以根据负载电流的正负进行正反两组整流电路的切换控制,其切换点在负载电流的过零点。为实现两组整流器之间无环流切换,两组变流电路工作时不同时施加触发脉冲,一组工作时,另一组禁止其触发脉冲,且两组切换时应留一定切换死区。在搭建仿真模型时,未考虑切换死区,读者可添加延时单元进行死区控制。

> 根据切换点控制策略,将负载电流 Io 引入二阶带通滤波器 BP2(参数设置为增益为1、频率 5Hz(与输出交流信号频率相同)、带宽 10),随后经比较器产生 Alpha 控制器的使能信号,正向电流时使能 ACTRL1,反相电流时使能 ACTRL2。

对图 7-16 电路模型进行仿真,分别在 5Hz 和 10Hz 的仿真输出电压波形如图 7-17 所示。从输出电压 Vo 可知,其电压波形由多段线电压组成,波形近似正弦波。

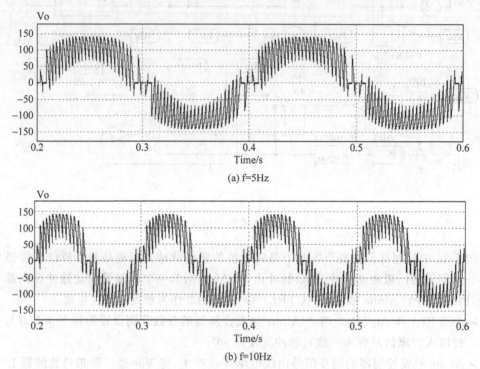

(a) f=5Hz

(b) f=10Hz

图 7-17　单相交-交变频输出电压仿真波形

图 7-16 模型中控制部分的触发角 a 是通过公式计算实现的移相,也可以采用反余弦函数进行计算,如图 7-18 所示控制环路。

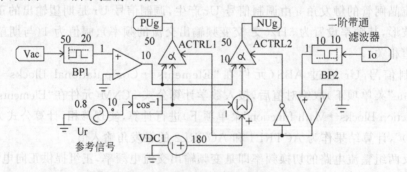

图 7-18　交-交变频控制余弦交点法

设定参考信号 Ur 通过 arccos 函数运算后直接得到正组整流桥的延迟触发角,反组整流桥的延迟触发角为 180°减去正组整流器的触发角。仿真波形与图 7-17 完全一样。

7.4 本章小结

本章主要针对交-交直接变换电路中的单相交流调压、三相交流调压及周波变频器进行建模讲解及工作原理分析。首先,分析单相交流调压、三相交流调压的相位控制工作原理,在此基础上对相位控制进行建模与讲解。针对相位控制可能出现失控现象,引入后沿固定于180°位置的宽脉冲发生器,构建相应的仿真电路模型,并对模型的工作原理、工作过程、设计方法进行详细讲解与分析;随后利用 PWM 斩波控制原理,搭建单相斩控式交流调压电路仿真模型,并对模型工作原理及建模进行详细分析与讲解;最后利用周波变频控制原理,构建单相交-交变频电路仿真模型,对模型的控制环路进行详细的设计与讲解。

第8章

SmartCtrl开关电源环路设计

PSIM 仿真软件集成了专门用于开关电源环路设计的工具 SmartCtrl，它是专门为电力电子应用开发而设计的软件工具。SmartCtrl 具有易于使用的界面、简单的操作流程以及可视化显示控制环路稳定性和性能的界面，使用 SmartCtrl 可轻松地设计各种开关电源变换器的控制环路。本章主要讲解 SmartCtrl 软件工具及特性，并以具体实例设计过程逐步讲解 SmartCtrl 环路设计方法，并在 PSIM 中对设计的环路进行时域瞬态仿真，以验证所设计的环路性能。

8.1　SmartCtrl 概述

SmartCtrl 是 PSIM 仿真软件自带的、专门用于开关电源设计的变换器环路设计程序，它包括一些常用的电力电子装置预定义传递函数（如不同的 DC/DC 变换器、AC/DC 变换器、DC/AC 变换器等）。SmartCtrl 允许用户通过文本文件导入自己设计的对象传递函数，使得 SmartCtrl 为设计几乎所有的系统控制环路提供了灵活性。

为简化设计控制环路时的首次尝试，SmartCtrl 以"解决方案图"的形式给出了稳定解空间的估计。SmartCtrl 根据设计者所选的变换器拓扑、传感器和补偿调节器，给出使系统稳定的环路交叉频率 fc 和相位裕量 PM 的不同组合"解决方案图"，使得设计者能够选择稳定解空间中的某一个点，来定义变换器的 fc 和 PM。设计者可动态改变补偿调节器参数，以便根据系统稳定性、瞬态响应等方面的需求来调整系统的响应特性。

SmartCtrl 一目了然地提供了系统的频率响应、开环给定特征的瞬态响应和调节器元件参数值，且当设计者更改系统的任何参数值时，所有这些响应特性都会实时更新。通过使用 SmartCtrl 进行开关电源环路设计，极大地降低了设计难度、提高设计效率。SmartCtrl 的主要特征如下。

◇ 支持各种电源变换器设计

SmartCtrl 支持包括降压、升压、降压-升压、反激、正激及功率因数校正等变换器的环路设计，它的一个重要功能是可以表达任意变换器，并可通过实验数据或软件（如 PSIM）获得频率响应数据进行变换器环路设计。

◇ **提供简易的控制器设计解决方案图**

基于特定操作条件,SmartCtrl 会根据控制器的安全工作区,自动生成满足给定条件的解决方案图,使设计者可以方便地选择交叉频率 fc 和相位裕量 PM,如图 8-1 所示。

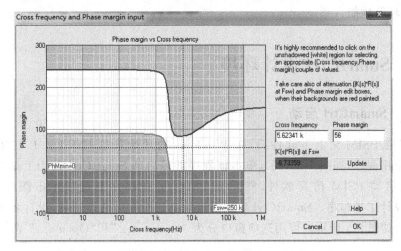

图 8-1 交叉频率 fc 和相位裕量 PM 的解决方案图

◇ **提供多环路控制结构设计**

变换器的控制环路结构可以是单一电压或电流环路,也可以是具有内部电流环和外部电压环的多环路结构。针对双环路控制器设计,使用 SmartCtrl 会变得更加容易。

◇ **易于查看的可视化控制环路稳定性和性能展示**

SmartCtrl 可以显示装置、变换器、开环及闭环传递函数的 Bode 图和 Nyquist 图,从而可以轻松检查和可视化控制环路的稳定性和性能。此外,还可以评估和显示时域瞬态响应。

◇ **敏感性分析**

设计者可以调整变换器参数、传感器增益、控制器参数,在调整参数时频率响应和系统瞬态响应将实时更新,可观察这些修改参数对控制环路稳定性和性能的影响,如图 8-2 所示。

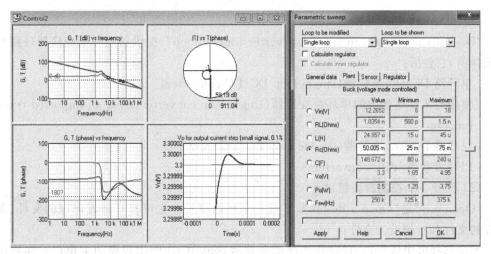

图 8-2 敏感性分析

◇ 简单的用户界面及设计操作引导

SmartCtrl以向导的形式引导设计者完成变换器环路的设计及调整，操作非常简单。完成的控制器环路及元件参数可以轻松导出，并可直接应用于PSIM仿真建模中，以验证所设计的控制环路性能。

8.2　SmartCtrl设计环境

8.2.1　SmartCtrl启动

正确安装PSIM 9.1.1软件后，在Windows的开始菜单PSIM 9.1.1文件夹下有SmartCtrl应用程序，如图1-2所示，单击该程序即可启动SmartCtrl设计工具程序。设计者也可以先启动PSIM仿真软件，然后在PSIM仿真软件工具栏单击图标"📷"启动SmartCtrl设计工具程序。SmartCtrl启动时自动打开所有可选设计项，设计者可以选择要使用的选项，如图8-3所示。可用选项窗口分为"Design a…"和"Open a…"两个部分。

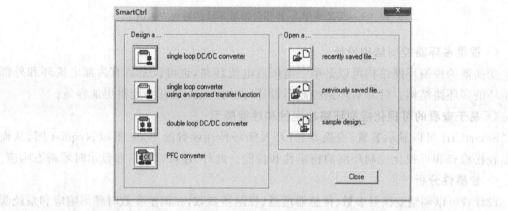

图8-3　设计可用选项窗口

（1）设计一个新的变换器环路

"Design a…"是"Design a new converter control loop"，提供新建一个变换器环路设计的选择项，它包括：

- 单环路DC/DC变换器（single loop DC/DC converter）
- 使用导入传递函数的单环路变换器（single loop converter using an imported transfer function）
- 双环路DC/DC变换器（double loop DC/DC converter）
- PFC变换器（PFC converter）

（2）打开一个控制器环路设计

"Open a…"是"Open a design"，打开一个环路设计。它可打开最近保存的文件、先前保存的文件和示例设计文件。

无论选择哪个选项，一旦完成选择就会显示SmartCtrl应用程序的主窗口。在程序的主窗口中设计了不同的区域。另外，设计者也可以在图8-3界面中不选择，直接关闭，随后在 SmartCtrl 应用程序主窗口界面的 Design 菜单中进行选择。

8.2.2　SmartCtrl 主程序窗口界面

在 SmartCtrl 主程序窗口包含菜单栏、操作工具栏、查看工具栏、图形文本显示区和状态栏,如图 8-4 所示。

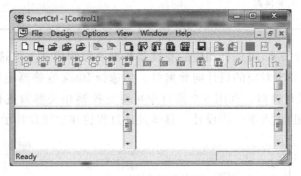

图 8-4　主程序窗口界面

➢ 菜单栏包含 File、Design、Options、View、Window 和 Help 菜单。

File 菜单包括管理(新建、打开、关闭、保存、另存为)、导入和导出设计文件菜单选项、建立打印机设置和打印选项等功能。其中,导出菜单"Export"允许设计者以不同形式导出设计的控制环路。可以以传递函数形式导出,可以将调节补偿器元件导出到 txt 文件或 PSIM 参数文件,可以以 PSIM 原理图文件形式导出。

➢ Design 菜单提供了 SmartCtrl 可选设计选项和参数扫描选项,如图 8-5 所示。

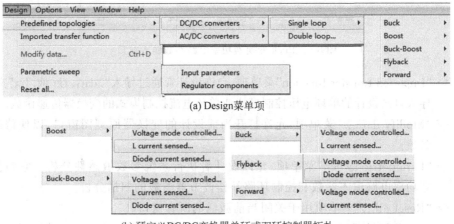

(a) Design菜单项

(b) 预定义DC/DC变换器单环或双环控制器拓扑

图 8-5　Design 菜单

◇ 在"Predefined topologies"预定义拓扑菜单项中,设计者可以选择 SmartCtrl 预定义的变换器拓扑类型,包括 DC/DC 变换器和 AC/DC 变换器。AC/DC 变换器只预定义了 PFC Boost 变换器一种;DC/DC 变换器预定义了单环和双环变换器,每种变换器下面又预定义了多种拓扑结构的变换器,具体如表 8-1 所示。

表 8-1 DC/DC 变换器预定义拓扑类型及控制模式

变换器类型	说　明	控制模式	说　明
Buck	降压斩波变换器	Voltage mode controlled…	电压反馈模式
Boost	升压斩波变换器	L current sensed	电感电流反馈模式
Buck-Boost	降压-升压斩变换器	Diode current sensed…	二极管电流反馈模式
Flyback	反激变换器		
Forward	正激变换器		

设计者根据设计需要,可选择相应的变换器类型及控制模式。但选择了某种变换器拓扑及控制模式后,会弹出对应的设计向导窗口。如选择 Buck 变换器电压反馈控制模式,将弹出图 8-6 所示的设计窗口。在图 8-6 窗口中可对变换器相关参数进行设置,每一步设置完后,单击"OK"按钮,进入下一步设计。具体设计过程将在后续设计示例中讲解。

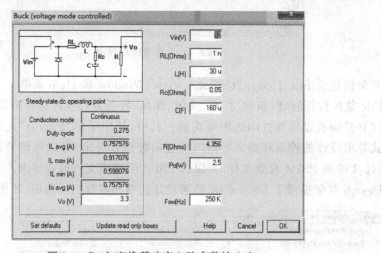

图 8-6 Buck 变换器功率电路参数输入窗口

◇ "Imported transfer function"菜单项,允许设计者通过导入".dat,.txt 或.fra"文件,以导入自己设计的单环电压控制模式或单环电流控制模式的变换器传递函数。

◇ "Modify data…"菜单项,允许打开当前设计的变换器原理图窗口,以便修改设计参数。

◇ "Parametric sweep"菜单项,允许设计者执行系统参数敏感性分析。它包括变换器功率电路输入参数和控制环路补偿调节器参数的扫描分析。

◇ "Reset all…"菜单项用于关闭当前激活的所有窗口。

➢ View 菜单提供了可选视图查看窗口选项,设计者可根据需要打开相关波形、图形、计算结果等显示窗口,如表 8-2 所示。

表 8-2 View 菜单项说明

菜　单　项	说　明
Comments	打开注释窗口,它允许设计者向设计添加注释。这些注释将与设计的变换器一起保存
Loop	选择要在活动窗口中显示的环路(内环路或外环路)

菜　单　项	说　明
Transfer Functions	选择要显示的传递函数： Plant transfer function，G(s)：对象传递函数 Sensor transfer function，K(s)：传感器传递函数 Regulator transfer function，R(s)：补偿调节器传递函数 Sensor-Regulator transfer function，K(s) * R(s)：传感器-调节器传递函数 Open loop without regulator transfer function，A(s)：无调节器开环传递函数 Open loop with regulator transfer function，T(s)：带调节器开环传递函数 Closed loop transfer function，CL(s)：闭环传递函数
Transients	选择要显示的瞬态响应,可用的瞬态响应有： Input voltage step transient：输入电压阶跃瞬变 Output current step transient：输出电流阶跃瞬变 Reference step transient：参考阶跃瞬变
Organize panels	调整所有面板的大小,并恢复图形和结果面板窗口的默认外观
Enhance	选择以全屏尺寸显示的图形/波形窗口： Bode（modulus）panel：Bode 图（幅频）窗口 Bode（phase）panel：Bode 图（相频）窗口 Nyquist diagram panel：Nyquist 图窗口 Transient responses panel：瞬态响应窗口
Input Data	输入数据窗口
Output Data	输出结果数据窗口

➤ 工具栏如图 8-7 所示,分为操作工具栏和视图工具栏。

Display open loop transfer function

图 8-7　主程序窗口工具栏

图 8-7 所示工具快捷图标均有对应的菜单选项,其功能与菜单选项功能相同。当鼠标停留在工具栏某一个功能图标上时,会弹出该图标所代表的具体功能提示,如图 8-7 所示"Display Open loop transfer function"提示信息是工具图标" 🔳 "的提示信息。在弹出提示信息的同时,在窗口的状态栏也会显示该提示信息。有关工具栏各图标具体功能不再详述,读者可自行与菜单中相应功能选项对照。

8.3　SmartCtrl 中 DC/DC 变换器设计

在 SmartCtrl 设计程序中包含多种 DC/DC 变换器拓扑,本节将对其进行讲解,以便后续具体设计时能熟练使用其功能,并设计相关参数。

8.3.1 单环控制变换器设计

单环反馈控制模式由 DC/DC 变换器功率电路(对象)单元、传感器单元和补偿调节器
单元组成,在设计时必须依次对各单元进行详细设计,最终组成一个完整的系统。在整个系统各单元设计完成后,需要分析闭环系统的频率响应(波特图)和系统瞬态响应(时域阶跃响应图),以保证所设计系统是一个稳定系统。DC/DC 变换器单环反馈控制系统构成框图如图 8-8 所示。

图 8-8　单环反馈控制模型

图 8-8 中 DC/DC 变换器功率电路(对象)单元是需要设计的 DC/DC 变换器拓扑,如 Buck、Boost、Buck-Boost 等。为实现直流变换器的设计,需要输入功率电路元件参数,完成参数输入后,即可求解其传递函数,并可以在传递函数上进行系统稳态分析及设计。在分析设计阶段,可不断调整功率电路元件参数,修改其传递函数,以获得需要的响应性能。传感器单元是采集 DC/DC 变换器功率电路的输出参量,用于反馈控制。根据反馈控制的方法不同,需要采集的参量也不同(如输电电压、电感电流、二极管电流等)。根据采集的参量选择恰当的传感器单元进行控制参量采集,当传感器单元选择后,即可求解其传递函数。补偿调节器单元是变换器的某种补偿控制策略(如 P 控制、PI 控制、Type 3 控制等),当选择一定的控制补偿策略后,即可对补偿调节单元进行设计,求解该单元的传递函数。在获取三个单元的传递函数后,即可构成整个闭环系统的传递函数,并根据控制理论对系统的响应特性展开分析及设计。

SmartCtrl 根据单环反馈控制构成单元,提供一个基于 DC/DC 变换器类型的对象传递函数、传感器传递函数和补偿调节器传递函数的自动求解向导程序,引导设计者逐步完成单环反馈控制各单元参数的详细设计。在完成各单元设计后,SmartCtrl 自动求解各单元传递函数,并给出在系统安全工作区域内的可能交叉频率 fc 和相位裕量 PM 的组合解。在利用 SmartCtrl 进行设计时,必须依次对三个单元进行逐步设计。

(1) 设计系统的第一步是选择设计的 DC/DC 变换器类型。DC/DC 变换器类型可以是预定义的变换器类型,也可以是用户自行设计的 DC/DC 变换器类型。也就是说,设计者可以通过".txt"文件导入通用传递函数,也可以选择一种预定义的变换器拓扑。SmartCtrl 预定义的 DC/DC 变换器对象类型有 Buck(降压斩波变换)、Buck-Boost(降压-升压斩波变换)、Boost(升压斩波变换)、Flyback(反激变换)和 Forward(正激变换)等五种。

在 SmartCtrl 主程序窗口,通过标准工具栏图标" 📄 "启动 DC/DC 变换器单环反馈控制变换器数据输入窗口,如图 8-9 所示。在弹出窗口中,给出了构成闭环系统的三大组成单元,即图 8-8 所提到的对象、传感器和补偿调节器。

弹出窗口提示设计者选择变换器类型(包含控制模式),在"Plant"下拉框中列出了所有预定义的不同控制模式的变换器类型(一共有 12 种可选),设计者需根据设计需要选中其中一种,选择后会弹出对象设计对话框,需要根据实际设计需要进行详细参数设置,有关对象设计细节在 8.3.3 节详述。

(2) 设计系统的第二步是选择传感。一旦选择了所设计的变换器对象类型,无论要控

制的参量是电压还是电流,SmartCtrl 程序都将使能传感器设计单元,并显示适当类型的传感器供设计者选择及设计,如图 8-10 所示。

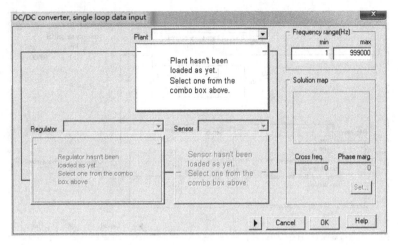

图 8-9　单环控制变换器数据输入设计窗口

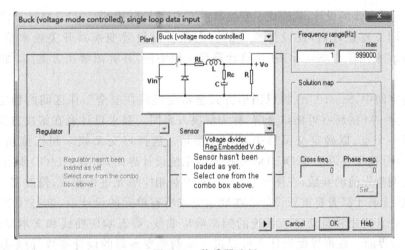

图 8-10　传感器选择

SmartCtrl 根据选择设计的变换器类型不同,在 Sensor 下拉框中列出了可用的不同传感器(电阻分压器、嵌入式稳压器分压器、隔离电压传感器、电流传感器、霍尔效应传感器等)。设计者根据实际情况选择其中一种,选择后弹出传感器设计窗口,需根据实际需要进行传感参数设计,有关传感器详细设计将在 8.3.4 节讲解。

(3) 设计系统的第三步是选择补偿调节器。在完成传感器选择后,SmartCtrl 程序将使能补偿调节器设计单元。SmartCtrl 提供了不同类型的调节器,还可以通过文本文件导入新的调节器传递函数,如图 8-11 所示。

SmartCtrl 提供可选的补偿调节器类型有 Type 3 补偿调节器、未衰减 Type 3 补偿调节器、Type 2 补偿调节器、未衰减 Type 2 补偿调节器、PI 补偿调节器、未衰减 PI 补偿调节器、单极补偿调节器、未衰减单极补偿调节器等,设计者可根据实际需要选择不同类型的补偿调节器。在选择补偿调节器类型后,将弹出补偿调节器设计窗口,需根据实际情况对补偿调节器参数进行设计,有关补偿调节器的详细设计将在8.3.5节讲解。

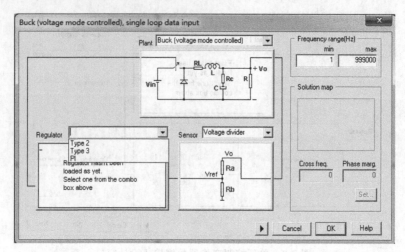

图 8-11 补偿调节器选择

(4) 通过前三步的设计,就完成了变换器系统的设计,随后 SmartCtrl 将计算稳定解空间。在完成补偿调节器设计后,在设计窗口的右上角可以设置变换器开关频率范围,随后在"Solution map"框内单击,SmartCtrl 开始计算稳定解空间,并弹出解决方案图,如图 8-12(a)所示。

在该解空间中,SmartCtrl 将以图形方式显示变换器在安全工作区间的稳定交叉频率 fc 和相位裕量 PM 的所有可能组合解,称为解决方案图。要求设计者在解决方案空间的白色区域选择一个点,以确定交叉频率及相位裕量。选择好交叉频率和相位裕量后,单击"OK"按钮进行确定并返回到 DC/DC 变换器的系统设计界面,如图 8-12(b)所示。

若需要调整先前的参数,在图 8-12(b)界面中对相应单元进行修改,修改某一个单元的设计后,其后续单元都需要重新设计。在确定完成所有单元的设计后,单击"OK"按钮确认设计,SmartCtrl 程序将自动显示系统的频率响应曲线、瞬态响应曲线和文本显示界面,类似图 8-2 所示界面。在该界面设计者可以进一步调整变换器的设计参数,使系统的频率响应、瞬态响应符合设计要求,以完成控制环路设计。

8.3.2　双环控制变换器设计

单环反馈控制模式存在一定的不足,有时不能满足负载的动态响应需求。如输出电压单环反馈控制中,存在动态响应慢,无法及时调整由于输入或者负载变化引起的输出电压变化,导致输出电压纹波较大;又如单环电感电流反馈控制中,由于电感电流能及时反映输入或者负载的动态变化,快速进行动态响应,但电感电流反馈不能保证输出电压恒定在设定的参考值。鉴于此,可以采用双环反馈控制,既能保证动态响应的快速性,又能稳定输出电压在参考设定值。双环反馈控制变换器功能构成框图如图 8-13 所示。

双环反馈控制一般由电压外环、电流内环两个控制环路组成,因此称为双环控制。双环反馈控制系统分别由 OC/DC 变换器功率电路(对象)、电流传感器、内环补偿调节器、电压传感器、外环补偿调节器五个单元构成。在设计双环反馈控制 DC/DC 变换器时,五个单元需

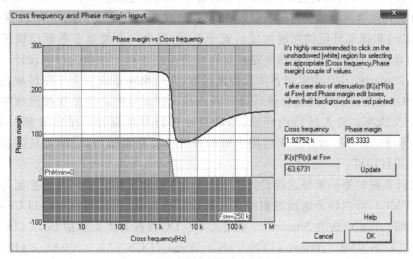

(a) 稳定解空间解决方案图

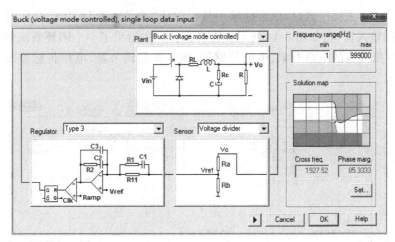

(b) 单环控制变换器系统设计完成界面

图 8-12 交叉频率 fc 和相位裕量 PM 选择

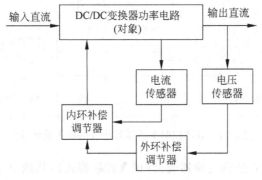

图 8-13 双环反馈控制系统框图

要依次逐步设计,各单元设计完成后,便可获得各单元的传递函数,从而构成一个闭环反馈控制系统。在获得反馈控制系统传递函数后,依据控制理论知识,可分析闭环系统的稳定性。

SmartCtrl 根据双环反馈控制构成的五个单元,提供一个类似于单环反馈控制设计的自动求解向导程序,引导设计者逐步完成双环反馈控制各单元参数的详细设计。在完成各单元设计后,SmartCtrl 自动求解各单元传递函数,并给出在系统安全工作区域内的可能交叉频率 fc 和相位裕量 PM 的组合供设计者选择。在设计时必须依次按照顺序对五个单元进行设计及选择。首先进行内环设计,随后在进行外环设计。在完成前一步设计后,SmartCtrl 将使能下一步设计。未启用步骤的设计单元将被禁用,设计者只需根据设计向导逐步完成设计即可。

(1) 设计系统的第一步是选择设计的 DC/DC 变换器类型。双环反馈控制外环是电压控制模式(VMC),而内环是电流控制模式。根据所选对象,电流可在电感(LCS)或二极管(DCS)上感测。因此可选的 SmartCtrl 预定义 DC/DC 变换器类型包括 Buck (LCS-VMC)、Buck-Boost (LCS-VMC)、Boost (LCS-VMC)、Boost (DCS-VMC)、Flyback (DCS-VMC)、Forward (LCS-VMC)等六种。

在 SmartCtrl 主程序窗口,单击标准工具栏图标"▦"启动 DC/DC 变换器双环反馈控制变换器数据输入窗口,如图 8-14 所示。在弹出窗口中给出了一个闭环系统的五个组成单元,即图 8-13 所提到的电路对象、电流传感器、内环补偿调节器、电压传感器和外环补偿调节器五个单元。

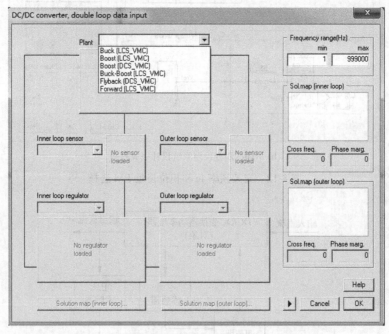

图 8-14 双环控制变换器系统数据输入设计界面

弹出窗口提示设计者选择变换器类型(包含控制模式),其他单元被禁用。在"Plant"下拉框中列出了所有预定义的不同控制模式的变换器类型(一共有 6 种可选),设计者需根据设计需要选择其中一种,选择后会弹出所选对象设计对话框,设计者根据实际设计需要进行详细参数设置,有关对象设计细节将在 8.3.3 节详述。

(2)设计系统的第二步是选择内环电流传感器。一旦选择了设计的变换器对象类型,SmartCtrl 程序将使能内环电流传感器设计单元,并显示预定义的传感器供设计者选择及设计,如图 8-15 所示。

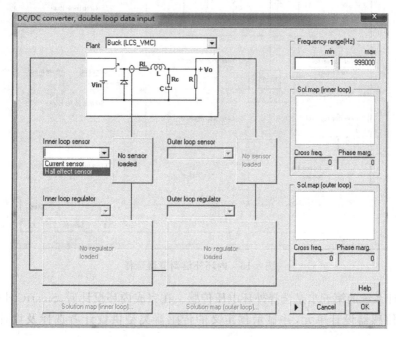

图 8-15 内环电流传感器选择

SmartCtrl 根据选择设计的变换器类型不同,在 Sensor 选择下拉框中列出了可用的传感器(电流传感器、霍尔效应传感器)选项。设计者根据实际情况选择其中一种,选择后弹出该传感器设计窗口,根据实际需要进行传感参数设计,有关传感器设计详述将在 8.3.4 节讲解。

(3)设计系统的第三步是选择内环补偿调节器。在完成内环电流传感器选择后,SmartCtrl 程序将使能内环补偿调节器设计单元。SmartCtrl 提供了 PI、Type 2、Type 3 调节器供选择,如图 8-16 所示。设计者可根据需要选择某种补偿调节器。在选择补偿调节器类型后,将弹出补偿调节器设计窗口,需根据实际需要进行补偿器参数设计,有关补偿器的详细设计将在 8.3.5 节讲解。

(4)设计系统的第四步是选择内环解方案(选择内环交叉频率 fc 及相位裕量 PM)。在完成内环补偿调节器设计后,SmartCtrl 启用内环解方案图设计功能,并计算内环稳定解空间。在内环"Solution map"框内单击,或单击补偿调节器下面的"Solution map(inner loop)..."按钮启动 SmartCtrl 稳定解空间计算,并弹出解决方案图,类似图 8-12(a)所示。SmartCtrl 以解决方案图的形式显示所有可能的、使系统稳定的交叉频率和相位裕量组合解,要求设计者仅在白色区域内单击选择交叉频率和相位裕量。在选定工作点后,单击"OK"按钮确认并返回系统设计界面。选择的解决方案图将显示在 DC/DC 变换器数据输入窗口的右上侧。如果在任何时候需要更改上述两个参数,只需单击显示的解决方案图即可进行调整。

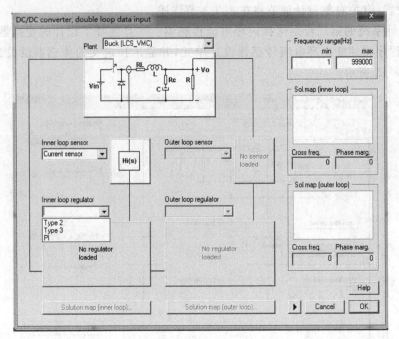

图 8-16　内环补偿调节器选择

（5）设计系统的第五步是选择外环电压传感。在完成内环设计后，SmartCtrl 程序都将使能外环电压传感器设计单元，并显示预定义的传感器类型供设计者选择及设计，如图 8-17 所示。

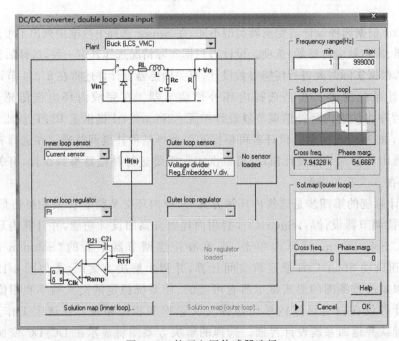

图 8-17　外环电压传感器选择

　　SmartCtrl 在 Sensor 下拉框中列出了可用的传感器（电阻分压器、嵌入式稳压器分压器）选项，设计者根据实际情况选择其中一种，选择后弹出该传感器的设计窗口，根据实际需要进行传感参数设计。有关传感器设计详述将在 8.3.4 节讲解。

　　（6）设计系统的第六步是选择外环补偿调节器。在完成外环电压传感器设计后，SmartCtrl 启用外环补偿调节器设计单元，如图 8-18 所示。SmartCtrl 程序提供 Type 3 补偿调节器、未衰减 Type 3 补偿调节器、Type 2 补偿调节器、未衰减 Type 2 补偿调节器、PI补偿调节器、未衰减 PI 补偿调节器、单极补偿调节器、未衰减单极补偿调节器供设计者选择，设计者可根据需要选择不同类型的补偿调节器。在选择补偿调节器后，将弹出补偿调节器设计窗口，随后根据实际需要进行补偿调节器参数设计。有关补偿调节器的详细设计将在 8.3.5 节讲解。

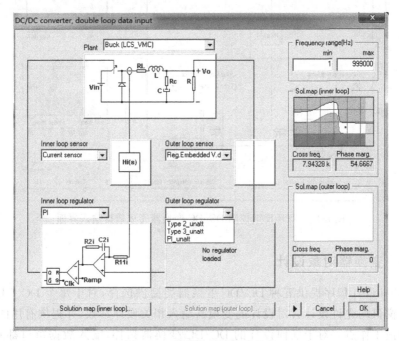

图 8-18　外环补偿调节器选择

　　（7）设计系统的第七步是选择外环解决方案（选择外环交叉频率 fc 及相位裕量 PM）。在完成外环补偿调节器设计后，SmartCtrl 启用外环解决方案图设计功能，在外环"Solution map"框内单击，或单击外环补偿调节器下面的"Solution map（outer loop）…"按钮启动SmartCtrl 稳定解空间计算，并弹出解决方案图，类似图 8-12（a）所示。SmartCtrl 以解决方案图的形式显示所有可能的、使系统稳定的交叉频率和相位裕量组合解，要求设计者仅在白色区域内单击选择交叉频率和相位裕度。在选定工作点后，单击"OK"按钮确认并返回系统设计界面。选择的解决方案图将显示在 DC/DC 变换器数据输入窗口的右下侧，如图 8-19 所示。如果在任何时候需要更改上述两个参数，只需单击显示的解决方案图即可进行调整。

　　应当指出的是，由于稳定性的限制，外环的交叉频率不能大于内环的交叉频率。为了防止选择比内部环路大的外环交叉频率，在外部环路的解决方案图中已包括一个粉红色阴影区域。若需要调整某个设计单元的参数，在图 8-19 界面对单击相应单元进行修改，修改某一个单元的设计参数后,其后续单元参数均需要重新设计。在确定完成所有单元的设计后,单击"OK"按钮确认设计,SmartCtrl 程序将自动显示系统在频率响应、瞬态响应方面的性能图形和文本显示界面,类似图 8-2 所示界面。在该界面设计者可以进一步调整变换器的设计参数,使系统的频率响应、瞬态响应符合设计要求,以完成控制环路设计。

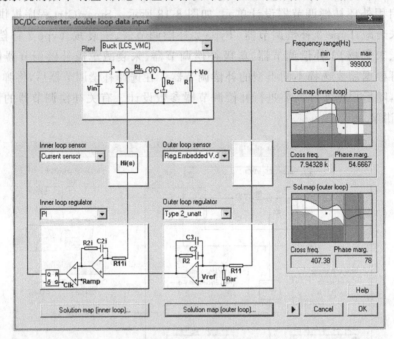

图 8-19　双环反馈控制 DC/DC 变换器完成数据输入界面

8.3.3　变换器对象设计

SmartCtrl 设计程序提供五种 DC/DC 变换器类型供选择,对于每个 DC / DC 变换器,其输入数据窗口均允许设计者对设计的变换器输入相关设计参数,并提供有用的相关信息,例如稳态直流工作点。对于任何设计的 DC/DC 变换器拓扑,输入数据窗口都对应于白色输入框,并且程序提供的其他信息将显示在灰色阴影框中。对于每一种可用的 DC/DC 变换器类型,SmartCtrl 程序提供一个参数设计窗口,给出变换器的电路拓扑,并在电路拓扑图下方给出定义稳态直流工作点的参数。根据每种变换电路拓扑的不同,其中一些将是输入数据,而另一些将是输出数据。变换器拓扑中的电路元件不属于本节讲解的内容,本节仅对 SmartCtrl 预定义的几种变换器反馈控制拓扑进行讲解,并给出相应的电路拓扑示意图。

1. Buck 变换器设计

当使用单环反馈控制方案时,Buck 降压变换器中要控制的参量可以是输出电压或电感电流。两种可能性都已包含在 SmartCtrl 的变换器设计窗口中,原理拓扑如图 8-20 所示。

在双环反馈控制方案的情况下,必须同时感测两个控制参量,即电感电流和输出电压,其原理拓扑如图 8-21 所示。

图 8-20 和图 8-21 中,Vin 是直流输入电源(V),RL 是电感等效串联电阻(Ω),L 是电感(H),RC 是输出电容等效串联电阻(Ω),C 是输出电容(F),R 是负载电阻(Ω),Vo 是输出

电压(V)。SmartCtrl输入数据窗口允许设计者选择所需的输入参数,并提供有用的信息,例如稳态直流工作点。该信息位于变换器拓扑图的正下方,如图8-22所示。在输入数据窗口中,白色输入框对应于输入数据框,而灰色阴影框对应于程序提供的附加信息。根据选择的反馈控制方式不同,需要输入的数据是不同的,电压反馈控制中输出电压是输入数据,电流反馈控制中要控制的电流是输入数据。

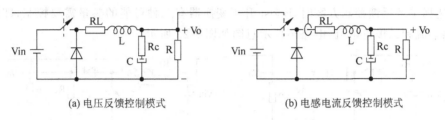

(a) 电压反馈控制模式　　　　　　　(b) 电感电流反馈控制模式

图 8-20　单环反馈控制 Buck 变换器拓扑

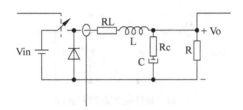

图 8-21　双环反馈控制 Buck 变换器拓扑

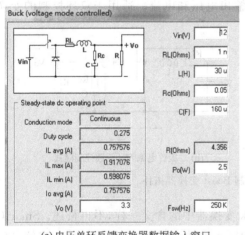
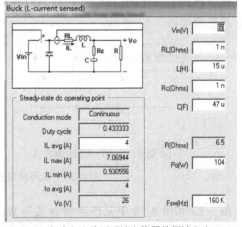

(a) 电压单环反馈变换器数据输入窗口　　　　(b) 电感电流单环反馈变换器数据输入窗口

图 8-22　单环反馈控制 Buck 变换器数据输入窗口

输入数据窗口中显示的参数和稳态直流工作点有关参量含义如下:

Conduction mode:传导模式,可以是连续的或不连续的;

Duty cycle:功率开关管的占空比 ton / T;

IL avg(A):电感平均电流(A);

IL max(A):电感电流的最大值(A);

IL min(A):电感电流的最小值(A);

Io avg(A)：输出平均电流(A)；

Po(W)：输出功率（W）；

Fsw(Hz)：开关频率(Hz)。

在变换器的数据输入窗口,设计者需要根据实际设计需求,正确输入相关参数值。

2. Boost 变换器设计

当选择单环反馈控制方案时,Boost 升压变换器有三种可能的参量需要控制,即输出电压、电感电流和二极管电流,电路拓扑示意图如图 8-23 所示。

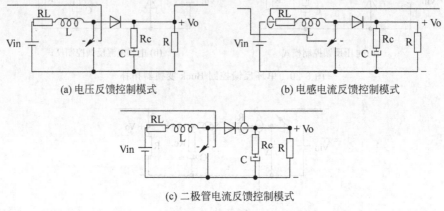

(a) 电压反馈控制模式　　　　　　　　　(b) 电感电流反馈控制模式

(c) 二极管电流反馈控制模式

图 8-23　单环反馈控制 Boost 变换器拓扑

在双环控制方案的情况下,必须同时感测输出电压和电流。适用于双环控制的变换器拓扑示意图如图 8-24 所示。

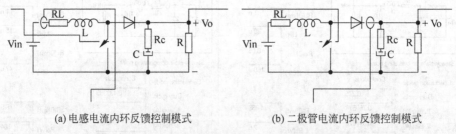

(a) 电感电流内环反馈控制模式　　　　　　(b) 二极管电流内环反馈控制模式

图 8-24　双环反馈控制 Boost 变换器拓扑

图 8-23 和图 8-24 中元件参数含义与 Buck 变换器中的含义一样,不再赘述。SmartCtrl 输入数据窗口允许设计者输入 Boost 变换器的输入参数,并提供有用的信息。该信息位于变换器拓扑图像的正下方,与图 8-22 所示的 Buck 变换器数据输入窗口类似。

3. Buck-Boost 变换器设计

在单环控制方案中,降压-升压变换器有三种可能的参量(输出电压、电感电流和二极管电流)可作为控制量,其电路拓扑示意图如图 8-25 所示。

在双环控制方案中,反馈的参量是输出电压和电感电流,其电路拓扑示意图如图 8-26 所示。

图 8-25 和图 8-26 中元件参数含义与 Buck 变换器中的含义一样,不再赘述。SmartCtrl 输入数据窗口允许设计者输入 Buck-Boost 变换器的输入参数,并提供有用的信息。该信息

位于变换器拓扑图的正下方,与图 8-22 所示的 Buck 变换器数据输入窗口类似。

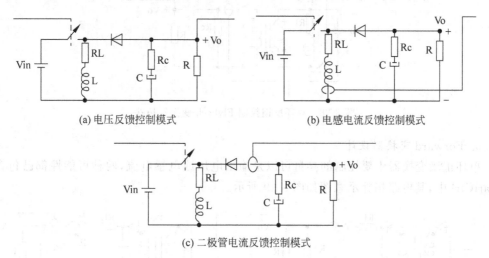

(a) 电压反馈控制模式　　　　　　　　(b) 电感电流反馈控制模式

(c) 二极管电流反馈控制模式

图 8-25　单环反馈控制 Buck-Boost 变换器拓扑

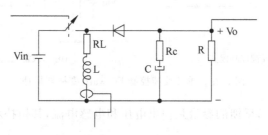

图 8-26　双环反馈控制 Buck-Boost 变换器拓扑

4. Flyback 变换器设计

在单环反馈控制方案中,反激式变换器要控制的参量可以是输出电压或二极管电流。两种可能性都已包含在 SmartCtrl 中,其电路拓扑示意图如图 8-27 所示。

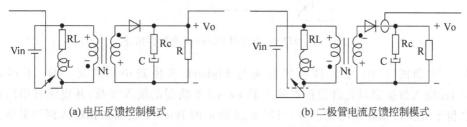

(a) 电压反馈控制模式　　　　　　　　(b) 二极管电流反馈控制模式

图 8-27　单环反馈控制 Flyback 变换器拓扑

在双环控制方案中,反馈控制参量是输出电压和电感电流,其电路拓扑示意图如图 8-28 所示。

图 8-27 和图 8-28 中元件参数含义与 Buck 变换器中的含义一样,不再赘述。其中参数 Nt 是变压器的变比(Nt 为变压器二次侧线圈匝数 N2 与一次侧线圈匝数 N1 的比值)。SmartCtrl 输入数据窗口允许设计者输入 Flyback 变换器的输入参数,并提供有用的信息。该信息位于变换器拓扑图像的正下方,与图 8-22 所示的 Buck 变换器数据输入窗口类似。

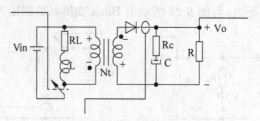

图 8-28　双环反馈控制 Flyback 变换器拓扑

5. Forward 变换器设计

单环正激变换器中要控制的参量可以是输出电压或电感电流，两种可能性都已包含在 SmartCtrl 中，其电路拓扑示意图如图 8-29 所示。

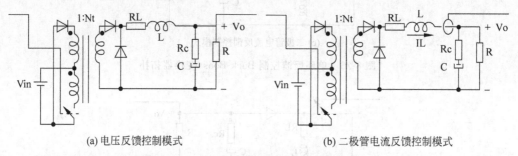

(a) 电压反馈控制模式　　　　　　　　　　　(b) 二极管电流反馈控制模式

图 8-29　单环反馈控制 Forward 变换器拓扑

在双环控制方案中，反馈的参量是输出电压和电感电流，其拓扑示意图如图 8-30 所示。

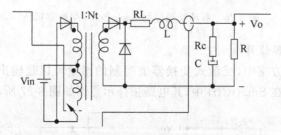

图 8-30　双环反馈控制 Forward 变换器拓扑

图 8-29 和图 8-301 中元件参数含义与 Flyback 变换器中的含义一样，不再赘述。SmartCtrl 输入数据窗口允许设计者输入 Forward 变换器的输入参数，并提供有用的信息。该信息位于变换器拓扑图的正下方，与图 8-22 所示的 Buck 变换器数据输入窗口类似。

8.3.4　传感器设计

SmartCtrl 针对预定义的变换器拓扑，提供几种不同的传感器单元供设计者选择。对于不同电路拓扑、不同控制模式的变换器，需要选择相应的传感器单元，并对传感器单元参数进行设计。

1. 电阻分压传感器

电阻分压器测量输出电压，并将其调整到补偿调节器参考电压范围内。电阻分压器示意图如图 8-31(a) 所示，其传递函数方程式如图 8-31(b) 所示。

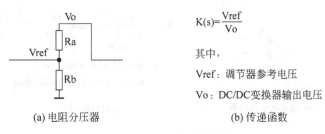

$$K(s)=\frac{Vref}{Vo}$$

其中,

Vref:调节器参考电压

Vo:DC/DC变换器输出电压

(a) 电阻分压器　　　　　　　　　(b) 传递函数

图 8-31　电阻分压传感器

2. 嵌入式电阻分压器

将构成分压器的两个电阻嵌入补偿调节器内,在传感器设置的相应框中没有传感器表示,如图 8-32 所示。分压器电阻(R11,Rar)在补偿调节器单元中显示。

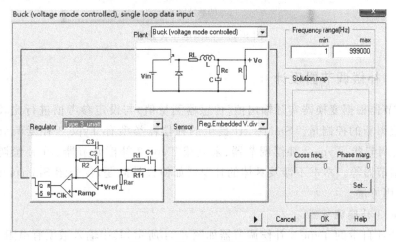

图 8-32　嵌入式电阻分压器

给定所需的输出电压 Vo、调节器参考电压 Vref 和电阻 R11 的值,SmartCtrl 可计算出电阻器 Rar 的值。分压器在 0Hz 时的传递函数为:

$$\frac{Vo}{Vref}=\frac{Rar}{Rar+R11}$$

3. 隔离电压传感器

隔离电压传感器提供电气隔离,它可用于反激和正激 DC/DC 变换器拓扑中,示意图如图 8-33(a)所示,其传递函数如图 8-33(b)所示,隔离电压传感器的频率响应曲线如图 8-33(c)所示。

4. 电流传感器

电流传感器由通用传递函数 Hi(s)表示,等于传感器设计界面输入的增益 Gain。在传感器内部,传递函数对应为恒定增益 Gain,表示每安培输出的电压值,单位为 V/A。例如,如果使用电阻器 Rs 感测电流,则电流传感器增益将是该电阻器的值,即 Gain=Rs。

5. 霍尔电流传感器

霍尔电流传感器是通过传递函数 H(s)表示,在内部其传递函数与图 8-33 所示的隔离型电压传感器类似。

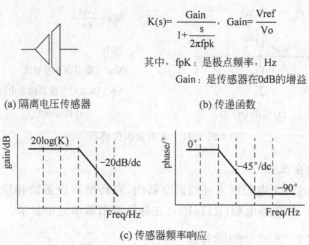

$$K(s)=\frac{Gain}{1+\dfrac{s}{2\pi fpk}}, \quad Gain=\frac{Vref}{Vo}$$

其中，fpK：是极点频率，Hz

Gain：是传感器在0dB的增益

(a) 隔离电压传感器 (b) 传递函数

(c) 传感器频率响应

图 8-33　隔离电压传感器

8.3.5　补偿调节器设计

补偿调节器根据变换器实际输出值（传感器测量值）与设定参考值进行比较，对其误差进行运算，获得新的控制量。SmartCtrl 提供的补偿器类型有 Type 3 补偿调节器、未衰减 Type 3 补偿调节器、Type 2 补偿调节器、未衰减 Type 2 补偿调节器、PI 补偿调节器、未衰减 PI 补偿调节器等。本书不涉及具体的补偿器如何设计问题，仅介绍 SmartCtrl 自带的补偿调节器使用方法。

1. Type 3 补偿调节器

SmartCtrl 自带的 Type 3 补偿调节器如图 8-34 所示，其中输入数据有电阻 R11(Ω)，斜坡电压（PWM 调制器的载波信号）的峰值 Vp(V)，斜坡电压的谷值 Vv(V)，斜坡电压的上升时间 Tr(s)，开关切换时间 Tsw(s)。

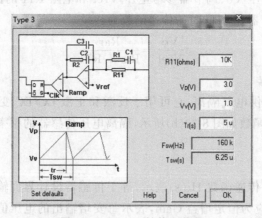

图 8-34　Type 3 补偿调节器

SmartCtrl 根据输入数据，自动计算构成 Type 3 补偿调节器各元件(C1，C2，C3，R1，R2)的值，并将参数输出到 SmartCtrl 的输出文本显示窗口。

2. 未衰减 Type 3 补偿调节器

SmartCtrl 自带的未衰减 Type 3 补偿调节器如图 8-35 所示,其中输入数据有电阻 R11 (Ω),参考电压 Vref(V),斜坡电压(PWM 调制器的载波信号)的峰值 Vp(V),斜坡电压的谷值 Vv(V),斜坡电压的上升时间 Tr(s),开关切换时间 Tsw(s)。

SmartCtrl 根据输入数据,自动计算构成未衰减 Type 3 补偿调节器各元件(C1,C2,C3,R1,R2)和电阻 Rar 的值,并将参数输出到 SmartCtrl 的输出文本显示窗口。

对于输出电压 Vo 低于指定参考电压 Vref 的情况,可以使用连接到输入直流电压源的电阻 Rar 来设置直流工作点,如图 8-36 所示,需设置电源电压 Vcc 的值。

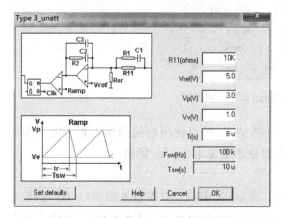

图 8-35　未衰减 Type 3 补偿调节器

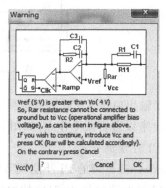

图 8-36　输出低于参考电压时补偿器连接设置

3. Type 2 补偿调节器

SmartCtrl 自带的 Type 2 补偿调节器如图 8-37 所示。其中输入数据设置与 Type 3 补偿调节器相同。在设置完参数后,SmartCtrl 根据输入数据,自动计算构成 Type 2 补偿调节器各元件(C2,C3,R2)的值,并将参数输出到 SmartCtrl 的输出文本显示窗口。

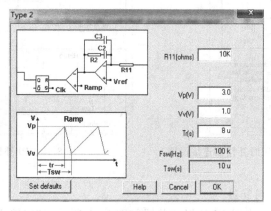

图 8-37　Type 2 补偿调节器

4. 未衰减 Type 2 补偿调节器

SmartCtrl 自带的未衰减 Type 2 补偿调节器如图 8-38 所示,其输入数据设置与未衰减 Type 3 补偿调节器相同。SmartCtrl 根据输入数据,自动计算构成未衰减 Type 2 补偿调节器各元件(C2，C3，R2）和电阻 Rar 的值，并将参数输出到 SmartCtrl 的输出文本显示窗口。

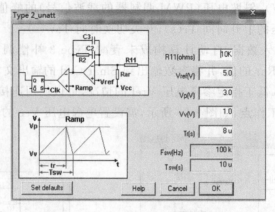

图 8-38　未衰减 Type 2 补偿调节器

对于输出电压 Vo 低于指定参考电压 Vref 的情况，可以使用连接到输入直流电压源的电阻 Rar 来设置直流工作点，如图 8-39 所示，需设置电源电压 Vcc 的值。

5. PI 补偿调节器

SmartCtrl 自带的 PI 补偿调节器如图 8-40 所示，其中输入数据有电阻 R11(Ω)，斜坡电压(PWM 调制器的载波信号)的峰值 Vp(V)，斜坡电压的谷值 Vv(V)，斜坡电压的上升时间 Tr(s)，开关切换时间 Tsw(s)。SmartCtrl 根据输入数据自动计算构成 PI 补偿调节器的元件(C2，R2)的值，并将参数输出到 SmartCtrl 的输出文本显示窗口。

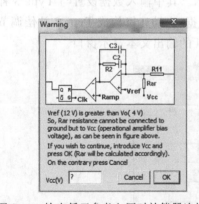

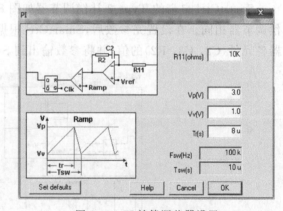

图 8-39　输出低于参考电压时补偿器连接设置　　　　图 8-40　PI 补偿调节器设置

6. 未衰减 PI 补偿调节器

SmartCtrl 自带的未衰减 PI 补偿调节器如图 8-41 所示，其中输入数据有电阻 R11(Ω)，参考电压 Vref(V)，斜坡电压(PWM 调制器的载波信号)的峰值 Vp(V)，斜坡电压的谷值 Vv(V)，斜坡电压的上升时间 Tr(s)，开关切换时间 Tsw(s)。SmartCtrl 根据输入数据自动计算构成未衰减 PI 补偿调节器的元件(C2，R2)和 Rar 的值，并将参数输出到 SmartCtrl 的输出文本显示窗口。

对于输出电压 Vo 低于参考电压 Vref 的情况，可以使用连接到输入直流电压源的电阻 Rar 来设置直流工作点，如图 8-42 所示，需设置电源电压 Vcc 的值。

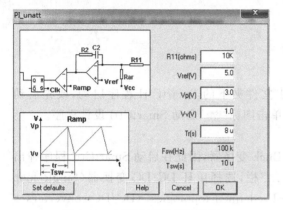

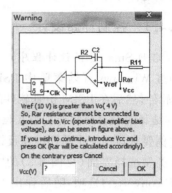

图 8-41　未衰减 PI 补偿器设置　　　　　　图 8-42　输出低于参考电压时 PI 补偿器连接设置

8.4　SmartCtrl 环路设计示例

SmartCtrl 能够设计多种变换类型的 DC/DC 变换器，通过使用 SmartCtrl 提供的设计向导程序，可以高效、简便地设计出 DC/DC 变换器的补偿调节器。本节以一个简单的单环电压反馈控制 Buck 变换器为例，讲解 SmartCtrl 的具体设计方法及使用过程。本节示例的单环电压反馈控制 Buck 变换器的框图如图 8-43 所示。

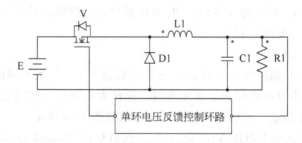

图 8-43　单环电压反馈控制 Buck 变换器框图

图 8-43 中功率电路部分在 PSIM 中搭建，单环电压反馈控制环路利用 SmartCtrl 进行设计，设变换器的参数如表 8-3 所示。

表 8-3　Buck 变换器参数

参　　　数	值	参　　　数	值
输入电压	16V	参考电压	2.5V
输出电压	10V	输出电感	$200\mu H(ESR=1n\Omega)$
开关频率	100kHz	输出电容	$30\mu F(ESR=1n\Omega)$
输出功率	10W		

表 8-3 中电感、电容参数需根据所设计的变换器输入电压、输出电压、开关频率、最小输出电流、纹波系数等参数计算得出。有关参数计算方法,不属于本书讲解内容,读者可参看相关文献进行计算。

8.4.1　控制环路设计

1. 启动 SmartCtrl 设计程序

通过 Windows 开始菜单中 PSIM 9.1.1 文件夹下的 SmartCtrl 程序启动,或先启动 PSIM 软件,然后在 PSIM 仿真软件的工具栏单击图标"▣"启动 SmartCtrl 设计程序。

2. 选择变换器的拓扑类型及控制模式

本例要求设计一个单环电压反馈控制的 Buck 变换器,因此在启动 SmartCtrl 程序弹出的设计类型选择界面(见图 8-3)的"Design a…"栏,选择单环 DC/DC 变换器(Single loop DC/DC converter)选项,随后弹出 "Design→Predefined topologies→DC/DC converters→Single loop→Buck→Voltage mode controlled"菜单项。单击"确认"按钮即可打开变换器的设计界面。

若在启动 SmartCtrl 程序时关闭了可选项界面,可以直接从 SmartCtrl 主程序窗口的 Design 菜单中找到相应菜单项,打开单环电压反馈 Buck DC/DC 变换器的参数设计界面。或在主程序界面标准工具栏单击图标" ▣ ",进入单环 DC/DC 变换器设计数据输入界面。在该界面中的 Plant 下拉选择框中选择单环电压反馈 Buck DC/DC 变换器类型,弹出单环电压反馈 Buck DC/DC 变换器的参数设计界面。

3. 单环电压反馈 Buck DC/DC 变换器参数设计

根据表 8-3 给出的变换器数据,输入单环电压反馈 Buck DC/DC 变换器的参数到设计界面相应的输入框中,如图 8-44(a)所示。完成被控对象所有元件参数的输入后,单击"OK"按钮进行下一步,返回到单环 DC/DC 变换器设计数据输入界面,此时 SmartCtrl 已经启用传感器单元设计,如图 8-44(b)所示。

4. 选择传感器及参数设计

确定被控对象后,依据控制参量,SmartCtrl 程序将会列出可用类型的传感器,如图 8-44(b)所示,本例中选择电阻分压器作为电压传感器。设计者必须指定参考电压,SmartCtrl 程序将会自动计算传感器增益。传感器的输入数据窗口如图 8-45 所示。

在图 8-45 中,输入参考电压 Vref 值为 2.5,然后单击"Calculate Gain＝Vref/Vo from Vref"按钮,SmartCtrl 程序自动计算传感器的增益。最后单击"OK"按钮进入下一步,并使能补偿调节器设计单元。

注意:接下来的所有设计流程都将使用图 8-45 计算的增益进行设计,并且通过 SmartCtrl 列出用于实现电阻分压器的电阻值以及调节器元件值。

5. 选择补偿调节器类型及参数设计

补偿调节器选取由所设计的变换器决定。本示例控制对象是一个二阶系统,对比 Type 2 和 Type 3 调节器的解决方案图,为获取最佳的相位裕度和足够的带宽,本示例选择 Type 3 补偿调节器。在单环 Buck DC/DC 变换器数据输入界面的 Regulator 下拉框,选择"Type 3"补偿调节器,弹出 Type 3 补偿调节器的参数设置界面,如图 8-46 所示。

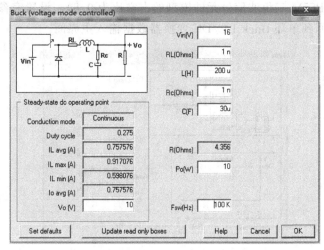

(a) 单环电压反馈Buck DC/DC变换器参数设计界面

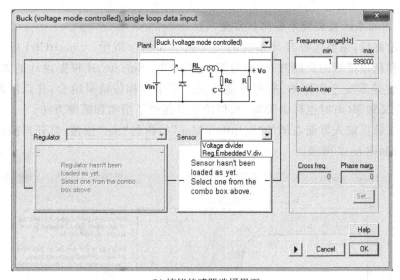

(b) 使能传感器选择界面

图 8-44 单环 Buck DC/DC 变换器数据输入界面

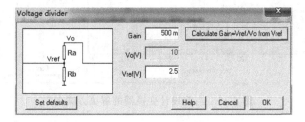

图 8-45 电阻分压传感器参数设置

在该界面中,需要输入电阻 R11 的阻值,本示例采用默认值 10kΩ;斜坡峰峰值 Vp 设置为 3V,谷值 Vv 设置为 1V(类似 PSIM 三角波信号元件模型的直流偏置参数),即斜坡输出偏移 Vv;斜坡电压的上升时间 Tr(s)设置为 8μs(由于开关频率为 100kHz,开关周期为

10μs,相当于设置 PSIM 三角波信号元件模型的占空比为 0.8)。设置完参数后,单击"OK"按钮关闭界面,返回到单环 Buck DC/DC 变换器数据输入主界面。

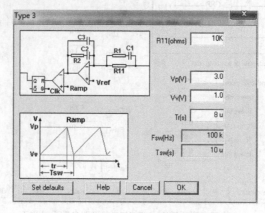

图 8-46 Type 3 补偿调节器参数设计

6. 选择开环系统交叉频率和相位裕量

系统确定好后,需要选择开环系统的交叉频率和相位裕量。SmartCtrl 提供了一种选择交叉频率和相位裕量的快捷方式,称为解决方案图。SmartCtrl 根据设计的系统参数,自动计算满足变换器安全工作的、所有可能的交叉频率和相位裕量组合,并以图形的形式展示,为选择交叉频率(有时也称为带宽)和相位裕量提供了指南和简便方法。

单击系统数据输入界面右侧的"Solution Map"栏内的"Set"按钮,打开当前设计系统的解决方案图,如图 8-47 所示。

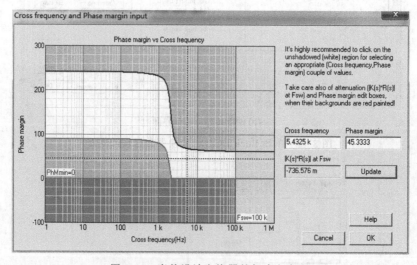

图 8-47 当前设计变换器的解决方案图

解决方案图的 X 轴是交叉频率 fc,而 Y 轴是相位裕量 PM。根据变换器参数和所选调节器的类型,SmartCtrl 自动生成安全设计区域("解决方案图"中的白色区域)。"解决方案图"白色区域里的每一点都相当于一个交叉频率和相位裕量的稳定值组合。在该白色区域内对交叉频率和相位裕量的任何选择,都将使变换器系统成为一个稳定系统的解决方案。

设计者也可以通过在编辑框中输入确定值来选择所需的交叉频率和相位裕量,然后单击"Update"按钮更新数据;或直接在"解决方案图"白色区域单击进行设置,所选设计在解决方案图中显示为红点。

此外,选定一个工作点后,SmartCtrl 会根据给定的特定设计参数,计算传感器和补偿调节器在开关频率 fsw 处的衰减,并将其值显示在|K(s) * R(s)|编辑框中。如果在开关频率处没有足够的衰减,则系统可能会在高频区域振荡。另外,如果选择的设计工作点不合适,则编辑框将变为红色,警告用户重新选择工作点。

为快速选择交叉频率和相位裕量,通常选择开关频率的 1/10 作为交叉频率,相位裕量选择 45°~60°。本示例将交叉频率设置为 5.4325kHz,相位裕度设置为 45.3333°,并且该设计很好地位于白色安全设计区域内。确定工作点后单击"OK"按钮返回到单环 Buck DC/DC 变换器数据输入界面,选择的交叉频率和相位裕量解决方案图显示在输入数据窗口的右侧,如图 8-48 所示。

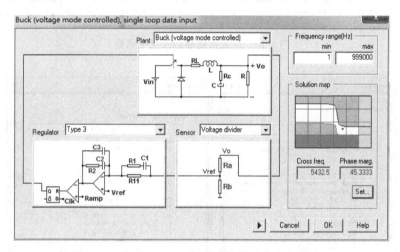

图 8-48 单环 Buck DC/DC 变换器解决方案图显示

在完成解决方案选择后,单击"OK"按钮以确认设计,SmartCtrl 程序自动显示系统性能,包括系统的频率响应、极坐标图、瞬态响应等。

7. 执行控制环路分析和优化

一旦选择了交叉频率和相位裕量,SmartCtrl 就可以计算调节器参数,并可以评估控制环路的性能。SmartCtrl 通过频率响应、极坐标图、瞬态响应提供一种非常直观、直接的方法来检查控制环路的性能,如图 8-49 所示。

SmartCtrl 程序提供了一些优化工具,例如用于灵敏度分析的参数扫描工具,控制环路优化算法等,如图 8-49 右侧工具栏,可以利用该工具进行系统性能优化。有关优化工具的使用及参数扫描,此处不再详述,读者可自行研究。

8. 导出设计的控制环路

设计完成后,SmartCtrl 将提供传感器和补偿调节器构成元件值。在 SmartCtrl 程序主界面的工具栏,单击图标" ▣ ▤ ",可以查看变换器输入参数值、补偿调节器元件参数值、分压电阻参数值等,如图 8-50 所示。

确认设计完成后,可以选择"File→Export→Regulator→To PSIM(schematic)"(或单击

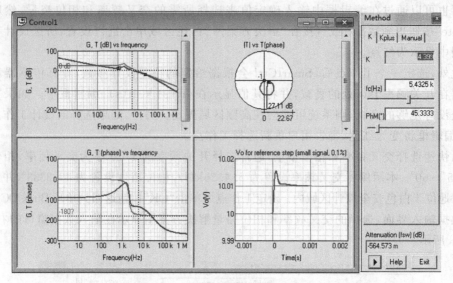

图 8-49　系统性能显示及优化调整

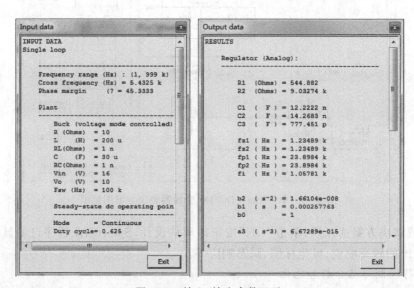

图 8-50　输入/输出参数显示

工具栏图标"▦"Export to PSIM diagram)菜单项,以电路原理图的形式导出补偿调节器电路元件和参数。在单击后弹出文件对话框,要求输入将要保存的文件名,输入确定后弹出如图 8-51 所示的保存形式选择对话框,可选择以电路元件(Components(R1,C2,…,are given))的形式或 s 域函数(Sdomain coefficients)的形式进行保存。

本例以电路元件形式进行保存导出的设计控制环路,单击"OK"按钮自动打开 PSIM 仿真软件,并在电路原理图窗口显示所导出的控制器环路电路模型,如图 8-52 所示。

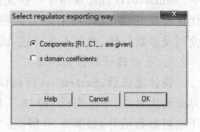

图 8-51　控制环路保存形式选择。

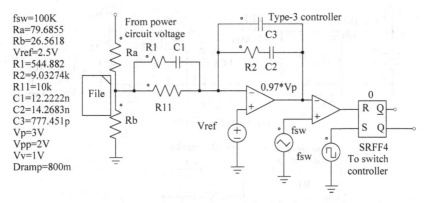

图 8-52　电路元件形式的控制环路电路模型

若以 s 域函数的形式进行保存,单击"OK"按钮,自动打开 PSIM 仿真软件,并在电路原理图窗口显示所导出的控制器环路电路模型,如图 8-53 所示(隐藏了文件保存的参数,可设置显示)。

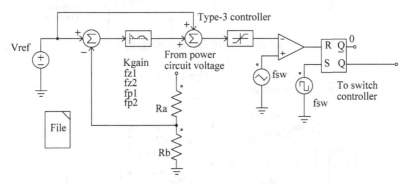

图 8-53　s 域函数件形式控制环路电路模型

在图 8-52 和图 8-53 导出模型中,有关元件参数以参数文件的形式保存,参数文件保存在模型文件相同的目录文件夹下。

8.4.2　PSIM 仿真验证

1. 时域瞬态仿真

在 SmartCtrl 中完成控制环路设计后,可以在 PSIM 中进行时域瞬态仿真,以验证闭环系统的性能。为了检验闭环控制系统的控制性能,仿真中加入一个阶跃变化的负载,阶跃变化量为 50%。在导出的电路元件形式控制环路电路模型中,添加功率变换电路,并将控制环路接入功率电路,形成一个闭环系统,如图 8-54 所示。

➤ 图 8-54(a)是根据表 8-3 搭建的功率变换电路仿真模型,开关管 V 的驱动输入栅极、变换器输出电压通过"Label"标签(SV、Vo)引出,方便与控制环路连接。

➤ 图 8-54(b)是 SmartCtrl 导出的单环电压反馈控制环路,直接将电源反馈输入端用"Vo"标签与变换器输出 Vo 连接;控制环路输出的 PWM 驱动信号通过"SV"标签与开关管 V 的栅极连接。

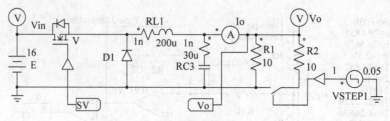

(a) 功率电路仿真模型

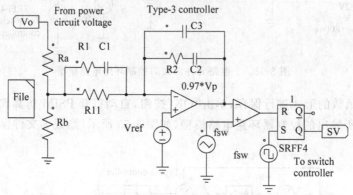

(b) SmartCtrl设计的控制环路电路模型

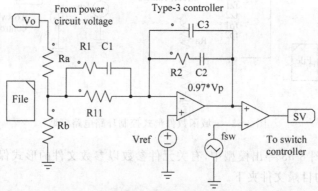

(c) 修改的控制环路电路模型

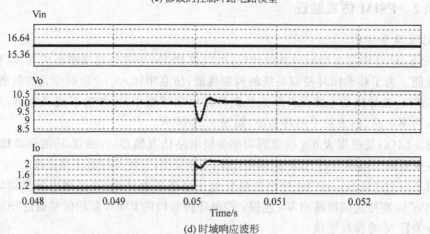

(d) 时域响应波形

图 8-54　单环电压控制 Buck 变换器时域仿真模型

> **注意**：需要将 SmartCtrl 导出的控制环路 RS 触发器 SRFF4 的触发模式改为电平触发(将 RS 触发器属性参数 Trigger Flag 设置为 1)，否则电路工作不正常。

> 图 8-54(c)是将 SmartCtrl 导出的单环电压反馈控制环路模型中的 RS 触发器及相连的方波触发信号去掉，将比较器同相端与反相端反相得到的控制环路，与图 8-54(b)控制效果一样。

> 图 8-54(d)是变换器的时域响应输出，从输出电流 Io 曲线可知，在设置的 0.05s 时，负载发生了 50% 的阶跃，电流增大一倍；输出电压 Vo 在 0.05s 时输出发生变化，但在控制环路的自动调节下，大约 0.00025s 后重新稳定在设定参考值 10V，表明控制环路对变化的响应非常好，超调量小且建立时间短。

2. 频域响应仿真

为了检验 SmartCtrl 设计的控制环路频率响应特性，在图 8-54(c)所示的反馈环路中加入 AC Sweep 扫描，加入 AC Sweep 的控制环路模型如图 8-55 所示，AC Sweep 参数与图 3-76 中的参数设置一致。

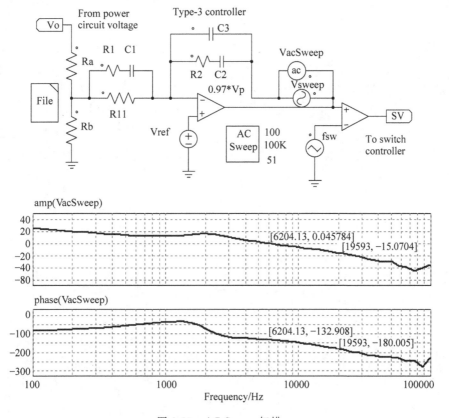

图 8-55　AC Sweep 扫描

从图 8-55 扫描结果可知，SmartCtrl 设计的控制环路相位裕量约为 47°，增益裕量约为 15dB，与 SmartCtrl 环路设计时的相位裕量接近，且符合系统稳定性要求。

8.5　本章小结

　　本章首先从 SmartCtrl 的基本特性入手，对 SmartCtrl 的基本功能、设计环境、主程序界面进行全面的讲解；随后对 SmartCtrl 中自带的单环反馈控制环路设计方法及步骤、双环反馈控制环路设计方法及步骤、变换器对象单元设计、传感器单元设计、补偿调节器单元设计进行详细、深入的讲解；最后以单环电压反馈控制 Buck 变换器为示例，演示如何利用 SmartCtrl 进行开关电源环路设计及验证，讲解开关电源环路设计的具体步骤及验证方法。通过本章的学习，可以顺利使用 SmartCtrl 程序工具进行开关电源环路设计，并对开关电源的系统稳定工作点进行调整与设计。

第9章

SimCoder自动代码生成

SimCoder 是 PSIM 自带的自动代码生成功能单元,它可以将电路原理图生成相应的 C 程序代码。SimCoder 可以从具有或不具有具体目标硬件的仿真电路原理图中生成代码,生成的 C 程序代码可以不经任何修改直接在特定的目标 DSP(数字信号处理器)硬件上运行。利用 SimCoder 可以快速生成硬件的 C 程序实现代码,以缩短开发时间,降低编程难度。

9.1 代码生成元件概述

在 PSIM 元件模型库中,并不是所有元件模型都可以用于 SimCoder 的自动代码生成电路原理图设计。要确定某个元件是否可用于代码生成,可进入 PSIM 的"Options→Settings"菜单项,在弹出的对话框中进入"Advanced"页面,然后选中"show image next to elements that can be used for code generation"复选框。这样会使 PSIM 元件库中支持代码生成的元件模型旁边显示一个小图标"C_G"或"T_I"或"P_R"或"P_E"或"C_H"。

➢ 带有"C_G"小图标的元件为标准库元件,可用于任何具有硬件或无硬件的代码生成电路原理图设计。

➢ 带有"T_I"小图标的元件(位于"SimCoder→TI F28335 Target"菜单项下),可用于基于 TI F28335 DSP 芯片目标硬件的代码生成电路原理图设计。

➢ 带有"P_R"小图标的元件(位于"SimCoder→PE-PRO/F28335 Target"菜单项下),可用于 PE-PRO/F28335 硬件平台的代码生成电路原理图设计。

➢ 带有"P_E"小图标的元件(位于"SimCoder→PE-Expert3 Target"菜单项下),可用于 PE-Expert3 硬件平台的代码生成电路原理图设计。

➢ 带有"C_H"小图标的元件(位于"SimCoder→General Hardware Target"菜单项下),可用于通用硬件的代码生成电路原理图设计。

1. 可代码生成的控制元件

PSIM 元件库模型中提供了用于控制环路设计的电路元件模型,位于"Elements→Control"和"Elements→Control→Other Function Blocks"菜单项中,仅有部分控制元件可用于 SimCoder 自动代码生成,如表 9-1 所示。

表 9-1 可代码生成的控制元件

位于"Elements→Control"菜单项下的元件

元　　件	说　　明
Proportional Block	比例控制器,可对输入信号进行比例放大
Comparator	通用比较器,对两个输入量进行比较,产生一个逻辑信号
Limiter	上/下限幅器,当超出上/下限时,为上/下限值,没有超出为原值
Upper Limiter	上限幅器,当超出上限时,为上限值,没有超出为原值
Lower Limiter	下限幅器,当超出下限时,为下限值,没有超出为原值
Range Limiter	范围限制器,输出被限制在上限与下限之内。限制器的范围是 Vrange = Vupper-Vlower。当输入超过上限时,用 Vrange 减去输入值,直到它在该范围内;当输入低于下限时,用 Vrange 加上输入值,直到它在该范围内
Summer（＋/－）	求两个输入之差
Summer（＋/＋）	求两个输入之和
Summer（3-input）	求三个输入之和或差(求差就将其参数设置为－1)

位于"Elements→Control→Other Function Blocks"菜单项下的元件

元　　件	说　　明
Multiplexer（2-input）	2 选 1 多路选择器
Multiplexer（4-input）	4 选 1 多路选择器
Multiplexer（8-input）	8 选 1 多路选择器

2. 可代码生成的数学计算元件

位于"Elements→Control→Computational Blocks"菜单项下的数学计算元件,包含 Multiplier(乘法)、Divider(除法)、Square-root(平方根)、Sine(正弦,输入为度)、Sine(正弦,输入为弧度)、Cosine(余弦,输入为度)、Cosine(余弦,输入为弧度)、Tangent(正切)、Arctangent2(反正切 2 块,输出是输入的虚部 y 与实部 x 之比的反正切;输出为弧度,范围为 $-\pi \sim +\pi$;该块的行为与 C 语言中的函数 atan2(y,x)相同)、Exponential（a^x）(指数 a^x)、Power（x^a）(求方,x^a)、LOG（base e）(自然对数)、LOG10（base 10）(以 10 为底的对数)、Absolute Value(求绝对值)、Sign Block(信号函数)。

3. 可代码生成的逻辑元件

位于"Elements→Control→Logic Elements"菜单项下的逻辑元件,包含 AND Gate(与门)、AND Gate（3-input）(3 输入与门)、OR Gate(或门)、OR Gate（3-input）(3 输入或门)、XOR Gate(异或门)、NOT Gate(非门)、NAND Gate(与非门)、NOR Gate(或非门)。

4. 可代码生成的数字控制元件

可代码生成的数字控制元件位于"Elements→Control→Digital Control Module"菜单项下,具体如表 9-2 所示。

表 9-2 可代码生成的数字控制元件

元　　件	说　　明
Zero-Order Hold	零阶保持
Unit Delay	单位延迟元件,可使输入信号延迟一个仿真时间步后输出
Integrator	离散积分器

续表

元　件	说　明
Differentiator	离散微分器
External Resetable Integrator	可在外部复位的离散积分器
Internal Resetable Integrator	可在内部复位的离散积分器
FIR Filter	FIR 滤波器
FIR Filter（file）	系数存储在文件中的 FIR
Digital Filter	数字滤波器
Digital Filter（file）	系数存储在文件中的数字滤波器
z-domain Transfer Function	z 域传递函数
Circular Buffer（single output）	单输出循环缓冲器

5. 可代码生成的电源元件

可代码生成的电源元件是指直流电源元件,在 C 程序代码中,直流电源相当于一个常量值参数。可用于代码生成的直流电源元件如下:

➢ 位于"Elements→Sources"菜单项下有:

- Constant(生成一个常量值)

- Ground、Ground（1）、Ground（2）(地信号,不同外形的地信号,功能相同)

➢ 位于"Elements→Sources→Voltage"菜单项下有:

- DC、DC（battery）(直流电源,在控制电路中表示一个常量值,与 Constant 类似)

- Sawtooth(锯齿波信号源元件,在 SimCoder 中有特殊用法)

- Math Function(用数学函数表示的直流电压源,在控制电路中可对输入信号进行数学计算)

- Grounded DC（circle）、Grounded DC（T）(接地的直流电压源,功能相同,外形不同)

6. 可代码生成的其他功能元件

在"Elements→Control→Other→Function Blocks"菜单项下有可用于自动代码生成的其他功能电路元件,如表 9-3 所示。

表 9-3　可代码生成的其他功能块元件

元　件	说　明
abc-dqo Transformation	abc 转为 dqo 的变换模块
dqo-abc Transformation	dqo 转为 abc 的变换模块
abc-alpha/beta Transformation	abc 转为 α/β 的克拉克变换模块
alpha/beta-abc Transformation	α/β 转为 abc 的克拉克逆变换模块
ab-alpha/beta Transformation	ab 转为 α/β 的克拉克变换模块
ac-alpha/beta Transformation	ac 转为 α/β 的克拉克变换模块
alpha/beta-dq Transformation	具有角度输入的 α/β 转为 dq 的帕克变换模块
dq-alpha/beta Transformation	具有角度输入的 dq 转为 α/β 的帕克逆变换模块
x/y-r/angle Transformation	笛卡儿坐标转为极坐标的变换模块
r/angle-x/y Transformation	极坐标转为笛卡儿坐标的变换模块
Lookup table	查询表
2-D Lookup Table（integer）	带整数输入的 2 维内置查询表

续表

元　件	说　明
2-D Lookup Table (interpolation)	带插值的 2 维查询表
Math Function	数学函数模块
Math Function (2-input)	具有 2 个输入变量的数学函数模块
Math Function (3-input)	具有 3 个输入变量的数学函数模块
Math Function (5-input)	具有 5 个输入变量的数学函数模块
Math Function (10-input)	具有 10 个输入变量的数学函数模块
Simplified C Block	简化 C 程序模块

注意：所有数学功能块和 Simplified C Block，不能在 SimCoder 中使用变量 t(仿真时间)和 delt(仿真时间步长)来生成代码。

7. 可代码生成的参数文件元件

位于"Elements→other"菜单项下的 Parameter File(参数文件)元件，可用于自动代码生成电路原理图设计。参数文件元件在 SimCoder 中有特殊用法，详细使用在 9.2.1 节讲解。

8. 可代码生成的事件元件

位于"Elements→Event Control"菜单项下的所有事件元件，可用于自动代码生成电路原理图设计。

9. 可代码生成的目标硬件元件

位于"Elements→SimCoder"菜单项下所有元件是与目标硬件相关的硬件元件，可用于特定目标硬件的自动代码生成电路原理图设计。

9.2　特殊代码生成元件

9.2.1　参数文件元件

参数文件元件在 SimCoder 中的使用方法与 3.6 节讲解的一样，但在 3.6.1 节参数文件格式说明中提到，在 SimCoder 中可以利用参数文件元件定义全局变量，其格式为：

```
(global) <变量名> = <值>    % 注释:定义"(global)"仅在 SimCoder 中使用
```

为了使生成的代码更具可读性和可管理性，变量值的定义最好使用参数名称而不是实际参数值。例如，如果将控制器的比例增益设置为 1.23，可以在参数文件中定义参数变量 $kp = 1.23$，然后将控制器的比例增益参数设置为 kp，这样控制器的比例增益间接被设置为 1.23。这样做的好处在于：如果有多个元件使用同一个参数值 1.23，当直接使用具体值设置参数时，若要修改此参数值，需要将多个元件都进行修改；若采用参数变量的形式进行设置，若要修改其值，直接修改参数变量定义值即可，仅需要修改一次就完成所元件相同参数的修改。该方法类似于 C 程序设计中的全局变量，对全局变量值的修改，将影响全局变量的所有作用域内的使用。

采用这种方式的参数设置，对于生成的 C 程序代码而言是全局的，并且可以在代码中的任何位置使用。要将参数定义为全局参数,需要在参数文件内定义,且参数名称前面使用"(global)"定义。例如,如图 9-1 所示的电路原理图中,将比例控制器的增益定义为 kp,同时在参数文件中将参数 kp 定义为"(global) kp = 0.4";将 VDC1 和 VDC3 的值定义为 Vref,在参数文件中将参数 Vref 定义为"(global) Vref = 2"。

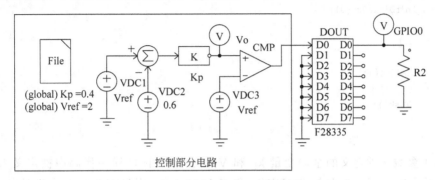

图 9-1 参数文件定义全局变量

图 9-1 电路功能是将 VDC1 与 VDC2 求差,然后放大 kp 倍,放大后的值与 VDC3 通过 CMP 比较器进行比较,将比较结果通过 DOUT(DSP F28335 的输出 GPIO 端口)的 GPIO0 输出,驱动电阻 R2。该电路原理图利用 SimCoder 自动生成的 C 程序代码如下:

```
/****************************************************************************
// This code is created by SimCoder Version 9.1 for TI F28335 Hardware Target
// SimCoder is copyright by Powersim Inc., 2009 - 2011
// Date: March 26, 2020 08:29:10
**************************************************************************** /
# include  < math. h >
# include  "PS_bios. h"
typedef float DefaultType;
# define  GetCurTime() PS_GetSysTimer()
void Task();

DefaultType  fGblVo = 0.0;
DefaultType  kp = 0.4;           //在参数文件中定义的 kp
DefaultType  Vref = 2;           //在参数文件中定义的 Vref
void Task()
{
    DefaultType fVDC1, fVDC2, fSUM1, fP1, fVDC3, fCMP;
    fVDC1 = Vref;                //使用全局变量 Vref
    fVDC2 = 0.6;
    fSUM1 = fVDC1 - fVDC2;
    fP1 = fSUM1 * kp;            //使用全局变量 kp
# ifdef  _DEBUG
    fGblVo = fP1;
# endif
    fVDC3 = Vref;                //使用全局变量 Vref
    fCMP = (fP1 > fVDC3)? 1 : 0;
```

```
(fCMP == 0)? PS_ClearDigitOutBitA((Uint32)1 << 0) : PS_SetDigitOutBitA((Uint32)1 << 0);
}
void Initialize(void)
{
    PS_SysInit(30, 10);
    PS_InitDigitOut(0);
}
void main()
{
    Initialize();
    for ( ; ; ) {
        Task();
    }
}
```

图 9-1 参数文件定义的全局变量 kp 和 Vref 在生成的 C 程序代码中被定义为全局变量,并在程序中引用。如要修改 fVDC1 和 fVDC3 的值,则只需要修改定义处的 Vref 值即可。

另外,通过图 9-1 的示例可以看到直流电压源 VDC1～VDC3 可生成 C 程序代码,在代码中实际上就是一个常量值;比例控制器 K 和比较器 CMP 也可以生成相应的 C 程序代码;F28835 的 GPIO 输出是 DSP 的硬件接口输出,是调用硬件 IO 口输出函数 PS_ClearDigitOutBitA() 和 PS_SetDigitOutBitA() 实现的。生成的 C 程序代码实现了图 9-1 中控制部分电路的功能。通过此示例可感受到直接用电路原理图自动生成 C 程序代码的简单与快捷。

9.2.2　锯齿波电压源元件

锯齿波电压源元件(位于"Elements→Sources→Voltage"菜单项下)可在硬件中用作系统时间,或用于生成其他周期性波形(如正弦波形)。锯齿波电压源元件实际是使用硬件中的计数器来实现的。

◇ 对于 DSP 硬件目标,它使用芯片上 32 位自由运行的计数器,每 20 ns 递增一次,以生成锯齿波形。

◇ 对于通用硬件目标,假定硬件中存在一个 32 位计数器,该计数器每 20 ns 递增一次,以生成锯齿波形。

9.2.3　全局变量元件

全局变量用于条件语句和特殊场合,该元件位于"Elements→SimCoder"菜单项下。元件图形符号及属性如图 9-2 所示。全局变量的属性用于设置变量名和其初始值。图 9-2 中将全局变量名取为 gVariA(由使用者取名),初始值取为 0。在使用全局变量时,注意:

➢ 要将电路原理图中某个信号定义为全局变量,需要将全局变量元件连接到特定的信号节点。

➢ 全局变量仅可用于将"控制电路中用于代码生成的信号"定义为全局变量。

➢ 作为全局变量(全局信号),顾名思义,就是在整个电路原理图中都可以全局访问的变量。当全局变量的初始值更改时,该电路(包括其子电路)中所有全局变量的初始值将同时更改。

➢ 全局变量可以是信号接收器或信号源。当它是信号接收器时,它将从节点读取信号值;当它是信号源时,它设置节点的值。

➢ 全局变量的一种用法是在事件条件语句中使用。条件语句中的所有变量必须是全局变量。有关事件条件语句将在 9.3 节进行详细讲解。

➢ 全局变量的另一种用途是将其用作信号源。例如,全局变量可以用作信号源,并将该值传递给其他元件。

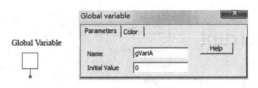

图 9-2　全局变量元件及参数属性

注意:全局变量的使用具有一些限制,图 9-3 给出了全局变量允许与不允许使用的示例。

➢ 当两个节点可以通过电线物理连接时,全局变量不应用作将值从一个节点传递到另一个节点的标签,应该直接使用电线或"Label"标签将元件进行物理电线连接。

➢ 具有相同名称的全局变量可在相同的信号流路径中使用多次。

➢ 如果它们位于不同的信号流路径中,则不允许使用相同名称的全局变量,除非它们处于不同的互斥状态(互斥状态是不能同时出现的状态)。

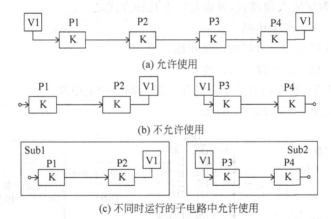

图 9-3　全局变量使用示例

图 9-3(a)中,首先将全局变量 V1 用作信号源,并将其分配给块 P1 的输入。在进行一系列计算之后,将块 P4 的输出分配相同的全局变量 V1。由于两个全局变量都在信号流路径中,因此可以使用它。图 9-3 (b)中,全局变量 V1 用作将值从块 P2 的输出传递到块 P3 的输入,这是不允许的。要将值从一个节点传递到另一个节点,应改用"Label"标签,否则应使用导线将这两个节点连接起来。图 9-3 (c)中,在子电路 Sub1 和 Sub2 中都使用了全局变量 V1。若子电路 Sub1 和 Sub2 是两个互斥状态(不同时运行)的情况下,允许使用相同名称的全局变量;如子电路 Sub1 和子电路 Sub2 同时运行,则是不允许的。

9.2.4　中断元件

在 DSP 硬件(仅适用于 TI F28335)目标板中,数字输入、编码器、捕获和 PWM 发生器等元件可以产生硬件中断。中断块允许用户将产生中断的元件与对应的中断服务程序子电路关联起来。中断元件位于"Elements→SimCoder"菜单项下,中断元件不能放置在子电路内部(子电路中不能放置与 DSP 硬件相关的元件),它只能在顶层主电路中。中断元件外形图形及属性参数设置如图 9-4 所示。

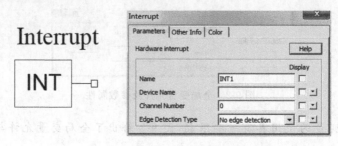

图 9-4　中断 INT 元件及属性对话框

图 9-4 属性对话框中,Name 是中断元件的名称;Device Name 是启动硬件中断的硬件设备名称;Channel Number 是发起中断的设备输入通道号[例如,如果数字输入通道 D0 产生中断,则通道号应设置为 0。注意,此参数仅用于数字输入和捕获(仅限 PE-Expert3 目标板和通用硬件目标板),不适用于编码器和 PWM 发生器];Edge Detection Type 是边缘检测类型,仅适用于数字输入和捕获,可以是以下几种方式之一:

-无边缘检测:不会产生中断。

-上升沿:输入信号的上升沿将产生中断。

-下降沿:输入信号的下降沿将产生中断。

-上升沿/下降沿:输入信号的上升沿和下降沿都会产生中断。

INT 元件的应用示例如图 9-5 所示。

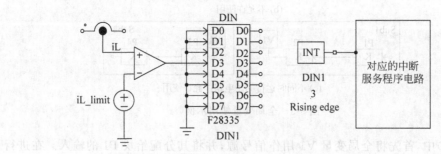

图 9-5　INT 元件应用示例

图 9-5 中,测量电流 iL 并将其与限值 iL_limit 进行比较。如果电流 iL 超过限值,它将产生一个脉冲,该脉冲将被送到数字输入 DIN1 的输入 D3 端口。电路中的中断块 INT 定义的设备名称为"DIN1",边缘检测类型为"上升沿",中断通道号为 3。当 D3 上产生上升沿脉冲时,该脉冲将产生硬件中断,触发与 INT 元件相连接的中断服务程序电路运行。中断服务程序电路一般用事件子电路实现,将 INT 元件的输出与中断服务程序事件子电路的输

入事件端口相连接即可。当发生中断时,通过输入事件端口的触发,转移到子电路中执行相应的中断服务功能。

9.3 事件控制代码生成元件

9.3.1 事件基本概念

事件被用来描述系统从一个运行状态转移到另一个状态的过程,图 9-6 展示了几个运行状态间是如何转换的。

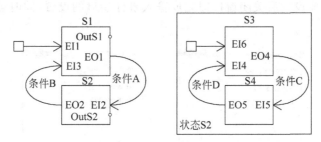

图 9-6 事件状态转换示例

图 9-6 中主电路有两种状态 S1 和 S2,用两个子电路的形式表示,每个状态的电路原理图包括在子电路中。状态 S1 有两个输入事件端口 EI1 和 EI3,一个输出事件端口 EO1;状态 S2 有一个输入事件端口 EI2 与一个输出事件端口 EO2。状态 S1 的输入事件端口 EI1 连接到外部的默认事件元件,默认事件元件将状态 S1 设置为默认状态,即在默认的情况下状态 S1 先运行。

状态 S1 的输出事件端口 EO1 通过转移条件 A 连接到状态 S2 的输入事件端口 EI2,这意味着,当条件 A 成立时,系统运行状态将从 S1 转移到状态 S2。同样地,状态 S2 的输出事件端口 EO2 通过转移条件 B 连接到状态 S1 的输入事件端口 EI3,当条件 B 成立时,系统将从状态 S2 转移到状态 S1 运行。

系统可以包含的状态数量没有限制,当两个或多个状态不能同时共存(同时运行)且在任何时候都只能存在一个运行状态时(如图 9-6 中的 S1 和 S2 所示),我们将这些状态称为互斥状态。

图 9-6 右侧是子电路 S2 的具体实现。它具有两个状态 S3 和 S4。当系统转换到状态 S2 运行时,默认情况下它将以状态 S3 开始运行(状态 S3 的输入事件端口 EI6 连接到外部的默认事件元件上,由默认元件将状态 S3 设置为默认状态)。如果条件 C 成立,它将从状态 S3 转换到 S4;如果条件 D 成立,它将返回到状态 S3。

事件元件在"Elements→Event Control"菜单项下,包含 Input Event(输入事件)、Output Event(输出事件)、Default Event(默认事件)、Event Connection(事件连接)、Flag for Event Block 1st Entry(事件模块一号入口标志)等 5 个元件,元件说明见 2.6 节,在此不再赘述。

9.3.2 事件状态创建

事件状态创建非常简单,将输入事件端口放置在子电路内部将创建一个输入事件,该事件允许转换到子电路中。同样,将输出事件端口放置在子电路内部将创建一个输出事件,该事件允许转移到子电路之外。创建事件状态的步骤如下:

(1) 新建一个子电路。

(2) 在新建的子电路中放置输入事件端口及输出事件端口。

> 放置输入事件端口时,将弹出输入事件端口设置对话框,如图 9-7 左图所示。在该窗口先单击端口将放置的位置,然后在 Port Name 中输入端口名称,如 EI1,如图 9-7 右图所示。完成设置后关闭窗口即完成输入事件端口的设置,同时可继续放置其他事件端口。

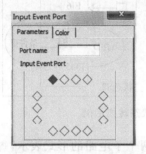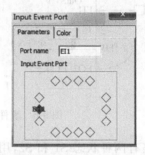

图 9-7　输入事件端口设置

> 放置输出事件端口时,将弹出输出事件端口设置对话框,如图 9-8 左图所示。在该窗口先单击端口将放置的位置,然后在 Port Name 中输入端口名称 EO1,在条件框中输入转移条件"RunFlag==1",如图 9-7 右图所示。完成输入后,关闭窗口,即完成输出事件端口的设置。

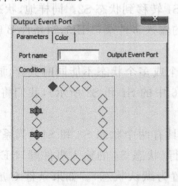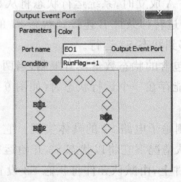

图 9-8　输出事件端口设置

(3) 绘制事件状态执行的功能电路原理图。

事件状态执行功能电路原理图是该事件状态运行时要执行的具体功能,绘制事件状态执行的功能电路原理图与子电路元件创建一样,请参看 3.5 节子电路的创建。此处创建了S1、S2 两个事件状态,具体内部功能电路如图 9-9 所示。

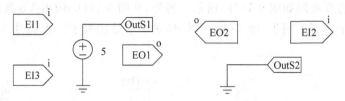

图 9-9　事件状态内部电路原理图

（4）创建完子电路具体功能后，关闭并保存子电路，返回主电路中，创建的事件状态顶层元件如图 9-10(a)所示。随后可利用事件链接元件将状态 S1 和 S2 连接起来，如图 9-10(b)所示。

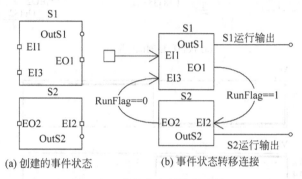

(a) 创建的事件状态　　　　(b) 事件状态转移连接

图 9-10　事件状态创建及连接

图 9-10(a)中，事件输入/输出端口用小方框表示，事件状态的信号端口用小圆圈表示。图 9-10(b)中，状态 S1 的 EI1 端口与默认事件相连接，S1 被设置为默认状态。状态 S1 和 S2 具有信号输出端口 OutS1 和 OutS2，是两个状态运行时输出的信号。状态 S1 的输出事件端口 EO1 连接到状态 S2 的事件输入端口 EI2，状态 S2 的事件输出端口 EO2 连接到状态 S1 的输入事件端口 EI3。注意：输入事件端口只能与输出事件端口或硬件中断元件相连接，输出事件端口必须定义一个条件，且只能连接到其他状态的输入事件端口。

状态转移的条件语句必须是有效的 C 程序条件表达式，如"（RunFlag == 1）&&（FlagA >= 250.）||（FlagB < Vconst）"是合法的条件。条件表达式中只能使用在参数文件中定义的或从主电路传递到子电路的全局变量、数值和参数常量。在上面的表达式中，RunFlag、FlagA 和 FlagB 可以是全局变量，而 Vconst 可以是在参数文件中定义的参数常量或从主电路传递到子电路中。要创建全局变量，需将全局变量元素连接到节点。

电路启动时默认运行在 S1 状态，并输出 OutS1 信号；当条件 RunFlag == 1 时，系统从状态 S1 转移到 S2，并输出 OutS2 信号；当条件 RunFlag == 0 时，系统又转回到 S1 状态运行，输出信号 OutS1。为测试事件状态的转移执行过程，可建立如图 9-11 所示的仿真测试电路模型。在仿真时需将仿真控制的 Hardware Target 设置为 TI F28335，调试模式选择 RAM Debug。

图 9-11(a)左边利用 F28335 的 GPIO 端口输入一个在 0.01s 时从高电平跳变到低电平的 Io 信号，同时将 Io 输入信号定义为全局变量 RunFlag。状态 S1 和 S2 的输出信号连接在一起，输出给 F288335 的 PWM 单元。根据输入信号 RunFlag 的状态，输出 Vo 发生图 9-9

所定义的变化,仿真波形如图 9-11(b)所示。另外,从图 9-11(b)输出 Vo 波形可知,Vo 波形滞后 Vi 波形一个仿真时间步,即事件状态转移输出信号相对于输入信号 Vi 延迟了一个仿真时间步。

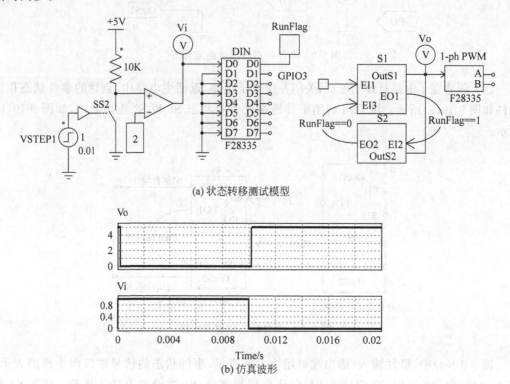

(a) 状态转移测试模型

(b) 仿真波形

图 9-11　事件状态转移测试模型及仿真波形

9.3.3　事件子电路限制

一个子电路如果其包含输入事件端口或输出事件端口,则认为它是一个具有事件的子电路,子电路内一切与事件相关的内容都将继承事件的属性。也就是说,如果子电路 A 包含子电路 B,而子电路 B 具有事件控制模块,那么即使子电路 A 没有任何输入/输出事件端口,子电路 A 仍然是具有事件属性的子电路。由于子电路用于处理事件,因此 PSIM 中子电路有三种类型:

➢ 常规子电路。这种类型的子电路不包含任何事件端口,并且与 3.5 节讲解的常规子电路相同。

➢ 带有事件的子电路。这种类型的子电路包含输入/输出事件端口,但是没有硬件中断元素连接到输入事件端口。

➢ 带有硬件中断的子电路。这种类型的子电路仅包含输入事件端口,并且只有硬件中断元素连接到输入事件端口。子电路内部没有输出事件端口,并且没有输出事件端口连接到输入事件端口。这是带有事件的子电路的一种特殊情况,专门用于处理硬件中断。

由于带有事件或带有硬件中断的子电路仅与代码生成有关,因此对这两种类型的子电路都有以下限制：

> 对于一个具有事件或硬件中断的子电路，其所含的所有元件都必须支持代码生成。例如，子电路不能包含电阻器或均方根模块等不支持 C 代码自动生成的元件模块。

> 具有硬件中断的子电路可以具有多个输入事件端口，但不能具有任何输出事件端口。同样，仅硬件中断元件可以连接到输入事件端口。

> 带有事件或者中断的子电路信号输入/输出端口只能连接到硬件元件，不能连接到其他功能块，图 9-11 的输出 OutS1 和 OutS2 连接到 PWM 模块，若换成其他非硬件元件，输出结果将会是错误的。图 9-12 展示了如何连接具有硬件中断的子电路。子电路带有两个与之相连的硬件中断元件 INT1 和 INT2，同时还具有一个连接到硬件输入的信号输入端口 Si 和一个连接到硬件输出的信号输出端口 So。

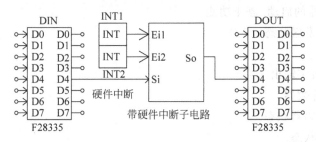

图 9-12　具有硬件中断的子电路连接

> 如果带有硬件中断的子电路包含具有采样率 z 域元件模块，则这些采样率将被忽略，因为仅当发生硬件中断时才会调用该子电路。例如，如果子电路包含一个离散积分器，则该离散积分器的采样率将被忽略。在积分器的计算中，前一个时间将是硬件设备触发中断的最后时间。

> 如果两个子电路的信号输出相连接，它们应该直接连接，而不需要通过其他元件相接。图 9-13 展示了输出信号的连接方式。

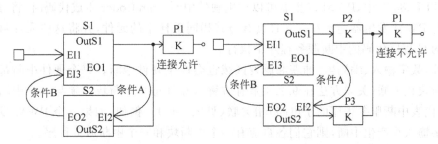

图 9-13　带事件子电路输出端口连接示例

在图 9-13 左侧的电路中，两个子电路 S1 和 S2 各具有一个输出信号端口 OutS1 和 OutS2。在外部两个输出信号连接在一起，再连接到比例模块 P1 的输入端。比例器 P1 的输入来自端口 OutS1 或 OutS2，这取决于它们中间哪一个处于激活状态，这种连接是允许的。

在图 9-13 右侧的电路中，输出端口 OutS1 连接到 P2 模块的输入端口，端口 OutS2 连接到 P3 模块的输入端口，然后将 P2 和 P3 的输出连接在一起，这样的连接是不允许的。在这种情况下,需要将 P2 模块移到子电路 S1 中,P3 模块移到子电路 S2 中。

9.4 TI F28335 Target 代码生成元件

利用 PSIM 元件库中的 TI F28335 Target 硬件目标元件,SimCoder 可自动生成基于 TI F28335 浮点 DSP 微处理器的任何硬件目标板上运行的 C 程序代码。TI F28335 硬件目标元件将可在任何封装的 F28335 微处理器中使用。F28335 DSP 的引脚分配可查阅芯片的数据手册,此处不具体给出。TI F28335 Target 硬件目标元件实现的主要功能有:

> 三相、二相、一相和单 PWM 发生器。
> PWM 发生器的启动/停止功能。
> 触发区和触发区状态。
> A/D 转换器。
> 数字输入、数字输出。
> 递增/递减计数器。
> 编码器和编码器状态。
> 捕获和捕获状态。
> SCI 配置,SCI 输入和 SCI 输出。
> SPI 配置,SPI 设备,SPI 输入和 SPI 输出。
> DSP 配置、硬件板配置。

当为具有多个采样率的系统生成代码时,SimCoder 将使用 PWM 生成器的中断作为 PWM 采样率。对于控制系统中的其他采样率,它将首先使用定时器 1 的中断,然后在需要时使用定时器 2 的中断。如果控制系统中的采样率超过三个,则相应的中断例程将通过软件在主程序中实现。

在 TI F28335 中,PWM 发生器可以产生硬件中断。SimCoder 生成代码时,将寻找并集结所有与 PWM 发生器连接在一起且具有与其相同采样率的元件,并将这些元件自动放在所生成的 C 程序代码的中断服务程序中执行。

另外,数字输入、编码器、捕获和触发区域也会产生硬件中断。每个硬件中断都必须与一个中断块相关联(关联方法在 9.2.4 节有讲解),并且每个中断块必须与一个中断服务程序(一个代表中断服务程序的子电路)相关联(见图 9-5)。例如,如果一个 PWM 发生器和一个数字输入均产生中断,则它们各自应有一个中断块和一个中断服务程序。

本节将对常用的 DSP 硬件板配置、DSP 时钟配置、数字输入/数字输出元件、A/D 转换元件、串行通信 SCI 元件、递增/递减计数器元件、PWM 发生器、启动/停止 PWM 元件、触发区和触发区状态及 DSP 示波器等元件展开讲解,其他未讲解到的元件,读者可自行进行研究。

9.4.1 DSP 硬件板配置

F28335 DSP 提供 88 个 GPIO 端口(GPIO0 至 GPIO87),每个端口可以配置为不同的功能。但是,对于特定的 DSP 硬件目标板,并非所有端口都可以从外部访问,且某些端口的

功能通常是固定的。硬件 DSP 板在制作设计完成后,其
GPIO 端口的功能就已经确定。硬件板配置元件(Hardware
Configuration)模块提供了一种为特定 DSP 目标板配置 GPIO 端
口功能的 SimCoder 的方法。硬件板配置元件位于"Elements→
SimCoder→TI F28335 Target→Hardware Configuration"菜单
项下,其元件外形如图 9-14 左图所示。

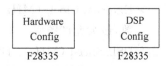

图 9-14 硬件板配置及 DSP
时钟配置

　　双击"Hardware Configuration"元件,弹出配置属性对话框,如图 9-15 所示。在属性对
话框中列出了 DSP 的 88 个 GPIO 端口,每个 GPIO 端口都列出了该端口可选的功能,并且
每个功能前面都有一个复选框。如果选中此复选框,则该 GPIO 端口在 SimCoder 中仅使
用此功能,而不允许使用其他功能。针对特定的目标硬件板,应根据实际目标硬件设计定义
GPIO 端口引脚的具体功能。

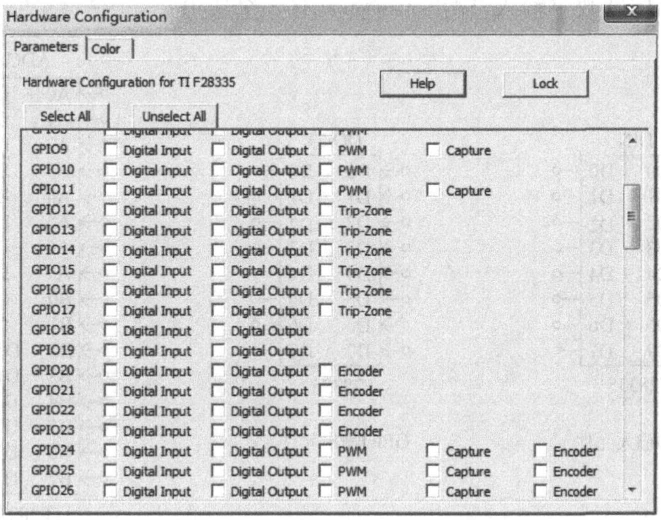

图 9-15 硬件板 GPIO 端口配置

　　例如,端口 GPIO24 可以用于"数字输入""数字输出""PWM""捕获"和"编码器"。如果
特定的目标硬件板使用端口 GPIO24 作为"PWM"输出,则应仅选中"PWM"复选框,而其他
复选框均应取消选中。如果此时在电路中将端口 GPIO24 用作"数字输入",SimCoder 将报
告错误。

9.4.2 DSP 时钟配置

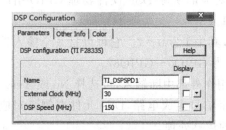

图 9-16 DSP 时钟设置属性对话框

"DSP Configuration"元件位于"Elements→
SimCoder→TI F28335 Target→DSP Configuration"
菜单项下,用于定义外部时钟速度和 DSP 时钟速
度,元件外形图如图 9-14 右图所示。双击该元件弹
出其属性对话框,如图 9-16 所示。在该属性对话框
中可设置 DSP 硬件板的外部时钟频率及 DSP 芯片
的工作频率。

➤ External Clock（MHz）：DSP 板上的外部时钟频率，以 MHz 为单位。频率必须为整数，最大允许频率为 30 MHz。

➤ DSP Speed（MHz）：DSP 速度，以 MHz 为单位。DSP 芯片工作速度必须是整数，并且必须是外部时钟频率的整数倍，其值为 1～12。F28335 芯片允许的最大速度为 150MHz。

注意：如果在 PSIM 电路原理图设计中未使用 DSP 时钟配置元件进行时钟配置，则使用 DSP 时钟配置元件的默认值，外部时钟为 30MHz，DSP 时钟为 150MHz。

9.4.3 数字输入/输出元件

在需要数字量输入的应用中，可以使用 PSIM 元件库中的"Digital Input"元件，位于"Elements→SimCoder→TI F28335 Target→Digital Input/Output"菜单项下。该元件外形如图 9-17 所示，GPIO 数字输入/输出元件都具有 8 个通道。

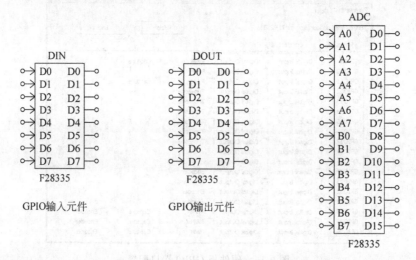

图 9-17　GPIO 数字输入/输出元件和 ADC 元件

F28335 DSP 具有 88 个通用输入/输出（GPIO）端口，可以将其配置为数字输入或数字输出。在 SimCoder 中提供了一个 8 通道元件块用于数字输入或输出配置，如图 9-17 中的 DIN 元件和 DOUT 元件。在设计电路原理图时，可以使用多个 8 通道数字输入/输出模块，构成符合应用需要的输入/输出数字端口。

双击 GPIO 输入元件 DIN，可以打开数字输入元件的属性设置对话框，如图 9-18 所示。在属性对话框中可以选择每个输入引脚（D0～D7）对应的实际 DSP 硬件物理 GPIO 引脚号，同时可以设置该引脚是否作为外部中断输入引脚。

➤ Port Position for Input i：输入 i 的端口位置，其中 i 为 0～7。它可以是 8 个输入端口 D0～D7 之一，可以选择的物理 GPIO 端口为 GPIO0～GPIO87。

➤ Use as External Interrupt：指示此端口是否用作外部中断输入，可选择 No 或 Yes。

➤ DIN 元件的左侧是输入引脚，连接外部的数字信号生成电路，DIN 元件右侧是对应的 DSP 芯片内部的数字信号，可以参与内部的运算处理。

➤ 如果将某个物理 GPIO 引脚端口用作输入端口，则该端口不能用作另一个外设的端

口。例如,如果端口 GPIO1 被分配为数字输入,并且还被用作 PWM1 输出,则会报
告错误。

➢ F28335 可以从端口 0～63 定义多达 7 个外部中断源(端口 GPIO0～GPIO31 可定义
多达 2 个中断源,端口 GPIO32～GPIO63 可定义多达 5 个中断源)。端口 GPIO0～
GPIO31 的外部中断优先级高于端口 GPIO32～GPIO63 的中断优先级。

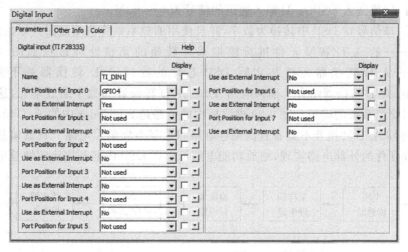

图 9-18　GPIO 数字输入端口属性设置对话框

　　双击 GPIO 输出元件 DOUT,可以打开数字输
出元件的属性设置对话框,如图 9-19 所示。在属性
对话框中可以选择每个输出引脚(D0～D7)对应的
实际 DSP 硬件物理 GPIO 引脚号。

➢ DOUT 元件的左侧是输入引脚,连接 DSP 芯
片内部将要输出的数字信号生成电路,
DOUT 元件右侧是对应的 DSP 输出引脚,可
接外部实际物理电路。

➢ Port Position for Output i:输出 i 的端口位
置,其中 i 为 0～7。它可以是 8 个输出端口
D0～D7 之一,可以选择的物理 GPIO 端口为
GPIO0～GPIO87。

➢ 如果将 GPIO 端口定义为输出端口,则不能
将其用作其他类型的外围端口。

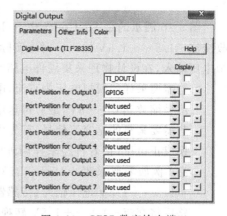

图 9-19　GPIO 数字输出端口
属性设置对话框

　　图 9-11(数字输入)和图 9-1(数字输出)给出了数字输入/输出应用的仿真电路模型,由
于电路原理图使用到与硬件目标板相关的元件,在仿真时需要将仿真控制属性的 Hardware
Target 设置为 TI F28335,调试模型可选择 RAM Debug 模式。

9.4.4　A/D 转换元件

F28335 DSP 内自带一个 12 位 16 通道 A/D 转换器,它分为 A 组和 B 组,每一组 8 通道。

在 SimCoder 中可以对 A/D 转换器进行设置,以对任一组或两组进行 A/D 转换。DSP 芯片的 A/D 转换器输入电压范围为 0～+3V。通常功率电路的模拟参数(电压,电流)会分几个阶段处理后送入 DSP 进行数字化转换。如电源电压分以下三个阶段处理后送入 DSP 芯片:

> 首先,可以使用电压传感器将比较高的电压转换为能参与控制处理的控制电压信号。
> 然后,使用运算放大电路来缩放信号。如果需要,可以使用失调电路为信号提供直流偏置,以使送入 DSP A/D 输入通道的信号为 0～+3V。
> 最后,该信号在 DSP 中转换为数字,并且使用缩放系数将值缩放回其原始值。

SimCoder 的 A/D 转换元件进行模拟采样转换的完整处理过程如图 9-20 所示。SimCoder 的 A/D 转换器元件与实际 DSP 芯片的物理 A/D 转换器并不完全相同。SimCoder 的 A/D 转换器结合了偏移电路、DSP A/D 转换器和数字缩放单元,这样处理是为了方便对交流系统的应用。图 9-20 虚线框内的电路是 SimCoder 中的 A/D 转换器,实际 DSP 物理硬件 A/D 转换器不具备直流偏移电路和数字缩放单元电路。直流偏移电路可以在实际物理硬件的外部电路实现,缩放功能电路可以在 DSP 内部利用比例增益单元实现。

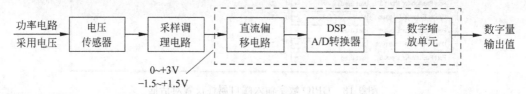

图 9-20　A/D 转换元件采样过程

图 9-20 展示的是 SimCoder 中 A/D 转换器,它可以接收直流 0～+3V 输入,也可以接收交流－1.5～+1.5V 输入。对应实际 DSP 芯片的 A/D 转换器,只能接收 0～+3V 的模拟电压输入,在设计物理采集硬件电路时需要做相应处理。

> 若需要采样的模拟电压为直流,电压经电压传感器测量后,再经采样调理电路将采样信号缩放到 0～+3V,最后再送给 A/D 转换器的输入端。
> 若需要采集的是交流信号,首先由电压传感器进行采样,然后经外部直流偏移电路转换成正电压,接着再经采样调理电路缩放到 0～+3V,最后送给 A/D 转换器的输入端;例如需要采集－15～+15V 的模拟交流电压,先由电压传感器进行测量得到－1.5～+1.5V 电压信号(传感器对原始信号进行了 10 倍的线性缩小),在经偏移电路后将交流－1.5～+1.5V 转换成 0～+3V 的交流信号,后续与直流电压处理电路类似,经采样调理电路缩放到 0～+3V,再送给 A/D 转换器的输入端。

1. A/D 转换元件概述

PSIM 元件库中的 A/D 转换元件位于"Elements→SimCoder→TI F28335 Target→A/D converter"菜单项下,外形如图 9-17 的 ADC 所示。ADC 元件左侧引脚对应芯片外部模拟电压输入 A0～A7 和 B0～B7,右侧是模拟通道对应的转换成数字量的输出端口 D0～D15。双击 ADC 元件,弹出其属性设置对话框,如图 9-21 所示。具体参数含义如下:

> ADC Mode:定义 A/D 转换器的操作模式。可以是以下三种模式之一:
　- 连续模式(Continuous):A/D 转换器连续转换模式,该模式连续转换所有使用的通道(最多 16 个通道),并且可以随时获取最新值。读取转换值时,将读取最后一次转换的结果。

- 启动/停止模式(8通道)(Start/stop (8-channel))：PWM发生器触发A/D转换器对A组或者B组之一进行最多8通道转换。

- 启动/停止(16通道)(Start/stop (16-channel))：PWM发生器触发A/D转换器对A组和B组进行最多16通道转换。

➢ Ch Ai (or Bi) Mode：A/D转换器通道Ai(或Bi)的输入模式,其中i为0~7。输入模式可以是AC模式(输入为交流值,范围为-1.5~+1.5V)或DC模式(输入为直流值,范围为0~+3V)。

➢ Ch Ai (or Bi) Gain：A/D转换器通道Ai(或Bi)的增益k,其中i为0~7。A/D转换器的输出值Vo=输入值Vi×增益k(Vi是A/D转换器输入引脚的值)。

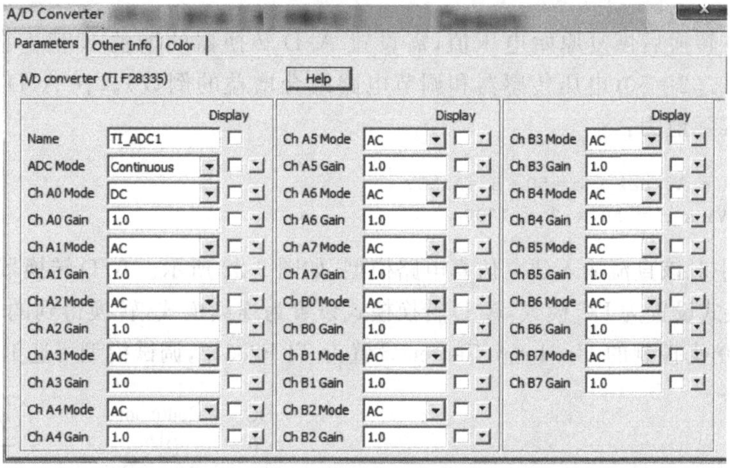

图 9-21　A/D转换器属性设置对话框

当A/D转换器设置为连续转换模式时,可以自主执行转换;当设置为启动/停止模式时,由PWM发生器触发转换。注意,使用时必须对A/D转换器输入端口上的信号进行缩放,使输入电压值必须保持在规定的输入范围内。DC模式时最大输入电压缩放为+3V,AC模式时最大峰值电压缩放至+1.5V(AC模式仅在仿真时可以,针对实物设计不可用)。当输入超出范围时,它将被限制到输入范围的极限值,并且将给出警告消息。

另外,PWM发生器触发A/D转换时,在SimCoder中不允许出现以下情况：

➢ 不允许多个PWM发生器触发同一个A/D转换器组。A/D转换器只能由一个PWM发生器触发,如果有多个PWM发生器同时存在,只能将其中一个设置为A/D转换器的触发器,其余不能设置为A/D转换器的触发器,该设置在PWM发生器的属性中设置,在9.4.7节进行讲解。

➢ 若A/D转换器组中某些信号用在采样率与PWM发生器频率不同的电路中,则不允许用PWM发生器触发A/D转换。对于这种情况,建议将A/D转换器设置为"连续"模式。

2. 直流输入A/D转换示例

假设需要采集的直流电压范围为$Vi\_min = 0V$、$Vi\_max = 150V$,则A/D转换器的模式需设置成DC模式,其输入范围为0~+3V。

假设某一点的实际电压值为Vi=100V,且设电压传感器增益为0.01,经电压传感器采

样之后,输入的最大值和实际值变为:

```
Vi_max_s = 150 * 0.01 = 1.5V
Vi_s = 100 * 0.01 = 1V
```

为了提高 A/D 转换器的采样精度,需充分利用 A/D 转换器的整个输入范围,可利用运算放大器调节电路对输入电压进行放大,放大增益设置为 2,则电压传感器和调节电路的总增益变为 0.01×2=0.02。在调节电路之后送入 A/D 转换器输入引脚的输入最大值和实际值变为:

```
Vi_max_s_c = 1.5 * 2 = 3V
Vi_s_c = 1 * 2 = 2V
```

为使 A/D 转换后恢复原始电压值,需设置 A/D 转换器的增益 K 值。在此示例中,设置增益 K=1/0.02=50(电压传感器和调节电路组合增益的倒数)。在 A/D 转换器的输出端,最大值和实际值为:

```
Vo_max = K * Vi_max_s_c = 50 * 3 = 150V
Vo = K * Vi_s_c = 50 * 2 = 100V
```

在 PSIM 中对该直流输入建立仿真电路模型,如图 9-22 所示。A/D 转换器的增益设置为 50,通道采样模式设置为 DC 模式,A/D 转换模式设置为连续模式,转换得到的输出 Vo 为 Vi。仿真时需要将仿真控制的 Hardware Target 设置为 TI F28335,调试模型可选 RAM Debug。

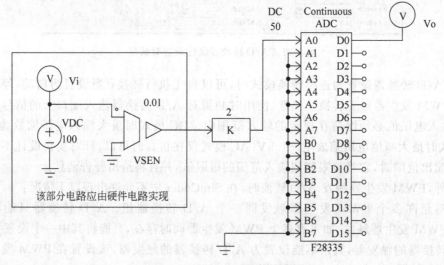

图 9-22   直流 A/D 转换电路模型

注意: ① 图 9-22 中的电压传感器电路在实物设计中,应该由硬件电路实现,在 SimCoder 代码生成时不包含此部分电路。②如果比例块 K 的增益从 2 更改为 1,并且 A/D 转换器的增益从 50 更改为 100,模型仿真的结果将相同。但是在生成硬件 C 程序代码时将不正确。这是因为硬件代码假定最大输入值为+3V,但在这种情况下仅为+1.5V。因此,为获得正确 C 程序代码,必须将电路增益设置在 DC 模式下最大输入值缩放为+3V。

3. 交流输入 A/D 转换示例

假定需要采集的电压为交流量,范围为 Vi_max＝＋/－75V,则 A/D 转换器的输入模式将设置为 AC 模式,其输入范围为－1.5～＋1.5V。假设电压的实际峰值为 Vi＝＋/－50V。

设电压传感器增益为 0.01,在电压传感器采样之后,输入的最大值和实际值变为:

```
Vi_max_s = +/- 0.75V
Vi_s = +/- 0.5V
```

由于 A/D 转换器的输入范围是－1.5～＋1.5V,因此在送到 A/D 转换器输入引脚之前,必须先缩放此信号,将其最大峰值缩放到＋1.5V。因此需要一个增益为 2 的调节电路(即 1.5/0.75＝2),则电压传感器和调节电路的总增益变为 0.01×2＝0.02。在调节电路之后,送到 A/D 转换器输入引脚处的最大值和实际值变为:

```
Vi_max_s_c = +/- 1.5V
Vi_s_c = +/- 1V
```

为使 A/D 转换后恢复原始电压值,需设置 A/D 转换器的增益 K＝1/0.02＝50。在 A/D 转换器的输出端,最大值和实际值为:

```
Vo_max = K * Vi_max_s_c = +/- 75V
Vo = K * Vi_s_c = +/- 50V
```

在 PSIM 中对该交流输入电路构建类似图 9-22 所示的仿真电路模型,将直流 VDC 改为幅值为 50V 的交流信号,A/D 转换器的增益设置为 50,通道采样模式设置为 AC 模式,A/D 转换模式设置为连续模式,转换得到的输出 Vo 为 Vi。

注意:①为了确保 SimCoder 所生成的硬件代码正确,必须在 A/D 转换器的输入端口之前,将输入的最大峰值缩放至＋1.5V。②在该电路中,交流信号直接输入 A/D 转换器。这是因为 A/D 转换器的输入模式设置为 AC 模式,输入范围为－1.5～＋1.5V,并且 SimCoder 的 A/D 转换器内部执行了 DC 偏移(DC 偏移的功能已经包含在 A/D 转换器块内,实际 DSP 芯片的 A/D 转换器不含 DC 偏置电路。AC 模式仅在仿真下可用,生成代码不可用)。③在实际设计硬件电路时,需要对交流信号进行缩放和偏移,以使送到 DSP 的 A/D 转换器输入引脚的电压为 0～＋3V。

9.4.5　串行通信 SCI 元件

串行通信是工业领域常用的一种数据通信方式,可以实现设备间的数据传输与控制。F28335 DSP 提供了串行通信接口(SCI),通过 SCI 可以将 DSP 芯片内部的数据传输到外部设备或监控计算机,为 DSP 程序的调试、调整和监控提供了一种非常方便的实时监控方法。

PSIM 的 SimCoder 提供了 SCI 配置、SCI 输入和 SCI 输出三个 SCI 功能元件模型块,位于"Elements→SimCoder→TI F28335 Target→SCI Configuration/Input/Output"菜单项下。SCI 功能元件具备串行通信必要的所有功能,使得 PSIM 通过 SCI 元件可以实时显示波形、修改 DSP 内部参数,对 DSP 控制程序代码进行无干扰的调试和调整。PSIM 提供的 SCI 元件外形如图 9-23 所示。

1. SCI 配置

在进行 SCI 串口通信前,需要确定 SCI 使用的 DSP GPIO 端口引脚、串口通信波特率、奇偶校验方式和数据缓冲区大小。

➢ DSP 的 SCI 通信接口属于异步双向通信接口，物理连接层仅需 TxD、RxD、GND 三个信号即可实现，其中 TxD 是数据发送引脚，RxD 是数据接收引脚，GND 是参考地。

图 9-23 SimCoder 的 SCI 元件模型

DSP 的 GPIO 共有 7 组端口可用于 SCI 通信（用于 TxD、RxD），被分为 A 组、B 组和 C 组，每组都有不同的 GPIO 端口引脚选项，在设计 SCI 通信时，可选择任意一组 GPIO 端口进行通信，SCI 引脚具体分配为：

- SCIA(GPIO28(RxD),GPIO29(TxD))
- SCIA(GPIO36(RxD),GPIO35(TxD))
- SCIB(GPIO11(RxD),GPIO9(TxD))
- SCIB(GPIO15(RxD),GPIO14(TxD))
- SCIB(GPIO19(RxD),GPIO18(TxD))
- SCIB(GPIO23(RxD),GPIO22(TxD))
- SCIC(GPIO62(RxD),GPIO63(TxD))

注意：PSIM 在任何时候仅支持上述 SCI 端口组合之一作为串口通信。

➢ 异步通信双方无握手信号，在 SCI 通信时需要确定串口通信的数据传输率。通信设备双方需要采用相同的波特率，以保证通信的正确。SCI 通信常用的波特率有 200000、115200、57600、38400、19200 或 9600bps(bit/s)，也可以指定为其他任何波特率，如 4800bps。SCI 通信波特率需要根据实际情况选择，太低数据传输慢，太高有可能通信失败。当速度太快（超过 200kbps）无法建立通信时，可尝试使用较低的波特率进行通信。

➢ 通信中错误检查的奇偶校验设置，可以选择"无（None）""奇数（Odd）"或"偶数（Even）"校验，用以验证通信数据是否丢失和正确。

➢ SCI 数据缓冲区位于 DSP 的 RAM 区域，每个缓冲区单元存储一个数据点，每个数据点由三个 16bit 字组成（每个数据点由 6 字节或 48bit 组成），缓冲区大小选择应适当。一方面，较大的缓冲区大小是优选的，以便收集更多的数据点，可以在更长的时间段内监视更多的变量；另一方面，DSP 内部 RAM 存储单元有限，缓冲区不应太大而干扰正常的 DSP 操作。

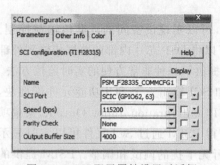

图 9-24 SCI 配置属性设置对话框

双击图 9-23 中的 SCI 配置元件，打开其属性设置对话框，如图 9-24 所示。

在 SCI Port 的下拉框中可选择与目标硬件板相对应的一组 SCI 通信端口，在 Speed 下拉框中选择串口通信波特率，在 parity Check 下拉框中选择奇偶数据校验方式，在 Output Buffer Size 框中输入缓冲区大小。

2. SCI 输入

SimCoder 提供的 SCI 输入（SCI Input）元件是 SCI 串行通信中的串行输入数据，数据来自与之连接的外部设备或监控计算机。接收到的数据可以参与电路模型（PSIM 电路仿真模型）的控制，若生成的 C 程序代码在 DSP 上运行，接收到的数据可实现对程序代码中参数更改或微调控制器参数。

在原理图电路模型仿真时，SCI 输入数据为常数，为设置的初始值。当代码在 DSP 上运行时，可以在运行时更改其值，但在未更改该值之前，将固定为初始值。在构建电路原理图时，可双击"SCI Input"元件，在弹出的属性框中设置其初始值。

在设计电路原理图时，若需要用 SCI 输入元件定义一个 DSP 代码中可以更改的参数变量时，可以在原理图电路中使用 SCI 输入元件充当信号源（SCI 输入元件可当作接收到的具体数据），并在需要设置的主电路原理图或子电路原理图中相应位置使用即可。在电路原理图中，最多可以使用 127 个 SCI 输入元件。

电路原理图中定义的 SCI 输入变量名称在运行时将出现在 PSIM 的 DSP 示波器（"Utilities→DSP Oscilloscope"菜单项）中，操作人员可以在计算机上更改该参数值，更改的参数值将通过 SCI 通信发送到 DSP 目标板，DSP 目标板将接收该值并更新 DSP 程序中的参数。

注意，所有全局变量都可以更改。例如，如果将调节器的增益定义为全局变量，则可以通过 SCI 输入元件调整此变量的值。

3. SCI 输出

为了在运行时监视和显示 DSP 内部信号的波形或数据，可在原理图上放置一个 SCI 输出（SCI Output）元件，对期望输出的参数进行监测。

➢ 在 PSIM 仿真电路原理图中，SCI 输出元件相当于输出电压探针，可用于主电路原理图和子电路原理图中进行节点电压探测。注意：SCI 输出元件不能放置在事件子电路和中断子电路中，否则得到的波形将不正确。

➢ 在 DSP 上运行时，SCI 输出元件相当于一个输出变量参数（变量名为 SCI 输出元件的名称），可以通过 RS232 连接传输 SCI 输出节点上的值，并在计算机上显示其值或波形。运行时若用 DSP 示波器进行监控，SCI 输出元件名称将出现在 DSP 示波器中，其波形可以在 DSP 示波器中显示。

在构建电路原理图时，可双击"SCI Output"元件，在弹出的属性框中设置收集数据点的频率，即数据点步长（"Data Point Step"）。如果数据点步长为 1，则将收集并传输每一个数据点；如果数据点步长为 n，则每 n 个数据点中只有一个数据点被收集和发送。在电路原理图中最多可使用 127 个 SCI 输出元件。

注意：如果"数据点步长"太小，则可能有太多的数据点需要传输，并且可能无法全部传输。在这种情况下，某些数据点将在数据传输期间被丢弃。此外，仅当 DSP 示波器处于连续模式时才使用"数据点步长"参数。当它在快照模式时将忽略此参数，收集并传输每个点。

4. SCI 使用示例

利用 PSIM 提供的 SCI 元件模型，建立一个输入控制输出的仿真电路模型，如图 9-25(a)所示。模型中 SCI 输入元件 Vm 作为一个信号源，与偏置信号 Voffset 相加后得到 Vr 信号。Vr 通过零阶保持器 ZOH（采样频率设置为 100Hz）进行离散化，随后通过 SCI_Test 输出。SCI 配置元件设置串口通信的端口（端口应与硬件电路一致）、波特率及数据缓冲区大小。在 PSIM 仿真时，SCI 输入元件 Vm 作为一个常量信号，初始值为 0.5；SCI 输出元件

SCI_Test 相当于一个电压探针,读者可以仿真运行查看仿真结果波形。模型中的元件都是 SimCoder 可自动生成代码的元件,自动生成 DSP 程序代码在 CCS 中编译并下载到 DSP 硬件中可运行。程序运行后,可通过 DSP 示波器改变 Vm 的值控制 Vr,并可通过 SCI_Test 监视输出变化情况。DSP 示波器使用将在 9.4.10 节讲解,读者可跳到 9.4.10 节了解 DSP 示波器的使用,示例直接给出 DSP 示波器捕获的波形。

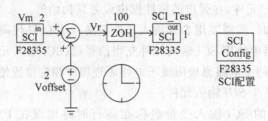

(a) 输入/输出电路模型

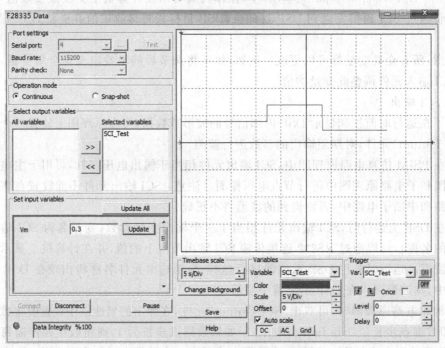

(b) PSIM DSP示波器监视及控制

图 9-25　SCI 通信元件应用示例模型

图 9-25(b)是利用 DSP 示波器监视到串口输出 SCI_Test 的波形数据。通过改变 Vm 的值,单击"Update"按钮进行参数设置,DSP 接收到设置值 Vm 后,改变其 Vr 输出值,并通过 SCI 串口发送出来。图 9-25(b)中的波形开始时 Vm=0.5,运行一段时间后改为 Vm=5,在运行一段时间后改为 Vm=0.3 的波形,通过串口实现了参数设置及输出波形监视。

9.4.6　递增/递减计数器

F28335 DSP 具有两个递增/递减计数器。计数器 1 可以位于端口 GPIO20-GPIO21 或端 GPIO50-GPIO51;计数器 2 位于 GPIO24-GPIO25 端口。计数器 1 有两个可选端口,但两个端口使用的内部功能单元是同一个，所以两个端口不能同时使用。

PSIM 的递增/递减计数器位于"Elements→SimCoder→TI F28335 Target→Up/Down Counter"菜单项下，其元件外形及参数设置对话框如图 9-26 所示。

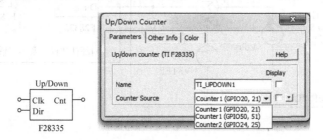

图 9-26 递增/递减计数器元件及属性对话框

递增/递减计数器元件有三个输入信号，"Clk"是计数时钟输入引脚，"Dir"是计数方向输入引脚。当"Dir"输入为 1 时，计数器递增计数；当"Dir"输入为 0 时，计数器递减计数。"Clk"引脚对应于计数器端口源的第一个端口引脚，"Dir"引脚对应于计数器端口源的第二个端口引脚。例如，对于端口 GPIO20 和 GPIO21 上的计数器 1，GPIO20 是"Clk"输入，而 GPIO21 是"Dir"输入。"Cnt"是计数器的计数值输出端口。

DSP 芯片内，递增/递减计数器使用与编码器相同的资源，并且不能同时在计数器和编码器中使用相同的 GPIO 端口。例如，同时使用编码器 1 和递增/递减计数器 1 会引起冲突，因此是不允许的。

利用"Up/Down Counter"元件对外部输入时钟进行计数，并将计数结果通过串口输出，其 PSIM 电路原理图及仿真波形如图 9-27 所示。计数器的时钟由方波信号发生器产生，信号频率 1kHz。计数器的 Dir 方向控制由 Vdir 和一个阶跃信号 VSREP 共同产生，在 0～0.01s 时 Dir＝1，采用递增计数模式；在 0.01s 后 Dir＝0，采用递减计数模式。计数结果与 SCI 输出元件相连，表示将计数结果通过串口输出。如果自动生成 DSP 程序代码，并在 DSP 上运行时，可以通过 DSP 示波器观察计数输出结果波形。

图 9-27(b)为递增/递减计数的仿真波形，在 Dir 为高电平时，CNT 递增计数；在 Dir 为低电平时，CNT 递减计数。在 0.01s 时，Dir 由高电平跳变为低电平，在下一个计数时钟，CNT 开始执行递减计数。

9.4.7 PWM 发生器

F28335 DSP 提供 6 组 PWM 输出：PWM 1（GPIO0 和 GPIO1）、PWM 2（GPIO2 和 GPIO3）、PWM 3（GPIO4 和 GPIO5）、PWM 4（GPIO6 和 GPIO7）、PWM 5（GPIO8 和 GPIO9）和 PWM 6（GPIO10 和 GPIO11）。每组都有两个互补的输出 A 和 B，例如，PWM 1 具有正输出 PWM 1A 和负输出 PWM 1B，除非 PWM 在特殊操作模式下运行。在 PSIM 的 SimCoder 元件库中，可以通过以下方式使用这 6 个 PWM 发生器：

➢ 两个三相 PWM 发生器：PWM 123（由 PWM 1、2 和 3 组成）和 PWM 456（由 PWM 4、5 和 6 组成）。

➢ 六个两相 PWM 发生器：PWM 1、2、3、4、5 和 6，每个 PWM 发生器的两个输出不是互补方式，而是处于特殊操作模式。

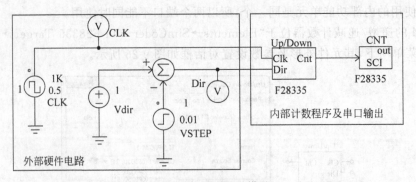

(a) 递增/递减计数器电路模型

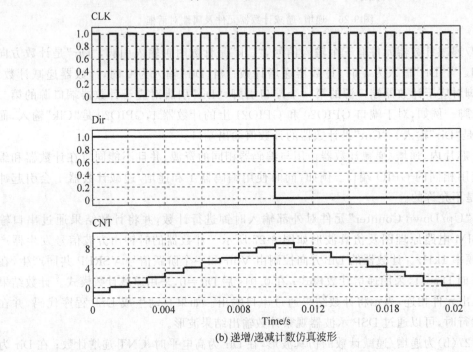

(b) 递增/递减计数仿真波形

图 9-27 递增/递减计数器元件仿真电路图及仿真波形

➤ 单相 PWM 发生器:PWM 1、2、3、4、5 和 6,两个输出彼此互补。

➤ 具有相移的单相 PWM 发生器:PWM 2、3、4、5 和 6,两个输出彼此互补。

这些 PWM 发生器可以触发 A/D 转换器,并产生触发信号。另外,除了上述的 PWM 发生器之外,还有 6 个与捕获单元使用相同资源的独立 PWM 发生器,称为 APWM 发生器。与 6 个 PWM 发生器(PWM 1~6)相比,APWM 发生器的功能受到限制,它们不能触发 A/D 转换器、不能使用 trip-zone 信号。由于共享资源,当使用捕获功能时,不能将其用于 APWM 发生器。SimCoder 中的 PWM 发生器元件如图 9-28 所示。元件左侧是输入的调制信号(相移 PWM Phase 元件的 Phase 输入脚输入移相角度),右侧输出的是 PWM 波信号。

注意 SimCoder 中的所有 PWM 发生器内部都包含一个开关周期延迟。也就是说,PWM 发生器的输入值在用于更新 PWM 输出时,PWM 输出会延迟(比输入时刻滞后)一个周期。用此延迟来模拟 DSP 硬件实现中固有的延迟,因此其是必要的。

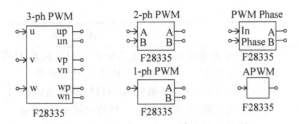

图 9-28 SimCoder 中的 PWM 发生器元件

1. 三相 PWM 发生器(3-ph PWM)

在三相 PWM 生成器元件图形中,"u""v"和"w"为三个相(或者将它们称为"a""b"和"c"相)。字母"p"代表正输出,而字母"n"代表负输出。例如,对于三相 PWM 123,"up"是 PWM1A,而"un"是 PWM1B。双击"3-ph PWM"元件,弹出其属性对话框,如图 9-29 所示,三相 PWM 发生器的属性参数说明见表 9-4。

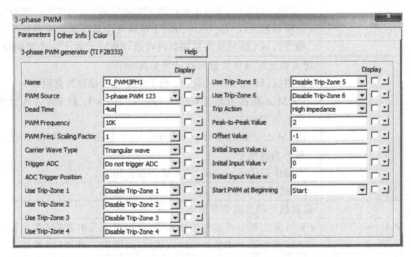

图 9-29 三相 PWM 发生器属性对话框

表 9-4 三相 PWM 发生器的属性参数说明

参　　数	说　　明
PWM Source	三相 PWM 发生器源,它可以是以下两种选择之一: -3-ph PWM123,由 PWM1、PWM2 和 PWM3 组成 -3-ph PWM456,由 PWM4、PWM5 和 PWM6 组成
Dead Time	PWM 发生器的死区时间 Td,以 s 为单位
PWM Frequency	PWM 发生器的采样频率,以 Hz 为单位。以此频率完成计算,并更新 PWM 信号占空比
PWM Freq. Scaling Factor	PWM 频率比例因子,PWM 频率和采样频率之间的比例因子,可取 1、2 或 3。即,PWM 输出信号频率(用于控制开关的 PWM 输出信号频率)是采样频率的倍数。例如,如果采样频率为 50kHz,比例因子为 2,则表示 PWM 输出信号频率为 100kHz。开关管将以 100kHz 进行开关,但门控信号将以 50kHz(每两个开关周期)更新一次
Carrier Wave Type	PWM 发生器的载波类型,可以是三角波也可以是锯齿波

参　　数	说　　明
Trigger ADC	设置是否通过 PWM 发生器触发 A/D 转换器，可以是以下之一： - 不触发 ADC：PWM 不会触发 A/D 转换器 - 触发 A 组：PWM 触发 A/D 转换器 A 组（通道 1～8） - 触发 B 组：PWM 触发 A/D 转换器 B 组（通道 9～16） - 触发 A 和 B 组：PWM 将同时触发 A/D 转换器 A 组和 B 组（通道 1～16）
ADC Trigger Position	A/D 转换器 PWM 触发位置设置，位置的范围为从 0（在 PWM 周期开始时触发 A/D 转换器）到 1（在 PWM 周期结束时触发 A/D 转换器）。如为 0.5 时，A/D 转换器在 PWM 周期为 180°时触发
Use Trip-Zone i	定义 PWM 发生器是否使用第 i 个触发区域信号，其中 i 的范围为 1～6。取值可以是下列之一： - 禁用触发区域 i(Disable Trip-Zone i)：PWM 禁用第 i 个触发区域信号 - 单次触发模式(One shot)：PWM 发生器在单次触发模式下使用触发区域 i 信号。触发后，必须手动启动 PWM（区域 i 信号作为一次触发信号） - 逐周期触发(Cycle by cycle)：PWM 发生器逐周期使用触发区域 i 信号。触发区域 i 信号在当前周期内有效，PWM 将在下一个周期自动重启
Trip Action	定义触发区域信号触发时，PWM 的动作： - 高阻抗(High impedance)：将 PWM 输出设置为高阻抗 - PWM A 高和 B 低(PWM A high & B low)：将 PWM A 设置为高电平和 B 为低电平 - PWM A 低和 B 高(PWM A low & B high)：将 PWM A 设置为低电平和 B 为高电平 - 不起作用(No action)：PWM 不起作用
Peak-to-Peak Value	设置载波的峰峰值 Vpp
Offset Value	设置载波的直流偏移值 Voffset
Initial Input Value u	PWM 发生器 u 相的初始输入值（仅适用于三相 PWM 发生器）
Initial Input Value v	PWM 发生器 v 相的初始输入值（仅适用于三相 PWM 发生器）
Initial Input Value w	PWM 发生器 w 相的初始输入值（仅适用于三相 PWM 发生器）
Start PWM at Beginning	PWM 发生器的初始状态。它可以是"启动(Start)"或"不启动(Do not start)"。设置为"启动"时，PWM 将从头开始；如果将其设置为"不启动"，则需要使用"启动 PWM(Start PWM)"功能启动 PWM

三相 PWM 发生器为三相系统生成 PWM 信号。输入"u""v"和"w"（也可以标记为"a""b"和"c"）是三相输入调制信号。载波信号范围为 Voffset～Voffset＋Vpp，当调制信号为 Voffset 时，占空比为 0，当调制信号为 Voffset＋Vpp 时，占空比为 1。PWM 发生器具有三角波（具有相等的上升和下降斜率间隔）和锯齿波两种载波波形。当调制信号大于载波波形时，PWM 正输出为高电平(1)，反之输出为低电平(0)。例如，当输入 u 大于载波波形时，输出 up 为 1，输出 un 为 0，PWM 发生器产生 PWM 的示意图如图 9-30 所示。

图 9-30 中 PWM 输入信号是 PWM 发生器元件的输入信号，即调制信号。载波信号是在 PWM 属性对话框设置的，图中是三角载波信号。图中还显示了死区时间 Td 的定义方式，以及 PWM 发生器触发 A/D 转换器的时序。如果选择了触发 A/D 转换器，则从 PWM 周期开始，在由 A/D 触发位置定义的一定延迟后，A/D 转换将开始。A/D 转换完成后，

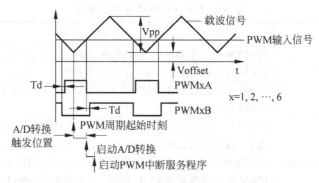

图 9-30 三角载波的 PWM 发生器输入和输出波

PWM 中断服务程序将启动。如果 PWM 发生器未触发 A/D 转换器,则 PWM 中断服务程序将在 PWM 周期开始时启动。PWM 发生器可以通过两种方式产生中断:

◇ 定期中断。中断频率等于 PWM 频率。它可以通过以下方式生成:

- 如果选择 PWM 作为中断源,中断将由 PWM 本身在 PWM 载波开始时产生。

- 如果选择 A/D 转换器作为中断源,PWM 将触发 A/D 转换器开始转换。A/D 转换完成后将产生中断。

◇ 触发区域中断。F28335 DSP 中有 6 个触发区域信号,可以将其中一个设置为 PWM 发生器的触发区域信号。如果 PWM 的触发区信号变低,将产生触发区中断。在进入触发区中断之前,将根据触发动作定义设置相应的 PWM 输出。

要使用"Start PWM"元件启动 PWM 发生器,只需在"Start PWM"元件的输入引脚施加高电平信号(1)即可;要停止 PWM 发生器,只需在"Stop PWM"元件的输入端施加一个高逻辑信号(1)即可。

2. 两相 PWM 发生器(2-ph PWM)

两相 PWM 发生器(2-ph PWM),又称双相 PWM 发生器,其属性设置窗口如图 9-31 所示,参数说明如表 9-5 所示。

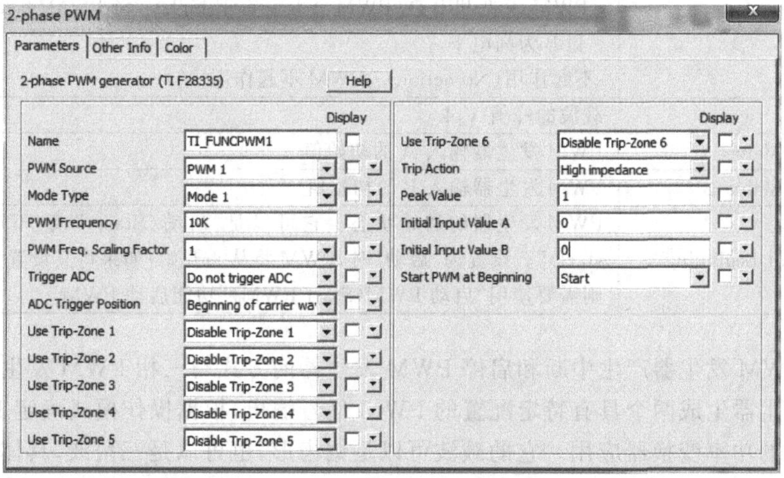

图 9-31 两相 PWM 属性对话框

表 9-5　两相 PWM 属性参数说明

参　　　数	说　　　明
PWM Source	两相 PWM 发生器源，它可以选择 PWM 1～6 之一
Mode Type	PWM 发生器的操作模式。它可以选择模式 1～6 之一
PWM Frequency	PWM 发生器的采样频率，以 Hz 为单位。以此频率完成计算，并更新 PWM 信号占空比
PWM Freq. Scaling Factor	PWM 频率比例因子，PWM 频率和采样频率之间的比例因子，可取 1、2 或 3。即，PWM 输出信号频率（用于控制开关的 PWM 输出信号频率）是采样频率的倍数。例如，如果采样频率为 50kHz，比例因子为 2，则表示 PWM 输出信号频率为 100kHz。开关管将以 100kHz 进行开关，但门控信号将以 50kHz（每两个开关周期）更新一次
Trigger ADC	设置是否通过 PWM 发生器触发 A/D 转换器。可以是以下之一： - 不要触发 ADC：PWM 不会触发 A/D 转换器 - 触发 A 组：PWM 触发 A/D 转换器 A 组（通道 1～8） - 触发 B 组：PWM 触发 A/D 转换器 B 组（通道 9～16） - 触发 A 和 B 组：PWM 将同时触发 A/D 转换器组 A 和组 B（通道 1～16）
ADC Trigger Position	A/D 转换器由 PWM 触发的位置设置，它可以在载波的开始处，也可以在载波的中途
Use Trip-Zone i	定义 PWM 发生器是否使用第 i 个触发区域信号，其中 i 的范围为 1～6。取值可以是下列之一： - 禁用触发区域 i(Disable Trip-Zone i)：PWM 禁用第 i 个触发区域信号 - 单次触发模式(One shot)：PWM 发生器在单次触发模式下使用触发区域 i 信号。触发后，必须手动启动 PWM（区域 i 信号作为一次触发信号） - 逐周期触发(Cycle by cycle)：PWM 发生器逐周期使用触发区域 i 信号。触发区域 i 信号在当前周期内有效，PWM 将在下一个周期自动重启
Trip Action	定义触发区域信号触发时，PWM 的动作： - 高阻抗(High impedance)：将 PWM 输出设置为高阻抗 - PWM A 高和 B 低(PWM A high & B low)：将 PWM A 设置为高电平和 B 为低电平 - PWM A 低和 B 高(PWM A low & B high)：将 PWM A 设置为低电平和 B 为高电平 - 不起作用(No action)：PWM 不起作用
Peak Value	载波的峰值 Vpk
Initial Input Value A	PWM 发生器输入 A 的初始值
Initial Input Value B	PWM 发生器输入 B 的初始值
Start PWM at Beginning	PWM 发生器的初始状态。它可以是"启动(Start)"或"不启动(Do not start)"。设置为"启动"时，PWM 将从头开始；如果将其设置为"不启动"，则需要使用"启动 PWM(Start PWM)"功能启动 PWM

　　两相 PWM 发生器产生中断和启停 PWM 发生器的方式与三相 PWM 发生器相同。两相 PWM 发生器生成两个具有特定配置的 PWM 信号输出，根据操作模式确定 PWM 波形，适用于典型的功率变换器应用。它的载波可以是锯齿形，也可以是三角波，具体取决于操作模式。载波从 0 增加到峰值 Vpk，没有直流偏移。两相 PWM 发生器有 6 种操作模式，下面详细说明 6 种操作模式。

◇ 操作模型一(Mode 1)

图9-32(a)是操作模式1的波形。在图中,"CA"和"CB"指的是两相PWM发生器的两个输入A和B。每个输入控制每个输出的关闭时间。载波是峰值为Vpk的锯齿波,当调制信号A(或B)的幅值大于载波时,PWMxA(或PWMxB)输出高电平,否则输出低电平。

◇ 操作模型二(Mode 2)

图9-32(b)是操作模式2的波形。在图中,"CA"和"CB"指的是两相PWM发生器的两个输入A和B。与模式1不同,每个输入控制每个输出的开启时间。载波是峰值为Vpk的锯齿波,当调制信号A(或B)的幅值大于载波时,PWMxA(或PWMxB)输出低电平,否则输出高电平。与模式1输出相反。

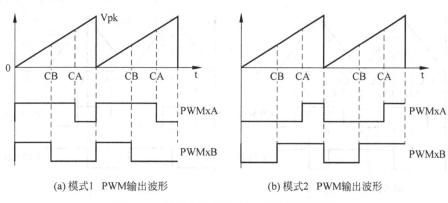

(a) 模式1 PWM输出波形　　　　　(b) 模式2 PWM输出波形

图9-32　模式1与模型2的PWM输出波形

◇ 操作模型三(Mode 3)

图9-33(a)是操作模式3的波形。在此模式下,载波是锯齿波,输入A控制PWMxA开启时刻(PWMxA变高电平的时刻),输入B控制PWMxA关闭时刻(PWMxA变低电平的时刻)。PWMxB在一个完整的PWM周期内接通,并且下一个周期关闭。

◇ 操作模型四(Mode 4)

图9-33(b)是操作模式4的波形。在此模式下,载波为三角形。每个输入同时控制其输出的打开和关闭(调制信号A或B的幅值大于载波时,输出PWMxA或PWMxB变为高电平,否则变为低电平)。

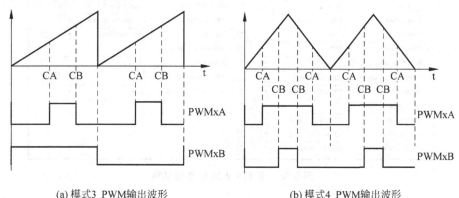

(a) 模式3 PWM输出波形　　　　　(b) 模式4 PWM输出波形

图9-33　模式3与模型4的PWM输出波形

◇ 操作模型五（Mode 5）

图 9-34（a）是操作模式 5 的波形。在此模式下，载波为三角形。与模式 4 相似，每个输入都控制其输出的开启和关闭。但是在这种情况下，PWMxB 输出会反相。即 PWMxA 输出与模式 4 中 PWMxA 的输出相同，PWMxB 的输出与模式 4 中的 PWMxB 反相。

◇ 操作模型六（Mode 6）

图 9-34（b）是操作模式 6 的波形。在此模式下，输入 A 控制 PWMxA 的接通（使 PWMxA 输出为高电平），输入 B 控制 PWMxA 的关断（使 PWMxA 输出为低电平）。PWMxB 在上半个 PWM 周期中断开（PWMxB 输出低电平），在下半个周期中导通（PWMxB 输出为高电平）。

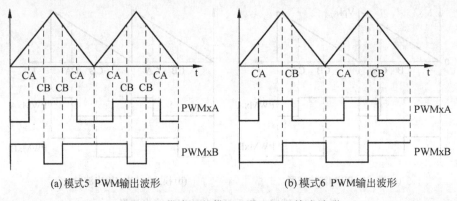

(a) 模式5 PWM输出波形　　　　(b) 模式6 PWM输出波形

图 9-34　模式 5 与模型 6 的 PWM 输出波形

3. 单相 PWM 发生器（1-ph PWM & 1-phase PWM（phase-shift））

单相 PWM 发生器有带相移（相位偏移）和不带相移两种，其属性参数设置相同，如图 9-35 所示。属性参数含义大部分与三相 PWM 发生器的参数含义相同，可对比参考。其中有差异的参数说明见表 9-6 所示。

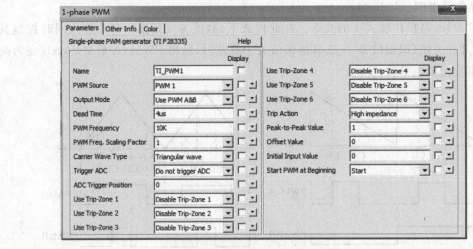

图 9-35　单相 PWM 属性对话框

表 9-6 单相部分 PWM 属性参数说明

参　　数	说　　明
PWM Source	PWM Sources 是 PWM 发生器的源 - 不带相移：可以是 PWM 1～6 六个中的任一个 - 带相移：可以是 PWM 2～6 六个中的任一个
Output Mode	PWM 发生器输出模式,可以是以下之一： - Use PWM A&B：同时使用输出 A 和 B,输出 A 和 B 互补 - Use PWM A：仅使用输出 A - Use PWM B：仅使用输出 B
Initial Input Value	PWM 发生器输入的初始值

单相 PWM 发生器根据输出模式生成一个或两个 PWM 信号。载波范围为 Voffset～Voffset＋Vpp,当调制信号为 Voffset 时,占空比为 0,当调制信号为 Voffset＋Vpp 时,占空比为 1。载波信号和调制方法与三相 PWM 发生器相同,可参见图 9-30 所示。单相 PWM 发生器产生中断和启停 PWM 发生器的方式也与三相 PWM 发生器相同。

带有相移的单相 PWM 发生器有两个输入,一个是 PWM 调制信号输入(标记为"in"),另一个是相移输入(标记为"Phase")。它可以产生相对于参考 PWM 发生器相移"Phase"的输出 PWM 波。

PWM 发生器有两个系列：系列 A(PWM 1、2、3)和系列 B(PWM 1、4、5、6)。参考 PWM 发生器和被移相的发生器必须来自同一系列。也就是说,当 PWM 1 作为参考 PWM 发生器时,系列 A 其他 PWM 发生器(PWM 2 和 3)或系列 B 其他 PWM 发生器(PWM 4、5 和 6)可以相对于 PWM 1 进行相移;当 PWM 2 作为参考 PWM 发生器时,只有系列 A 的 PWM 3 可以进行相移;当 PWM 4(或 5)作为参考 PWM 发生器时,B 系列的 PWM 5(或 6)可以相对于 PWM 4(或 5)进行相移。但是不允许将 PWM 2 或 3 用作 PWM 4、5 或 6 的参考 PWM 发生器。

另外,参考 PWM 发生器和移相 PWM 发生器必须在系列中是连续的。也就是说,当 PWM 1 作为参考时,相移 PWM 发生器不允许是 PWM 3,或 PWM 5 或 6。当 PWM 1 作为参考时,相移 PWM 发生器只能是 PWM2 或者 PWM4。

相移输入的范围是 0～1。当相移输入值为 0 时,不发生相移。当相移输入值为 1 时,输出将移位一个完整的采样周期。当相移输入值为 0.3 时,输出将相对于参考 PWM 发生器输出向左(领先)移开切换周期的 0.3。

4. APWM 发生器

与捕获单元使用相同资源的独立 PWM 发生器,称为 APWM 发生器。与 6 个 PWM 发生器(PWM 1～6)相比,APWM 发生器的功能受到限制,它们不能触发 A/D 转换器、不能使用 trip-zone 信号。由于共享资源,当使用捕获功能时,不能将其用于 APWM 发生器。双击 APWM 发生器元件,会打开其属性对话框,如图 9-36 所示。参数含义如表 9-7 所示。

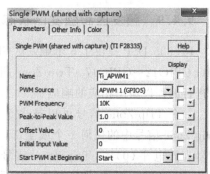

图 9-36 APWM 发生器参数属性对话框

表 9-7　APWM 发生器参数说明

参　　数	说　　明
PWM Source	APWM 发生器与捕获共享相同的资源。APWM 源可以是使用 14 个指定 GPIO 端口的 6 个 APWM 之一，如下所示： - APWM 1（GPIO5，GPIO24，GPIO34） - APWM 2（GPIO7，GPIO25，GPIO37） - APWM 3（GPIO9，GPIO26） - APWM 4（GPIO11，GPIO27） - APWM 5（GPIO3，GPIO48） - APWM 6（GPIO1，GPIO49）
PWM Frequency	APWM 发生器的采样频率，以 Hz 为单位
Peak-to-Peak Value	载波的峰峰值 Vpp
Offset Value	载波的直流偏移值
Initial Input Value	APWM 发生器输入的初始值
Start PWM at Beginning	APWM 发生器的初始状态。它可以是"启动（Start）"或"不启动（Do not start）"。设置为"启动"时，APWM 将从头开始，如果将其设置为"不启动"，则需要使用"启动 PWM(Start PWM)"功能启动 APWM

APWM 发生器产生一个 PWM 信号。由于它使用与捕获相同的资源，因此只能在捕获未使用特定输入时，才可以作为 APWM 使用。

要启动 APWM，需在"启动 PWM"原件的输入引脚上施加高逻辑信号(1)；要停止 APWM，需要 "停止 PWM"元件的输入引脚上施加高逻辑信号(1)。

9.4.8　启动/停止 PWM

启动 PWM 和停止 PWM 元件模块提供启动/停止 PWM 发生器的功能。元件外形图形如图 9-37 所示。元件参数"PWM Source"为将要启动或停止的 PWM 发生器，可以是单相 PWM1～PWM6、三相 PWM123 和 PWM456、捕获 PWM1～PWM6。

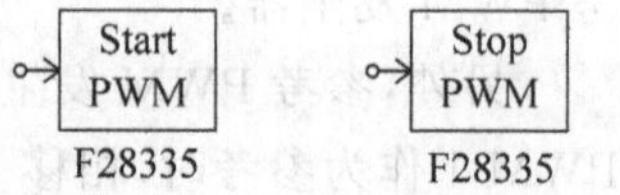

图 9-37　启动/停止 PWM 元件

要使用"Start PWM"元件启动 PWM 发生器，只要在"Start PWM"元件的输入引脚施加高电平信号(1)即可；要停止 PWM 发生器，只要在"Stop PWM"元件的输入端施加一个高逻辑信号(1)即可。

9.4.9　触发区和触发区状态

F28335 DSP 提供了 6 个触发区（Trip-Zone ），即 Trip-Zone 1～Trip-Zone 6，它们使用端口 GPIO12～GPIO17。Trip-Zone 用于处理外部故障或触发条件，可以对相应的 PWM 输出进行编程以做出相应的响应。

一个 Trip-Zone 信号可以被多个 PWM 发生器使用，而 PWM 发生器可以使用 6 个 Trip-Zone 信号中的任何一个或全部。Trip-Zone 信号产生的中断由中断块处理。当输入信号为低电平(0)时，Trip-Zone 信号将产生触发动作。SimCoder 提供的 Trip-Zone 和 Trip-Zone State 元件，图形如图 9-38 所示。

➢ Trip-Zone 元件可设置是否使用 Trip-Zone1～ Trip-Zone6 信号（属性参数设置为

YES 或 NO)，若使用，Trip-Zone1 ～ Trip-Zone6 信号对应的 GPIO 引脚分别为 GPIO12～GPIO17。

> Trip-Zone State 元件可以设置 PWM 源，PWM 源可以是单相 PWM1～PWM6、三相 PWM123 和 PWM456。

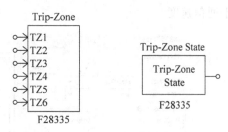

图 9-38　Trip-Zone 和 Trip-Zone State 元件

可以在单次触发模式或周期循环模式下产生 Trip-Zone 中断，在 PWM 发生器参数输入中进行设置。在周期循环模式下，中断仅影响当前 PWM 周期内的 PWM 输出。在单次触发模式下，当输入信号为低电平(0)时，中断将触发跳闸动作，并将永久设置 PWM 输出，PWM 发生器必须重新启动才能恢复操作。

当触发 PWM 发生器产生中断时，Trip-Zone State 元件将指示 Trip-Zone 信号是处于单次触发模式还是周期循环模式。当输出为 1 时，表示 Trip-Zone 信号处于单次触发模式；当输出为 0 时，Trip-Zone 信号处于周期循环模式。

注意：在定义与 Trip-Zone 关联的中断块时，中断块的"设备名称"参数应该是 PWM 发生器的名称，而不是 Trip-Zone 元件块的名称。例如，如果一个名为"PWM_G1"的 PWM 发生器在 Trip-Zone 元件块"TZ1"中使用了 Trip-Zone1。相应中断块的"设备名称"应为"PWM_G1"，而不是"TZ1"。在这种情况下，不使用中断块中的"通道号"(Channel Number)参数。

9.4.10　DSP 示波器

PSIM 工具菜单提供了 DSP 示波器，此功能是 TI F28335 Target 的一部分，它用于实时显示 TI F28335 硬件中通过串行通信接口(SCI)输出的数据。DSP 示波器允许操作者监视和显示 DSP 波形，并在运行时可更改 DSP 程序中的参数值，以无中断且无干扰的方式对 DSP 控制程序进行调试和微调。DSP 示波器位于"Utilities→DSP Oscilloscope"菜单项下，其界面如图 9-39 所示，参数设置见表 9-8。

表 9-8　DSP 示波器设置

参　　数	说　　明
Port settings	用于设置 SCI 通信的串口参数，包括串行端口号、波特率、奇偶校验。"Test"测试按钮可以测试所选串口是否存在并可工作
Operation mode	DSP 示波器具有两种运行模式选择：连续模式和快照模式
Select output variables	选择 DSP 示波器显示的输出变量
Set input variables	列出了可以在 DSP 示波器中更改其值的变量。单击相应的"Update"按钮，该值将被发送到 DSP 目标板中；单击"Update All"按钮，将更新所有值
Connect	单击"连接"按钮，建立计算机和 DSP 硬件之间的连接
Disconnect	单击"断开连接"按钮，断开计算机与 DSP 硬件连接
Pause	单击"暂停"按钮，暂时停止数据传输

在连续模式下，数据从 DSP 连续发送到计算机。如果所有需要发送的数据大于允许发送数据的长度，额外的数据将丢失。连续模式下缓冲区大小无关紧要，因为数据完整性取决

于通信速度。

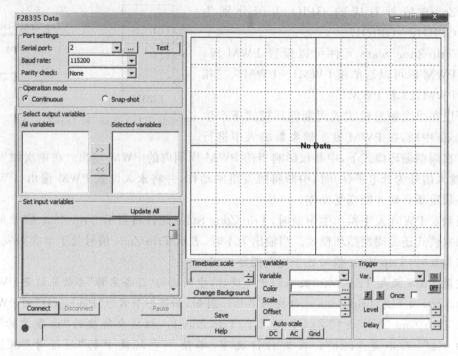

图 9-39   DSP 示波器

在快照模式下,数据将保存到 DSP 缓冲区,缓冲区中的每个点都被发送到计算机。由于快照模式下在收集数据时同时发出数据,当缓冲区中没有更多空闲单元时,数据收集将停止,并在缓冲区中的所有数据都送出以后再次恢复收集数据。另外,DSP 示波器一次仅在缓冲区中显示完整的数据集,因此,如果缓冲区太小则显示的波形将非常短。缓冲区不能太大,因为它受 DSP 中可用的物理 RAM 存储器的限制。

DSP 示波器可以显示由 SCI 输出元件定义的输出变量波形。当需要显示波形时,需从"所有变量"列中选择变量,然后单击"≫"按钮将其移至"选定变量"列,则所选变量的波形将显示在示波器中。要从显示中删除变量,需在"所选变量"列中选中它,然后单击"≪"按钮删除。

DSP 示波器左下角状态字段显示数据完整性,用于指示所显示波形的保真程度。如果数据完整性为 100%,则意味着所有数据点都已接收,并且没有数据丢失。如果数据完整性为 70%,则意味着仅接收了 70% 的数据点。数据完整性如果低于 100%,意味着由于请求的数据量太大并且 DSP 没有足够的资源来发送数据,因此丢失了一些数据点。如果发生这种情况,可以显示较少数量的波形,或增加"SCI 输出"元素中的"数据点步长"值,以便需要传输和显示的数据点数更少,或可以将"操作模式"从"连续"更改为"快照"模式。

在示波器中可以调整每个通道的显示比例、直流偏移和曲线颜色。时基的刻度也可以调整。通道显示可以设置为 DC、AC 和 GND(接地)三种模式之一。在直流模式下将显示整个波形,在交流模式下仅显示波形的交流部分,在接地模式下将显示参考接地。

启用"触发"时,将根据所选通道的电平触发显示。如果勾选一次复选框,则仅触发一次波形。这对于捕捉瞬变非常有用。如果选中了"自动缩放"复选框,则将自动调整通道的大小比例,以使波形完整显示在屏内。单击"时基"下面的"更改背景"按钮,可以将示波器的背景从黑色切换为白色。单击"保存"按钮,可将示波器上显示的所有内容保存到文件中,以便在 Simview 中进一步显示和后处理。

9.5　目标硬件系统代码生成

SimCoder 可以从具有或不具有具体目标硬件的电路原理图中生成 C 程序代码,且生成的 C 程序代码可以不经任何修改直接在特定的目标 DSP 硬件上运行。利用此功能进行 C 程序代码生成,需要按照一定的步骤构成可生成 C 程序代码的电路原理图,然后利用 SimCoder 自动生成程序代码。采用 SimCoder 自动生成代码通常涉及以下步骤:

◇ 第一步:利用 PSIM 建立连续时域系统电路原理图,并进行仿真验证。

◇ 第二步:将所建系统的控制部分(需要用程序代码实现的部分)转换成由离散域元件构成的电路原理图,并进行仿真验证。

◇ 第三步:若要构建不带目标硬件的 C 程序代码,将离散域控制部分电路原理图转换成子电路图,并进行仿真验证。

◇ 第四步:若要构建带目标硬件的 C 程序代码,采用目标硬件元件对系统电路原理图进行修改,即用实际目标硬件元件将控制部分与功率硬件部分进行关联,然后进行仿真验证。

◇ 第五步:在仿真验证通过后,利用 SimCoder 自动代码生成功能生成 C 程序代码。

步骤中的第一步和第二步不是必需的,依据系统电路原理图实际情况而定。如设计者可直接利用目标硬件及可自动生成代码的元件构建系统电路原理图,并直接生成 C 程序代码,而无须建立连续时域系统电路原理图并进行仿真验证。另外需要注意,系统控制部分只有处于离散域才可以生成 C 程序代码,而连续时域控制系统是不可以生成 C 程序代码。因此,在构建可利用 SimCoder 自动生成 C 程序代码的控制部分电路原理图时,需要用到 SimCoder 的数字控制元件模块。

本节以单环电流反馈控制 Buck 变换器的控制系统 C 程序代码生成为例,讲解构建可生成 C 程序代码的电路原理图设计步骤及自动生成 C 程序代码的方法。

9.5.1　连续时域系统设计

在设计系统时,通常需先在连续时域(s 域)中设计和仿真系统,在仿真验证后进入后续设计。本示例设计一个采用电感电流反馈控制的 Buck 变换器系统,控制环路采用 PI(比例积分)控制器在连续 s 域中进行设计。PI 控制器的比例增益 kp＝0.4,积分系数 ki ＝ 0.0004,开关频率为 f＝20kHz。在 PSIM 中建立的 s 域电路原理图如图 9-40 所示。

图 9-40 的 s 域电路原理图中,功率电路部分与控制电路部分通过"Label"标签连接,等同直接用电气连接线连接。各元件参数具体设置如图中参数值所示,仿真结果 Vo 输出为 5V 直流。本示例的目的是演示对控制部分电路生成 C 程序代码,为了执行 C 程序代码生成,需要将 s 域中的模拟 PI 控制器转换成离散 z 域中的数字 PI 控制器。

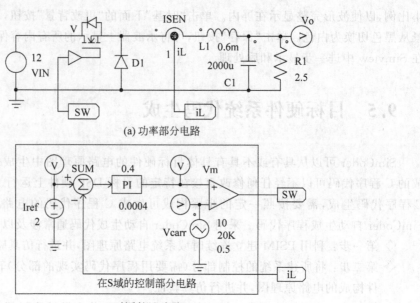

(a) 功率部分电路

(b) 控制部分电路

图 9-40 电流反馈 Buck 变换器 S 域电路原理图

9.5.2 离散域系统设计

要将模拟控制器转换为数字控制器，可以使用 PSIM 自带的 s2z Converter 程序工具，将模拟控制器转换为由数字控制元件模块构成的数字控制器。s2z Converter 程序工具位于 PSIM"Utilities→s2z Converter"菜单项下。将模拟控制器转化为数字控制器可以使用不同的转换方法，最常用的是双线性(也称为 Tustin 或 Trapezoidal)法和后向欧拉(Backward Euler)法，s2z Converter 程序工具界面如图 9-41 所示。

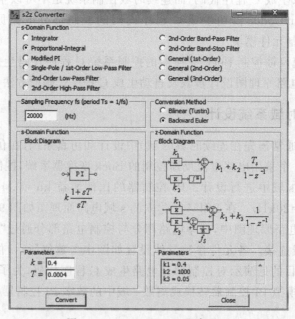

图 9-41 s2z Converter 程序界面

s2z Converter 程序工具提供常用 s 域函数类型选择、采样频率设置、转换方法选择、参数输入等功能项,在完成待转换 s 域模拟控制器参数设置后,单击"Convert"按钮进行转换,转换后的 z 域数字控制器方框图显示在 z 域函数方框图框内,各参数显示在下方的参数框内。

本例中,模拟控制器是 PI 控制器,因此 s 域函数选择 PI 函数,采用 Backward Euler 方法,采样频率 fs 与 20kHz 开关频率相同,PI 参数值输入参数设置框,然后把模拟 PI 控制器转换为数字 PI 控制器。转换后的数字 PI 控制器参数比例部分为 k1＝0.4,积分部分为 k2＝1000 和 k3＝0.05,同时数字控制器给出两种方框图。将图 9-40(b)的模拟控制器转换为数字控制器的电路原理图,如图 9-42 所示。

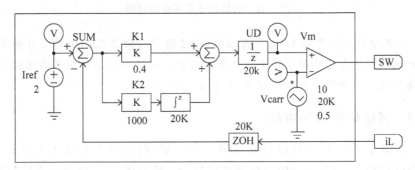

图 9-42　z 域数字控制器

图 9-42 中 z 域数字控制器与连续域模拟控制电路相比,该电路有三个变化:

- 首先,模拟 PI 控制器替换为数字 PI 控制器。数字积分器的算法采用后向欧拉方法的第 1 种,采样频率设置为 20kHz。增益 k1 和 k2 是转换计算得到的参数。
- 电流反馈 iL 的采样用零阶保持器 ZOH 元件模拟数字硬件的 A/D 转换,零阶保持器的采样频率为系统的采样频率 20kHz。
- 单位延迟模块 UD 用来模拟数字硬件控制器执行时固有的一个周期延时(系统采样周期 1/20kHz)。通常在一个周期开始时对参数进行采样,并在该周期内计算控制器的参数,但是由于进行计算需要花费时间,新的计算参数通常需要等到下一个周期开始才能被使用(对于数字控制来说,一般是一个周期完成一次输出控制动作。在该周期内执行输出控制量的同时,数字控制单元也启动采样与运算(输出控制的参量不是当前正在采样与运算的参量),其采样计算与输出控制是同步进行的。当输出控制执行完后,当前的采样计算也完成,得到新的控制参量。待到下一个执行周期时,新得到的控制参量才被输出控制,同时开始新的采样与运算)。

转换成数字控制器时需要注意,转换后的数字控制器应该是一个闭环稳定控制环,并且和期望的性能一致。如果数字控制的仿真结果不稳定或与预期不一致,则需要返回到模拟控制系统,重新设计模拟控制器,然后重复上述转换过程。

使用后向欧拉方法,积分器在时域的输入/输出关系也可表示为:

$$y(n) = y(n-1) + Ts * u(n)$$

其中,$y(n)$ 和 $u(n)$ 分别是当前时刻的输出和输入,$y(n-1)$ 是上一个采样周期的输出,Ts 是采样周期。即积分器可以用一个加法器(summer)和一个单位延时(unit-delay)模块替代图 9-42 电路中的离散积分器,替代后的积分器电路图如图 9-43 所示。

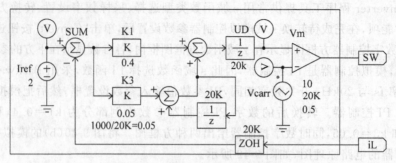

图 9-43　时域积分器电路原理图

注意：公式中的采样周期 Ts 需要将比例块 k2 的增益除以 20kHz 的采样频率。图 9-43 所示电路的优点是更容易开始或停止积分器的积分。电路中数字控制器实际就是采用后向欧拉方法转换的第 2 种数字积分控制器，参数 k3＝0.05。

9.5.3　目标硬件代码生成

控制电路处于离散域后，可以利用 SimCoder 生成带目标硬件的 C 程序代码，生成的 C 程序代码与硬件相关，可以在对应目标硬件中执行。针对图 9-43 所示数字控制器，在生成代码之前，必须修改电路原理图，以包含目标硬件相关元件。另外，元件参数值可能需要适当缩放，以适应硬件元件输入的取值范围。通常对原理图的更改涉及以下内容：

- 添加目标硬件的 A/D 转换器，数字输入/输出等；
- 用目标硬件的 PWM 发生器代替电路中的模拟 PWM 产生电路；
- 如有必要，可添加事件顺序控制；
- 在 Simulation Control 仿真控制中设置目标硬件，并设置生成代码的版本。

针对图 9-43 所示数字控制器，若需要生成适用于 TI F28335 目标硬件的 C 程序代码，则需要添加 TI F28335 的相关硬件单元，对原控制电路原理图进行修改，修改后的电路原理图如图 9-44 所示。

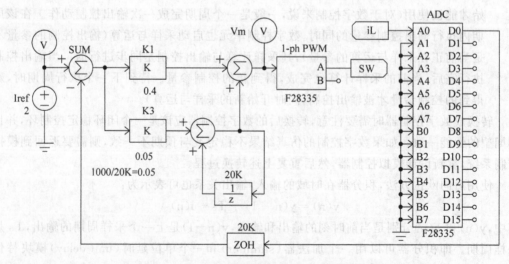

图 9-44　带 F28335 的控制部分电路原理图

图 9-44 中,用 IT F28335 DSP 的硬件单元对原离散控制电路模型进了调整,主要做了以下调整:

◇ 在电流传感器之后,添加了一 A/D 转换器。需要注意 A/D 转换器的输入电压范围。如果电流传感器输出信号超出 A/D 转换器的输入范围,则必须用硬件电路进行相应地缩放。未使用的 ADC 输入通道需要接地。本例 A/D 转换器的设置如下:
- ADC Mode:选择启动-停止(8 通道)模式,即 A/D 转换器有 PWM 发生器触发,并只用到 A 组 ADC 转换器。
- Ch A0 Mode:选择 DC 模式,输入信号范围为 0~+3V。
- Ch A0 Gain:设置为 1.0。

◇ 以硬件 PWM 发生器代替比较器和三角载波源,PWM 发生器设置如下:
- PWM Source:选择 PWM1,定义 F28335 处理器的 PWM 功能单元。
- Output Mode:选择 Use PWM A,定义 PWM 输出端口。
- PWM Frequency:20k,定义采样频率为 20kHz。
- PWM Freq. Scaling Factor:1,定义频率因子。
- Carrier Wave Type:选择载波 Sawtooth wave 锯齿波。
- Trigger ADC:触发 A 组,PWM 发生器触发 A/D 转换器 A 组。
- ADC Trigger Position:0,A/D 触发位置,其范围为 0 到小于 1。当它为 0 时,A/D 转换器在 PWM 周期的开始被触发。
- Peak to Peak Value:10,定义 PWM 发生器载波的峰-峰值,即 PWM 输出信号的范围。
- 其他未涉及参数采用默认设置。

◇ PWM 发生器硬件本身包含一个固定采样周期延迟,因此移除原电路图比较器输入前的单位延迟元件 UD。

◇ 打开 Simulation Control 仿真控制器,在 Parameters 页面的底部 Hardware Type 处,设置为 TI F28335,使用 RAM Debug 模式。

◇ 设计者可以在生成代码的头部添加注释,打开 Simulation Control 仿真控制器,切换到 SimCoder 页,在 Comments 文本框中输入或修改注释,该注释将出现在 C 程序代码的头部。

为验证添加 F28335 目标硬件元件后的电路,可对系统进行仿真验证。仿真结果应该非常接近于数字控制时的仿真结果。仿真结果验证通过后,可选择"Simulate →Generate Code"菜单项生成 C 程序代码。针对 F28335 硬件生成的 C 程序代码可不做任何修改,直接在 F28335 目标硬件板上运行。生成的 C 程序代码如下:

```
/********************************************************************
// This code is created by SimCoder Version 9.1 for TI F28335 Hardware Target
// SimCoder is copyright by Powersim Inc., 2009 - 2011
// Date: March 28, 2020 14:04:19
********************************************************************/
# include  < math. h >
# include  "PS_bios.h"
```

```c
typedef float DefaultType;
#define   GetCurTime() PS_GetSysTimer()
interrupt void Task();
DefaultType  fGblVm = 0.0;
DefaultType  fGblV2 = 0.0;
DefaultType  fGblUD2 = 0;
interrupt void Task()
{
    DefaultTypefIref, fTI_ADC1, fZOH1, fSUM, fK1, fK3, fSUMP3, fSUMP1, fUD2;
    PS_EnableIntr();
    fUD2 = fGblUD2;
    fTI_ADC1 = PS_GetDcAdc(0);
    fIref = 2;
    fZOH1 = fTI_ADC1;
    fSUM = fIref - fZOH1;
    fK1 = fSUM * 0.4;
    fK3 = fSUM * 0.05;
    fSUMP3 = fK3 + fUD2;
    fSUMP1 = fK1 + fSUMP3;
#ifdef _DEBUG
    fGblVm = fSUMP1;
#endif
#ifdef _DEBUG
    fGblV2 = fIref;
#endif
    fGblUD2 = fSUMP3;
    PS_SetPwm1Rate(fSUMP1);
    PS_ExitPwm1General();
}


void Initialize(void)
{
    PS_SysInit(30, 10);
    PS_StartStopPwmClock(0);
    PS_InitTimer(0, 0xffffffff);
    //pwnNo, waveType, frequency, deadtime, outtype
    PS_InitPwm(1, 0, 20000 * 1, (4e - 6) * 1e6, PWM_POSI_ONLY, 1810);
    PS_SetPwmPeakOffset(1, 10, 0, 1.0/10);
    PS_SetPwmIntrType(1, ePwmIntrAdc0, 1, 0);
    PS_SetPwmVector(1, ePwmIntrAdc0, Task);
    PS_SetPwm1Rate(0);
    PS_StartPwm(1);
    PS_ResetAdcConvSeq();
    PS_SetAdcConvSeq(eAdc0Intr, 0, 1.0);
    PS_AdcInit(1, !1);
    PS_StartStopPwmClock(1);
}


void main()
{
    Initialize();
```

```
    PS_EnableIntr();                    // Enable Global interrupt INTM
    PS_EnableDbgm();
    for (;;) {
    }
}
```

生成的代码有如下结构：

◇ interrupt void Task()：20kHz的中断服务子程序，每20kHz被调用一次。

◇ void Initialize(void)：初始化子程序，对硬件进行初始化。

◇ void main()：主程序，调用初始化子程序，并进入无限循环运行。

本示例中，控制模块以20kHz的采样速率运行，如果有元件模块运行在不同的采样速率下，将会产生另外一个子程序。一个中断服务子程序只与一个采样速率相匹配，对于采样速率不一致的模块，将会在主程序中放置相匹配的代码。SimCoder在生成C程序代码时，自动在主电路原理图保存的目录下，创建相对应的C code文件夹。在该文件夹下保存C程序代码和必要的工程文件，设计者可以在TI的CCS环境中导入工程文件进行编译，并下载到DSP硬件中实时运行。

9.5.4 事件控制目标硬件代码生成

系统通常可能包括事件转换，当满足特定条件时，系统将从一个状态转换到另一状态。SimCoder通过子电路处理事件控制，有关事件控制详细讲解见9.3节。

为了说明事件控制的工作原理，在9.5.3节设计的系统中加入以下因素：

◇ 添加手动控制开关（一般采用自锁开关），控制系统的启动/停止。因此，系统将具有两种操作模式：停止模式和运行模式。当开关状态切换时，系统将从一种模式转换为另一种模式。

◇ 在停止模式下，为避免积分器饱和，将积分器输出重置为0。

为了实现启动/停止控制，在图9-44的基础上，需要增加一个GPIO输入，实现对变换器系统的启动/停止控制。当按钮按下时，停止变换器工作；当按钮释放时，启动变换器的工作。控制信号可利用DSP的GPIO输入端口连接外部的按键进行控制信号输入，设计的电路原理图如图9-45所示。

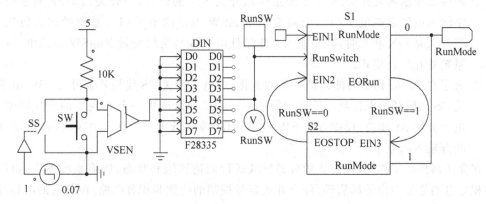

图9-45 事件控制的启动/停止控制电路原理图

为仿真时模拟外部启动/停止开关 SW 的动作,在电路原理图中用一个阶跃信号和电子开关 SS 模拟外部实物硬件开关 SW 的动作。开关的控制信号从 GPIO 端口输入,从而得到数字开关控制信号 RunSW,并将其设置为全局变量。全局变量 RunSW 作为事件控制的条件,产生启动/停止控制的 RunMode 信号,从而实现对变换器的启动/停止控制。与图 9-44 相比,图 9-45 电路增加了启停控制电路,做了如下设置:

◇ 增加两个事件控制子电路 S1 和 S2,实现两个工作模式的切换。停止模式用子电路 S1 实现,运行模式用子电路 S2 实现,事件子电路原理图如图 9-46 所示。

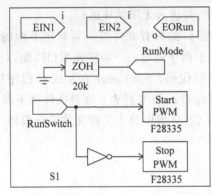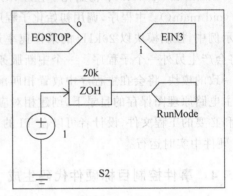

图 9-46　子电路 S1 和 S2 的内部实现

◇ 默认的工作模式是停止模式,通过将默认事件端子连接到子电路 S1 的 EIN1 端口来定义的。

◇ 子电路 S1 有两个输入事件端口 EIN1 和 EIN2,一个事件输出端口 EORun,一个输入信号端口 RunSwitch,一个输出信号端口 RunMode。子电路 S2 有一个输入事件端口 EIN3,一个输出事件端口 EOSTOP,一个输出信号端口 RunMode。

◇ 定义由停止模式到运行模式的转移条件,以及由运行模式到停止模式的转移条件。条件中的变量 RunSW 是一个全局变量,通过将全局变量元件与数字输入元件 DIN 的输出引脚 D4 连接来实现条件转移。当 RunSW 的值改变时,将引起事件状态转移条件发生变化,从而实现两个模式的切换控制。

◇ 硬件数字输入元件 DIN 用于测量按钮开关 SW 的位置,当开关是 OFF 状态时,数字输入电压是高电平(1),全局变量 RunSW 也是高电平(1),系统处在运行模式。当开关是 ON 状态时,数字输入电压是低电平(0),全局变量 RunSW 是低电平(0),系统处在停止模式。

◇ 为了在 PSIM 仿真时能模拟开关的变化,用电子开关 SS 代替外部开关 SW,电子开关 SS 由阶跃电源控制。阶跃电源在 t=0.07s 时,产生一个 0 到 1 的阶跃跳变,使电子开关 SS 闭合,模拟开关 SW 按下动作,输入低电平。在 0.07s 之前,电子开关断开输入高电平。

在变换器停止工作时,为防止积分器继续运行而达到饱和状态,影响系统下次运行,需要将积分电路修改为由外部启动/停止开关信号控制的防饱和积分电路,调整后的电路原理图如图 9-47 所示。

数字积分电路添加多路选择器 MUX,实现积分器的防饱和控制。当系统不运行时,信

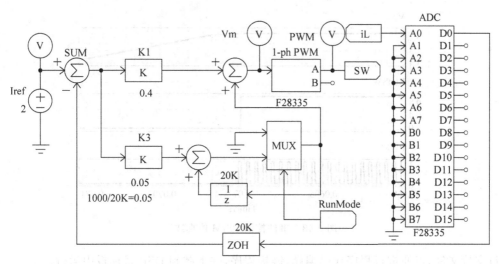

图 9-47　抗积分饱和数字 PI 控制器电路原理图

号 RunMode 是 0,MUX 切换到 0 输入,积分器不积分;当信号 RunMode 是 1 时,MUX 切换到积分电路,积分器开始工作。整个电路系统按照如下方式工作:

> 控制开关的位置通过硬件数字输入读取,该信号通过输入信号端口 RunSwitch 发送给子电路 S1(停止模式)。该信号同时为全局变量 RunSW。
> 起始时,系统处于停止模式。当满足条件"RunSW == 1"(或 RunSW =1)时,系统将会从停止模式 S1 转移到运行模式 S2。通过将 S1 的输出事件端口 EORun 与 S2 的输入事件端口 EIN3 连接来定义。
> 在运行模式下,当满足条件"RunSW == 0"(或 RunSW =0)时,系统将会从运行模式转移到停止模式。通过将 S2 的输出事件端口 EOStop 与 S1 的输入事件端口 EIN2 连接来定义。
> 子电路在停止模式时,RunMode 被设置为 0。只要 RunMode 信号为 0,硬件 PWM 发生器就会停止,但是当 RunSwitch 变化为 1 时,将会启动 PWM。同时,系统将会由停止模式切换到运行模式。启动/停止 PWM 元件应用方法见 9.4.8 节。
> 子电路在运行模式时,RunMode 信号将会设置为 1,保证积分器正常工作。

系统修改后,可以通过仿真进行验证,仿真波形如图 9-48 所示。验证正确后可利用 SimCoder 生成目标硬件的 C 程序代码。

图 9-48 中 RunSW 是开关控制信号,在 0.07s 之前为高电平,系统处于运行模式,此时 PWM 发生器处于工作状态,输出 PWM 控制信号,变换器正常输出。在 0.07s 时 RunSW 变为低电平,切换到停止运行模式,同时 PWM 发生器停止工作,不输出 PWM 控制信号,变换器停止工作,输出电压逐步跌落。

9.5.5　代码生成项目设置

SimCoder 在为目标硬件(以 TI F28335 目标硬件为例)自动生成 C 程序代码时,会在电路原理图保存目录下创建一个子文件夹,用于保存自动生成的 C 程序文件。同时 SimCoder 还会为 TI F28335 目标硬件的开发环境 TI Code Composer Studio(简称 CCS)创建完整的

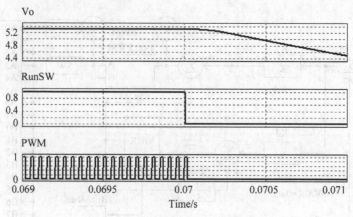

图 9-48　事件控制 PSIM 仿真波形

项目支持文件,以便进行程序代码编译、链接程序,并下载到 DSP 目标板中运行。

1. SimCoder 创建文件类型

PSIM 9.1.1 自带的 SimCoder 支持 CCSv3.3,假设 PSIM 电路原理图文件为"test.sch",则在代码生成之后,将在原理图文件的目录中生成一个名为"test(C code)"的子文件夹,该子文件夹将包含以下文件:

- test.c:SimCoder 生成的 C 程序文件
- test.pjt:SimCoder 生成的 CCS 项目文件
- passwords.asm :指定 DSP 代码密码文件
- DSP2833x_Headers_nonBIOS.cmd :DSP 外围设备寄存器链接器命令文件
- F28335_FLASH_Lnk.cmd :FLASH 存储器链接器命令文件
- F28335_FLASH_RAM_Lnk.cmd :FLASH RAM 存储器链接器命令文件
- F28335_RAM_Lnk.cmd :RAM 存储器链接器命令文件
- PS_bios.h:SimCoder F28335 库的头文件
- PSbiosFlash.lib :SimCoder F28335 Flash 模式库文件
- PSbiosRam.lib :SimCoder F28335 RAM 模式库文件
- C28x_FPU_FastRTS_beta1.lib :TI F28335 快速浮点库文件

SimCoder F28335 支持库文件 PSBiosFlash. lib 和 PSbiosRAM. lib 位于 PSIM 安装目录文件夹,TI 快速浮点库文件 C28x_FPU_FastRTS_beta1. lib 位于 PSIM\lib 子文件夹中,在生成代码时,这三个文件将自动复制到 SimCoder 自动创建的 C code 项目子文件夹中。SimCoder 每次执行代码生成时,都会重新创建.c 文件和. pjt 文件。如果手动更改了已经创建的两个文件,需要确保更改后的文件已备份到其他位置,否则下次执行 SimCoder 代码生成时将被覆盖而丢失。

2. SimCoder 生成代码模式

在进行 SimCoder 自动代码生成前,需要在 PSIM 的仿真控制 Simulation Control 中设置目标硬件的类型及生成代码的运行模式,生成代码模式对应 CCS 项目的程序模式,包含以下四个模式可选择:

- RAM Debug　　　　:在调试模式下编译生成 RAM 存储器中运行的代码
- RAM Release　　　 :在发布模式下编译生成 RAM 存储器中运行的代码
- Flash Release　　　:在发布模式下编译生成 Flash 存储器中运行的代码

- Flash RAM Release :在发布模式下编译生成 RAM 存储器中运行的代码

在 CCS 编译代码时,若选择"RAM Debug"或"RAM Relaese"模式时,CCS 将使用链接器命令文件 F28335_RAM_Lnk.cmd 分配程序和数据空间;选择"Flash Release"模式时,CCS 将使用链接器命令文件 F28335_FLASH_Lnk.cmd 分配程序和数据空间;选择"Flash RAM Release"模式时,CCS 将使用链接器命令文件 F28335_FLASH_RAM_Lnk.cmd 分配程序和数据空间,内存分配与 RAM Release 相同。

在 Release 模式下编译的代码比在 Debug 模式下编译的代码运行快。RAM Release 或 Flash RAM Release 中的代码运行最快,RAM Debug 中的代码运行较慢,而 Flash Release 中的代码运行最慢。在开发初期,通常选择 RAM Debug,以方便调试;在调试完成后切换到 RAM Release 进行编译测试;在程序代码完成调试准备发布时,切换到 Flash Release 或 Flash RAM Release 编译代码,进行代码发布。有关 CCS 代码版本更详细的信息,可参看 CCS 手册。

3. SimCoder 代码存储空间分配

SimCoder 自动生成代码的同时,自动生成各版本的链接命令文件。链接命令文件预先定义了程序和数据存放空间的分配。

➢ 对于 RAM Debug、RAM Release 和 Flash RAM Release 模式,RAM 存储器空间 0x0000~0x07FF 分配给中断向量、堆栈使用,空间 0x8000~0xFFFF 作为程序和数据存储空间。

➢ 对于 Flash Release 模式,Flash 存储器的 0x300000~0x33FFFF 空间分配给程序代码和密码文件存储,RAM 存储器的 0x0000~0x07FF 空间分配给中断向量、堆栈使用,0x8000~0xFFFF 作为数据存储空间。

对于 RAM Debug 和 RAM Release 模式,SimCoder 在 RAM 存储器中预定义了程序和数据空间,从 0x8000 到 0xFFFF,如果程序和数据空间超过 0x8000,则必须使用 Flash Release 模式。

9.6 子系统代码生成

随着控制电路处于离散域,就可以进行 C 程序代码生成。SimCoder 可以为没有目标硬件的系统生成可以仿真的 C 程序代码,即生成的 C 程序代码与硬件无关,且仅用于 PSIM 仿真。也可以生成与目标硬件相关的子系统 C 程序代码,生成的 C 程序代码可插入目标硬件相关的应用程序中执行。

在 PSIM 中,子系统由子电路表示。SimCoder 能够为包含子系统的系统或仅为子系统生成 C 程序代码。当为没有硬件目标的系统生成代码时,控制系统必须放置在子电路内部,且对子系统的代码生成有一些限制:

◇ 在构成子系统的所有元件中,都必须是支持代码生成的元件。

◇ 只能使用单向子电路端口。即输入信号端口必须用于子电路输入,输出信号端口必须用于子电路输出,不允许使用双向端口。

◇ 硬件输入/输出元件(例如 A/D 转换器、数字输入/输出端口、编码器、计数器和 PWM

发生器等)以及硬件中断元件不能放置在子电路内部,它们只能放在顶层主电路中。

◇ 如果子系统的输入有一个采样率,不由子系统内部电路决定,则必须在输入端连接一个零阶保持元件,来明确定义其采样率。如果在这种情况下不使用零阶保持器元件,则该输入以及连接到该输入的后续电路将不使用采样率(无采样率)。例如,对于特定的信号流路径,子系统外部的采样率已得到很好的定义。但在子系统内部没有离散的元素指示采样率,在这种情况下必须将具有相同采样频率的零阶保持模块连接到该输入。

◇ 如果子系统的输入端没有连接零阶保持模块,SimCoder 将从子系统中与其连接的模块中获取采样率。但是为避免歧义,强烈建议将零阶保持模块连接到每个具有采样率的输入,以明确定义其采样率。

9.6.1 不带硬件子系统代码生成

针对图 9-42 所示的 z 域数字控制器,在构建不带硬件的 C 程序代码生成子系统时,比较器和三角波信号源要排除在代码生成电路之外。其原因有二:

◇ 其一,大部分硬件电路中,比较器和三角载波源一般由外部硬件实现,或嵌入微控制器的外围接口功能单元(如 DSP 的 PWM 发生器)内。

◇ 其二,如果包含比较器和三角载波源,它们将被视为数字元件,具有 20kHz 的采样频率,并且在 20kHz 的周期内只能执行一次比较运算,这与事实不符。仿真时,比较器必须在每个仿真时间步进行比较计算,但生成的 C 程序代码只能以 20kHz 的采样率执行。

在 SimCoder 生成的代码中,每一个元件的采样率都必须被定义。比较器有两个输入,一个是来自数字控制器具有 20kHz 采样率的调制信号,另一个是未定义采样速率的三角载波源。在这种情况下,SimCoder 将假定比较器的两个输入具有相同的采样速率,因此生成的代码将使比较器和三角载波源在 20kHz 的周期内只能执行一次。

当为没有目标硬件的电路生成代码时,控制系统必须放置在子电路内部。要将排除比较器和三角载波源的控制电路生成控制电路 C 程序代码,需要先将电路放置在子电路中(因为代码生成是针对整个电路原理图的所有元件,而此处需要排除比较器和三角载波元件)。选中需要转换成 C 程序代码的电路部分,右击,在弹出的右键菜单中选择"Create Subcircuit"进行子电路创建,然后在弹出的文件保存对话框中定义子电路文件名称并保存,自动创建子电路。子电路创建后可按照子电路设计的方法对其进行修改、调整,使其端口名称、子电路图形尺寸等更适宜,调整完成后的电路原理图如图 9-49 所示。

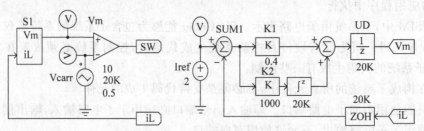

图 9-49 子电路形式控制电路原理图

　　图 9-49 左图为图 9-42 的控制电路，S1 子电路代替了数字控制部分。图 9-49 右图是子电路 S1 的内部实现电路原理图。

　　SimCoder 既可以对子电路原理图生成仿真 C 程序代码，也可以对需要运行在目标硬件板上的电路原理图生成子系统 C 程序代码。这两种不同类型的代码是不可互换使用的。要生成子电路原理图的仿真 C 程序代码，可按照如下步骤操作：

◇ 在主电路中，选中子电路，右击子电路，在弹出右键菜单中选择"Attributes（属性）"以显示属性对话框窗口，如图 9-50 所示。

◇ 在属性对话框窗口中切换到"Subcircuit Variables（子电路变量）"选项卡中，在页面底部有"Replace subcircuit with generated for simulation"复选框。若选中复选框，在生成 C 程序代码后，进行 PSIM 仿真时将用 C 程序代码替代子电路 S1 的实现电路进行仿真，否则在进行 PSIM 仿真时仍然使用 S1 的电路原理图进行仿真。

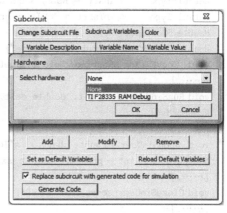

图 9-50　子系统代码生成属性设置对话框

◇ 单击页面底部的"Generate Code（生成代码）"按钮，可自动生成 C 程序代码。单击"Generate Code"按钮生成代码时需要注意：

- 若在主电路原理图中未放置 Simulation Control 仿真控制，或者 Simulation Control 仿真控制采用默认设置，或者 Simulation Control 仿真控制的 Parameters 页面底部的 Hardware Type 处将目标硬件设置为"None"，在单击"Generate Code"按钮生成代码时，将生成仅可用于仿真的子系统 C 程序代码。

- 如果在主电路图 Simulation Control 仿真控制的 Parameters 页面底部 Hardware Type 处将目标硬件设置为具体目标硬件（如 TI F28335），在单击代码生成按钮时，将弹出如图 9-50 所示的生成子系统程序目标硬件选择。如果选择"None"将生成只可用于仿真的 C 程序代码；如果选择实际目标硬件，将生成可用于目标硬件的子系统 C 程序代码（将在 9.6.2 节讲解）。本节选择不带硬件的"None"方式生成仅可用于仿真的 C 程序代码。

◇ 如果需要在 C 程序代码的开头添加注释，在转换 C 代码之前，进入仿真控制 Simulation Control 中的 SimCoder 选项卡，然后在对话框窗口中输入或编辑需要添加的注释（PSIM9.1.1 只支持英文注释），然后执行代码生成。

转换生成的仅可用于仿真的部分程序代码如下（完整代码读者可自行转换后查看）：

```
/*****************************************************************************
// This code is created by SimCoder Version 9.1
// SimCoder is copyright by Powersim Inc., 2009-2011
// Date: March 28, 2020 12:11:40
*****************************************************************************/
//    C Subcircuit Generate C Code Test   在 SimCoder 选项卡中添加的注释
#include    <stdio.h>
```

```
# include      < math. h >
# define       ANALOG_DIGIT_MID      0.5
# define       INT_START_SAMPLING_RATE 1999999000L
# define       NORM_START_SAMPLING_RATE 2000000000L
typedef void ( * TimerIntFunc)(void);
typedef double  DefaultType;
DefaultType   * inAry = NULL, * outAry;
DefaultType   * inTmErr = NULL, * outTmErr;
double fCurTime;
double GetCurTime() {return fCurTime;}
void _SetVP2(int bRoutine, DefaultTypefVal)
{……. }
void RunSimUser(double t, double delt, double * in, double * out, int * pnError, char *
szErrorMsg)
{……. }
void OpenSimUser ( const char * szId, const char * szNetlist, int nInputCount, int
nOutputCount, int * pnError, char * szErrorMsg)
{……. }
void CloseSimUser(const char * szId)
{……. }
```

在子电路生成的仿真 C 程序代码中,包含 RunSimUser 函数、OpenSimUser 函数和 CloseSimUser 函数,这些函数的功能在 3.8.2 节详细讲解过。这些函数可以运行在 C Block 块中替代子电路,也可用来生成仿真用 DLL 链接库用于仿真。

在生成 C 程序代码前选中"Replace subcircuit with generated for simulation"复选框,生成 C 程序代码后进行 PSIM 仿真时,PSIM 会自动用生成的 C 程序代码替代子电路进行仿真,如同系统中包含一个通用 C 程序块(有关通用 C 程序块,可参看 3.7.2 节讲解),而不是子电路。

如果想按照自己的想法对 C 代码进行修改,修改后在放入电路模型中进行仿真,可以根据以下的步骤将生成的代码放置在通用 C 程序块中,替代电路原理图中的子电路即可。示例中生成的子电路 C 程序代码包含 RunSimUser 函数、OpenSimUser 函数、CloseSimUser 函数和其余的代码,与通用 C 程序块组成类似,通用 C 程序块也由变量/函数定义、OpenSimUserFcn、RunSimUserFcn 和 CloseSimUserFcn 四部分组成。因此可以利用生成的仿真 C 程序代码构建通用 C 程序块,代替子电路模型。

选择"Elements→Other→Function Blocks——→C Block"菜单项,在主电路中添加一个通用 C 程序模块;然后将生成代码的每一部分复制到对应的 C 程序模块的每一部分,即:将生成的 RunSimUser 函数实现代码复制到通用 C 程序块中的 RunSimUserFcn 部分,将 OpenSimUser 函数实现复制到 OpenSimUserFcn 部分,将 CloseSimUser 函数实现复制到 CloseSimUserFcn 部分,将其余代码复制到"变量/函数定义"部分,同时设置输入/输出端口的数量;最后用通用 C 程序块代替电路模型中的子电路即可,替换后的电路原理图如图 9-51

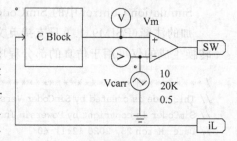

图 9-51　C 程序块替代子电路的控制
电路部分模型

所示。

图 9-51 中的 C Block 块各功能单元的 C 程序代码是直接将图 9-49 所示子电路生成的仿真 C 程序各函数代码全部复制到对应的功能单元而成的,仿真结果与图 9-49 采用子电路时的仿真完全一样。

9.6.2 目标硬件子系统代码生成

将图 9-47 中的电流反馈及数字 PI 控制器部分电路,做成子系统,命名为 S3,修改调整后的电路原理图如图 9-52 所示。

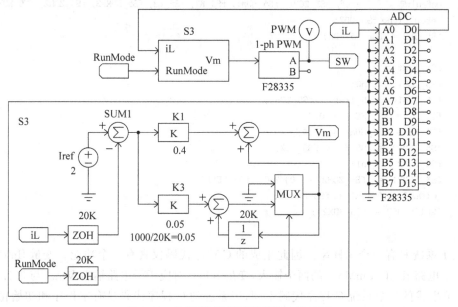

图 9-52 数字 PI 控制器子系统电路原图

图 9-52 中子电路 S3 具有两个输入 iL 和 RunMode,以及一个输出 Vm。iL 和 RunMode 的采样率均为 20kHz。在子电路 S3 中,两个输入都连接到零阶保持 ZOH 块,与 iL 相连的零阶保持块在原电路图中已经存在,与 RunMode 相连的 ZOH 模块是新添加的。

要生成子系统代码,需从调用子电路的主电路中右击该子电路,在弹出的右键菜单中选择"Attributes(属性)",在属性对话框中转到"Subcircuit Variables(子电路变量)"选项卡,在选项卡页面底部可选中"Replace subcircuit with generated for simulation"复选框,也可不选中。单击"Generate code"按钮弹出支持硬件选择对话框如图 9-50 所示。可以选择不针对具体硬件的"None"项,也可以选择针对具体目标硬件的选项。本示例选择支持目标硬件 TI F28335 ARM Debug 项,生成针对特定目标硬件的子系统 C 程序代码。选择目标硬件后单击"OK"按钮,SimCoder 开始为子系统生产 C 程序代码。

注意:如果生成代码时选中"Replace subcircuit with generated for simulation"复选框,生成 C 程序代码后在进行 PSIM 仿真时,子电路的具体实现将由 C 程序代码替换进行仿真。若选择支持的硬件为"None",生成的代码仅可用于仿真,具体参见 9.6.1 节的讲解。选择具体目标硬件后生成的 C 程序代码可以在目标硬件中运行,本示例选择"TI F28335 RAM Debug"目标硬件,自动生成的代码如下:

```
/ ************************************************************************
// This code is created by SimCoder Version 9.1 for TI F28335 Hardware Target
//
// SimCoder is copyright by Powersim Inc., 2009 - 2011
//
// Date: March 28, 2020 18:58:06
 ************************************************************************ /
DefaultType  fGblS5_UD2 = 0;
void TaskS5(DefaultType fIn0, DefaultType fIn1, DefaultType * fOut0)
{
    DefaultType fS5_Iref, fS5_ZOH1, fS5_SUM1, fS5_K1, fS5_K3, fS5_SUMP3, fS5_ZOH2, fS5_MUX21;
    DefaultType fS5_UD2;
    fS5_UD2 = fGblS5_UD2;

    fS5_Iref = 2;
    fS5_ZOH1 = fIn0;
    fS5_SUM1 = fS5_Iref - fS5_ZOH1;
    fS5_K1 = fS5_SUM1 * 0.4;
    fS5_K3 = fS5_SUM1 * 0.05;
    fS5_SUMP3 = fS5_K3 + fS5_UD2;
    fS5_ZOH2 = fIn1;
    fS5_MUX21 = (fS5_ZOH2 == 0) ? 0 : fS5_SUMP3;
     * fOut0 = fS5_K1 + fS5_MUX21;
    fGblS5_UD2 = fS5_MUX21;
}
```

该子系统只有一个采样率。因此生成的 C 程序代码仅具有一个功能。变量 fIn0 和 fIn1
对应于子电路 iL 和 RunMode 的两个输入,变量 fOut0 对应于子电路输出 Vm。与 9.5.3 节或
9.5.4 节生成的整个系统 C 程序代码不同,子系统的 C 程序代码没有主程序和初始化例程,
只有功能实现子函数。该实现子函数可直接嵌入自己设计的程序中,作为一个功能函数,实
现子电路的功能。

9.7   本章小结

SimCoder 是 PSIM 自带的自动代码生成功能单元,它可以将电路原理图生成相应的
C 程序代码,以缩短开发时间,降低编程难度。本章首先介绍可用于 SimCoder 自动代码生
成的电路元件模型,并在此基础上讲解与 DSP 目标硬件相关的硬件功能单元及其使用方
法;随后以单环电流反馈控制 Buck 变换器自动代码生成为例,对构建自动代码生成电路原
理图的设计步骤及方法进行详细讲解,并自动生成相应的 C 程序代码进行验证。最后,针
对子电路系统如何生成 C 程序代码进行讲解,并对与目标硬件无关和与具体目标硬件有关
的子系统 C 程序代码生成过程及方法进行讲解。通过本章的学习,可以初步形成利用
SimCoder 自动代码生成功能进行硬件电路原理图设计和自动 C 程序代码生成的设计
能力。

第10章

基于SimCoder的DSP数控
直流电源设计

　　随着微控制器性能的提升,数字控制式直流电源成为工业电源领域发展的一个方向。传统模拟控制直流电源在输入/输出参数发生变化时,需要重新设计或者更改模拟元件参数,使得需求发生变化时重新实现变换需要较长的设计更改周期。数字控制直流电源,其控制环路采用微控制器实现,当输入/输出参数发生变化时,在功率电路满足要求的前提下,仅需调整数字控制程序参数,重新适配即可完成电源的调整与更改,更改周期缩短,更改难度也相对较低。

　　数控直流电源设计涉及电力电子硬件及数控软件两大方向的专业知识,作为一般的开发设计人员,要么偏向硬件设计,要么偏向软件设计。为了降低数控直流电源设计的难度,让设计人员更多地专注于功率变换硬件电路的设计,PSIM 的 SimCoder 自动代码生成模块能将控制电路原理图自动生成 C 程序代码,无须任何修改即可下载到 DSP 控制器中实现直流电源变换控制,降低了软件设计的难度,加快了设计流程,缩短了数控直流电源开发时间和成本。本章利用 SimCoder 及 TI F28335 DSP 硬件,讲解如何利用 SimCoder 进行 DSP 数控直流电源设计。

10.1　数控直流电源系统结构

　　直流电源变换系统是一个闭环控制系统,常用控制环路有单环控制和双环控制,参与控制的参量有变换器输出电压、变换器电感电流、二极管电流等参量。图 8-8 和图 8-13 分别给出了单环反馈和双环反馈直流电源系统的功能结构框图。闭环反馈控制直流电源系统由功率变换电路、控制参量测量传感器及控制环路三大部分构成,如图 10-1 所示。

　　图 10-1 中功率变换电路部分包含直流变换电路(图中以 Buck 变换电路为示例,可以是 Buck、Boost、Buck-Boost 等直流变换电路)和功率开关管驱动电路,直流变换电路实现电能的变换,开关管驱动电路是将控制环路送来的 PWM 控制信号进行功率放大,以便驱动功率

开关管。不论是模拟控制直流电源,还是数字控制直流电源,这两部分都用模拟硬件电路实现。

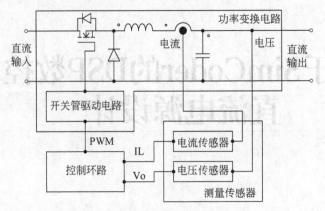

图 10-1　直流电源硬件系统结构

图 10-1 中传感器部分根据采用的控制反馈方法不同,包含的传感器个数及类型不一样,不论包含何种传感器及数量,此处统称为测量传感器。测量传感器主要有电压传感器和电流传感,用于测量将要参与控制的状态参量。电流传感器一般用霍尔电流传感器、高精度电阻器进行采样。电压传感器一般用电阻分压器、霍尔传感器、隔离电压变送器等元件进行采样。测量传感器一般是将测量参量转换成与之对应的、成一定比例的模拟电压量,此部分均是采用硬件电路实现。

图 10-1 中控制环路部分主要是根据传感器测量的控制参量,产生一定控制占空比的PWM 控制信号。在模拟控制直流电源中,该部分采用模拟硬件实现(一般采用专用控制芯片产生 PWM 控制信号);在数字控制电源中,该部分采用微处理器(如 DSP、STM32 等高性能微处理器)通过编程实现,控制算法可以采用比较先进的或复杂的数字控制算法。

本章主要讲解基于 TI DSP F28335 的数字控制直流电源设计,并利用 PSIM 的 SimCoder进行控制环路代码生成,实现控制环路 DSP 程序 C 代码自动生成。因此,针对 DSP 数控直流电源系统,其功率变换电路、开关驱动电路及测量传感器电路和模拟直流电源一样,采用硬件电路实现,控制环路由 DSP 编程实现,其电源系统结构框图如图 10-2 所示。

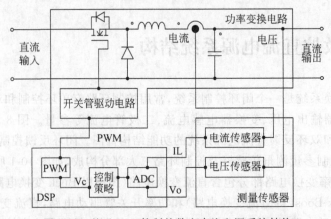

图 10-2　基于 DSP 控制的数字直流电源系统结构

图 10-2 结构图中,DSP 通过其自带的 ADC 功能单元采样被传感器转换成模拟电压的被控参量(IL、Vo),对采样获得的被控参量送入控制单元进行某种"控制策略"运算,运算后获得当前的控制量 Vc,控制量 Vc 送入 DSP 自带的 PWM 功能单元产生一定占空比的 PWM 驱动控制信号,实现对功率变换器开关管的开关控制。

10.2 DSP 数控降压型直流电源硬件概述

基于图 10-2 所示的 DSP 数控直流电源系统结构,在设计 DSP 数字控制器之前,需根据电源需求参数分别对功率电路硬件、传感器测量电路硬件及 DSP 数字控制器硬件展开设计。本章主要侧重于 DSP 数字控制环路 C 程序代码生成的讲解,为便于知识点讲解的展开,必须依靠相应的 DSP 数字控制变换器硬件。本书利用固纬电子(苏州)有限公司开发的 PTS-1000 电力电子实训平台中的降压型直流变换器 PEK-120 为硬件平台,对变换器的 DSP 数字控制环路 C 程序代码生成进行设计与讲解。

降压型直流变换器 PEK-120 包含图 10-2 所示的三大组成部分硬件,能够实现 Buck 变换器的 DSP 开环与闭环控制。PEK-120 降压型变换器具体包含 Buck 功率变换电路、输入电压 VIN 测量电路、输入电流 IIN 测量电路、输出电压 VOUT 测量电路、输出电感电流 IL 测量电路、电感电流过流保护电路、系统启停控制开关电路、DSP 控制器硬件电路、开关管驱动电路、辅助电源电路等共 10 部分功能单元,其输入/输出参数如表 10-1 所示,实物图片如图 10-3 所示。

表 10-1 PEK-120 输入/输出参数

参 数		最小值	典型值	最大值	单位
直流输入	电压	30	50	70	V
	电流		3		A
直流输出	电压		24		V
	电流	0		5	A
	功率			120	W

图 10-3 PEK-120 降压变换器实物

10.2.1　功率变换电路

PEK-120 降压型变换器功率变换电路与图 5-1(b)带输出滤波电容的拓扑结构一致,并在此基础上增加了输入电压、输入电流、输出电压、电感电流测量点,并对功率开关管增加了缓冲保护电路,功率变换电路原理图如图 10-4 所示。

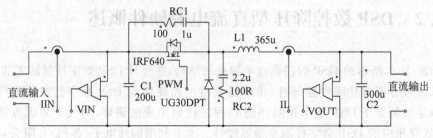

图 10-4　PEK-120 功率电路原理图

图 10-4 的功率变换电路原理图中,除了图 5-1(b)拓扑包含的元件外,还加了输入滤波电容 C1,IIN 和 IL 电流测量传感器,VIN 和 VOUT 电压测量传感器,开关管 IRF640 和 UG30DPT 并联 RC 缓冲吸收电路 RC1 和 RC2。PEK-120 实物功率电路中,电感 L1 为 365μH,输入电容为 2 个 100μF 电解电容,输出电容为 3 个 100μF 电解电容,原理图中将电容合并绘制在一起,但总容量保持一致。并联 RC 缓冲吸收电路 R 为 100Ω,电容 C 为 1μF 和 2.2μF。

10.2.2　电压测量电路

PEK-120 变换器输入电压与输出电压测量电路完全一样,因此图 10-4 中的电压传感器 VIN 与 VOUT 电路完全一样。PEK-120 采用 LV25-P 霍尔电流传感器进行电压测量,其电路原理图如图 10-5 所示。

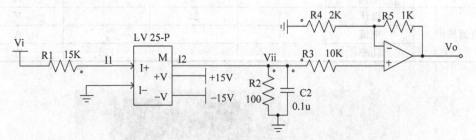

图 10-5　电压测量电路

LV25-P 霍尔电流传感器变比是 2500 : 1000,即输出电流 I2 与输入电流 I1 之比是 2500 : 1000,输入电流被 LV25-P 传感器放大 2.5 倍。输出电流 I2 再经电阻 R2 转换成电压 Vii,此时 Vii=(Vi/15K) * 2.5 * 100。Vii 再经运算放大器放大 1.44 倍(运算放大器理论计算放大倍率是 1.5 倍,实测是 1.44 倍,实际测量与理论计算存在偏差是正常的)后得到输出电压 Vo,即电压采样电路的增益为 Gain=(1/15K) * 2.5 * 100 * 1.44=0.024,输出电压 Vo=0.024Vi。因此,图 10-4 中的电压传感器 VIN 和 VOUT 的增益是 0.024。电压传感器采样输出的电压 VIN 和 VOUT 将分别送入 DSP 控制器的 A/D 转换器输入通道,供

DSP 控制器采样当前变换器的输入、输出电压值。

10.2.3　电流测量电路

PEK-120 变换器输入电流与输出电感电流测量电路完全一样，因此图 10-4 中的电流传感器 IIN 与 IL 电路完全一样。PEK-120 采用 LEM HX-15P 霍尔电流传感器进行电流测量，其电路原理图如图 10-6 所示。

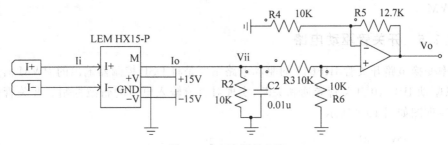

图 10-6　电流测量电路

LEM HX 15-P 霍尔电流传感器转换比是 $2.67 * 10^{-5}$（HX 15-P 输入电流为额定电流 I_{PN} 时，若输出电阻 R2 是 $10k\Omega$，则输出电压 Vii 为 4V，因此可以算出转换比为 $4/15/10k = 2.67 * 10^{-5}$），即输出电流 Io 与输入电流 Ii 之比为 $2.67 * 10^{-5}$。输出电流 Io 再经电阻 R2 转换成电压 Vii，此时 $Vii = 2.67 * 10^{-5} * Ii * 10k$。Vii 再经运算放大器放大 1.125 倍（运算放大器理论计算放大倍率是 1.135 倍，实测是 1.125 倍）后得到输出电压 Vo。因此，电流传感器的增益为 $Gain = Vo/Ii = 2.67 * 10^{-5} * 10k * 1.125 = 0.300375$，即输出电压 $Vo = 0.3Ii$。图 10-4 中的电流传感器 IIN 和 IL 的增益是 0.3，电流传感器采样输出的电压将分别送入 DSP 控制器的 A/D 转换器输入通道，供 DSP 控制器采集当前变换器的输入电流 IIN、电感电流 IL。

10.2.4　过流保护电路

PEK-120 变换器设置了电感电流过流保护电路，当电感电流未超过设置限流值时，保护电路输出低电平。当电感电流过流时输出高电平，触发变换器的保护控制，使变换器停止工作，以免损坏，其电路原理图如图 10-7 所示。

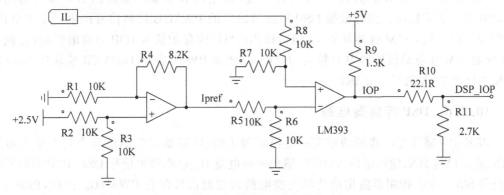

图 10-7　电感电流过流保护电路

电感电流过流保护电路对辅助电源提供的精准 2.5V 进行放大,产生电流保护参考值 Ipref=2.275V,Ipref 与电感电流 IL 经 LM393 比较器后得到控制信号 IOP(当 IL>Ipref 时为高电平 5V,当 IL≤Ipref 时为低电平 0V)。比较输出的 IOP 一方面送开关驱动电路,开启/闭锁驱动器的 PWM 信号输出;另一方面 IOP 经电阻 R10 和 R11 分压后得到保护触发信号 DSP_IOP,送入 DSP 的 GPIO 输入端口,在 DSP 控制器内部触发保护控制。当 IL 低于 Ipref 时,DSP_IOP 为低电平,否则 DSP_IOP 为高电平(上电默认为高电平,闭锁驱动器的 PWM)。

10.2.5 开关管驱动电路

功率变换电路开关管 IRF640 的驱动电路主要是将 DSP 控制器输出的 PWM 信号进行放大,以驱动 IRF640 开关管导通和关断,实现对直流输入电压的斩波控制。开关管驱动电路示意原理图如图 10-8 所示。

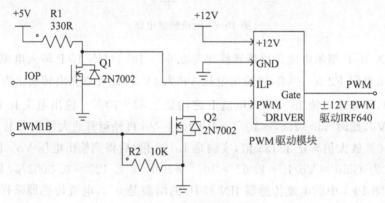

图 10-8 开关管驱动电路

图 10-8 中的 PWM 驱动模块 DRIVER 的功能是将输入的+12V 电源,转换成±12V 电源,然后根据输入的控制信号 ILP 和 PWM 信号,生成幅值为±12V 的 PWM 脉冲,从 Gate 端口输出驱动功率管 IRF640。

图 10-8 开关驱动电路的驱动 PWM 信号来自 DSP 控制器,采用的是 DSP 内部 PWM1 发生器,且仅使用 PWM1B 输出 PWM 控制信号。

当过流保护信号 IOP 为低时(未过流),Q1 截止,PWM 驱动模块的 ILP 输入为高电平,PWM 可正常输出。此时根据 DSP 控制器输出的 PWM1B 控制信号产生一定占空比、幅值为±12V 的 PWM 脉冲从 Gate 端口输出;当过流保护信号 IOP 为高电平时(过流),Q1 导通,PWM 驱动模块的 ILP 输入为低电平,闭锁 PWM 输出,DRIVER 模块从 Gate 端口输出低电平,关闭开关管 IRF640。

10.2.6 DSP 控制器电路

PEK-120 降压变换器的功率变换电路需要 DSP 控制器采集的信号主要有输入电压 VIN、输入电流 IIN、输出电压 VOUT、输出电感电流 IL、过流保护信号 DSP_IOP 和启停控制信号 SW。DSP 控制器输出给功率变换电路的控制信号仅有 PWM1B。因此,PEK-120 降压变换器的 DSP 控制器示意原理框图如图 10-9 所示。

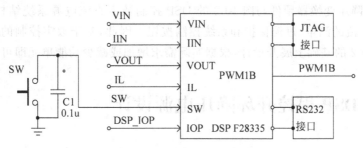

图 10-9 DSP F28335 控制器原理框图

DSP 控制器连接的模拟信号 VIN、IIN、VOUT 和 IL 分别来自功率电路中经电压和电流测量电路采样输出的值。DSP_IOP 过流保护触发信号来自电感电流的过流保护电路。JTAG 接口是 DSP 控制器的编程接口，可通过 TI 的 XDS100V2 编程器进行程序代码下载。RS232 接口是串行通信接口，可以通过串口将 DSP 内部的控制参数传出进行监视，也可以通过 RS232 接口实现对 DSP 控制参数的调整，实现程控。PEK-120 变换器的启停控制通过外部的一个自锁按钮 SW 实现控制，按钮输出的控制信号 SW 连接到 DSP 的 GPIO 端口。当按钮按下时为低电平，从 SW 的 GPIO 口输入低电平，控制 PWM 发生器停止工作；当按钮未按下时，由于 DSP 的 GPIO 引脚内部带上拉电阻，故此时 SW 信号为高电平，从 SW 的 GPIO 输入高电平，启动 PWM 发生器工作，产生 PWM 信号，控制变换器的功率电路进行直流斩波，实现设定输出。PWM1B 是 DSP 控制器输出的 PWM 驱动信号，该信号由图 10-8 进行功率放大，产生 MOSFET 的开关驱动控制信号 PWM。DSP 控制器与外围电路和功率变换器连接的具体信号定义如表 10-2 所示，实物如图 10-10 所示。

表 10-2 DSP 控制器控制信号定义

信号	DSP 信号/引脚	说明	信号	DSP 信号/引脚	说明
VIN	ADCINB1/47	输入电压	IOP	GPIO12/21	电流保护 IOP
IIN	ADCINA1/41	输入电流	SW	GPIO49/89	启动控制
VOUT	ADCINB0/46	输出电压	TxD	GPIO63/114	串口发送
IL	ADCINA0/43	电感电流	RxD	GPIO62/113	串口接收
PWM1B	GPIO1/6	PWM1B 输出	GND	—	参考信号地

图 10-10 DSP 控制器实物图片

PEK-120 降压变换器硬件与图 10-2 的 DSP 控制数字直流电源系统结构相比,增加了输入侧电压/电流的测量、过流保护和系统控制按钮。因此,基于数字控制的任何直流变换器均可在图 10-2 的基础上展开设计,根据实际需求增加或减少功能单元即可。

10.3 DSP 程控开环降压电源设计

在 5.1.1 节对降压斩波电路进行了开环仿真,验证了降压斩波电路的输出电压 Vo 等于输入电压 Vin 与控制占空比 D 的乘积,即 Vo=Vin * D。本节将利用 PEK-120 变换器硬件,构建一个基于 DSP 串口控制的开环降压直流电源,对 DSP 的控制器展开设计,实现通过串口实时监视当前变换器的输入、输出状态,并通过串口微调变换器的输出电压,实现 DSP 程控开环降压直流电源设计。

10.3.1 模拟控制电路模型设计

PEK-120 降压变换器硬件输入/输出参数如表 10-1 所示,因此设计的 DSP 程控开环降压直流电源的参数为:

Vin=50V,Vo=24V,Vtri=5V,fs=40kHz,L=365μH,C=300μF,R=24 * 24/10Ω

在确定变换器的输入电压 Vin、输出电压 Vo、开关频率 fs、输出纹波及负载输出电流后,可以计算出变换器的 L 和 C 的值,此处不再展开具体计算过程,直接采用 PEK-120 实物的 L 和 C 值进行设计。根据 PEK-120 降压变换器的硬件参数,利用 PSIM 构建的开环模拟控制仿真电路模型如图 10-11 所示。

图 10-11(a)模型中,电流传感器 IIN 和 IL 的增益设置为 0.3,与实际硬件电路的电流传感采样电路的增益一致;电压传感器 VIN 和 VOUT 的增益设置为 0.024,也与实际硬件电路的电压传感采样电路的增益一致;模型中 p-MOSFET 开关管的驱动电路 DRIVER 用 PSIM 的 on-off 开关控制器代替,实现 PWM 控制信号到开关管栅极驱动信号的转换,其功能与图 10-8 所示原理类似(不带过流保护功能,仅实现 PWM 控制信号的转换);模型中开关管采用默认参数,为理想元件,可以不需要实物电路中的 RC1 和 RC2 缓冲吸收电路。为保证电路完整性,模型中仍然保留 RC1 和 RC2,但会导致输出电压略高于理论设置电压。模型中 IIN、VIN、PWM、IL、VOUT 均通过"Label"标签引出,方便绘制电路。

图 10-11(b)为模拟控制环路电路模型,锯齿波 Vsaw 用占空比为 1、幅值为 5V、频率为 40kHz 的三角波产生,输出参考电压 Vref 设置为 24/50 * 5,由于锯齿波的幅值设置为 5V,则占空比 D=24/50 对应的电压值应该为 D * 5,即 Vref 值。

另外,为防止启动时对输入、输出电容的冲击,控制环路采用软启动控制策略,利用积分器 BI(积分时间设置为 1/40k)对初始值 2mV 进行积分,积分输出通过限幅器 LIM2 进行限幅输出 Vss。随着系统启动运行,限幅器输出 Vss 从 2mV 逐步增大到 6V(经过约 0.075s)后恒定保持在 6V。Vss 与 Vref 经过求最小值元件 Min,选择二者中的最小量作为调制信号 Vmin;当 Vss<Vref 时,Vmin=Vss;当 Vss>Vref 时,Vmin=Vref;调制信号 Vmin 经限幅器 LIM1,限制在 0~5V,与锯齿波载波信号 Vsaw 比较得到一定占空比的 PWM 信号,从而实现系统启动时占空比逐步调整到期望的参考设置值。

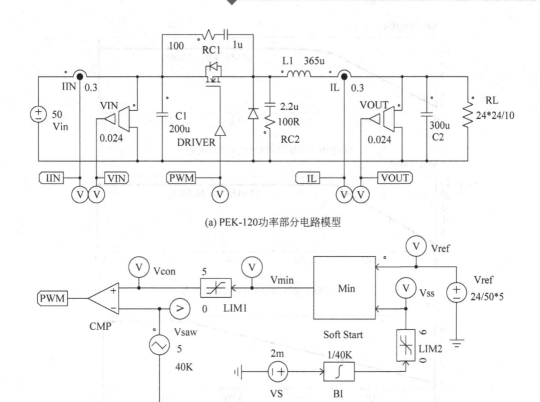

(a) PEK-120功率部分电路模型

(b) 模拟控制环路电路模型

图 10-11　开环模拟控制

完成控制模型搭建后,设置仿真控制参数,对图 10-11 中的模型电路进行仿真,仿真波形如图 10-12 所示。

从图 10-12 可知,软启动实现了逐步增大输出占空比,即逐步调整输出值到预设的 24V 值,图 10-12(a)是带 RC1 和 RC2 的仿真输出,在开环的情况下,其输出略高于设置参考值。

10.3.2　硬件化控制环路设计

针对图 10-11(b)的控制环路,利用 TI F28335 DSP 控制器进行物理硬件实现,以便后续利用 SimCoder 自动生成 DSP 控制 C 程序代码。图 10-11(b)采用的是带软启动的开环控制,采样的电压、电流参量并未参与控制,但可以通过串口将采样值输出,用于监视。开环控制环路可以利用 DSP 的 PWM 发生器产生控制 PWM 信号,下面对这两个部分进行转换调整。

1. 电压电流输出监视电路设计

监视的电压、电流已被相应的传感器转换成模拟电压,可直接输入 DSP 的 A/D 转换器模拟输入通道进行采样。由于 DSP 的 A/D 转换通道直流电压输入范围为 0~3V,未防止输入的模拟电压超限,损坏 A/D 转换器,一般在进入 A/D 模拟通道之前加一个限幅器,限制在 0~3V。另外,为防止高频噪声影响,在实物硬件电路图 10-5 和图 10-6 的霍尔传感器输出都带有 RC 滤波器,因此构建电路模型时,传感器输出信号先经过低通滤波器处理,如图 10-13 所示。

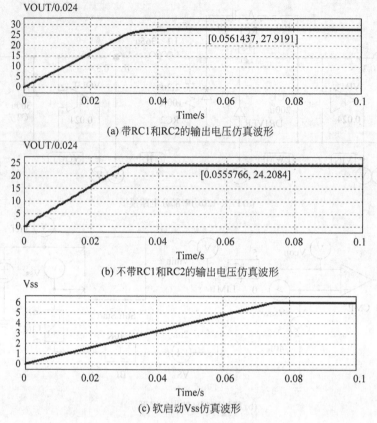

(a) 带RC1和RC2的输出电压仿真波形

(b) 不带RC1和RC2的输出电压仿真波形

(c) 软启动Vss仿真波形

图 10-12　开环模拟控制仿真波形

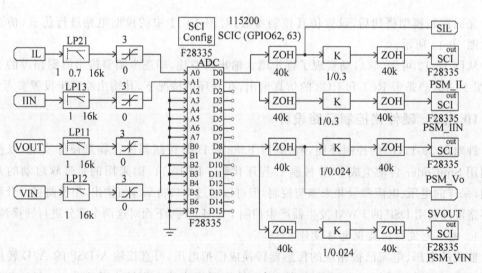

图 10-13　电压电流采样输出电路原理图

　　输入电压、输入电流和输出电压采用一阶低通滤波器，电感电流采用二阶低通滤波器。一阶低通滤波器截止频率设置为 16kHz、增益为 1，二阶低通滤波器截止频率设置为 16kHz、增益为 1、阻尼比为 0.7。ADC 模块采用 SimCoder 库中 TI F28835 的 ADC 元件，根据表 10-2 的硬件信号通道连接。ADC 采样后接零阶保持器 ZOH,采样率设置为 40kHz,与系统开关频率保持一致。由于电压、电流采样电路对原始信号进行了缩放,因此在完成 ADC 采样后需要恢复原值大小,因此 ZOH 后接比例放大器,其增益为传感器采样电路增益的倒数,恢复后再接零阶保持器 ZOH,以保证输出信号频率为 40kHz。恢复后的电压、电流信号分别送入串口 SCI 的输出端口输出,以便通过 PSIM 的 DSP 示波器进行输出波形捕捉和观察。

与 F28335 硬件相关的 SCI 配置为 115200bps,端口设置按照表 10-2 设置为 GPIO62 和 GPIO63,各串口输出分别命名为 PSM_IL、PSM_IIN、PSM_Vo 和 PSM_VIN。ADC 单元设置为连续模式"Continuous",Ch A0、Ch A1、Ch B0 和 Ch B1 模式设置为 DC 模式,增益为 1,其他通道默认。

2. 控制环路电路设计

根据图 10-11(b)的控制环路,软启动采用了积分元件,需要按照 9.5.2 节知识进行离散化设计。另外,SimCoder 不支持求最小值 MIN 元件的代码生成,可以使用支持代码自动生成的简化 C 程序块实现其功能,简化 C 程序块可以参考 3.7.1 节知识进行设计。转化设计后的电路原理图如图 10-14 所示。

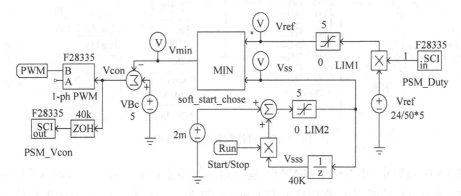

图 10-14　硬件化控制环路电路原理图

图 10-14 中输出参考设置由 Vref 和串口输入 PSM_Duty 相乘,实现通过 DSP 示波器串口对参考设置值的调整控制,串口输入 PSM_Duty 默认值设置为 1,相乘后经限幅器 LIM1 限制在 0~5V(因锯齿波幅值为 5V),产生 Vref。

图 10-14 中软启动由初始值 2mV 经离散积分器积分、限幅器 LIM2 限幅后获得控制信号 Vss。积分器前一个采样时刻的信号 Vss 与启停控制信号 Run 相乘,作为前一时刻的采样信号。当停止运行时,Run 为零,积分器输出值为 2mV;当启动运行时,Run 为 1,积分器逐步积分达到最大值 5V,实现启/停和软启动控制。软启动信号选择 MIN 元件由简化 C 程序块实现,其程序代码为:

```
y1 = x2;
if (x1 <= x2)
{
  y1 = x1;
}
```

C 程序代码实现 Vmin 的选择,当 Vref≤Vss 时,Vmin＝Vref,否则 Vmin＝Vss。由于 DSP 硬件物理电路使用的是 PWM1B 输出 PWM 信号,根据 9.4.7 节 PWM 发生器硬件可知,PWM1B 输出与 PWM1A 互补,而控制电路生成的 Vmin 是控制 PWM1A 输出占空比的,因此用 VBc(5V 常量)减去 Vmin 才能得到对应的 PWM1B 占空比控制信号 Vcon,随后送入单相 PWM 发生器产生指定占空比的 PWM 信号。同时将 Vcon 送串口输出,用 DSP 示波器监视其波形。

单相 PWM 发生器的 PWM 源设置为 PWM1,输出模式选择"Use PWM B",死区时间设置为 0(可以设置为默认的 4us),PWM 频率为 40kHz,载波选择锯齿波,峰-峰值设置为 5,在启动时刻是否启动 PWM 输出设置为不启动,其他参数采用默认设置。

3. 启停控制设计及目标板配置

DSP 控制器的 GPIO 端口接有自锁开关,从 GPIO 的 49 引脚输入开关控制信号,实现对系统的启停控制。为在仿真电路中模拟开关动作,搭建了如图 10-15 所示的启/停控制电路。

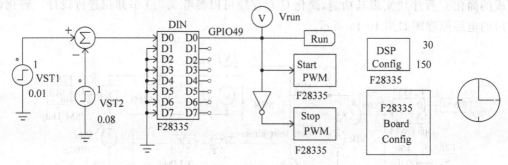

图 10-15　启停控制电路原理图

图 10-15 电路中,用 VST1 和 VST2 模拟启动与停止控制。在 0.01s 时 VST1 阶跃到 1,VST2 在 0.08s 阶跃到 1,阶跃前 VST1 和 VST2 为 0。因此在 0~0.01s 期间输入为 0,系统不启动;在 0.01~0.08s 期间输入为 1,系统启动;在 0.08s 时输入为 0,系统停止运行。开关控制信号从 DSP 的 DIN 数字输入模块 D0 端口输入,并从对应的 D0 端口输出。输出 Run 信号一方面连接到控制环路的软启动积分电路,对积分器归零;另一方面输出 Run 信号连接到 PWM 启停控制元件,实现对 PWM 发生器的启停控制。

DIN 元件的 Input 0 引脚设置为 GPIO49,其他设置默认;PWM 启停模块的 PWM 源选择 PWM 1;DSP Config 模块配置系统时钟,采用默认设置值;F28335 Board Config 模块对 DSP 硬件板的 GPIO 端口进行配置,GPIO0 和 GPIO1 设置为 PWM,GPIO49 设置为数字输入端口,其他默认;仿真控制的仿真时间步设置为 0.25μs,仿真时间设置为 0.1s,Hardware Target 设置为 TI F28335 RAM Debug。在完成硬件设置及仿真设置后启动仿真,仿真波形如图 10-16 所示。

图 10-16 仿真输出电压 Vo 与图 10-12 相同,表明硬件化控制环路设计正确。从 Vrun 仿真波形可知,在 0.01s 时启动,在 0.08s 时停止;软启动信号 Vss 从 0.01s 时逐步增加,在 0.08s 时降到 0,软启动控制起作用;当 Vss＞Vref 时,控制信号切换到 Vref,完成软启动过程。PWM 输出波形在 0.01s 时有输出,在 0.08s 时停止输出,正确对 PWM 发生器的启停

进行了控制。从整个仿真波形可知,设计的硬件控制环路实现了预期设计目标。

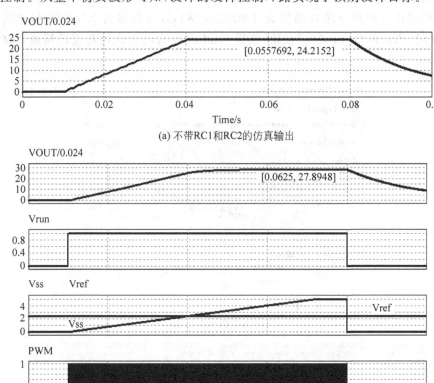

(a) 不带RC1和RC2的仿真输出

(b) 带RC1和RC2的仿真波形

图 10-16　硬件化仿真波形

在仿真运行确认正确后,可以选择"Simulate→Generate Code"菜单项自动生成 C 程序代码,在电路原理图保存的相同目录下产生一个与电路原理图名称(本示例电路原理图文件名为 10.3.2)相同且含有"(C code)"的子文件夹"10.3.2(C Code)",存放 SimCoder 自动生成的 C 程序代码及项目支持文件。C 程序代码详情读者可自行生成并查看,此处不再赘述。

10.3.3　CCS 工程创建及编译运行

SimCoder 自动生成的代码工程是 CCSv3.3 版本的项目工程,若使用的 CCS 版本高于默认的版本,需要导入生成的 CCS 工程,在新版本中进行工程编译、烧写、运行 DSP 程序代码。在创建 CCS 工程前,先将 SimCoder 自动生成的项目文件复制到 DSP CCS 项目文件夹下,因为 SimCoder 在下次自动生成代码时会覆盖原生成的代码,若已经手动修改过了程序代码,将会丢失。创建 CCS 工程及编译运行的步骤如下:

(1) 启动 CCS(本书使用 CCSv6.1 进行代码编译),选择"CCS→Project→Import Legacy CCSv3.3 Projects…"菜单项,导入 SimCoder 自动生成的 CCSv3.3 工程,导入选择如图 10-17(a)所示。选择 SimCoder 创建的工程,然后单击"Next"按钮,再单击"Finish"按钮,CCS 自动导入 SimCoder 自动创建的工程项目,如图 10-17(b)所示。

(2) 进入项目属性进行项目设置。在"10_3_2[Active −1_RamDebug]"上右击,在弹出的右键菜单中选择属性"Properties",弹出如图 10-18 所示属性设置对话框。

在属性对话框中选择芯片类型为 TMS320F28335,编程器为 XDS100v2,单击 Linker command file 右侧的"Browse…"按钮,选择 SimCoder 自动生成的对应链接命令文件或者选择"< none >"项。

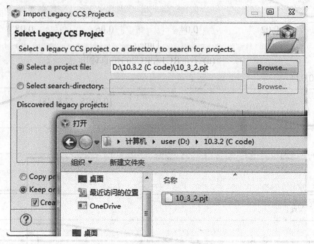

(a) 导入CCSv3.3工程

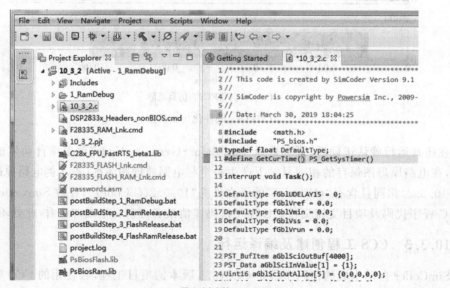

(b) 导入创建的CCS工程

图 10-17　CCS 工程导入创建

(3) 完成项目属性设置后,选择"Project→Build All"菜单项或按下快捷键"Ctrl＋B"编译代码,如果没有错误将编译完成。如果项目属性设置不正确,将编译不成功。

◇ 若编译时出现" warning ♯ 10063-D: entry-point symbol other than "_c_int00" specified: "code_start""(警告♯10063-D:指定了除"_c_int00"以外的入口点符号 "code_start")提示,是因为程序连接时指定了"code_start"为入口,而程序文件中又定义了一个"_c_int00"入口,导致冲突。entry point 符号是 debugger 所使用的,符

号 code_start 是退出引导 ROM 代码后执行的第一个代码,因此被链接器选项定义为入口点,该符号在 XXX_CodeStartBranch.asm 文件中定义。加载代码时 CCS 会将 PC 设置为入口点符号,默认情况下_c_int00 符号是 C 初始化例程的入口。

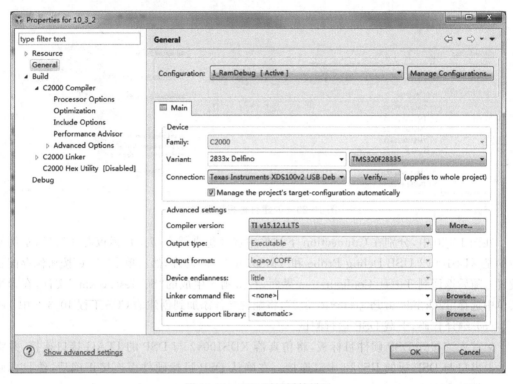

图 10-18　CCS 项目属性设置

◇ 解决办法是进入项目属性对话框,在 C2000 Linker→Symbol Management 页面,去掉 code_start,或者替换成"_c_int00"即可,如图 10-19 所示。

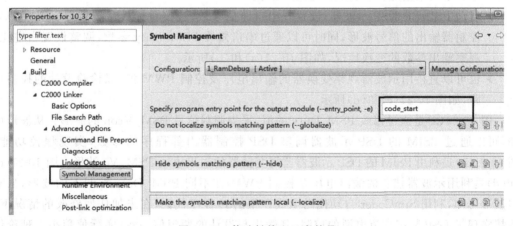

图 10-19　修改链接入口点符号

(4) 配置 DSP 目标板。

在下载程序到 DSP 芯片之前,需要创建一个目标板。选择"View→Target Configurations"

菜单项,在弹出的窗口中,右击 User Defined,在弹出的右键菜单中选择"New Target Configuration",在弹出的窗口中输入设置名称,单击"Finish"按钮生成扩展名为 ccxml 的目标板配置文件(示例将名称设置为 SCITest. ccxml),如图 10-20 所示。

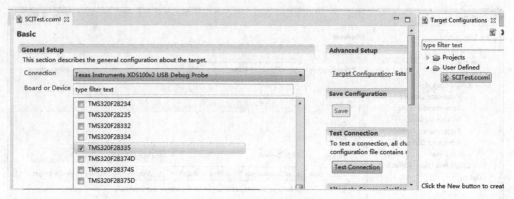

图 10-20　创建目标板配置文件

在图 10-20 中,分别在 Connection 下拉框中选择仿真器类型及目标板芯片型号,示例使用的是 XDS100v2 USB Debug Probe 和 TMS320F28335 芯片,然后单击"Save"按钮保存配置设置。随后返回到 Target Configuration 界面,右击刚才生成的"SCITest. ccxml"文件,在弹出菜单中选择"Link File to Project→10_3_2",将配置文件添加到创建的 CCS 工程 10_3_2 中。

(5) 编译代码,下载 DSP 运行测试。

➤ 首先连接好 DSP 硬件目标板,将仿真器 XDS100v2 与 DSP 的 JTAG 接口连接,并将串口与 DSP 板的 RS232 串口连接。在确认 DSP 目标硬件板连接正确后,给目标硬件板上电。

➤ 再次编译代码,编译完成无错误后,选择"Run→Debug"菜单项,将 C 程序代码加载到目标 DSP 芯片中。加载完成后,DSP 会自动复位并运行到主程序的起始位置暂停。手动单击运行,启动程序全速运行。

➤ 启动 PSIM 的 DSP 示波器,设置好串口通信参数,连接目标板。随后可以观察 DSP 控制器输出的信号波形,同时可以通过串口修改 PSM_Duty 参数,调整设置占空比,观察输出参数的变换情况,如图 10-21(a)和(b)所示。

➤ 也可以直接用示波器观察变换器的输出电压及控制 PWM 波,以检验设计的控制环路,如图 10-21(c)和(d)所示。

图 10-21(a)是通过修改 PSM_Duty 的值,采集调制信号 PSM_Vcon 的波形。从波形可知,可以通过 PSIM 的 DSP 示波器调整 DSP 控制器内部程序的参数,实现程控功能。图 10-21(b)是利用 PSIM 的 DSP 示波器监视变换器的输出电压 PSM_Vo 波形。图 10-21(c)和(d)是利用示波器捕获的输出电压及控制 PWM 在不同 PSM_Duty 控制下的波形,从输出波形可知,利用 SimCoder 自动代码生成产生的 C 程序代码,在未加任何修改的情况下,直接实现了 DSP 数字直流电源的控制,其输出与设计的期望值一致(实际值稍小于理论仿真值,属于正常)。

另外,示例是开环控制,其控制占空比为给定的固定值,在变换器工作时不能根据输出值自动调整占空比,使输出达到期望值。

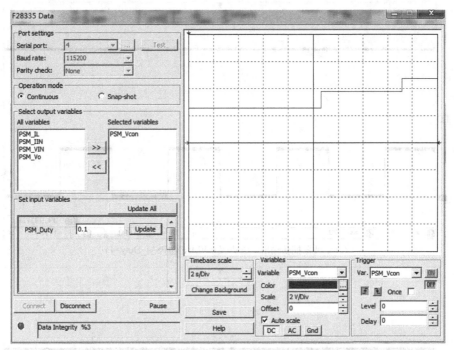

(a) 修改PSM_Duty对调制信号PSM_Vcon的影响

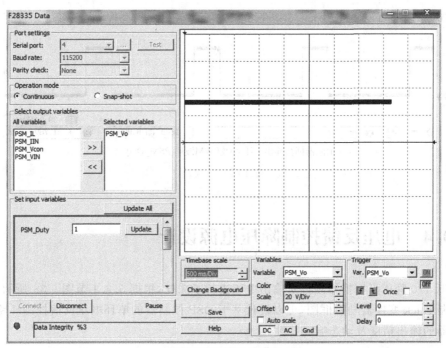

(b) 输出电压PSM_Vo波形

图 10-21　DSP 示波器调整

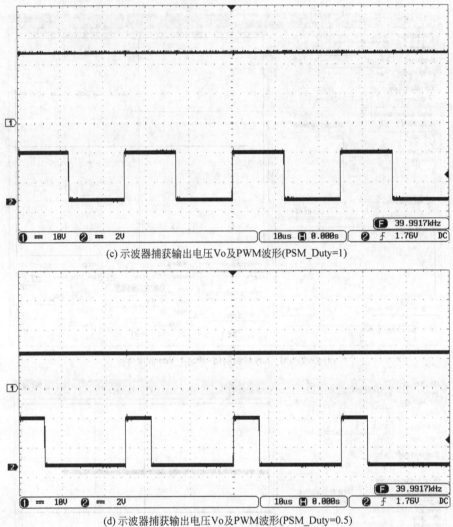

(c) 示波器捕获输出电压Vo及PWM波形(PSM_Duty=1)

(d) 示波器捕获输出电压Vo及PWM波形(PSM_Duty=0.5)

图 10-21 （续）

10.4 电压反馈控制降压电源设计

PEK-120 降压型变换器硬件对输出电压进行了采样，根据 5.3.1 节图 5-38 所示的电压反馈控制 Buck 变换器功能框图，可以设计基于 DSP 控制器的单环电压反馈控制环路，以提高变换器的输出精度及动态响应特性。

10.4.1 环路控制补偿器设计

直流降压变换器一般加上负反馈构成闭环系统，为使闭环系统满足静态和动态指标要求，一般需要对反馈补偿环路设计良好的补偿器。对补偿器的设计可以采用时域法或频域法,在频域法中常用的是波特图法。波特图可以通过网络频谱分析仪测量获得,也可以通过系统建模、理论推导系统传递函数的方式获得其幅频特性和相频特性,从而利用系统的环路增益裕量和相位裕量来设计补偿器,使其符合系统稳定性要求。

环路增益裕量是指环路增益函数的相位为 $-180°$ 时,在满足系统稳定的前提下,环路增益函数所能容许增加的量。相位裕量是指系统达到不稳定之前,其环路所能容许增加的相位。即当环路增益函数的幅值为 0dB 时(在交叉频率点处,增益裕量是 0dB),环路增益函数的相位与 $-180°$ 的差值。不同的系统其响应特性要求不一致,一般增益裕量设计在 $10\sim$20dB 左右,相位裕量设计在 $45°\sim60°$ 左右。当系统的增益裕量和相位裕量太小时,有可能系统是稳定的系统,但是会存在较大的超调量和较长的调节时间。为降低超调量和调节时间,就需要按照稳定性要求设计环路补偿器,使环路的开环传递函数满足系统稳定性要求,达到系统的静态和动态指标。

频域中的波特图法是利用建模理论构建系统的小信号模型,推导系统的转移传递函数及开环环路传递函数,求其频域幅频及相频特性曲线,然后根据幅频及相频特性曲线进行补偿器设计。该方法推导过程烦琐、计算量大、效率低,为了提高设计效率、降低难度,可以利用 PSIM 自带的 SmartCtrl 开关电源环路设计软件进行环路设计。本节将利用 SmartCtrl 对 PEK-120 降压变换器的单环电压反馈控制环路补偿器展开设计,具体设计方法可参看 8.3 节和 8.4 节的讲解。

设定 PEK-120 电压反馈控制降压直流电源的参数为 Vin=50V,Vo=24V,Vtri=5V,fs=40kHz,L=365μH(ESR=1nΩ),C=300μF(ESR=43mΩ),输出功率 P=100W。利用 SmartCtrl 设计基于 Type3 型补偿调节器的单环电压反馈控制环路,在变换器参数界面输入相关参数,如图 10-22 所示,随后单击"Update read only boxes"按钮更新数据。

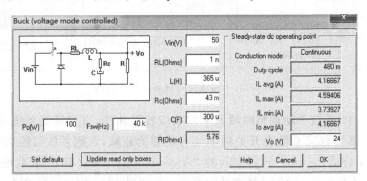

图 10-22 变换器参数设置

确认无误后单击"OK"按钮,进入传感器和补偿调节器设置窗口,如图 10-23 所示。

本示例参考电压设置为 Vref=24×0.024(期望输出电压为 24V,经 PEK-120 硬件平台的电压传感器电路采样后为 24×0.024V,此为参考电压值),输入参考电压后,单击"Calculate Gain"按钮,SmartCtrl 自动计算电压传感器增益为 0.024。补偿器选择 Type 3 调节器,R11 设置为默认的 10kΩ,调制载波峰峰值 Vp 为 5V,直流偏置 Vv 为 0V,上升时间 Tr 为 25μs,即设置为锯齿波。设置完参数并确认后,选择解空间以确定交叉频率 fc 及相位裕量 PM,选择并确认后即可显示系统的时域和频率响应特性曲线如图 10-24 所示。

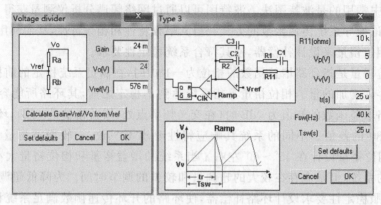

图 10-23　补偿调节器及传感器设置

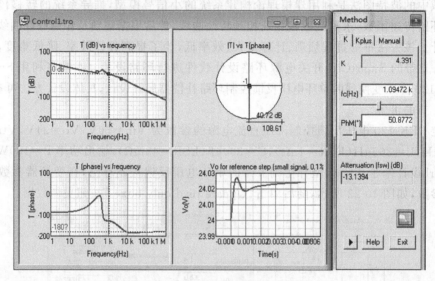

图 10-24　频域及时域响应特性曲线

在图 10-24 中,可以手动调整时域及频域响应特性曲线,直到满足系统响应需求为止。在调整过程中,需要保证系统在开关频率处有足够的衰减,否则系统可能会在高频区域振荡。如果设计不合适,SmartCtrl 解空间的"Attenuation(fsw)(db)"衰减编辑框将变为红色,提醒重新选择工作点。示例选择交叉频率 fc=1.09472kHz、相位裕量 PM=50.8772dB,满足稳定性要求,且频域及时域响应曲线也符合设计需要。随后以 s 域参数的形式导出设计的控制环路,如图 10-25 所示。控制环路中各元件以参数的形式给出,参数的具体定义在参数文件 File 中,三阶补偿调节器元件 TYPE3 以零点和极点的形式给出。至此,采用 Type 3 补偿调节器的单环电压反馈控制环路设计完成。

10.4.2　模拟控制电路模型设计

示例以 PEK-120 硬件为平台,设计一个最大输出功率为 100W 的单环电压反馈控制降压型直流电源。为模拟输出负载功率变化时,控制环路的控制响应特性,负载用两个电阻 RL1 和 RL2(RL1=24×24/50Ω)通过电子开关 SS1 和阶跃信号 VST 进行并联。在阶跃时间点之前(t<0.03s)仅 RL1 工作,此时直流电源输出功率为 50W,在阶跃时间点(t=0.03s)时,控制双向电子开关 SS1 闭合,将 RL1 和 RL2 并联,此时直流电源输出功率变为100W。调整后的功率电路原理图如图 10-26 所示,电路中功率开关管仍然保留实物硬件上的 RC1 和 RC2 缓冲吸收电路。

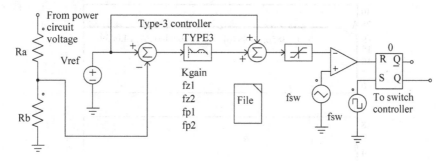

图 10-25　导出 s 域参数形式控制环路电路

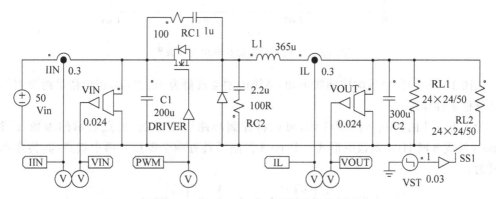

图 10-26　PEK-120 功率部分电路模型

由于功率部分电路已经将输出电压经电压传感器 VOUT 采样后缩小了 0.024 倍输出,此电压可直接送入反馈环路参与控制,不需要在反馈环路再次测量。因此针对图 10-25 的控制环路需做一些微调,调整后的控制环路如图 10-27 所示。

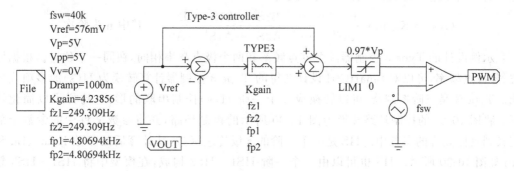

图 10-27　基于 s 域参数的 Type 3 控制环路

设置仿真控制步长为 2.5μs,仿真总时间为 0.06s,仿真输出波形如图 10-28 所示。

从图 10-28 输出波形可以看出,在稳定时直流电源输出电压稳定在期望输出 24V。在功率从 50W 跳变到 100W 时,输出电源出现微小的跌落,输出电流上升,但在控制环路的自动调节下,快速稳定到 24V。针对图 10-27 的控制环路,在 Type 3 补偿调节的输出与限幅器 LIM1 之间添加 AC Sweep 扫描,其频率特性分析如图 10-29 所示。

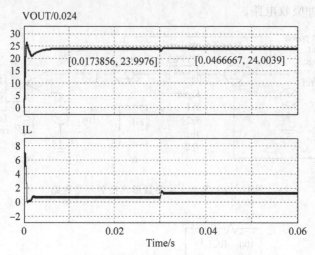

图 10-28　模拟控制仿真输出电压波形

从图 10-29(c)的频域响应曲线可知,系统的增益裕量为 18.28dB,相位裕量约为 45°,满足系统稳定性要求。

为了下一步的控制环路硬件化,可以将控制环路中用零点、极点表示的参数补偿器 Type 3 换成 s 域 H(s) 函数的形式。Type 3 控制器具有两个零点和两个极点,其传递函数定义为:

$$G(s) = Kgain \cdot \frac{1 + sTz1}{sTz1} \cdot \frac{1 + sTz2}{(1 + sTp1)(1 + sTp2)}$$

$$Tz1 = \frac{1}{2\pi fz1}, \quad Tz2 = \frac{1}{2\pi fz2}, \quad Tp1 = \frac{1}{2\pi fp1}, \quad Tp2 = \frac{1}{2\pi fp2}$$

从参数文件可知,两个零点的频率一样,在同一位置,两个极点频率也一样,在同一位置。而 s 域传递函数 H(s) 的多项式形式为:

$$G(s) = Kgain \cdot \frac{BnS^n + \cdots + B2S^2 + B1S^1 + B0}{AnS^n + \cdots + A2S^2 + A1S^1 + A0}, \quad \text{其中 n 为阶次}$$

示例设计的 Type 3 控制器两个零点频率和两个极点频率相同,在同一个位置。根据增益、零极点频率,可以对 SmartCtrl 设计获得的 Type 3 控制器计算转换为 H(s) 的多项式形式。Type 3 是三阶控制器,可以转换成 3 个一阶 H(s) 控制串联的形式,这样可以简化计算。将图 10-27 的控制环路转换为图 10-30 所示的控制环路,并将参数文件中的参数全部定义到具体元件的参数中。HS 是一个三阶的 s 域传递函数,其计算后的参数 Kgain、Bn 和 An 如图 10-30 所示。HS 也可以由三个一阶 HS1~HS3 构成,在模型中将 HS1~HS3 禁用了,如果要仿真 HS1~HS3 构成的补偿器,可以将 HS 禁用,使能 HS1~HS3 即可。其仿真波形与图 10-28 完全一样。

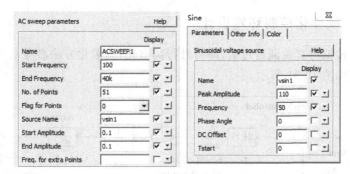

(a) AC Sweep扫描参数设置

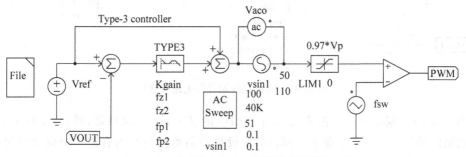

(b) 添加AC Sweep扫描的电路模型

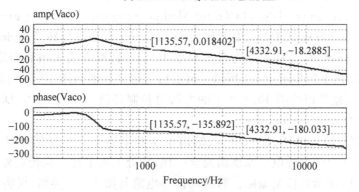

(c) 控制环路频率响应特性曲线

图 10-29　控制环路频率特性 AC Sweep 扫描

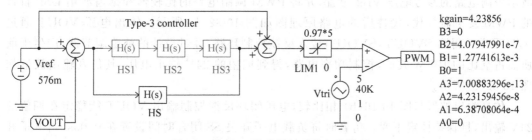

图 10-30　H(s)形式控制环路电路模型

10.4.3　硬件化控制环路设计

控制环路模拟仿真验证通过后,即可进行离散化,离散化方法参考 9.5.2 节。离散化后的电路原理图如图 10-31 所示。

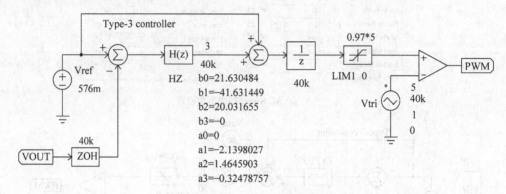

图 10-31　离散化控制环路电路原理图

图 10-31 中,模拟电压反馈输入添加 40kHz 的 ZOH 零阶保持器,模拟 A/D 采样。产生的调制信号经过一个单位延迟来模拟数字硬件控制器执行时固有的一个周期延时(系统采样周期 1/40kHz)。三阶补偿调节器传递函数 HS 用一个支持 SimCoder 的三阶 z 域传递函数 HZ(位于"Elements→Digital Control Module→z-domain Transfer Function"菜单项)代替。HZ 元件的参数用 PSIM 实用工具 s2z Converter 程序进行转换,s-domain Function选择通用三阶传递函数,采样频率为开关频率 40kHz,转换方法采用后向欧拉(Backward Euler)法,转换后的参数如图 10-31 所示。离散后的仿真波形与图 10-28 的波形完全一样。通过仿真验证后,就可以按照 10.3.2 节的方法对控制环路数字化,添加 DSP 相关硬件单元,实现对信号的采样与控制。

功率电路部分输入电压、输入电流、输出电压和电感电流采样的硬件电路原理图与图 10-13 所示电压电流采样电路原理图完全一样,此处不再赘述。系统启停控制电路原理图也采用图 10-15 所示的控制策略。软启动部分电路与图 10-14 类似,仅将参考电压 Vref改为 24×0.024(期望输出电压为 24V,经电压传感器采样后为 24V×0.024),其他部分不变,如图 10-32(a)所示。软启动信号 Vss 和 Vref 经 MIN 求得的最小值 Vmin 接入图 10-31所示控制电路的参考电压 Vref 位置,并将 PWM 调制电路的比较器和锯齿波用 DSP 自带的 PWM 发生器替代,代替后的电路原理图如图 10-32(b)所示。输出电压 VOUT 通过A/D 采样后得到 SVOUT,SVOUT 接入反馈控制环路,经过设计的补偿调节器,产生当前所需占空比的 PWM 波形,控制功率电路,得到期望的 24V 输出电压,其仿真输出波形如图 10-32(c)所示。

仿真输出波形与图 10-16(b)相比较,电压闭环反馈控制输出 VOUT 能稳定在期望的24V 输出,且保持恒定不变。仿真时将负载电子开关 SS 闭合时间设置在 0.05s,当电子开关 SS 闭合时,负载功率从 50W 变换成 100W,直流电源输出电压 VOUT 出现明显跌落(正常跌落),在补偿调节器的自动控制下,输出电压快速恢复到稳态 24V,并保持恒定。

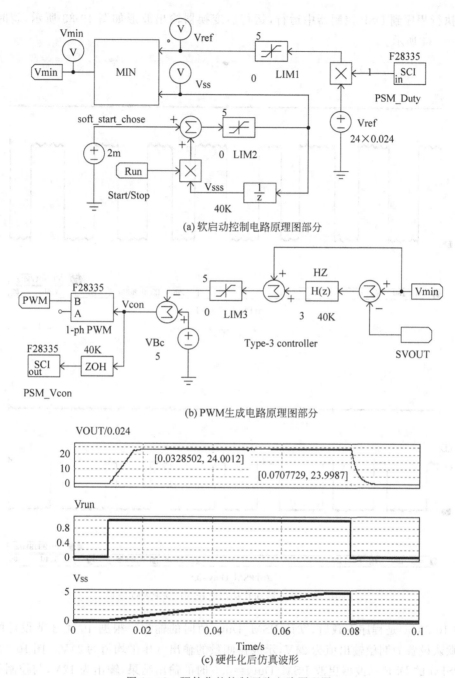

(a) 软启动控制电路原理图部分

(b) PWM生成电路原理图部分

(c) 硬件化后仿真波形

图 10-32　硬件化的控制环路电路原理图

10.4.4　CCS 工程创建及编译运行

在硬件化仿真验证后,可以选择"Simulate→Generate Code"菜单项自动生成 DSP 控制器的 C 程序代码,生成的 C 程序代码及项目支持文件保存在电路原理图相同的目录下。生成 C 程序代码后,可以按照 10.3.3 节的步骤和方法,建立 CCS 工程项目,导入 C 程序,编译并下载执行程序到 DSP 控制器中运行,运行后变换器输出波形如图 10-33 所示,瞬时测量值如图 10-34 所示。

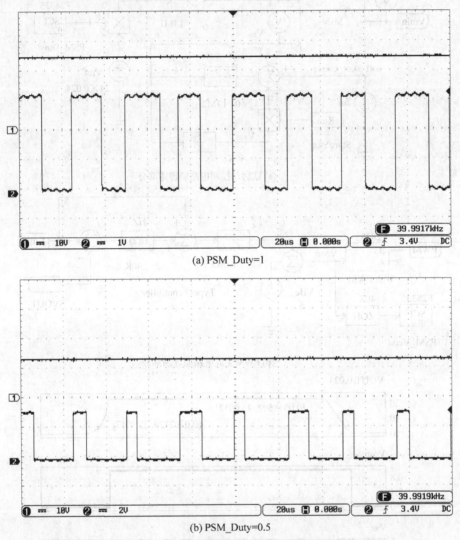

(a) PSM_Duty=1

(b) PSM_Duty=0.5

图 10-33　示波器捕获输出电压 Vo 及 PWM 波形

　　图 10-33(a)是程序下载后,默认 PSM_Duty 值时的输出。根据 10.4.3 节设计的控制环路,默认设置的期望输出值为 24V,示波器测量的输出电压平均值为 24V。图 10-33(b)是通过 PSIM 的 DSP 示波器更改 PSM_Duty=0.5 时的输出结果,输出为 12V,与控制硬件的理论输出基本一致。从图 10-33 的输出波形可知,利用 SmartCtrl 设计的控制环路和 SimCoder 自动生成的 DSP 控制 C 程序,在未经任何调整的情况下,实现了 DSP 数字控制电压反馈变换器,其闭环控制输出稳定,满足设计的初期期望结果。

　　图 10-34 是 PSM_Duty=1 时,示波器测量的瞬时输出电压值,峰峰值约为 800mV,平均值在 24V。

　　本节是基于单环电压反馈控制的降压型直流电源设计,也可以构建基于电感电流的单环电流反馈降压型直流电源,其步骤及方法类似,读者可参照自行设计,此处不再赘述。

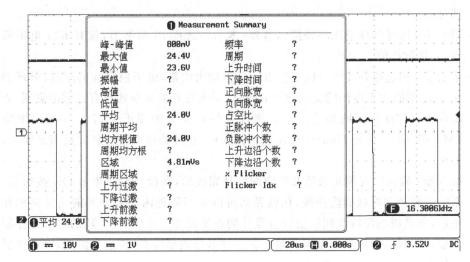

图 10-34 输出电压 Vo 的瞬时测量值

10.5 双环反馈控制降压电源设计

根据 8.3.2 节图 8-13 所示双环控制功率变换器功能框图,可以设计基于 DSP 控制器的双环反馈控制环路,在保证高精度输出的同时,以提高变换器的动态响应速度。在双环控制系统中,其外环是电压控制(VMC)环,内环是电流控制环。根据控制对象选择的不同,受控电流可以来自输出电感器(LCS)或来自二极管(DCS)。PEK-120 降压型变换器硬件对输出电压、电感电流均进行了采样,因此本节针对变换器的输出电感电流和输出电压建立双环反馈数字控制降压直流电源。

10.5.1 环路控制补偿器设计

设定 PEK-120 直流降压电源的参数为 Vin＝50V,Vo＝24V,Vtri＝5V,fs＝40kHz,L＝365μH(ESR＝1nΩ),C＝300μF(ESR＝43mΩ),输出功率 P＝100W。环路控制补偿器的设计将影响到系统的稳态响应性能,本节仍然利用 SmartCtrl 设计补偿调节器的双环反馈控制环路,设计步骤如下:

➤ 第一步:在变换器参数界面输入直流电源相关参数,随后单击 Update read only boxes 按钮更新数据,参数设置与图 10-22 类似,确认后使能内环电流传感器设计。

➤ 第二步:选择"Current Sensor",增益设置为 0.3,确认后使能内环补偿调节器设计。

➤ 第三步:选择内环电流环调节补偿器,本示例选择 PI 型调节器,其参数设置与图 10-23 补偿调节器参数设置类似。R11 设置为默认的 10kΩ,调制载波峰峰值 Vp 为 5V,直流偏置 Vv 为 0V,上升时间 Tr 为 25μs,即设置为锯齿波。

➤ 第四步:预选择内环解空间工作点,设置交叉频率 fc＝1.28167kHz,相位裕量 PM＝88.38°。在该工作点,系统在开关频率 fsw 处的衰减满足要求。

➤ 第五步:设置外环电压传感器参数,输入参考电压 Vref＝24 * 0.024,单击自动计算即可。

➤ 第六步：选择外环电压环补偿调节器，本示例选择 PI 型调节，仅有 R11 电阻需要设置，采用默认值。

➤ 第七步：预选择外环解空间工作点。应当指出的是，由于稳定性的限制，外环的交叉频率 fc 不能大于内环的交叉频率；同时，系统在开关频率处要有足够的衰减，否则系统可能会在高频区域振荡。本示例选择外环交叉频率 fc＝779.454Hz，相位裕量 PM＝65.448°，单击 Update 按钮更新数据后，在开关频率处的衰减量满足要求，确认返回。

➤ 第八步：确认所有单元参数及解空间设计完成后，在设计窗口单击 OK 按钮，显示出系统的频域和时域响应曲线，在该界面可以适当调整内环和外环的交叉频率和相位裕量，使系统响应特性曲线更符合设计的系统需要。示例内、外环的解空间控制未做调整，其频域、时域响应基本满足要求。读者可根据需要，做适当微调，以获得更优的工作点。

在设计确定后，由 SmartCtrl 以 s 域参数的形式导出设计控制环路，控制环路模型如图 10-35 所示，图中各元件参数值由参数文件定义。注意 RS 触发器默认采用的是边缘触发。

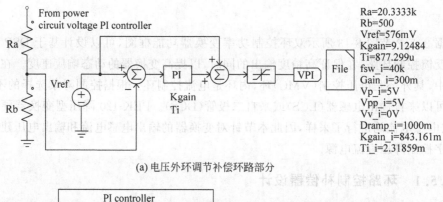

(a) 电压外环调节补偿环路部分

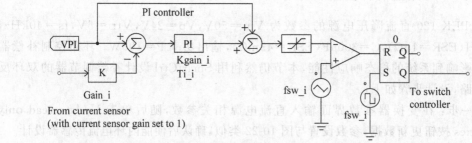

(b) 电流内环调节补偿环路部分

图 10-35　SmartCtrl 设计的双环控制补偿环路

10.5.2　模拟控制电路模型设计

示例以 PEK-120 硬件为平台，设计一个最大输出功率为 100W、最大输出电流为 5A 的双环反馈控制降压型直流电源。功率电路部分仍然采用图 10-26 所示的电路原理图，电路

中功率开关管保留实物硬件上的 RC1 和 RC2 缓冲吸收电路,电子开关切换时间改为
0.05s,仿真总时间为 0.1s。对图 10-35 导出的双环反馈控制环路做一些微调,并将参数文
件中的定义值放置到元件的具体参数值中,修改后的电路模型如图 10-36 所示。

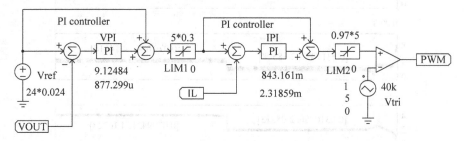

图 10-36 双环控制仿真电路模型

图 10-36 删除了图 10-35 中的 RS 触发器,并将比较器反相,同相端接调制信号,反相端
接锯齿载波信号 Vtri。另外,将电压采样电路 Ra 和 Rb、电流传感器增益 Gain_i 删除,用
PEK-120 硬件电路中的电压采样电路和电流采样电路替代,采样输出 VOUT 和 IL 已经是
经过采样电路增益调节后的值,直接送入补偿调节器参与控制,而不需要再次采样。同时将
电压外环生成的电流控制指令经 LIM1 进行幅值限制,上限值设置为 5 * 0.3(即设置输出
电流最大限值为 5A,0.3 是电流传感器采样电路的增益)。同时将电压外环 VPI 控制器参
数和电流内环 IPI 控制器参数从参数文件中移植到元件中。将图 10-26 和图 10-36 两部分
电路连接在一起,进行模拟控制仿真,仿真波形如图 10-37 所示。

图 10-37(a)是将负载 RL1 和 RL2 设置成 24 * 24 * 50Ω,即一个电阻消耗 50W 功率,在
t=0.05s 时两个电阻并联为 100W 功率。期望输出设置为 24V,50W 和 100W 功率输出
时,其平均输出电流为 2.1A 和 4.17A,均未超过功率变换器硬件设置的最大输出电流 5A
的限制(超过 5A,有损坏硬件电路的危险),输出电压稳态时均恒定在 24V 输出,Io 为输出
平均电流波形。在电子开关闭合并联负载时,输出电压有微小跌落,属于正常的功率突增引
起的电压跌落。在双环补偿控制器调节下,快速恢复到 24V。动态调整时间及输出电压波
动幅值明显比图 10-28 所示的单环电压反馈控制要小。

图 10-37(b)是将负载改为两个 100W 的电阻,在电子开关闭合(t=0.05s)之前,输出功
率为 100W,平均输出电流未超出 5A 的最大电流限制,输出恒定在 24V 电压输出。在 t=
0.05s 时,两个电阻并联,其功率变为 200W,若此时按照 24V 电压输出,其平均输出电流为
8.3A,超过设置的最大输出电流限制,因此变换器的电流内环参考指令电流幅值被限制在
5A,此时变换器降低输出电压值,以满足变换器最大输出电流的限制。电路中 2 个负载电
阻并联的阻值为 2.88Ω,输出电流为 5A,则输出电压为 2.88 * 5=14.4V。图 10-37(b)输出
电压值在稳态时为 14.4V,符合实际计算值。

10.5.3 硬件化控制环路设计

控制环路模拟仿真验证通过后,即可进行离散化和硬件化设计。针对图 10-36 的控制
环路电路,需要将 VPI 和 IPI 两个 PI 补偿调节器转换为 z 域传递函数,可参考 9.5.2 节 PI
控制器离散化方法进行转换,离散化后的 z 域控制环路电路模型如图 10-38 所示,仿真波形
输出与图 10-37 输出波形一致。

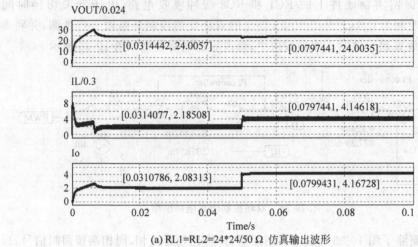

(a) RL1=RL2=24*24/50 Ω 仿真输出波形

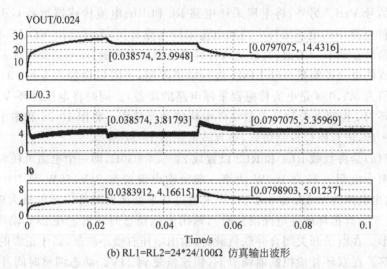

(b) RL1=RL2=24*24/100Ω 仿真输出波形

图 10-37 模拟控制仿真输出波形

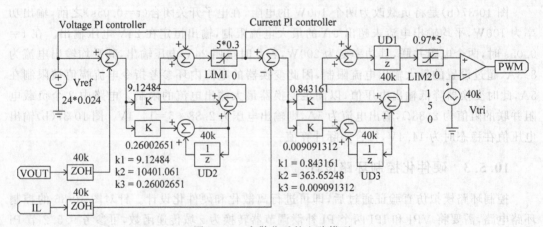

图 10-38 离散化后的电路模型

在仿真验证完离散化模型后,即可更改为具体 DSP 硬件的电路模型。在进行电路硬件化时,可参考 10.4.3 节的讲解。功率电路部分输入电压、输入电流、输出电压和电感电流采样硬件电路与图 10-13 所示电压电流采样输出电路原理图完全一样,此处不再赘述。系统启停控制电路原理图采用图 10-15 所示的控制策略。软启动部分电路与图 10-32(a)所示电路一样。软启动信号 Vss 和 Vref 经 MIN 求得的最小值,接入图 10-38 所示控制电路的参考电压 Vref 位置,并将 PWM 调制电路的比较器和锯齿波用 DSP 自带的 PWM 发生器替代,代替后的电路原理图如图 10-39(a)所示。输出电压 VOUT 通过 A/D 采样后得到 SVOUT,SVOUT 接入电压反馈控制环路,经过设计的电压外环 PI 补偿调节器后,产生当前电流内环的指令参考电流,再经 LIM1 限幅后作为电流内环调节器的参考输入电流 Iref。电感电流 IL 经 A/D 采样后得到 SIL,SIL 接入电流内环,与参考指令电流 Iref 比较,比较得到的电流误差送给电流内环 PI 调节器进行运算,运算后输出的结果经限幅器 LIM2 限幅后,得到当前的调制控制信号。由于 PEK-120 降压变换器的 DSP 控制器采用 PWM1 发生器的 B 通道输出 PWM 脉冲,故输出的控制信号需与 VBc 相减,得到最终的调制信号

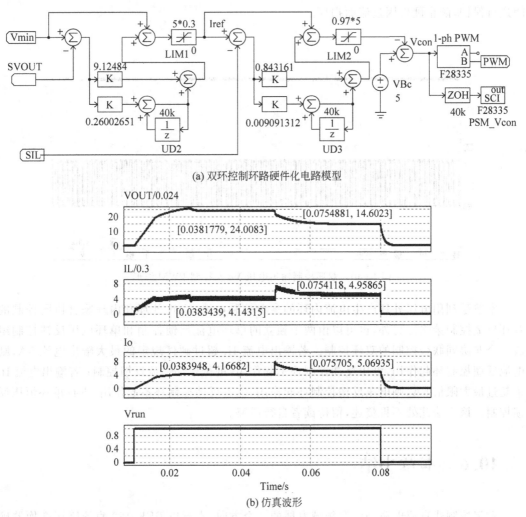

(a) 双环控制环路硬件化电路模型

(b) 仿真波形

图 10-39　硬件化控制环路原理图及仿真波形

Vcon。调制信号 Vcon 送入 DSP 的 PWM 脉冲发生器,产生功率开关管的驱动 PWM 脉冲,实现对功率变换器的控制。对硬件化的控制环路进行仿真,仿真波形如图 10-39(b)所示。

仿真电压输出波形稳定时恒定为 24V 不变,在 0.05s 时电子开关闭合并联负载,导致输出电流达到限流值,直流电源输出电压 VOUT 逐渐下降,并在控制环补偿调节器的自动控制下,重新稳定在 14.6V 输出。

10.5.4　CCS 工程创建及编译运行

在硬件化仿真验证后,可以选择“Simulate→Generate Code”菜单项自动生成 DSP 控制器的 C 程序代码,生成的 C 程序代码及项目支持文件保存在电路原理图相同的目录下。生成 C 程序代码后,可以按照 10.3.3 节的步骤和方法,建立 CCS 工程项目,导入 C 程序,编译并下载到 DSP 控制器中运行,运行的波形如图 10-40 所示。负载在 1～5A 范围内变化时,输出电压波形均保持恒定 24V 输出,实现了稳定期望输出控制。由于 PEK-120 硬件过流保护设置在 5A(参考 10.2.4 节过流保护硬件电路),当输出电流达到 5A 时,变换器直接关闭进行保护,防止硬件因过流而损坏。

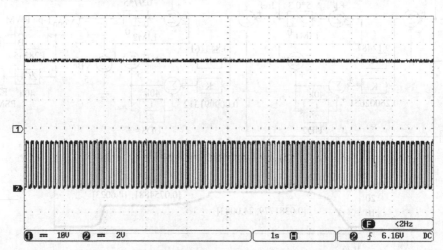

图 10-40　双环控制输出电压 Vo 及控制 PWM 波形

本节是利用电压外环产生电流内环的参考控制电流,实现外环和内环联合协同控制的双环反馈控制策略。另外,也可以由两个独立的单环电流反馈控制和单环电压反馈控制组成一个非协同联合控制的双环控制。若输出电流 IL 超过硬件规定的最大输出电流 5A,则电流反馈控制环起作用,电压反馈控制环不起作用,进行单环恒流反馈控制;若输出电流 IL 未超过最大限值 5A,则电压反馈控制环起作用,电流反馈控制环不起作用,进行单环恒压反馈控制。该方法此处不再赘述,留待读者自行研究。

10.6　本章小结

数字控制式直流电源是电源领域发展的一个方向,本章以 PEK-120 直流降压变换器硬件为平台,利用 SimCoder 和 SmartCtrl 设计工具,对基于 DSP 控制的数字直流电源设计步骤及方法进行详细的讲解。本章首先根据直流电源硬件系统构成，引导出基于 DSP 控制的数字直流电源系统结构，并在此基础上对数字直流电源各单元功能进行讲解；随后根据 DSP 数字控制直流电源系统结构，对 PEK-120 直流降压变换器的硬件单元功能进行介绍，并在此基础上对 DSP 程控开环降压直流电源、电压反馈控制降压直流电源和双环反馈控制降压直流电源的 DSP 控制环路进行详细、深入的设计与讲解，并通过 DSP 控制环路补偿器设计、模拟控制仿真、数字离散化仿真、DSP 硬件化仿真等几个设计步骤，实现 DSP 控制环路电路原理图设计与验证；最终利用 SimCoder 自动生成 DSP 的 C 程序代码，实现 DSP 数控直流电源设计。

附录A

部分演示视频

PSIM 软件安装演示

PSIM 软件使用演示

PSIM 动态链接库 DLL 应用讲解

PSIM 内嵌 C 程序块应用讲解

PSIM 子电路创建及调用

单相半波整流电路仿真

单相桥式全控整流电路仿真

三相桥式全控整流电路仿真

开环降压 BUCK 变换电路仿真

开环升压 BOOST 变换电路仿真

闭环降压 BUCK 变换电路仿真

单相桥式电压型逆变电路仿真

三相桥式电压型逆变电路仿真

参考文献

[1] 王兆安,刘进军,等.电力电子技术[M].5 版.北京:机械工业出版社,2009.

[2] 徐德鸿.电力电子系统建模及控制[M].北京:机械工业出版社,2015.

[3] 周国华,许建平.开关变换器数字控制技术[M].北京:科学出版社,2011.

[4] 那日沙,周凯,王旭东.电力电子、电机控制系统的建模及仿真[M].北京:中国电力出版社,2016.

[5] 陈坚,康勇.电力电子学——电力电子变换和控制技术[M].3 版.北京:高等教育出版社,2002.

[6] 穆罕默德·H.拉什德.电力电子学电路、元件及应用(原书第 4 版)[M].罗昉,裴学军,梁俊,等译.北京:机械工业出版社,2019.

[7] 周渊深.电力电子技术与 MATLAB 仿真[M].2 版.北京:中国电力出版社,2018.

[8] 蒋栋.电力电子变换器的先进脉宽调制技术[M].北京:机械工业出版社,2018.

[9] 洪乃刚.电力电子技术基础[M].2 版.北京:清华大学出版社,2015.

[10] 陈中.基于 MATLAB 的电力电子技术和交直流调速系统仿真[M].2 版.北京:清华大学出版社,2019.

[11] 邹甲,赵锋,王聪.电力电子技术 MATLAB 仿真实践指导及应用[M].北京:机械工业出版社,2018.

[12] 林飞,杜欣.电力电子应用技术的 MATLAB 仿真[M].北京:中国电力出版社,2010.

[13] 南余荣.电力电子技术[M].北京:电子工业出版社,2018.

[14] 巫付专,但永平,王海泉,等.TMS320F28335 原理及其在电气工程中的应用[M].北京:电子工业出版社,2020.

[15] 魏艳君,李向丽,张迪.电力电子电路仿真——MATLAB 和 PSpice 应用[M].北京:机械工业出版社,2012.

[16] 周国华,许建平,吴松荣.开关变换器建模、分析与控制[M].北京:科学出版社,2018.

[17] 普利斯曼.开关电源设计[M].王志强,肖文勋,虞龙,等译.3 版.北京:电子工业出版社,2010.

[18] 桂萍,陈建业.电力电子电路的计算机仿真[M].2 版.北京:清华大学出版社,2008.

图书资源支持

感谢您一直以来对清华大学出版社图书的支持和爱护。为了配合本书的使用，本书提供配套的资源，有需求的读者请扫描下方的"书圈"微信公众号二维码，在图书专区下载，也可以拨打电话或发送电子邮件咨询。

如果您在使用本书的过程中遇到了什么问题，或者有相关图书出版计划，也请您发邮件告诉我们，以便我们更好地为您服务。

我们的联系方式：

地 　　址：北京市海淀区双清路学研大厦 A 座 701

邮 　　编：100084

电 　　话：010-83470236　010-83470237

资源下载：http://www.tup.com.cn

客服邮箱：tupjsj@vip.163.com

QQ：2301891038（请写明您的单位和姓名）

用微信扫一扫右边的二维码，即可关注清华大学出版社公众号。

教学资源·教学样书·新书信息

人工智能科学与技术
人工智能|电子通信|自动控制

资料下载·样书申请

书圈

图书在版编目

电　　话：010-83470236　010-83470237

邮购电话：010-83470235

网　　址：http://www.tup.com.cn

CQ：2301391033（清华大学出版社官方微信号）

邮　　编：100084

CIP